项目一 《大圣与唐僧》Flash 彩铃电视短片制作(部分效果图)

主角由右至左运动

主角由上至下运动

中景,镜头固定,主角位置固定 1

中景,镜头平移,主角由下至上运动

近景,镜头平移,主角特写

近景,镜头推拉,主角由下至上运动

近景，镜头推拉，主角局部画面

近景，镜头推拉，主角位置推远

中景，镜头直接切换，主角平移运动

中景，镜头固定，主角位置固定 2

中景，镜头固定，主角位置固定 3

中景，镜头固定，主角位置固定 4

人物卡通形象完成稿

手机视频效果 1

手机视频效果 2

手机视频效果 3

项目二　Flash 俱乐部网站制作（部分效果图）

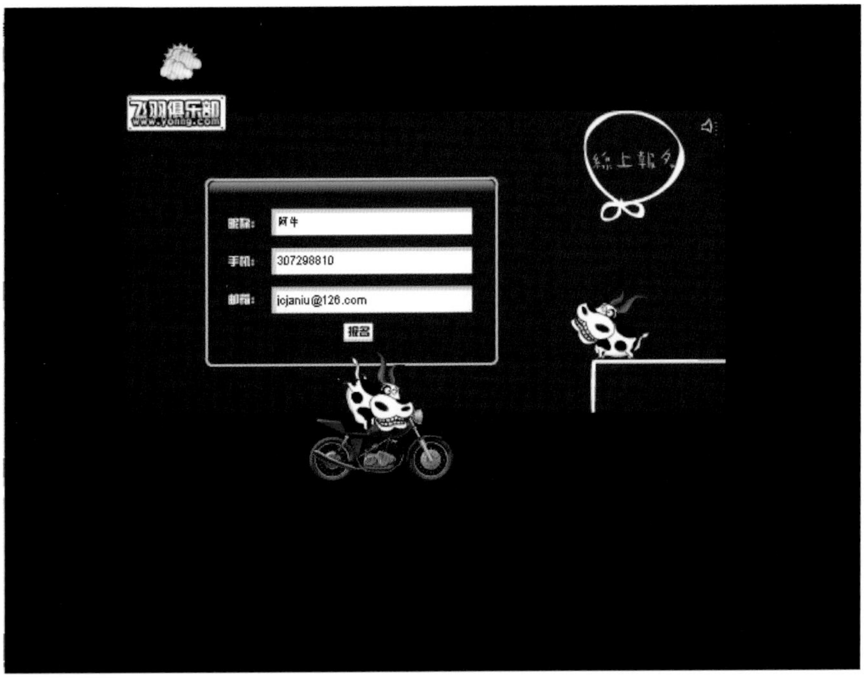

“线上报名”页面效果

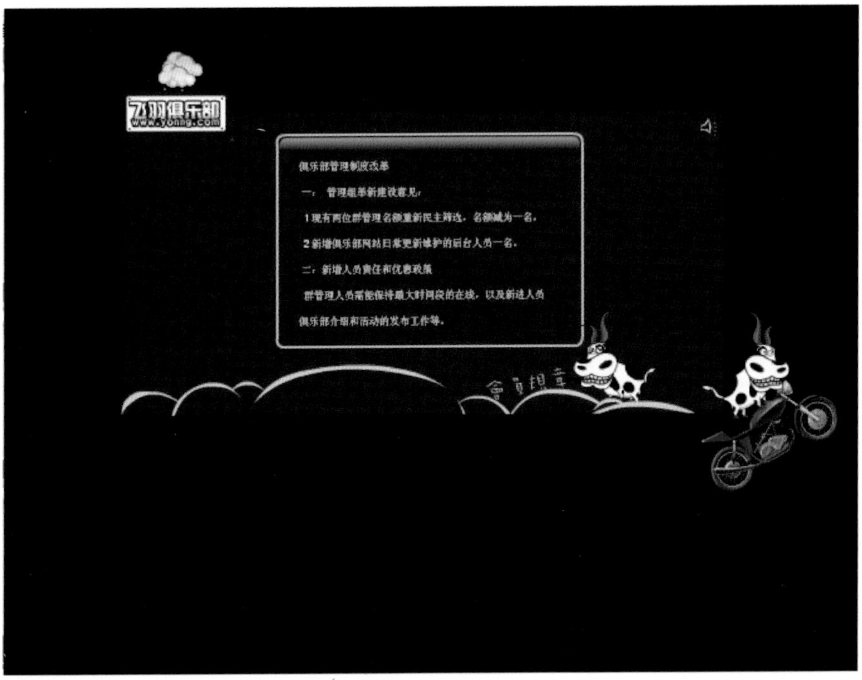

“会员规章”页面效果

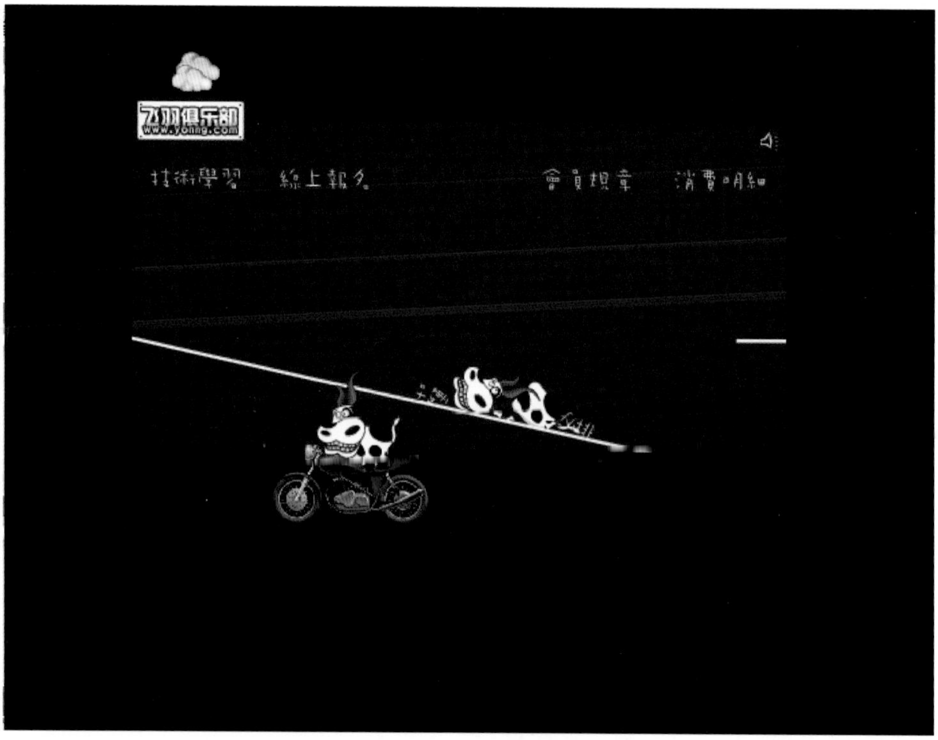

“活动安排”页面效果

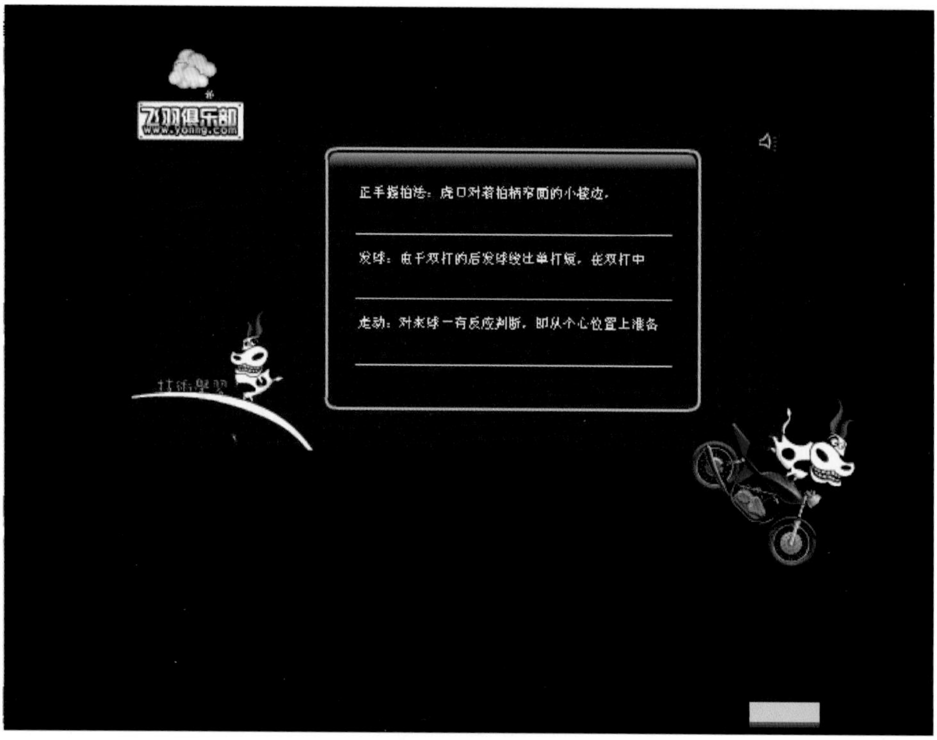

“技术学习”页面效果

项目三　《好消息，坏消息》Flash 手机动画制作（部分效果图）

逗哏演员的人物头像绘制

捧哏演员的人物头像绘制

首页效果

放置演员位置

制作字幕

二维动画项目设计与制作综合实训（第2版）

于光明　李安强◎主编
李斌　高丽　于斌◎副主编

清华大学出版社
北京

内 容 简 介

本书从 Flash 软件的中级应用起步，直接针对二维动画项目的开发应用进行讲解。全书涉及电视短片、网站、手机动画三大板块，这些都是极具商业应用代表性的项目实例。

在每个项目讲解的过程中，力求把最全面、最完整的制作过程和步骤逐一展现出来，并带有相关软件应用、知识结构的穿插讲解。

本书可作为职业院校二维动画项目设计、制作方面的实训教材，也可作为相关技能型紧缺人才培训的学习参考书。

图书在版编目(CIP)数据

二维动画项目设计与制作综合实训/于光明，李安强主编. --2 版. --北京：清华大学出版社，2014(2024.3重印)

ISBN 978-7-302-36665-2

Ⅰ. ①二… Ⅱ. ①于… ②李… Ⅲ. ①动画制作软件 Ⅳ. ①TP391.41

中国版本图书馆 CIP 数据核字(2014)第 113087 号

责任编辑：田在儒
封面设计：王跃宇
责任校对：刘 静
责任印制：刘海龙

出版发行：清华大学出版社
网 址：https://www.tup.com.cn，https://www.wqxuetang.com
地 址：北京清华大学学研大厦 A 座 **邮 编**：100084
社 总 机：010-83470000 **邮 购**：010-62786544
投稿与读者服务：010-62776969，c-service@tup.tsinghua.edu.cn
质量反馈：010-62772015，zhiliang@tup.tsinghua.edu.cn
课件下载：https://www.tup.com.cn，010-62795764
印 装 者：三河市铭诚印务有限公司
经 销：全国新华书店
开 本：185mm×260mm **印 张**：20.5 **插 页**：4 **字 数**：532 千字
版 次：2009 年 12 月第 1 版 2014 年 7 月第 2 版 **印 次**：2024 年 3 月第 5 次印刷
定 价：59.00 元

产品编号：060486-02

前　言

Flash CS3 是 Adobe 公司推出的矢量图形编辑和动画制作专业软件，它以具备超越以往版本众多功能的优势，进一步扩大延伸 Flash 动画在网络、手机通信为代表的新生传媒平台以及电视、杂志等传统传媒领域的技术应用。

本书以综合性大型实例项目应用的详细分步讲解为主，根据编者多年的实际工作经验，把在工作应用中有可能遇到的各种问题进行重点分析，旨在培养读者对 Flash 的活学活用以及对商业动画创作相关概念的正确理解。

每一个项目均分为“教学活动”和“实例体验”两大部分，每个“教学活动”和“实例体验”又细分为 5 个版块。

“项目背景”版块：对该项目的制作背景、相关市场动态信息的内容进行大致介绍，让读者在项目制作之前有清晰的认识和思维方向的把握。

“项目任务”版块：明确提出该版块需要制作的内容和目标。

“项目分析”版块：对即将讲解的项目进行课前内容分析，梳理工作思路，让读者不盲从教材，自主把握自己独有的艺术风格。

“项目实施”版块：对实现“项目任务”目标分步进行详细讲解，并配套多媒体教学视频，达到多元化完善教学的目的。

“项目小结”版块：对该部分内容进行课后总结及思考，让读者在完成该内容的实例操作后再进一步巩固和完善所学知识。

Flash 是一门新兴的计算机艺术创作知识。本书讲解到的实例仅作为读者学习和参考的方向和思路，特别针对相关专业的在校学生以及社会中自学 Flash 动画的爱好者和从事各企业 Flash 岗位的创作人员；通过书中各个实例详细的步骤讲解能够最直观地了解和认识目前 Flash 商业模式需求，包括企业中极具针对性客户开发的 Flash 动画产品创作。

本书专为 Flash CS3 初、中级读者编写，适合以下读者学习使用。

(1) 职业院校相关专业学生。

(2) 从事相关网站设计制作的工作人员。

(3) 对 Flash CS3 动画制作有兴趣的爱好者。

(4) 从事各类平面动画的设计人员。

(5) 电视媒体中 Flash 动画的后期制作人员。

本书由于光明、李安强担任主编，李斌、高丽、于斌担任副主编，王代勇、付浩、庄志孟、兰顺国、李华平等人也参与了本书的部分编写和审校工作。

本书力求严谨细致，但编者自身水平有限，书中难免有不妥之处，希望广大读者批评指正。

编　者

前 言

目　　录

项目一

《大圣与唐僧》Flash彩铃电视短片制作

如今互联网的迅速发展,进一步刺激了网络平台这一新生媒体与电视传统媒体的冲突与某种程度上的融合,3G、4G技术更是日新月异。手机彩信动画、彩铃甚至飞信等开始大量进入消费者的视野,更多商家寻求的是网络新兴传播媒介与电视传统媒介的结合推广模式。这个项目就是结合一首名为《大圣与唐僧》的彩铃制作电视 Flash 宣传短片。

1.1 教学活动 绘制分镜头脚本以及音频处理

项目背景

分镜头脚本是任何一部动画当中最重要的也是贯穿全片故事内容的表达方式。这是一本以 Flash 动画为主导的教材,所以在脚本的制作上会和传统动画片有所不同,里面包含一定商家企业所追求的时效性、简洁性以及针对性。

音频处理方面主要是以 Adobe Audition 1.5 这个专业性音频编辑软件来制作。现在这款软件已经发展到 3.0 版本,但万变不离其宗。要制作一部精美的 Flash 动画,这样的音频软件是必不可少的。

项目任务

制作完成一部充分体现《大圣与唐僧》彩铃特色的电视短片,学习如何应用电视基本的画面语言来组织 Flash 画面。

项目分析

利用 Flash 软件制作这样的一部短片,首先应该意识到这不仅仅是在做产品宣传,不能有过多的灰色、冷色块画面和冷漠无趣的人物形象。必须力求让短片美观、有趣味性,画面轻松,人物动态生动活泼。让观众在短短几分钟内对产品留下深刻的印象。

项目实施

步骤 1 新建文档并设置好电视输出的安全框

(1) 打开 Adobe Flash CS3 软件,在弹出的软件欢迎对话框中单击"新建"下方的 Flash 文件(ActionScript 2.0)按钮,创建一个 Flash 文件窗口。

打开窗口下方的"属性"面板,单击"大小"旁边的按钮,在弹出的对话框中设置影片的大小为电视视频输出的标准尺寸:720 像素×576 像素。"背景色"默认为白色,"帧频"设置成电视标准制式:25fps。

(2) 由于影片在机房后期输出时将会进行一些画面的裁切,所以必须再给它加上一个安全边框。

单击新建图层按钮，新建一个空白图层，双击改名为“安全框”。根据刚才设置的原始画面大小，在窗口上画一个左右缩进 35 像素、上下缩进 26 像素的黑色边框，把它放在最顶一层并锁定，如图 1-1 所示。

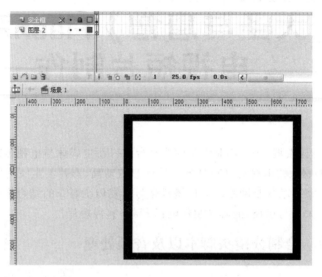

图 1-1

步骤 2 利用音频软件处理音效

(1) 绘制出一份短片动画的分镜头脚本，首先必须制作出台词的时间关系表。这里选择 Adobe 公司非常优秀的专业音频编辑软件 Adobe Audition 1.5 简体中文版。

打开软件，导入“大圣与唐僧”彩铃音乐素材，如图 1-2 所示。

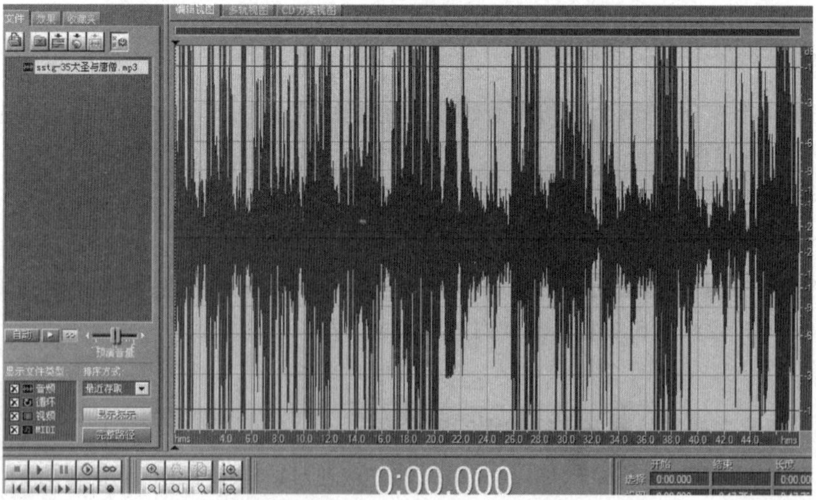

图 1-2

图 1-2 所示是一个单轨的音乐信息，由此可知这首彩铃是单声道的，反之则为双声道。此刻发现默认导入的音乐波形峰值超过了最大值，按空格键试听一下，电平表显示出了红色的音量超载信号，这将给彩铃带来破音，如图 1-3 所示。

(2) 执行“效果”→“振幅”→“扩大/渐变”菜单命令，在弹出的“扩大/渐变”对话框中向左拖动“恒定扩大”选项卡下的“扩大”的数值滑块，使其值为－5dB，以降低它的音量，再单击“确定”按钮，如图 1-4 所示。

图 1-3

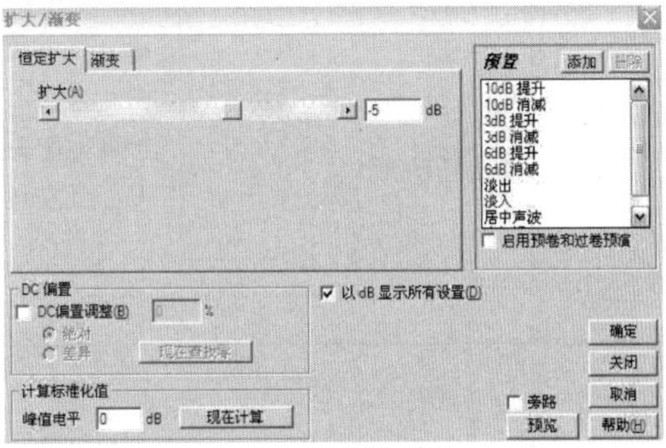

图 1-4

回到“编辑视图”窗口，音频波形的峰值已经缩短了许多，此时也可反复进行音量试听。调节合适音量，直到波形窗口上不再出现电平超载的红色警告标识为止。

(3) 把彩铃的对话内容按时间方位精确地记录下来，以作为动画分镜头脚本标记使用。

打开一份 Word 文档做文字记录用。接着回到 Audition 软件，将光标移至窗口下方的时间标尺，右击，在弹出的对话框中设置时间格式为十进制(mm：ss：ddd)，括号里的字母意思分别为分钟数、秒数、天数。把光标移动到音乐最开始位置，按空格键试听每一句人物对话，并添上音频标示列表，如图 1-5 所示。

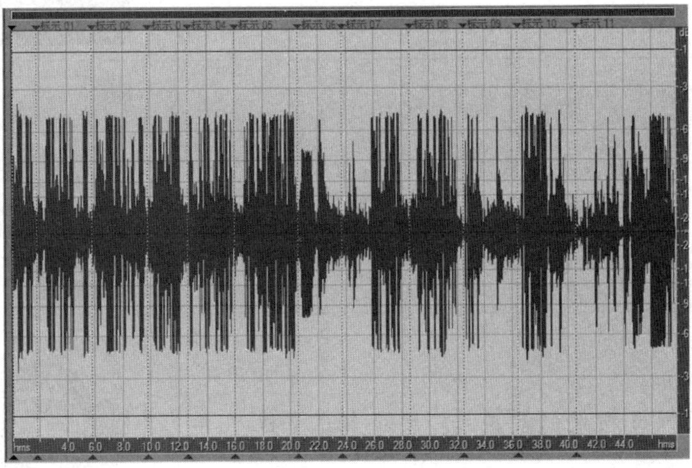

图 1-5

(4) 根据标示分段音频，在 Word 文档上分别记下不同对话占用的时间数值。如双击第一段红色标示点的位置，下端的时间面板上将显示出此标示点的精确时间。例如，目前通过试听知道第一段音频内容为“嘿嘿，妖怪！”，占用的时间为 1.802s，由此即可完整地记录下详细的音频时间表，如图 1-6 所示。

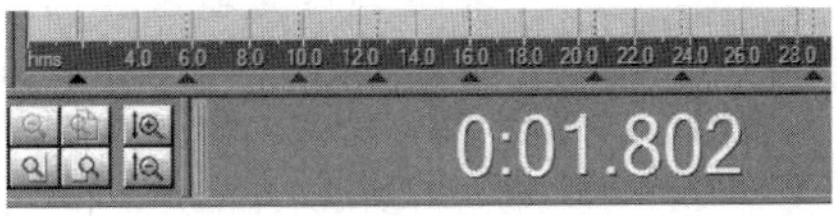

图 1-6

接着用列表的形式，把每段语音出现的时间点以及相对应的镜头场景画面草图大致地罗列出来，如表 1-1 所示。

表 1-1　短片脚本时间安排表

时　　间	台　　词	镜　　头	画　　面
0s	（出场动画）	全景，镜头固定，主角从右至左运动	
1.802s	嘿嘿，妖怪！	中景，镜头固定，主角从上至下运动	
5.775s	打俺老孙电话有何事，快说	中景，镜头固定，主角位置固定	
9.781s	俺老孙现在是堂堂天宫移动公司老总	中景，镜头平移，主角从下至上运动	
12.651s	懒得理你们这些小妖精	近景，镜头平移，主角特写	
16.000s	要是你再胆敢随便打俺的电话	近景，镜头推拉，主角从下至上运动	

续表

时间	台词	镜头	画面
20.563s	可别怪孙爷爷把你们的话费全都给扣了	近景，镜头推拉，主角局部画面	
23.701s	(降落声)(唐僧)哦	近景，镜头推拉，主角位置推远	
28.555s	悟空，为师跟你说过多少遍了	中景，镜头直接切换，主角平移运动	
23.461s	在我睡觉的时候不要大吵大闹	中景，镜头固定，主角位置固定	
36.343s	你就是不听	中景，镜头固定，主角位置固定	
40.522s	莫怪为师又要念那紧箍咒了	中景，镜头固定，主角位置固定	

续表

时　间	台　词	镜　头	画　面
47.804s	快接电话——快接电话(重复)	近景,镜头推拉,主角位置固定	

项目小结

所谓磨刀不误砍柴工,要想在接下来的动画制作工作中得心应手,掌控全局,前面的这一部分工作就显得尤为重要。所以一定要熟悉和了解并且根据 Flash 的特点来工作。

1.2　实例体验　绘制卡通人物形象

项目背景

卡通形象一向具有强烈的自我个性风格,包括从最初的入笔、工具选择都有着完全不同的思路多样性。这里只是提供编者通过制作 Flash 动画得来的一些思路和想法,作为参考。

项目任务

完成两个主角人物的正面以及侧面形象制作。

项目分析

在 Flash 动画中,有诸多样式的绘画风格,木刻风格、粗线型、细线型、色块组合等,通过使用不同的工具可绘制出不同个人风格的动画片。

项目实施

步骤 1　卡通形象绘制之勾线

(1) 绘制彩铃动画主角。

在人物造型绘制的时候可从很多方位来表现,如全正面、全侧面、1/2 半侧面、1/3 侧面、1/4 侧面等。从前面制作好的动画脚本来看,在前半段影片部分"大圣"唱独角戏的时候有两个大的镜头画面转换,所以可以考虑设计两个方位的主角造型:全正面与全侧面。

用工具栏中的线条工具,配合铅笔工具和选择工具绘制人物的底稿,熟悉以后则可以使用笔刷工具直接进行绘制。

按 Ctrl+F8 组合键新建一个元件,名称为"大圣(正面)","类型"选择为"图形",单击"确定"按钮。

注意:这里为什么不设置类型为"影片剪辑"而是"图形"呢?因为制作电视播放的 Flash 动画必须特别注意的是,在影片完成后必须通过二次转换输出成电视后期中使用非线编辑机,如"中科大洋"等能够识别的 TGA 图片序列格式才能够进行节目播放,这就要求当影片完成后必须在主场景是时间轴时就能够实现完整测试,而后通过输出成 JPG 图片序列再转换成 PNG 图片序列,这个步骤在后面会实际操作到。

(2) 新建图层,单击线条工具按钮,通过"属性"面板设置线条为红色,笔触样式为"极细",如

图 1-7 所示。

图 1-7

从头部开始绘画。用线条工具先勾出大致的面部轮廓，如图 1-8 所示。

接着勾出头部的外轮廓，如图 1-9 所示。

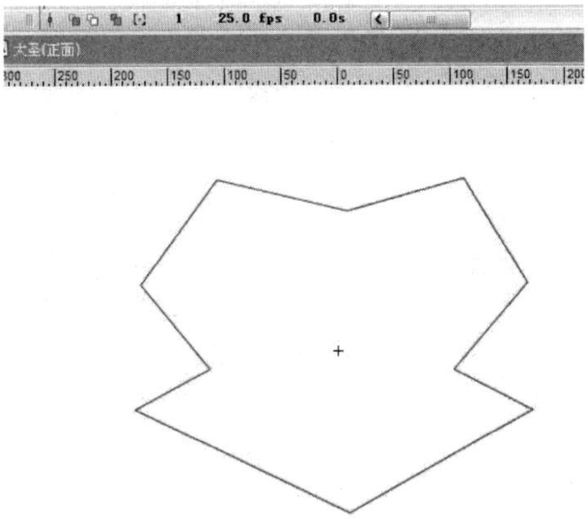

图 1-8

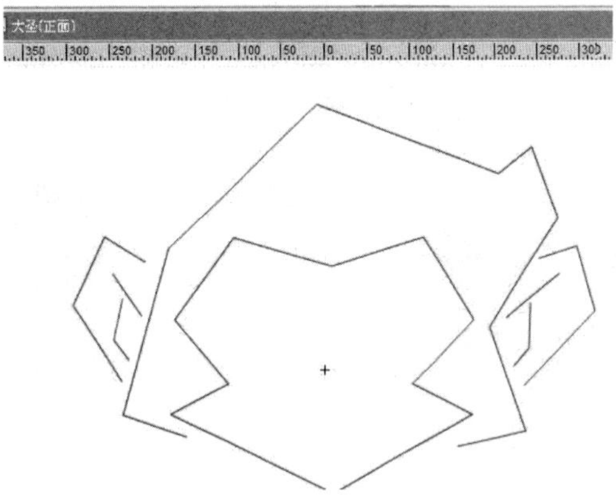

图 1-9

给它设计一个小小的发型和两只硕大的耳朵，让它显得更 Q 版一些，勾出它的面部五官，如图 1-10 所示。

(3) 用选择工具进行轮廓的精确线描工作，在使用选择工具进行拖动线条时有如下两种鼠标行为状态。

① 当鼠标指针移至直线或曲线时光标下方将出现“弧角”标识。

② 当鼠标指针移至直角(两条线相接处)或线段一端的终点处光标下方出现“直角”标识。

根据鼠标指针在不同位置上的不同标识，可以很方便地对各种类型线段进行编辑，脸部线描如图 1-11 所示。

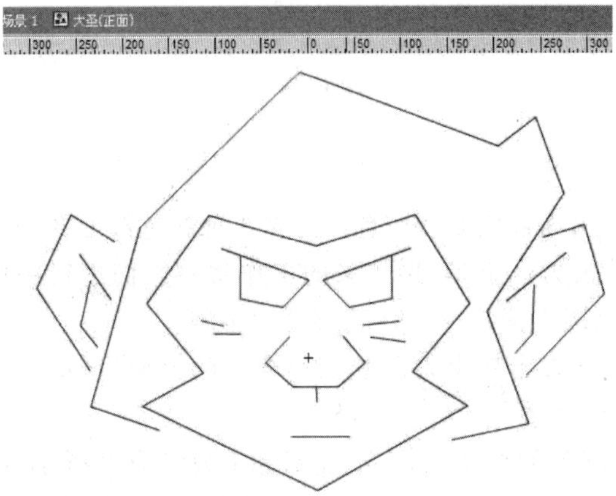

图 1-10

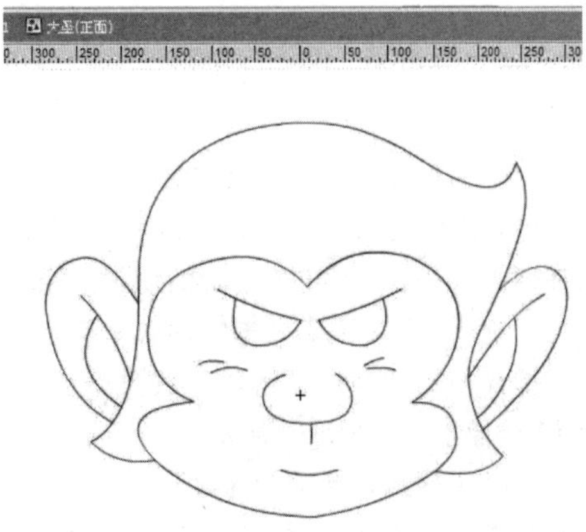

图 1-11

步骤 2　卡通形象绘制之上色

(1) 脸部的描线工作完成，接下来上色。

从头发开始，先用土黄色作为大色块打底，把头发和耳朵填上底色，如图 1-12 所示。

按 Ctrl+G 组合键，把眼睛、鼻子和嘴巴群组起来，让它们脱离面部皮肤一层，便于以后的元件选取。然后给面部和耳朵表层皮肤填上浅黄色，如图 1-13 所示。

图　1-12

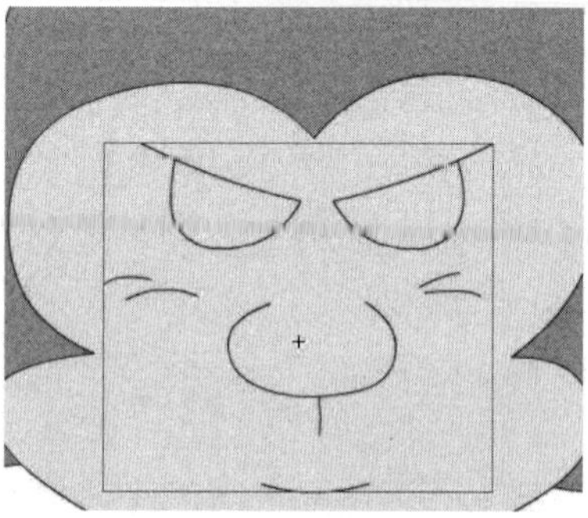

图　1-13

(2) 填充五官部分。双击五官进入群组界面，给两只眼睛画上眼白和眼珠，如图 1-14 所示。

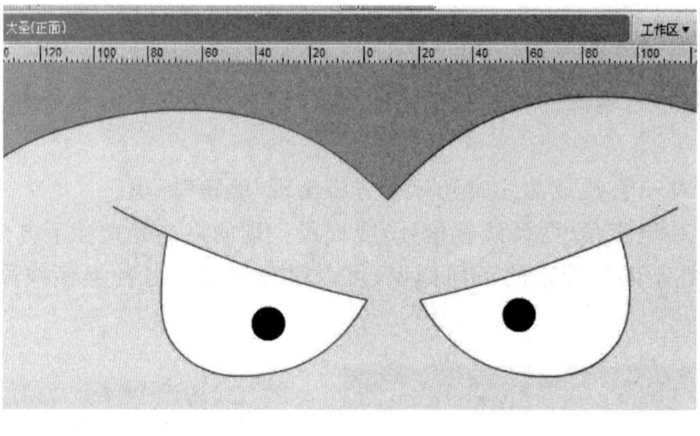

图　1-14

基本的框架绘制出来了，缩小观看效果，如图 1-15 所示。

(3) 整个头部的线条是红色的，毛发是土黄色，面部则是浅黄色。虽然 3 种颜色都处在暖色调基调上，但看上去缺乏必要的协调感和色彩冲击力。于是，接下来的工作将对它们进行一些加工处理，将线条转变为笔刷样式效果，让整体色调协调统一，然后给它加上阴影。

把最初勾线时默认的红色线条全部选中，调整为当初设置原画大小合适的比例，这里设置为 10 个像素，如图 1-16 所示。

这时 3 种颜色的对比很明显。但调子太暖，红色的线条太艳，把面部和毛发色彩全抢了，所以要把它的颜色压下去，让三者融合起来。设置线条为深棕色，具体色彩值如图 1-17 所示。

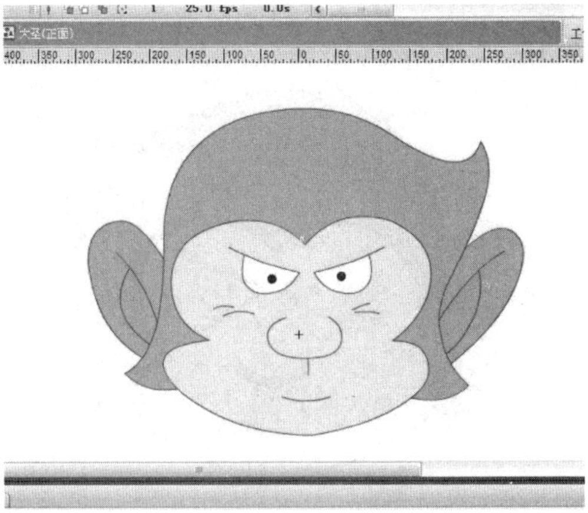

图　1-15

图　1-16

步骤 3　卡通形象绘制之色块对比

（1）接下来进行线条转换笔刷样式工作。双击线条部分即全选，执行“修改”→“形状”→“将线条转换为填充”菜单命令。

为了做出笔刷样式效果，单击深棕色部分色块，在确定被选中的状态下单击几下左侧菜单中的 (平滑)按钮。此时可发现被选中的部分呈不规则状态显示，如图 1-18 所示。

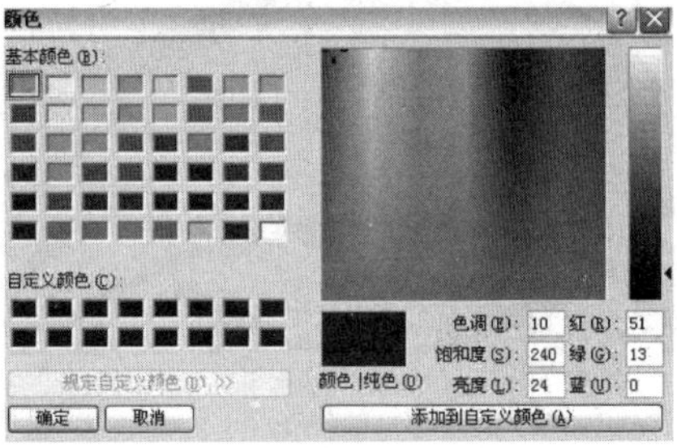

图　1-17

图　1-18

（2）这一步骤将涉及一些平面构成知识中的“对比”部分。对比讲究的是疏密虚实、大小对比等，利用不同大小以及疏密关系的排列组合，才能构成良好的画面效果。这里对耳朵部分进行单独的分析。如图 1-19 所示为耳朵轮廓线。

3 处线段所指地方的宽度均相同，内轮廓的两根线也是如此，粗细相差不大。这样会让这一部分的画面看起来显得呆板，不生动。所以可用选择工具或在熟悉软件以后直接用笔刷工具进行修改。效果如图 1-20 所示。

此时可看到耳朵轮廓部分由底部粗到中间细再至上部的粗，内轮廓则作了由粗至细的修改，这样一对比将会发现修改后的效果更佳。

根据这个思路，开始对整个头部进行修改，改的过程中多注意不同部位和方向上的色块排列与组合的关系。头部轮廓修改效果如图 1-21 所示。

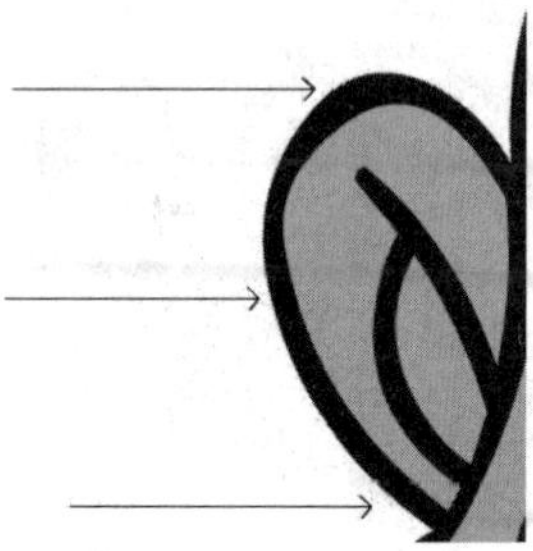

图 1-19

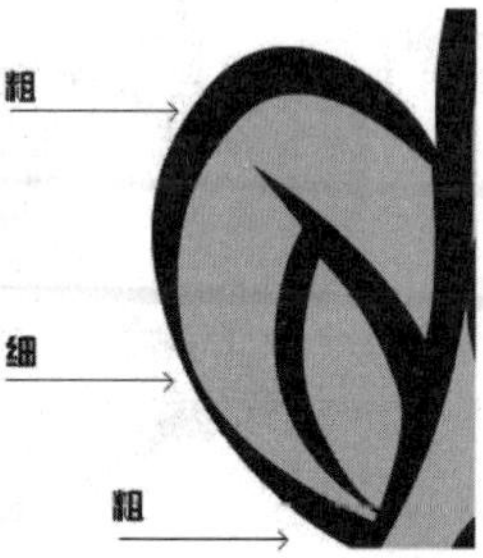

图 1-20

图 1-21

步骤 4 卡通形象头部绘制之修饰

(1) 绘制套在头部的紧箍圈,可创建群组对象后直接在图上画。

按 Ctrl+G 组合键进行空群组对象,这时自动进入群组界面。此时元件对象呈灰色状态显示,以此作为底稿即可进行绘制。

先用铅笔或线条工具根据对象头形的大致位置先勾出紧箍圈的形状,如图 1-22 所示。

(2) 把线条改成刚才的深棕色。由于它本身是黄金色的,所以这里给它填上黄色的底。再重复一次上述的线条转笔刷过程。效果如图 1-23 所示。

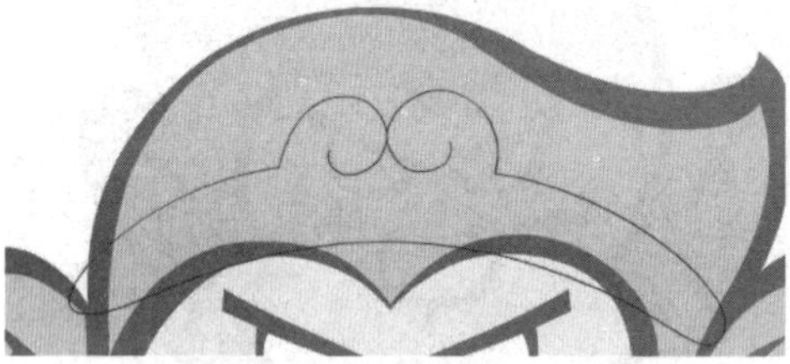

图 1-22

图 1-23

给头部绘制阴影。以紧箍圈为例,先用线条工具或铅笔工具勾出阴影部分区域,直接上色即可,修改的过程中对之前的工作进行适当的调整,慢慢调出最终满意的效果出来。加阴影的效果如图 1-24 所示。

(3) 根据上述思路,对整个头部的阴影进行深入的刻画。

先从眼睛开始,勾出两个眼袋,如图 1-25 所示。

图 1-24

图 1-25

接下来勾鼻子的阴影部分，由于是卡通，在鼻头上加厚度合适的大转折面就可以了，不需要太实物化的处理。鼻子阴影的效果如图 1-26 所示。

(4) 勾出面部的大面积阴影部分，根据之前设定的光线走向，可把阴暗部分设定在面部的左边，如图 1-27 所示。

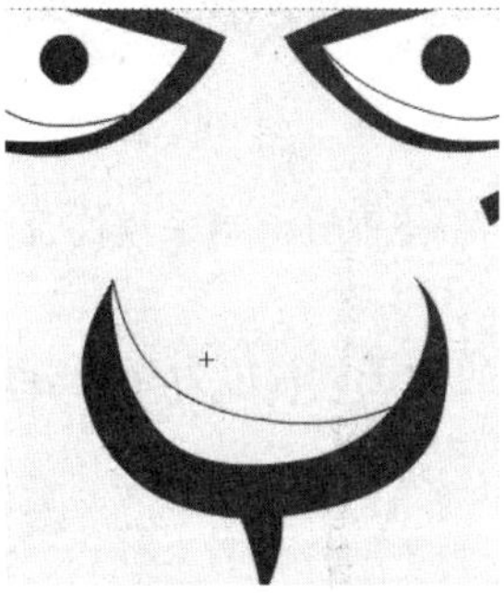

图 1-26

图 1-27

最后还剩下毛头和两只耳朵部分，按照上述制作流程继续绘制。头部阴影勾线最终效果如图 1-28 所示。

图 1-28

步骤 5 卡通形象头部绘制之润色

(1) 整个卡通人物的头部工作已接近尾声，最后的一个流程就是给阴影上色。这里要提到：上什么颜色的暗部阴影色好？上不同的暗部色彩对不同的面部色块会产生什么影响？

拿面部阴影上色为例，现有面部肤色值为 255、233、200 的颜色，眼珠部分为纯白色。给它上阴影色的时候可采用色值为 240、203、147 的颜色，这个阴影色比原色少了 15 个红、30 个绿和 53 个蓝；色彩偏灰，但又基于红色和绿色色调幅度之间变化，这样不会让阴影的次色调抢了主色调（黄色），也能够让棕与黄之间有过渡色，不会显得太冲突，如图 1-29 所示。

(2) 画眼睛阴影。由于眼珠是纯白色的，而黑、白、灰三原色可调配任意一种颜色出来，所以在画眼睛的阴影色上，可以直接给它画上一个浅灰色，如图 1-30 所示。

图 1-29

图 1-30

画毛发和耳朵部分阴影。毛发部分的颜色比较深，所以在上阴影的时候要给它调深一些，让毛发的立体感显示出来，如图 1-31 所示。

图 1-31

耳朵上是盖着毛的，所以也是同一个色调，但它又比脑门上的毛发位置更低，处于画面的次要位置。所以在给两只耳朵上色的时候要注意给它调冷一些，调深色一些。效果如图 1-32 所示。

(3) 最后就是紧箍圈了。画水粉时对于铁、钢等金属制品表面的绘制采用高反光来处理，这里也是一样。

给它加两个比较极端的阴影面，左边为暗色，用相对深的调子；右边为亮色，可以直接用纯白色。最后效果如图 1-33 所示。

图 1-32

图 1-33

整个头部的制作完成了，在制作的过程中必须边画边修改，最终成形，如图 1-34 所示。然后保存文件。

图 1-34

步骤 6　卡通形象躯干绘制之勾线

(1) 对人物的躯干部分进行绘制，制作时与上述方法相同。

用线段工具勾出大致的身体及四肢的轮廓，设计时在衣服上打个红领摆巾，并在其中一只手上拿金箍棒，如图 1-35 所示。

(2) 对草图线条进行修饰、整理，直至合适的程度。先把两只手和脚分别设置成图形元件，以备接下去的动画使用。在修饰的过程中要特别细致耐心。躯体线条最终处理效果如图 1-36 所示。

图 1-35

图 1-36

步骤 7 卡通形象躯干绘制之上色

(1) 按相同的步骤接着填充基本色。孙悟空一般身穿黄色僧袍外加一条红领摆巾，腰间束一条深蓝色腰带，着深棕色僧鞋。这样就可以给整体颜色定位。为整体色调统一，给金箍棒描上颜色，并加上阴影色以表现出它的立体感和色调的丰富。最终上色效果如图 1-37 所示。

(2) 由于之前在绘制头部的工作中给它的线段填上了 51、13、0 的色值，在这里仍然保持它的色调，并在"线条"转换"形状"后进一步修改它的大小和排列组合。最终的人物绘制效果如图 1-38 所示。

图 1-37

图 1-38

再用同样的方法绘制出主角形象的侧面部分，便于接下来影片中的动画需要；由于人物和场景的制作风格、色调以及精细程度会对整个影片产生截然不同的影响。所以，建议把 70% 的工夫放在前期工作上。

步骤 8　孙悟空的侧面绘制

(1) 绘制人物侧面,其方法及思路同上述。

参考已完成的正面图稿,可设计出一个大概的侧面,如图 1-39 所示。

在勾线的过程中,可对比已绘制完成的正面图,比较两者的身高、面相以及服饰和色彩划分等,一边勾画一边修改,直至理想为止。

(2) 线稿图勾画完后,接着是线条修饰及色块填充。线条尽量准确到位,并把四肢部分转化成元件,以便为接下来的动画制作做准备;色块的填充也必须以正面图的色彩为准,并做好暗面、背光及反光色块的填充,尽量保持正面与侧面的色调统一。效果如图 1-40 所示。

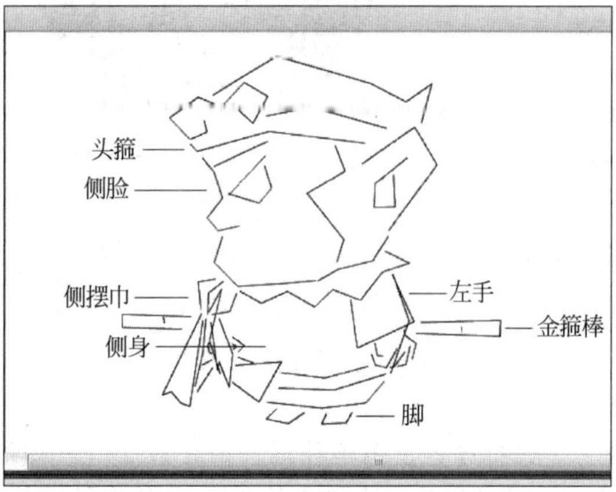

图　1-39

图　1-40

进一步细化处理线条与色块的对比关系、色块与色块之间的搭配关系,使得卡通形象更生动、丰富。最终处理效果如图 1-41 所示。

图　1-41

步骤 9　唐僧的正面形象绘制

(1) 绘制另一位主角——唐僧。

制作流程和思路仍然与上述方法一致,先用线段勾画出大致的人物正面形象。效果如图 1-42 所示。

在给人物勾线的时候也要注意,不仅要把握住大致的人物风格,还应尽量减少不必要的装饰、转折线等。这就是一个做减法的工作流程，也是优化影片必须时刻掌握的知识。

首先勾画一个手拿方杖、口念佛号的卡通和尚形象。让唐僧保持一些既故作严肃又透一点轻松的卡通风格形象，目的是让整部动画短片轻松、诙谐。

(2) 接下来同样是描线，上色块，如图 1-43 所示。

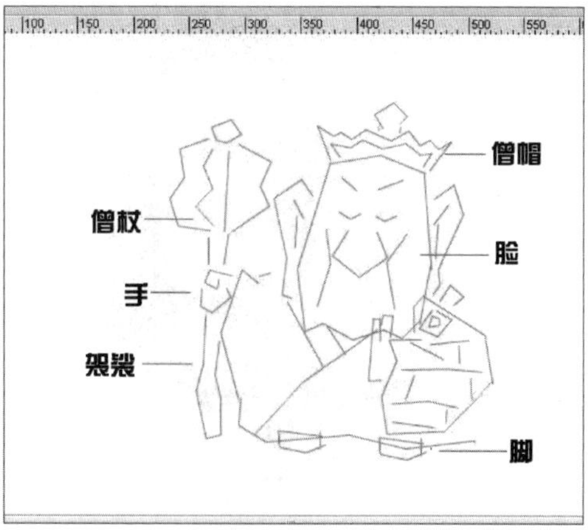

图 1-42

图 1-43

上大色块的时候选用稍偏灰色的调子，但总色调仍然控制在一个协调的状态。

将人物形象细化处理、调整线条、丰富色块明暗等。最终效果如图 1-44 所示。

步骤 10 唐僧的侧面形象绘制

(1) 绘制唐僧的侧面形象，大概有 1/4 的侧面就可以。

仍旧是先勾线侧面大轮廓，注意正面形象的各个部分躯干的比例关系。处理效果如图 1-45 所示。

图 1-44

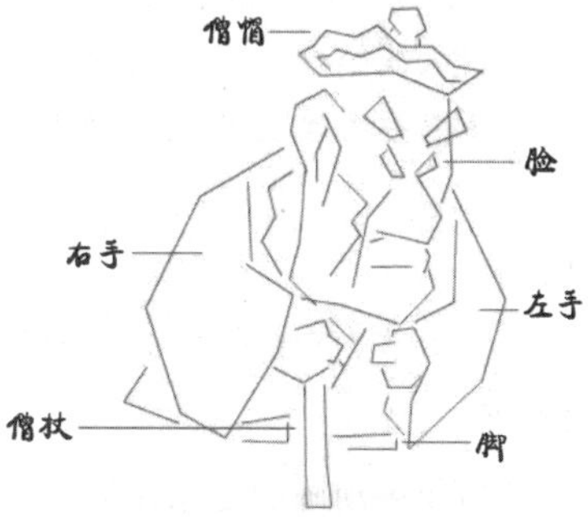

图 1-45

在绘制人物全侧面和半侧面时有所不同。由于物体的空间透视，在绘制侧面时必须遵循近大远小、近主远次的镜头关系，所以绘制的过程中要注意边画边调整。

(2) 进行线条处理和色块填充时，也要注意把握整体人物形态、比例关系、色彩调等。最终处理效果如图 1-46 所示。

从分镜头表 1-1 可以看出有唐僧的侧面形象的镜头大概出现在一两个场景之间的切换。所以可以预先直接把他画得有点嗔怒表情，背有些驼，捏着手带有一点生气而又碍于出家人“不嗔不怒”性格的人物形象特征。

最后一步仍是处理线条和色块的明暗。最终效果如图 1-47 所示。

图 1-46

图 1-47

项目小结

Flash 的商业短片项目开发与传统无纸动漫的项目开发有本质的不同。前者很大一部分会受客户的需求所限制，如制作周期、画面内容、产品的动画表现方式等；而后者更侧重制作成本的比较、收视率高低以及相关动漫产品的衍生市场等。所以在进行 Flash 各类产品广告创作的时候要尽可能地考虑精简的流程制作以及最大效率的产品体现，化繁为简。

1.3 实例体验 开场动画的制作

项目背景

每场 Flash 动画场景的制作都有它独特的风格、特点。可以用线来表现，可以用色块来表现，也可以用色、线结合的模式来表现。但不管用什么方式都还是要定位在主次元素之间的关系上表现。所以要考虑到使用线条时会不会过于烦琐多余，填充色块时会不会色调太亮而抢眼等。

项目任务

结合人物形象、表现风格，完成影片的第一段出场动画制作。

项目分析

这一段的开场动画中是采用固定机位的方式来表现主角的出场过程。机位固定指的是将主场景上的白色画面框看作镜头的取景框，Flash 动画模拟的是镜头的各种切换运用的过程，也就是所说的“蒙太奇”语言。

项目实施

步骤 1 开场动画制作

本节开始进入影片的重点制作环节——正片制作。

(1) 制作第一个场景的动画。从分镜头脚本上看出第一段语音所占时间在 1.8s 左右，在这之前可以设计 2～3s 的动画作为开场动画。

第一段画面参考了“大话西游”Flash 版中一个城墙的场景，时间背景在晚上。

设置天空的背景色由深蓝(＃163968)到灰紫色(＃763D98)的渐变，其效果如图 1-48 所示。

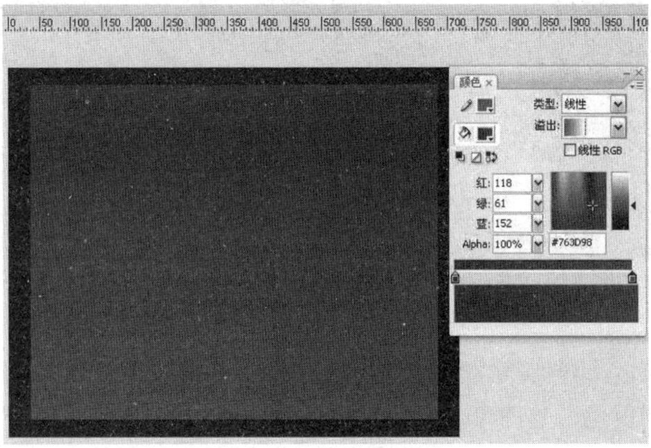

图 1-48

(2) 新建一层，绘制城墙以及天空中的月亮。先勾线，特别注意在勾画诸如城墙或其他建筑物的时候，一定要多加留心它的空间透视关系：近大远小、近宽远窄、近高远低等。效果如图 1-49 所示。

(3) 填色。由于这部分背景是给主体(人物)作陪衬，所以在色彩上就要注意不能过亮、过纯，以免抢了主体的色彩。如城墙上可选用土砖的那种暗黄；月光照着屋顶墙瓦的部分则选用一些中性灰，暗面则用深色的灰；而月亮则用较淡的灰和纯白色。效果如图 1-50 所示。

图 1-49

图 1-50

通过对比可以看出，城墙和月亮这两部分的背景对象构成及用色的变化范围都不大，所以直接把线条删除，再加以细化处理即可，如图 1-51 所示。

用色处理的几种思路已经标在图 1-51 中：“反光”指的是月亮对墙体表面进行反射所产生的光影；“环境色光”则刻画出月夜天空中的蓝对屋顶的一种色差所产生的光影效果；“强对比色”就是两部分物体间用一定的加强色使得色彩空间感能够跳出来，单独指城墙砖两个转折面前后的空间。

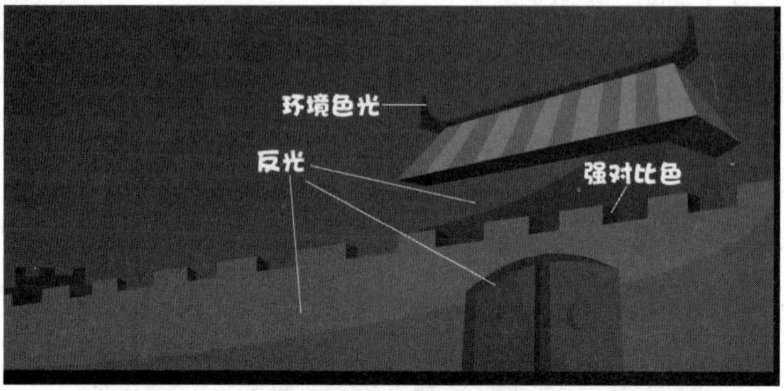

图 1-51

(4) 把月亮暗面部分的色块形状进行部分处理,使其看起来有一些月球表面的不规则感。之后再加上月光晕,用白色渐变即可。最后处理效果如图 1-52 所示。

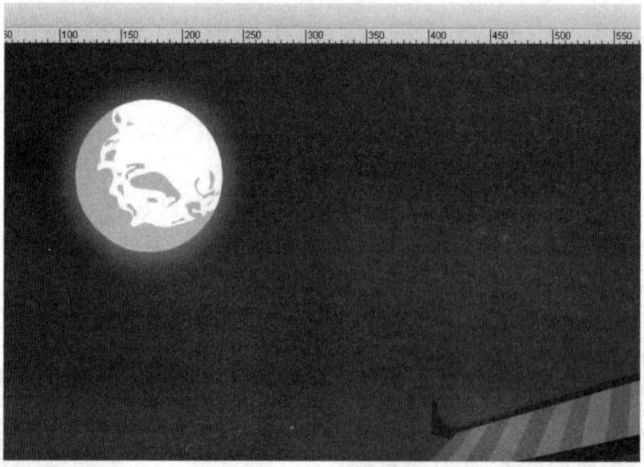

图 1-52

(5) 画上一些云彩,让背景画面丰富些。在 Flash 动画里绘制云彩的时候通常可配合 Photoshop 软件来使用。而这部短片中云的对象关系是次要的,所以可简单用笔刷涂上几笔,再加以修整即可。

新建一层,先随意涂上几笔大的色块形状,如图 1-53 所示。

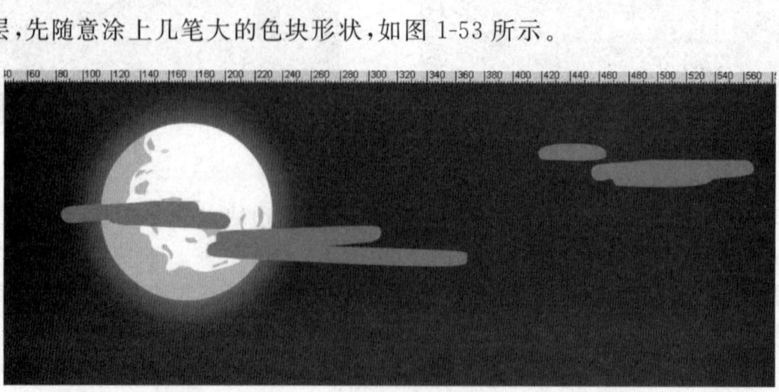

图 1-53

设置小号笔刷，慢慢擦出云的形状，如图 1-54 所示。

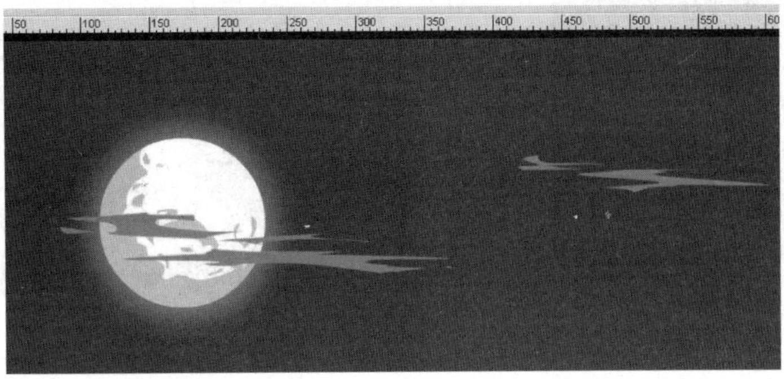

图 1-54

进一步调整，直到自己满意的形态，如图 1-55 所示。

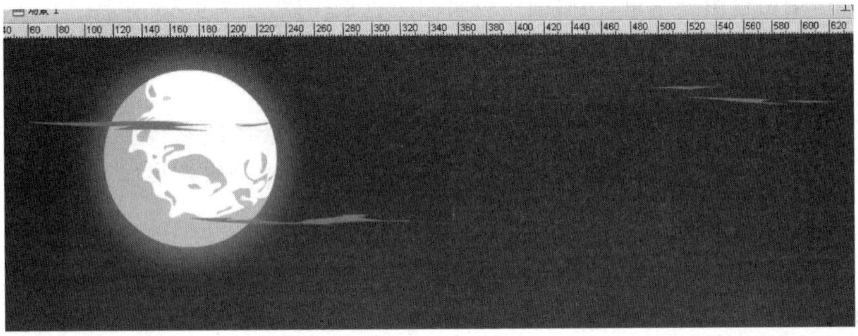

图 1-55

再进一步细化，填充白色后分别降低一些透明度，如图 1-56 所示。把它们转化成 3 组独立的元件，以便之后制作动画时使用。

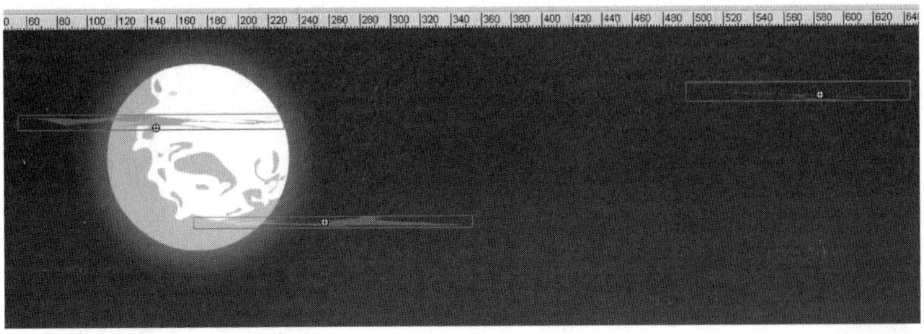

图 1-56

缩放画面，最终处理出来的场景效果如图 1-57 所示。

步骤 2 人物的场景画面处理

(1) 这一组镜头的处理是：镜头固定，孙悟空在空中驾云做一次从右到左的运动，之后马上镜头推进，切换串接至第一段台词画面的开始。

从库里把前面绘制的孙悟空拖出来，按 Ctrl+B 组合键打散后，对躯干几个部分进行一些改动，让它有飞翔的动态，如图 1-58 所示。

图 1-57

图 1-58

(2) 画上云彩,用线条先勾出云的轮廓,如图 1-59 所示。

细化调整,用白色填充主色,阴暗面用较暗的灰色来代替,如图 1-60 所示。

进一步细化,美化云彩上的一些暗面的轮廓。处理线条转化成可编辑状态,并填充和人物同样的深棕色以保持协调一致,如图 1-61 所示。

把云彩放置在孙悟空脚下,并调整尺寸至合适的大小。最后把它转换成一个图形元件,取名为“孙.飞”。至此,人物第一个场景所用的道具就绘制完毕。最终效果如图 1-62 所示。

步骤 3　制作出场动画

(1) 新建一层,把踩着云彩的猴子拖到画面另一侧的合适位置,如图 1-63 所示。

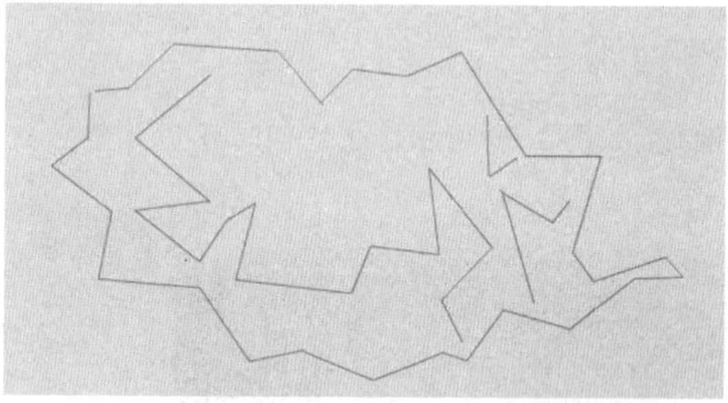

图 1-59

图 1-60

图 1-61

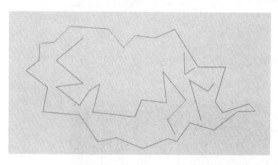

图 1-62

双击人物进入元件界面，加上两帧简单的动画，以免动作单调。对人物的各个躯干部分前面都已经做了元件转换工作，并且全都集中在一个图层上，如图 1-64 所示。

图 1-63

图 1-64

此时可单击鼠标右键，执行“分散到图层”命令，分别把它们单独地放置在不同的图层上，并分别命名，如图 1-65 所示。

在“时间轴”上给各躯干图层设置 6 个普通帧，并在第 3 帧处加一个关键帧，如图 1-66 所示。

图 1-65

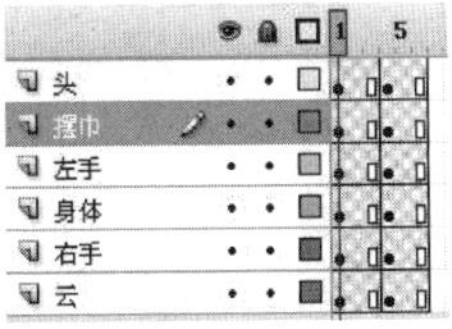

图 1-66

(2) 制作一个简易的关键帧动画，时长间隔为 3 个帧即可。

在第 3 帧处对人物进行一些简单的调整，如图 1-67 所示打开洋葱皮效果下的关键帧对象。

在处理关键帧动画的时候一定要注意保持人物每个肢体语言的关系：头的摆动必须以颈部为轴心，手的移动必须以肩头部分为轴心等。每做完一步动画的时候都要进行测试，及时发现问题，及时修改。

(3) 双击回到主场景，把“时间轴”播放头拖到第 25 帧处，给人物图层设置一个关键帧，并把孙悟空拖到画面的中间位置，如图 1-68 所示。

图 1-67

图 1-68

回到第 1 帧，给它创建一个补间动画，并打开“属性”面板，设置第 1 帧动画“缓动”值大小为 100，如图 1-69 所示。

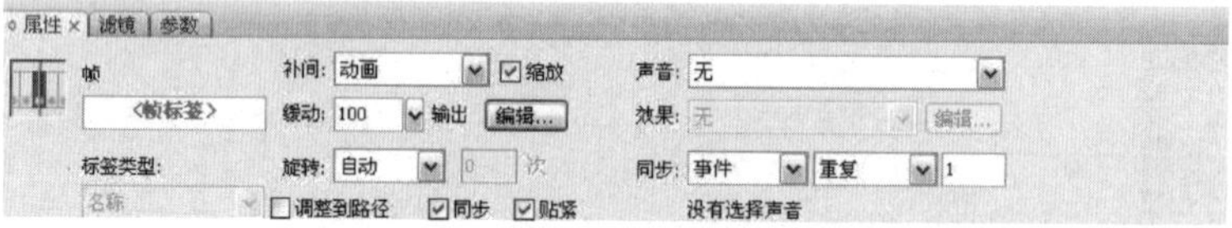

图 1-69

步骤 4　制作过场的关键帧动画

(1) 制作一个过场的关键帧动画：让猴子绕着云翻滚一圈后再飞出画面框。

这一动画过程一共用了 8 帧，每帧的状态如图 1-70 所示。

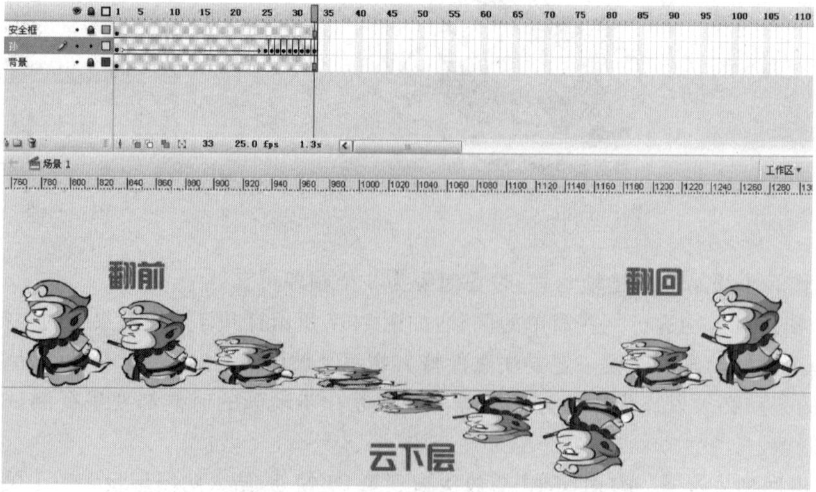

图 1-70

在这一动画的最后一帧(第 33 帧),把元件打散、分离,再重新转换成一个新的元件,文件名为“孙.过场动画”。绘制一组新的动作,如图 1-71 所示。

图 1-71

(2) 这一步的动画大意是:孙悟空在师父前先行,到半路的时候回望一下,招招手。计划分配不到 1s 的时间,所以动作应用不多,只需在同一层上设置不同关键帧动画即可。

第 1 帧处保持翻转后的最后一个动态,在第 3 帧处插入一个关键帧,把前面绘制的正面形象的头部拿过来,并对身体进行部分调整,如图 1-72 所示。

在第 4 帧处创建一个关键帧,修改人物形态向后翻转,并重新绘制手部为一个张开的状态,如图 1-73 所示。

图 1-72

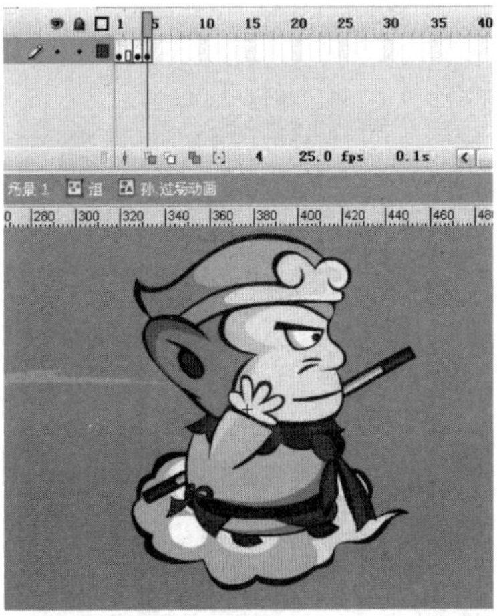

图 1-73

(3) 接下来一步是制作朝后打招呼的动画。对这一套动画设置 3 帧不同的动作,再分别配合“复制帧”和“粘贴帧”命令,让前 3 帧动作重复两到三遍。

第 6 帧状态：云保持不变，以前脚为中心，后脚稍抬并向上微调身体，头跟着往下转动，双手调下一些，如图 1-74 所示。

第 8 帧状态：仍以前脚为中心，身体向上微调，头部和双手跟着微调，如图 1-75 所示。

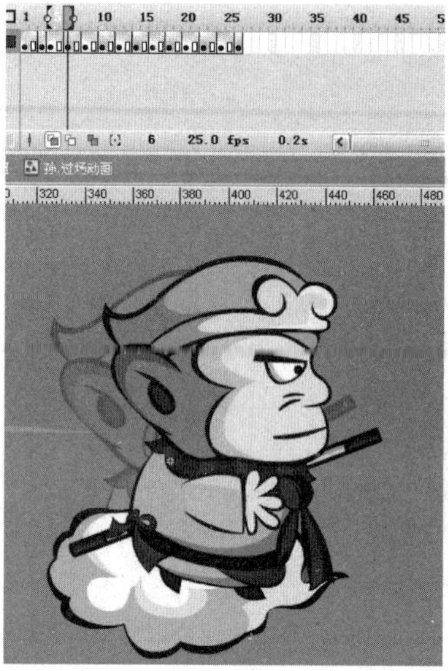

图 1-74

图 1-75

第 10 帧状态：以前脚为中心，身体向下微倾，双手和头部调下一些，如图 1-76 所示。

接下来让这 3 帧进行两次“时间轴”循环动画，这一过程到第 22 帧结束。

(4) 制作转头动画。在第 24 帧处创建一个关键帧，把第 4 帧上的向后转头的最初状态的人物(刚转过身还没踮脚的时候)复制过来，如图 1-77 所示。

图 1-76

图 1-77

在第 26 帧处创建一个关键帧，保持身体其他部分不变，对双手和头部进行微调，如图 1-78 所示。

在第 28 帧处创建一个关键帧，继续进行人物的微调，以便让整个动画显得流畅，如图 1-79 所示。

图 1-78

图 1-79

(5) 在第 40 帧处创建一个普通帧，为人物加上几帧的停顿，以作为下一段准备转身动画的前奏。

在第 41 帧上创建一个关键帧，把第 3 帧上的动作复制过来，开始转身，如图 1-80 所示。

在第 42 帧处创建一个关键帧，把第 1 帧上的动作复制过来。这样就完成了整个过场的动画过程。最终效果如图 1-81 所示。

图 1-80

图 1-81

步骤 5　场景切换

(1) 回到主场景，由于刚才做的动画共有 43 帧，所以在主场景“时间轴”的第 33 帧后再加上 42 帧的时间，即到第 75 帧处创建普通帧，如图 1-82 所示。

在第 76 帧上创建一个空白关键帧，把第 25 帧上的对象复制过来，接着在第 86 帧上创建一个关键帧，把“孙悟空”拖到场外，如图 1-83 所示。

图　1-82

图　1-83

(2) 回到第 76 帧，添上补间动画命令，并设置“属性”面板中“缓动”值为－100，如图 1-84 所示。

图　1-84

第一段过场动画就此完成了，可以测试一下动画的效果。会感觉第一个 25 帧的补间动画(从镜头外飞入画面中间)过于缓慢，从“时间轴”上减去 10 帧再测试，如图 1-85 所示。

项目小结

在处理人物动画和背景的关系时，一定要多注意两者之间的协调以及一些动画镜头语言的运用。通常把影片镜头的各种处理切换称为“蒙太奇”——法文 montage 的音译，原为建筑学术语，意为构成、装配，是电影创作的主要叙述手段和表现手段之一。电影将一系列在不同地点、从不同距离和角度、以不同方法拍摄的镜头排列组合起来，叙述情节，刻画人物。但不同的镜头组接在一起时，又会产生各个镜头单独存在时所不具有的含义。

Flash 软件只是一个使用工具，它能提供各种功能，但艺术效果还得靠自己实现。要想制作一部好的 Flash 动画，各方面的知识如色构、平构、物理运动规律、镜头语言应用等都必须掌握好。

图　1-85

1.4　实例体验　场景制作

项目背景

本节开始设置音频台词内容播放的时间，所以这时候动画必须与台词内容紧密结合起来。在每个场景、每个动作甚至每个对象制作完成后都要及时修改、完善。当然，还要注意和前面一段过场动画的风格结合。

项目任务

制作第一句台词——“嘿嘿，妖怪！”的动画内容。

项目分析

Flash 动画制作当中常常需要音频与画面同步，不同时间段的台词内容需配以相同的场景内容，这里就要事先将动画中所需的所有音频，分镜头结构对应上，才能做到在实际制作过程中井井有条。

项目实施

步骤 1　背景切换处理

设置第一段台词时间。画面从上一镜头的最后一帧（第 76 帧）后面给人物图层创建一个空白关键帧；给背景层创建一个关键帧，直接把城墙和天空放大，缩小月亮并在画面上安排好合适的位置，以此做这一段动画的背景。效果如图 1-86 所示。

步骤 2　人物新动态的制作

（1）把前面绘制的人物正面稿图从库里调出来，打散后并做些调整，让他一手拿着棒子；另一手拿着一部手机。

画出手机，如图 1-87 所示。

在手机上勾出拿着手机的手形，如图 1-88 所示。

把绘制好的手放进人物中，再进一步调整。效果如图 1-89 所示。

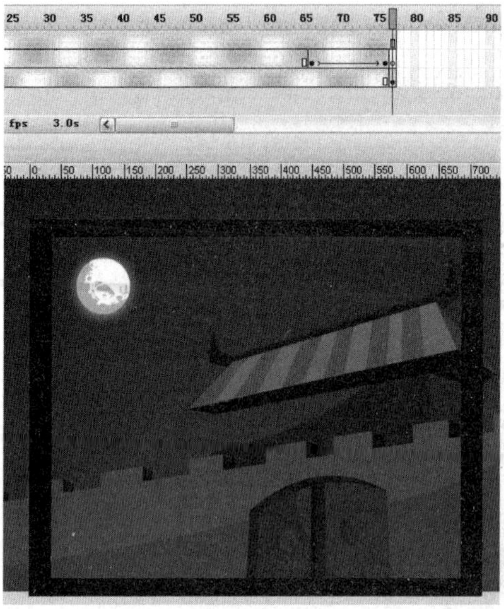

图 1-86

图 1-87

图 1-88

图 1-89

(2) 把前面绘制的那朵云拖过来，放在人物的脚下，并全选转换成一个图形元件，取名为“孙.第一段台词”，如图 1-90 所示。

双击进入元件界面，制作两帧的关键帧动画，如图 1-91 所示。

步骤 3 第一段动画制作

(1) 回到主场景，在第 78 帧处创建一个关键帧，把绘制好的人物拖到主场景上方，调整好大小，让他从上往下移至画面中央，如图 1-92 所示。

在第 95 帧处创建一个关键帧，把人物拖到画面中间合适的位置，如图 1-93 所示。

回到第 78 帧，创建一个补间动画，并设置帧动画属性的“缓动”值为 100，如图 1-94 所示。

图 1-90

图 1-91

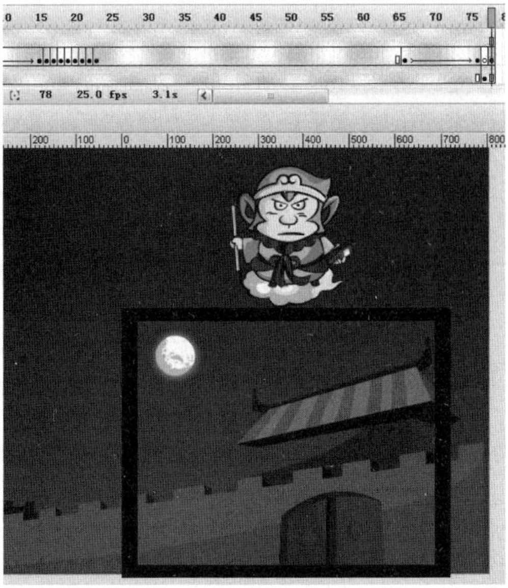

图 1-92

图 1-93

图 1-94

(2) 新建一层，命名为“音轨”，把前面的音频导入 Flash 场景中，并设置“同步”属性为“数据流”，如图 1-95 所示。

图 1-95

“时间轴”上音乐文件就只显示一帧。为了更方便浏览整段音乐所占的动画时间，把它在“时间轴”上的帧数全部拉出来，最后可以看到从第 96 帧开始的音乐是在第 1288 帧结束，也就是 51.5s 内全部播完，如图 1-96 所示。

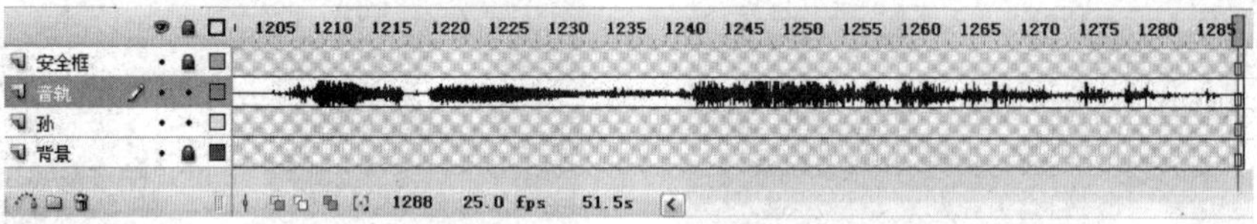

图 1-96

按回车键试听一下，发现音量太大了，可以打开音频属性面板，把音量降低一些，如图 1-97 所示。

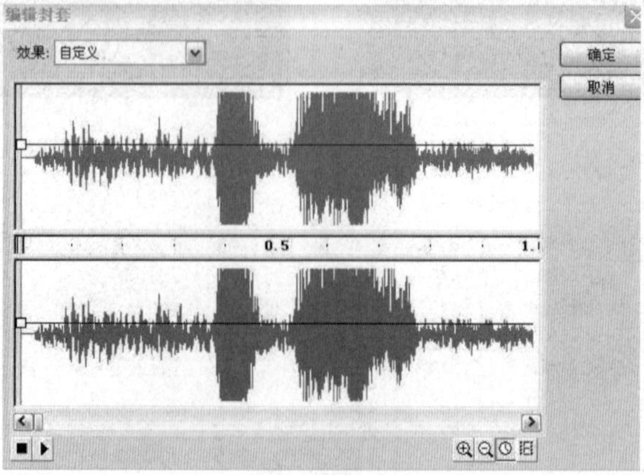

图 1-97

(3) 回到第 96 帧,在“孙”图层上创建一个空白关键帧;并新建一个图层,命名为“孙一”,表示第一段台词动画的意思;同时在这一帧上创建一个关键帧,并把第 95 帧处的人物复制一个过来,如图 1-98 所示。

图　1-98

从波形上看,第 105 帧到第 110 帧上有两处音频波动,表示在这个时间段有人物的台词出现。

(4) 在“时间轴”第 104 帧上创建一个关键帧,把人物元件分离、打散,如图 1-99 所示。

把人物进行一些动态变化调整,效果如图 1-100 所示。

图　1-99

图　1-100

在第 105 帧上创建一个空白关键帧，把第 95 帧上的人物复制过来，然后把这两帧复制并粘贴到第 108 帧的相同位置，如图 1-101 所示。

步骤 4　第二段动画制作

(1) 制作下一句台词。从"时间轴"上可以看到波形变化的时间出现在第 121 帧上，所以在第 121 帧上创建一个关键帧，并把人物再次打散，如图 1-102 所示。

图　1-101

图　1-102

调整人物的动作，让金箍棒指向画面，配合台词"妖怪……"，如图 1-103 所示。

(2) 制作两个动画：手挥棒的动作和说话的动作。

选中手执棒子这一对象，把它转换成图形元件，取名为"手动作一"，双击进入元件界面，如图 1-104 所示。

图　1-103

图　1-104

再次选中对象，把中心点放在棒子的末端作为运动的轴心，如图 1-105 所示。

分别在“时间轴”上的第 3 帧和第 5 帧上创建一个关键帧，其中在第 3 帧上把棒子进行稍微的转动，其他两个关键帧保持不变，再给这两段动画都加上补间命令。效果如图 1-106 所示。

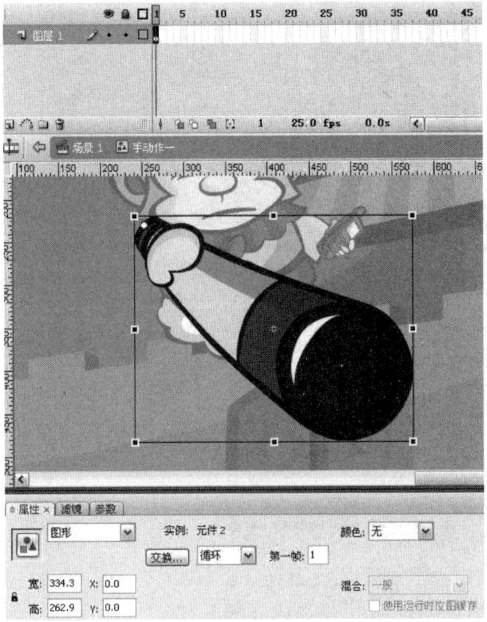

图 1-105

图 1-106

回到主场景，选中嘴部对象，将其转换成图形元件，命名为“嘴部动作”，如图 1-107 所示。

图 1-107

(3) 双击进入新创建的图形元件界面，制作一个每 3 帧间隔的逐帧动画，其中在第 4 帧上的动作调整效果如图 1-108 所示。

第 7 帧动作调整的效果如图 1-109 所示。

双击回到主场景，在第 135 帧上把嘴部元件打散，保持嘴巴的闭合状态，因为这一段时间是没有台词的，如图 1-110 所示。

图 1-108

图 1-109

图 1-110

步骤 5 制作小过场动画

(1) 在“时间轴”上,从这段台词结束到下一段台词出现之间起码有 10 帧以上的空白,这么长的一段时间里让人物一直摆弄着棒子不说话显然不合适,于是在这里又插进一段小过场动画。

首先在第 144 帧处创建一个关键帧,把前面绘制的一个侧面头部从库里拖出来,并把执棒的手做一个准备向上抛起棒子的动态姿势,如图 1-111 所示。

在第 146 帧处创建一个关键帧,同时调整头部和手部的动态。此时棒子已经离手,在空中的动作应该是一个旋转的状态,于是选中棒子并转换成图形元件,取名为“棒子旋转”,如图 1-112 所示。

图　1-111

图　1-112

双击进入新建元件界面，再次把棒子转换成元件对象，在“时间轴”上做一个 6 帧的顺时针旋转补间动画，旋转棒子的效果如图 1-113 所示。

（2）回到主场景，给棒子做一个主场景“时间轴”上的抛物运动，这就需要单独另建一层。

选中棒子后执行“剪切”命令，新建一个图层并命名为“棒子”。在第 146 帧处创建一个关键帧，按 Shift＋Ctrl＋V 组合键把刚才剪切下来的棒子粘贴到相同位置，如图 1-114 所示。

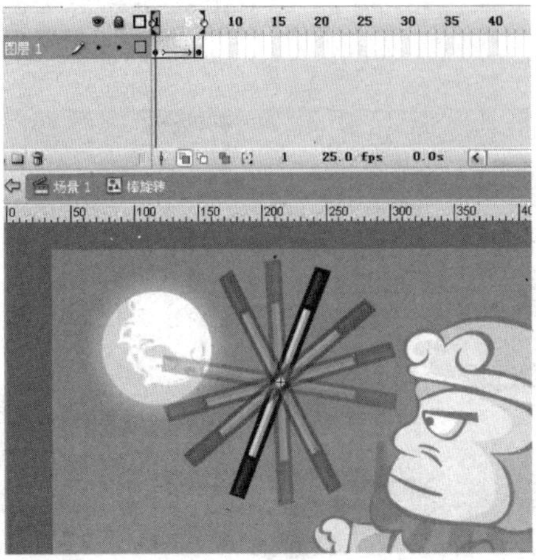

图　1-113

图　1-114

（3）制作一个抛物的补间动画。在第 153 帧处创建一个关键帧，并添加补间命令，暂时保持对象的位置不变，如图 1-115 所示。

在“孙一”图层的第 148 帧处创建一个关键帧，并对人物动态进行调整：头部微抬起，双手抬高，摆巾和身体稍微转动，如图 1-116 所示。

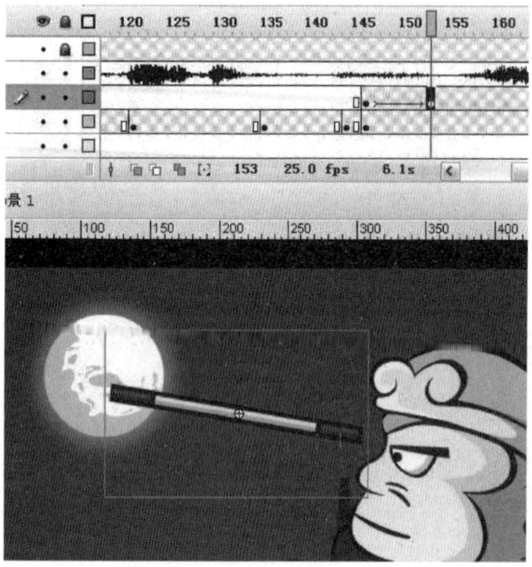

图 1-115

图 1-116

在第 150 帧处创建一个关键帧，再次对人物动作进行微调，如图 1-117 所示。

在第 153 帧处创建一个关键帧，这时候大约是棒子下落快到手上的时间，于是把头部、手部往下稍微调低一些，对身体部分再次进行微调，如图 1-118 所示。

图 1-117

图 1-118

在第 154 帧处创建一个关键帧，继续重复之前的操作，调整确定后把刚才补间动画中最后一帧的棒子拖到右手的位置，最终效果如图 1-119 所示。

选择“棒子”图层，在第 154 帧处创建一个关键帧后把元件打散，使棒子不再旋转，如图 1-120 所示。

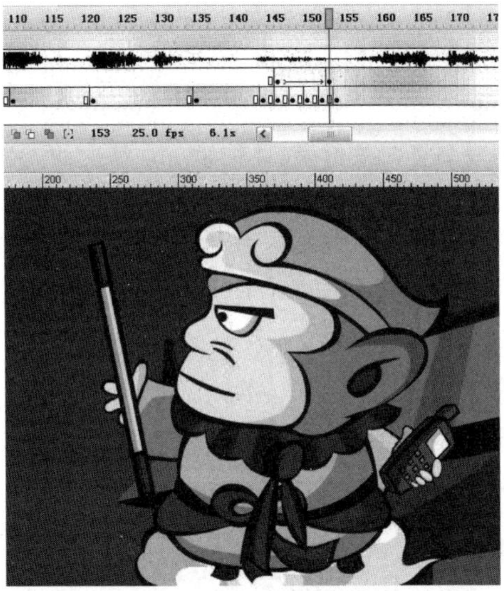

图 1-119

图 1-120

项目小结

这一项目中开始有手机的出现。从手机本身来说和这个人物并没任何关联。但是从商业应用角度来说，这个 Flash 短片涉及目前由手机增值服务类产业衍生出来的彩铃宣传，所以手机作为产品的形象符号必须在片中出现才能把握住动画的定位。

在实际的工作应用中，不管是这样的 Flash 动画宣传，还是平面媒介广告，把握住产品定位是最根本的决策思路。在平面广告设计中可以把产品的某部分转换为背景元素的一部分来设计，也可以用文字的形式来表现；在 Flash 动画中也一样，主题产品可以通过实物化插入片中，也可以利用侧面符号的标识来表现。

1.5 实例体验 位图格式元件的导入与使用

项目背景

这一段的动画将涉及部分 Flash 与 Photoshop 的相互配合应用，其中有个很重要也是制作 Flash 动画时经常会用到的 PNG 透明背景图片格式，所以要了解和熟悉这种图片格式的特点和使用方法。

项目任务

结合前面的动画，制作第二段台词——“打俺老孙电话有何事，快说!”和“俺老孙现在是堂堂天宫移动公司老总，懒得理你们这些小妖精”的动画内容。

项目分析

一般来说，在 Flash 动画中提倡尽可能地使用矢量图(最好是能在 Flash 软件中直接绘制的矢量图)来制作动画，一是根据 Flash 软件本身的矢量性质决定的；二是考虑到优化影片的问题；三是包括位图图片一旦在动画当中使用，最好保持一定程度的小尺寸，若图片所占画面过大则易出现马赛克现象，此时则有可能对动画本身起到反作用效果。

项目实施

步骤1　重新编辑适用画面的人物形象

(1) 接下来从第157帧开始是新台词出现的时间。

在第157帧处分别给图层“棒子”和“孙一”创建一个空白关键帧,并把第110帧上的人物对象复制过来后打散,如图1-121所示。

(2) 把这个打散后的元件重新转换成一个元件,取名为“孙.第二段台词”,如图1-122所示。

双击进入元件界面,制作一个简单的循环动画。

图　1-121

图　1-122

把身体各个部分分散到单独图层,并分别命名相对应的图层,如图1-123所示。

接着把嘴部替换成前面做的“嘴部动作”元件,并调整到合适的位置,如图1-124所示。

图　1-123

图　1-124

(3) 给每个图层的身体部分制作几个简单的逐帧动作，设定总长度是 25 帧，其中头部、摆巾、身体部分同步变化。注意，头部在运动到第 11 帧和第 13 帧的时候加了两帧闭眼的动作，双手部分进行随机性的处理(在实际工作当中可以根据自己的思路设定动作的“时间轴”处理)。最后效果如图 1-125 所示。

做完以后要及时检测，发现感觉不对或有问题就要及时调整。

步骤 2　主场景“时间轴”上的编辑

回到主场景，在这段音频末端的第 208 帧上创建一个空白关键帧，把第 96 帧上的动作元件“孙.第一段台词”复制过来，如图 1-126 所示。

图　1-125

图　1-126

在第 225 帧处创建一个空白关键帧，把第 104 帧上的一处循环动作复制过来作为这一段台词的动画，如图 1-127 所示。

图　1-127

步骤 3　场景的镜头切换

(1) 制作新一段的台词动画。这一段台词是“俺老孙现在是堂堂天宫移动公司老总”。给这句台词设计的动画是播放至“天宫移动”处立即切换一个特写场景。

在第 250 帧处创建一个空白关键帧，把第 157 帧上的元件对象复制过来，接着在第 298 帧处创建一个空白关键帧，如图 1-128 所示。

把播放头拖至第 298 帧处，在背景图层上新建一层，取名为“背景二”，并创建一个空白关键帧，如图 1-129 所示。

图 1-128

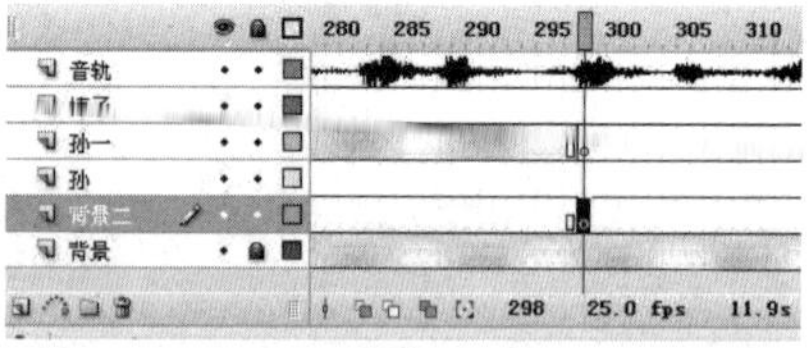

图 1-129

(2) 打开 Photoshop 软件,这里用 CS 版本;导入中国故宫和蓝色天空的分层图片,如图 1-130 所示。

图 1-130

把每个层进行一次模糊—亮光处理,把背景做得更唯美些。效果如图 1-131 所示。

再把它单独提取出来分别另存为“门.png”、“故宫.png”、“天空.png”,如图 1-132 所示。

步骤 4 场景调整

(1) 回到 Flash 主场景,在“背景二”图层的第 298 帧上创建一个新元件,并取名为“导入背景”,如图 1-133 所示。

从库里把新建元件拖到主场景中间,双击中心点再次进入元件界面,如图 1-134 所示。

图 1-131

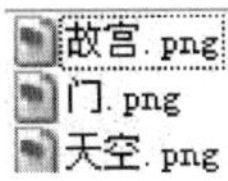

图 1-132

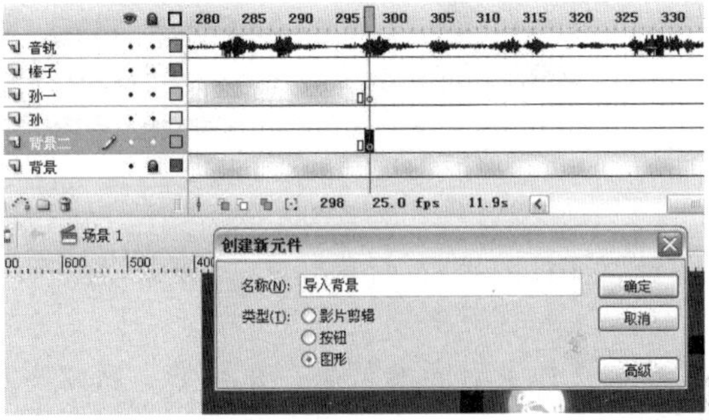

图 1-133

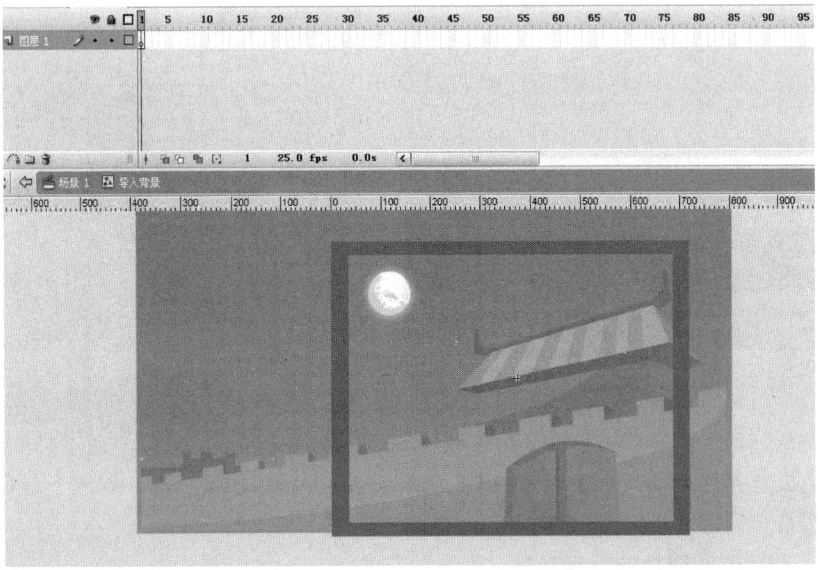

图 1-134

(2) 把刚才存好的3张图片分图层导入,调整好位置和大小并分别转换成图形元件。效果如图1-135所示。

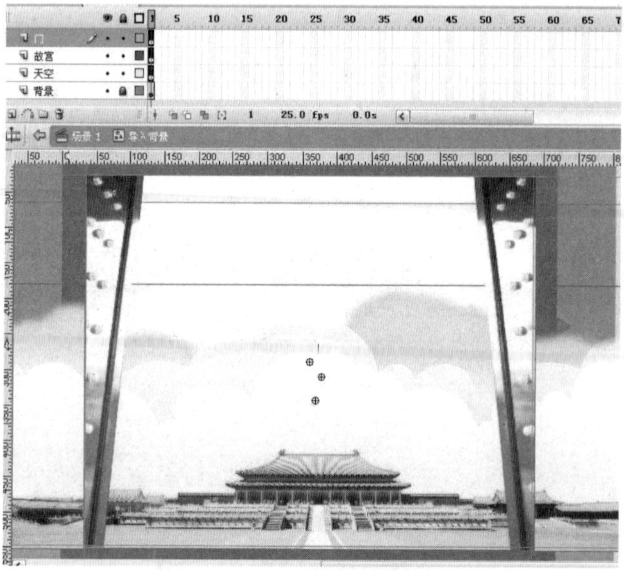

图 1-135

双击进入故宫元件的界面,新建一层,并加上一行字:天宫移动通信集团公司,如图1-136所示。

(3) 给这些文字加上射光的效果。在背景上新建一层,用线段工具勾出一个三角形,如图1-137所示。

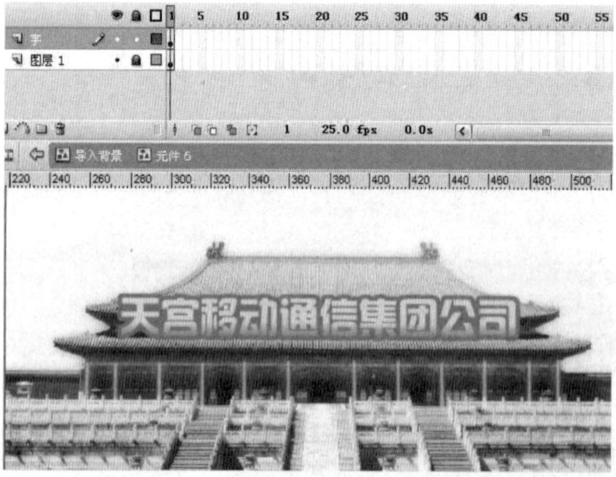

图 1-136

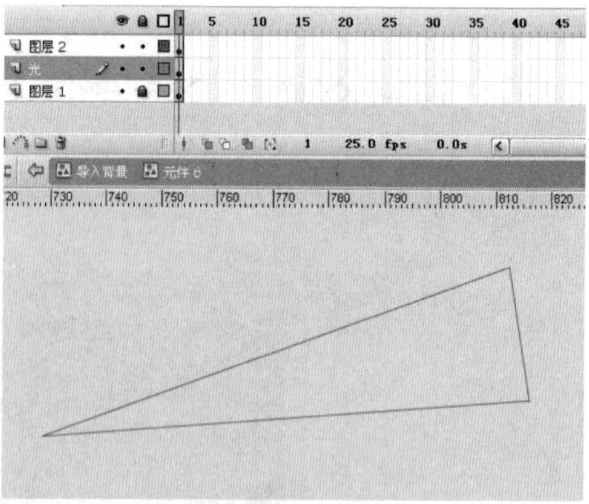

图 1-137

打开"颜色"面板,给它填充一个Alpha值为0%~100%的渐变图形,如图1-138所示。把边框去掉,转换成新元件后拉到字后面,并调整它的中心点位置,如图1-139所示。复制数个三角形,并逐一调整它们的大小、位置方向和透明度,如图1-140所示。

步骤5 利用位图图片做补间动画

(1) 回到上一级元件界面,开始做它的一段小过场动画。把所有图层在第5帧处都设置为关键帧,如图1-141所示。

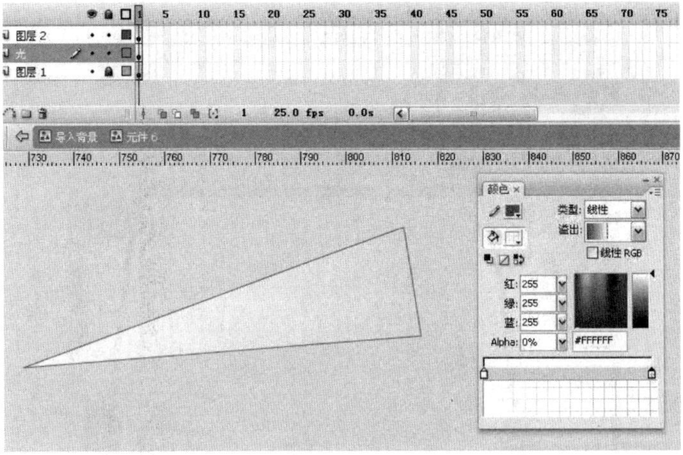

图　1-138

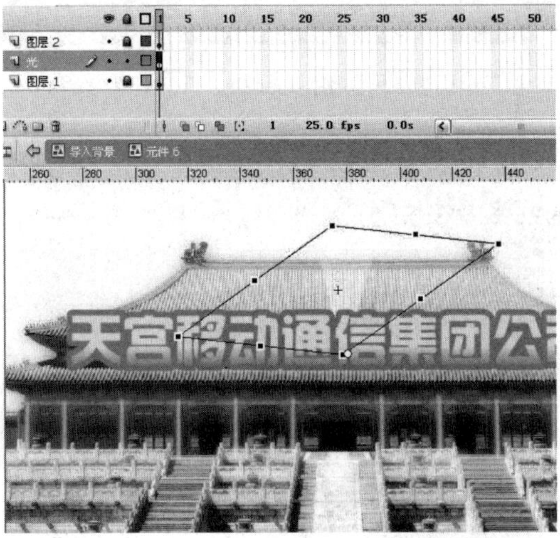

图　1-139

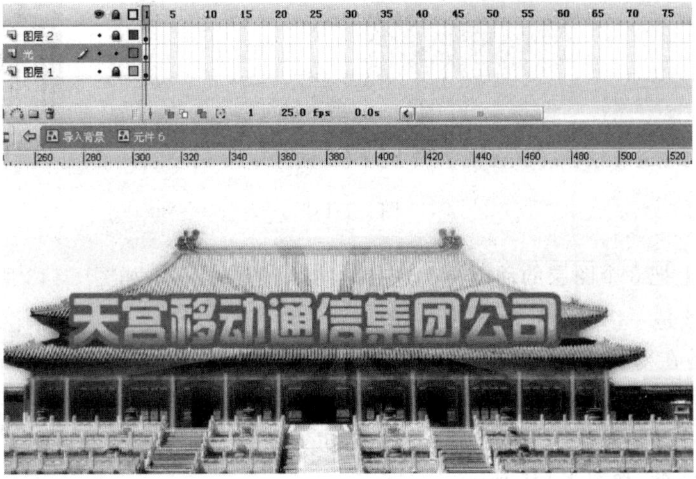

图　1-140

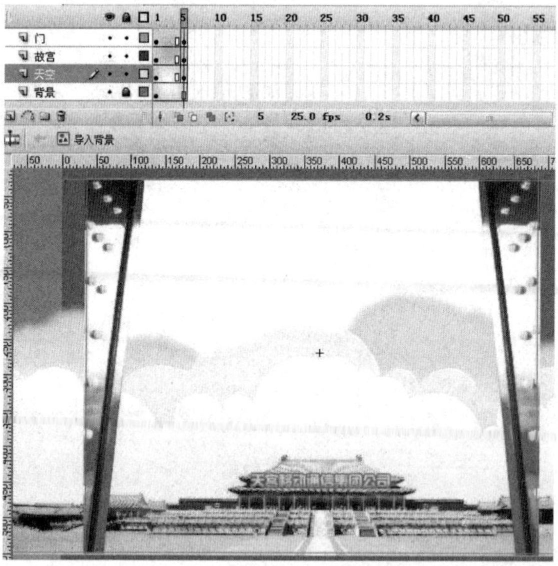

图 1-141

在第 5 帧上把对象进行调整，并给这 3 个图层分别都添加补间动画，如图 1-142 所示。

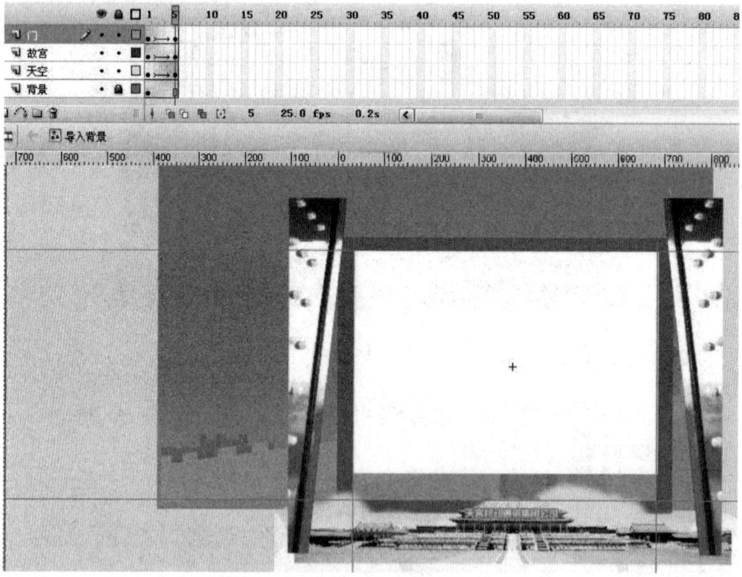

图 1-142

在"时间轴"上把 3 个图层的动画再次进行时间顺序上的调整，如图 1-143 所示。

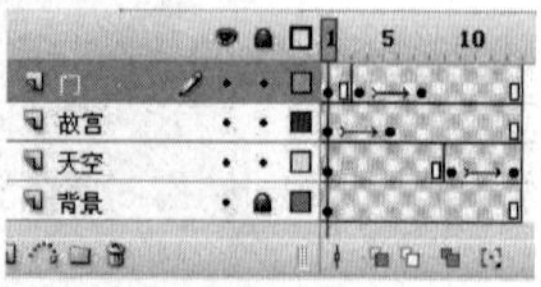

图 1-143

(2) 结果应该是一个倒播的动画效果，所以将它在"时间轴"上全选，注意不是在对象上全选，全选后右击，执行"翻转帧"命令；此时再次进行"时间轴"上的调整，并给每段补间设置"缓动"值为 100，如图 1-144 所示。在"天宫"这一层新建几个关键帧，制作一个动画缓冲特效，如图 1-145 所示。

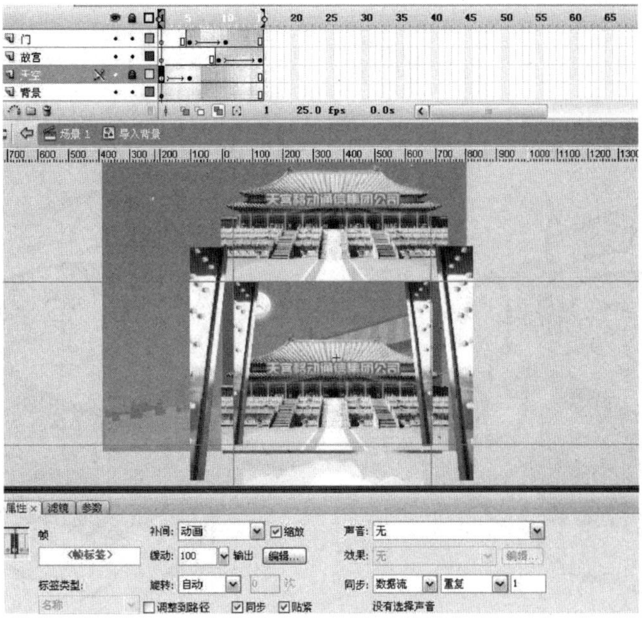

图 1-144

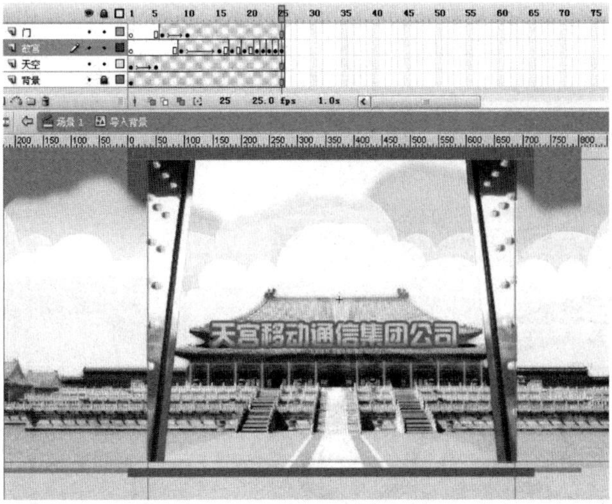

图 1-145

步骤 6 制作人物动画

(1) 新建一层,取名为"人"。把前面的正面人物从库里调一个实例出来并打散,将人物的表情和手势做动态调整。效果如图 1-146 所示。

把这个形象转换成元件,并加上一些动态效果。

双击进入元件界面,把手部和头部对象分散到图层,如图 1-147 所示。

(2) 在"时间轴"上新建 4 帧普通帧,并在第 3 帧处给每个图层都创建一个关键帧,调节各个部分的动态:头部上下摆动,右手及身体部分配合着一些轻微幅度的变化,左手的 V 字则进行两帧的大幅度摆动。效果如图 1-148 所示。

图 1-146

图 1-147

双击回到主场景，把“人”图层在“时间轴”上的位置拖到第 27 帧，并调整在画面的左下角位置，如图 1-149 所示。

图 1-148

图 1-149

(3) 制作人物出场动画。在同一图层上的第 32 帧处创建一个关键帧，添加一个补间动画，把人物放大并拖到画面偏左下部的位置。

最后给这个人物增加到 65 帧的循环动画时间，这一小段的特写动画就完成了，做完这一步后再修改动画，使其完善。最终修改效果如图 1-150 所示。

图 1-150

在最后修改的过程中，把背景层也做了一小段的出场动画，并将它放置在“时间轴”上第1帧的位置，同时调整其他几个图层的时间关系和顺序。

(4) 回到主场景，经测试发现，这段过场动画在第298帧处开始播的效果并不理想，有往后延迟的感觉。所以再次进行主“时间轴”调整；处理方法是把这一段动画在“时间轴”上往前拉到合适的位置，进入特写动画元件内调节人物动态的动画时间，目的是让这一段动画的开始和结尾能与台词时间吻合。

这一过程的动画处理效果如图1-151所示。

图 1-151

从图 1-151 可以看出，经过修改和调整，在第 351 帧处建了一个关键帧，这表示将从这一帧上开始做新一段的动画。

(5) 把播放头拉到第 351 帧，新建一层，把元件剪切后粘贴到新图层上并打散，如图 1-152 所示。

图 1-152

把打散的整个元件重新转换成一个元件，制作一段嵌套动画。

把每个对象都分散到单独的图层上，并依次命名好，如图 1-153 所示。

图 1-153

步骤 7 制作特写场景动画及转场处理

(1) 选择"门"图层,在第 1 帧做一个放大的补间动画,并设置"缓动"值为 -100,如图 1-154 所示。在"天宫"和"天空"图层上同时做两个镜头推拉向前的补间动画,设置属性同上,如图 1-155 所示。在"天宫"图层的补间后面添加几帧缓冲动画效果,其他层保持同步的普通帧时间,如图 1-156 所示。

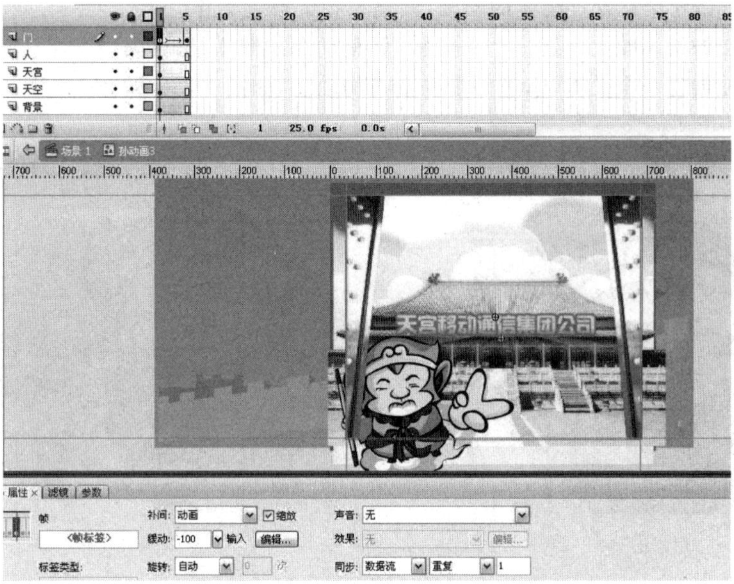

图 1-154

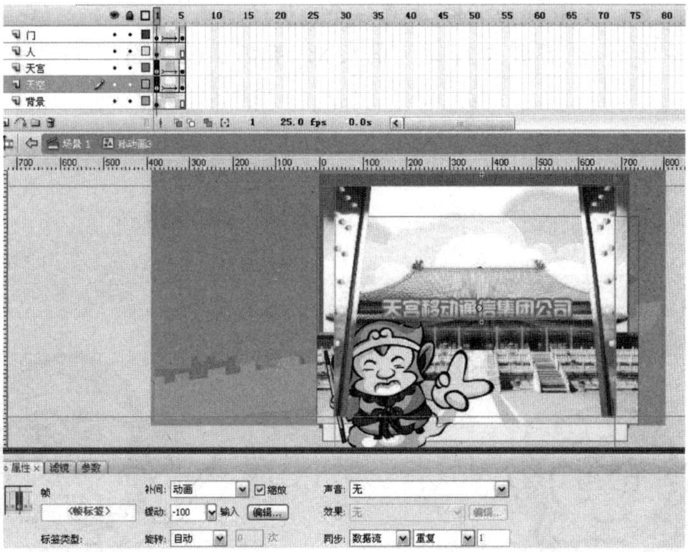

图 1-155

在"时间轴"上进一步调整 3 个图层间的时间顺序关系,让动画看起来有逻辑性,如图 1-157 所示。

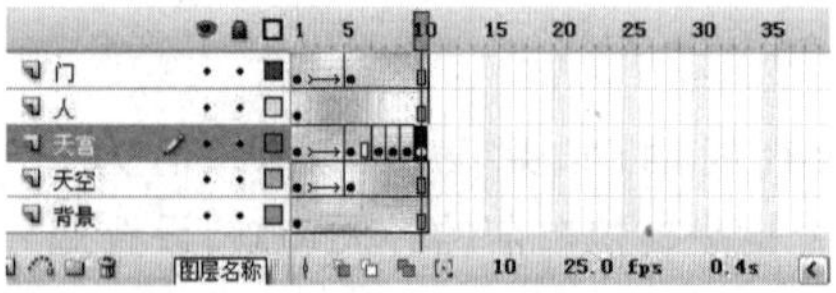

图 1-156

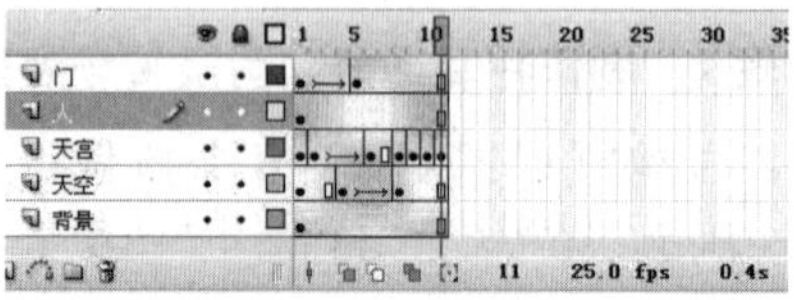

图 1-157

(2) 上面一部分是背景及物体的动画，调整人物的逐帧动作。

在“人”图层的第 3 帧上创建一个关键帧，调整动态如图 1-158 所示。

在第 5 帧处创建一个关键帧，进一步调整人物动态，如图 1-159 所示。

图 1-158

图 1-159

此时会发现背景在人物主体出现的同时显得杂乱了点，所以将背景图层向下移一些，让人物映衬在屋顶和部分天空背景上，如图 1-160 所示。

(3) 把第 5 帧上的人物转换成元件，制作一个说话的动画。

双击进入元件界面，把需要进行动画的头部、手部和身体分散到各个图层并命名，如图 1-161 所示。

图 1-160

图 1-161

从库中拖出前面用过的嘴的动画元件，把它替换成现有的静态嘴形，如图 1-162 所示。

(4) 在“时间轴”的第 30 帧上同时给所有层创建一个普通帧，并在这个时间段上用 4 个关键帧分别设置头部做不同方向的摆动，如图 1-163 所示。

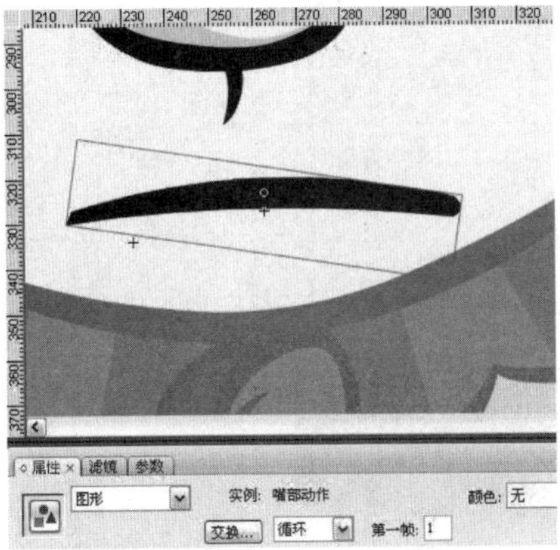

图 1-162

图 1-163

同样，在“身体”图层对应上一层的时间关系设置 4 个关键帧，并调整每个关键帧上身体的一些轻微变化，如图 1-164 所示。

手部运动在“时间轴”上可以有不同的时间关系，毕竟手的活动更灵活多变一些，如图 1-165 所示。

图 1-164

图 1-165

步骤 8　背景淡出切换的镜头设计

(1) 此时回到上一级元件界面，发现“时间轴”只有 11 帧，刚才做的一套 30 帧的动作则是从第 5 帧开始播放的，所以需要将“时间轴”拉伸到 30＋5＝35 帧即第 35 帧的地方才能完整地播放整个动画，如图 1-166 所示。

图 1-166

双击回到主场景，测试发现从第 351 帧开始播放的这一段动画播到第 385 帧的地方就结束了，而此时台词还没说完，这说明刚才一段动画的时间长度不够。于是再次打开刚才的元件，从第 35 帧处添加合适的帧数直至主场景上测试符合为止，如图 1-167 所示。

图 1-167

可以看到，在“时间轴”上预先添加到了 60 帧的长度，这只是个参照值，在实践学习当中必须根据自己制作的实际情况进行合理调整。

双击返回主场景，在第 398 帧处创建一个关键帧，把元件打散后剪切到“背景二”图层的第 398 帧上，如图 1-168 所示。

图 1-168

(2) 把这个元件重新转换成新的图形元件对象,给它做一个场景切换。

双击进入元件界面,再次把对象分散到不同图层上,并命名。对象“门”已经在上一场退出了画面,所以把它去掉,如图 1-169 所示。

图 1-169

新建 5 帧普通帧,把人物元件打散,特别是“嘴”的动画元件,然后重新转换成一个静态的图形元件,如图 1-170 所示。在第 5 帧上新建 4 个图层的关键帧,并把人物图层调整到最大,占满全屏,如图 1-171 所示。

图 1-170

图 1-171

关掉人物图层的浏览，分别对下面几个图层进行调整。此时发现“故宫”和“天空”两个对象放大后已占满全屏。为了优化影片，可直接把“背景”图层上的关键帧对象删除，如图 1-172 所示。

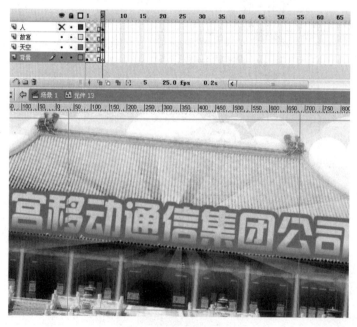

图 1-172

(3) 给这 3 个图层添上补间动画，并给人物图层设置"缓动"属性值为 100。调整好"时间轴"顺序：人物图层占到 8 帧；"故宫"和"天空"图层延伸至第 2 帧开始，第 7 帧结束；在第 8 帧处新建一个空白关键帧，如图 1-173 所示。

图 1-173

在人物图层后新添普通帧到第 13 帧，并设置 Alpha 值为 100%，如图 1-174 所示。

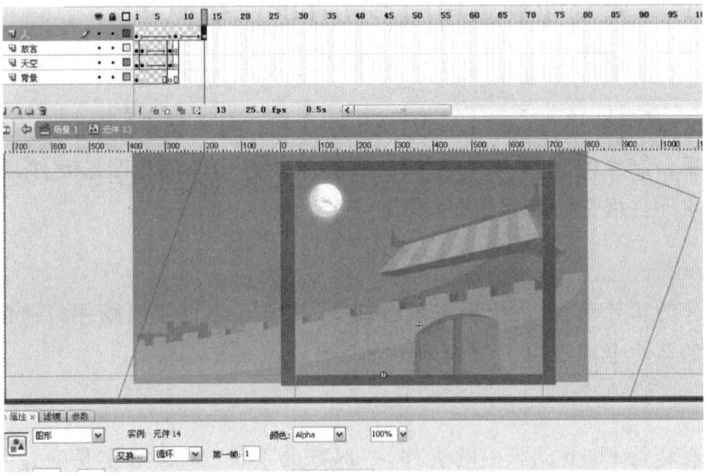

图 1-174

(4) 回到主场景，在"时间轴"的第 410 帧处创建一个空白关键帧，并在"背景"图层的第 406 帧处创建一个关键帧，把"背景"对象转换成图形元件，如图 1-175 所示。

测试发现，中间这一段的镜头切换时间大概 8 个帧，就是从第 406 帧开始到大约第 414 帧结束；在第 414 帧的地方就开始播下一段台词，如图 1-176 所示。

项目小结

Flash 是一个矢量格式的二维专业动画制作软件，它虽然支持几大类流行的位图格式的导入编辑，但从优化电影的角度上还是尽量使用矢量格式来制作动画。

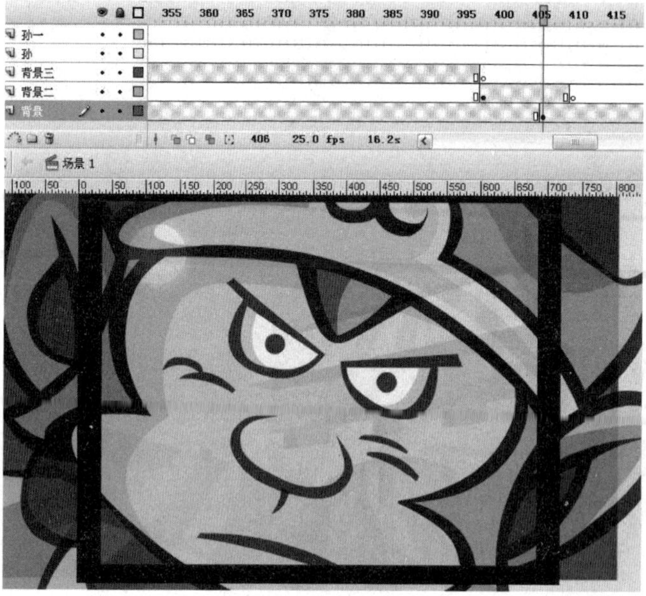

图 1-175

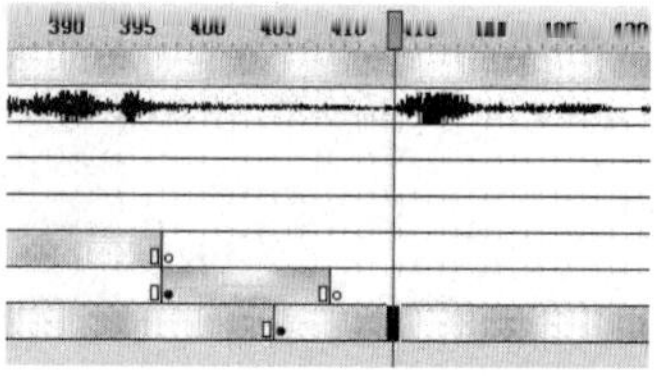

图 1-176

1.6 实例体验 充分理解运用图形元件的层级概念

项目背景

Flash 的 3 个元件转换模式：影片剪辑、图形和按钮。每个模式都有它独立的特性。而在这种针对电视媒体平台制作的 Flash 动画中就必须要求动态元件都为图形元件，所以在实际的制作工作特别是多层元件嵌套的使用中要特别注意。

项目任务

结合前面制作的影片动画，制作第三段台词——“要是你再胆敢随便打俺的电话”和“可别怪孙爷爷把你们的话费全都给扣了”的动画内容。

项目分析

多层元件的嵌套是 Flash 动画中的支柱，一部好的 Flash 动画必定是通过一层层精美的元件动画逐级嵌套形成的，它是 Flash 动画的基本框架模式，也是初学者学习动画必须掌握的内容。

项目实施

步骤 1 制作人物的分镜动作

(1) 制作新场景。双击进入刚才创建的元件界面，把现有的 3 个对象分散到图层，如图 1-177 所示。

分别把“月亮”和“城墙”对象转换成新的图形元件，在这两个图层的第 8 帧上创建一个关键帧，添加两段补间动画并设置“缓动”值为 100，在第 1 帧上调整它们的出场状态；“天空”图层则

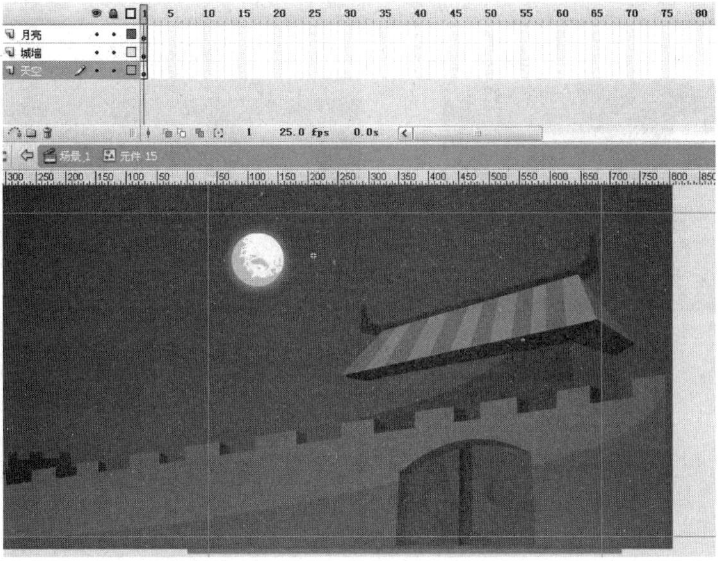

图 1-177

用一个普通帧表现；最后再给3个图层分别添加15帧的普通帧长度，如图1-178所示。

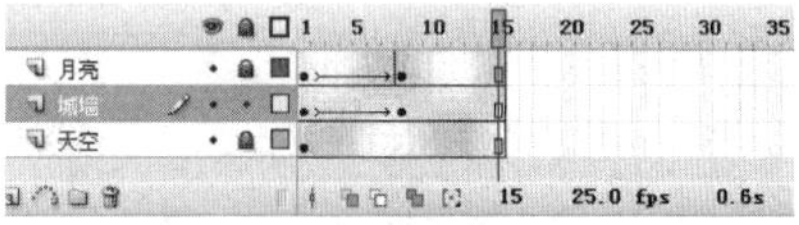

图 1-178

(2) 回到主场景，在第414帧的地方创建一个关键帧，把元件打散，如图1-179所示。

在"孙"图层上把播放头拉到第410帧处并创建一个关键帧；把第121帧上的动作复制过来，放在画面下方合适的位置并转换成图形元件，如图1-180所示。

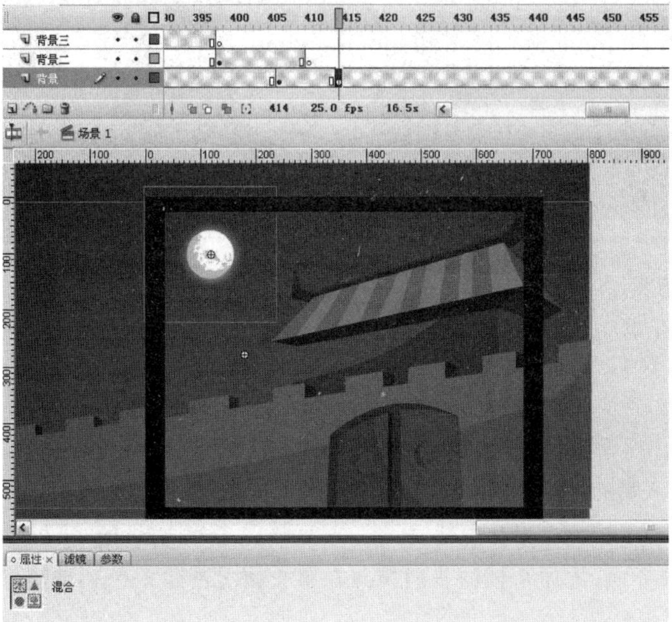

图 1-179

在第 414 帧处创建一个关键帧，添加一个补间命令后把人物调整到画面中间，如图 1-181 所示。

图 1-180

图 1-181

在第 415 帧处创建一个关键帧，把元件打散，如图 1-182 所示。

图 1-182

步骤 2 制作人物的运动补间

(1) 在第 456 帧上创建一个关键帧，选中对象转换成元件，给它做 2～3 帧的动画。

双击进入元件界面，添加 7 帧的普通帧并在第 4 帧上新建一个关键帧，修改人物动态，如图 1-183 所示。

(2) 回到主场景，在第 460 帧处创建一个关键帧，把人物放大、调整位置并添加补间命令，如图 1-184 所示。

图 1-183

图 1-184

在这个图层的第 461 帧处创建一个关键帧，把元件剪切后粘贴到“孙一”图层上并打散。修改人物形态后转换成一个新的图形元件，如图 1-185 所示。

(3) 双击进入元件界面，把头部、手部、身体等分散到各个图层，并命名，如图 1-186 所示。

把“嘴”对象转换成图形元件，并给它添加 3 帧的基本口形动作，如图 1-187 所示。

这 3 帧的嘴形占了 14 帧的时间，所以回到上一层元件界面后相应的把“时间轴”长度也拉到第 14 帧。

图 1-185

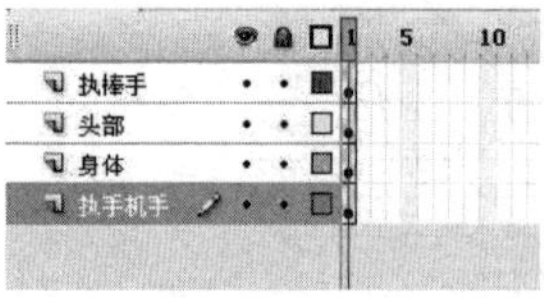

图 1-186

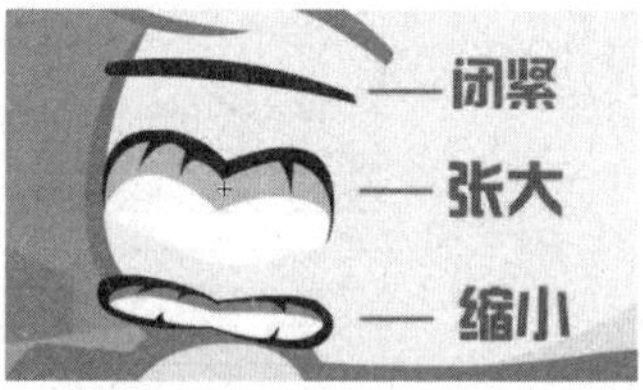

图 1-187

制作两帧的简单动画。在“头部”、“身体”、“执手机手”图层的第 8 帧处分别创建一个关键帧,并调整头部的动态,如图 1-188 所示。

图 1-188

步骤 3　制作人物的逐帧运动

(1) 回到主场景“时间轴”，在“背景”图层上的第 456 帧处创建一个关键帧，把“背景”对象转换成图形元件。

在第 460 帧处创建一个关键帧，给它添加一个补间命令，并调整好最后一帧的画面位置，如图 1-189 所示。

图　1-189

(2) 回到“孙一”图层，在第 493 帧上创建一个关键帧，把人物剪切后粘贴到“孙”图层的第 493 帧上。

把打散后的对象转换成图形元件，制作一个转场的小逐帧动画。

双击进入元件界面，预先插入 10 帧普通帧，人物形态保持不变，如图 1-190 所示。

(3) 把“嘴”的动态元件打散成对象，在第 3 帧处创建一个关键帧，并调整人物动态，如图 1-191 所示。

图　1-190

图　1-191

在第 5 帧上接着调整人物动态，如图 1-192 所示。

(4) 制作一个把手机丢出的动画。在第 9 帧处创建一个关键帧，修改人物的动态，如图 1-193 所示。

图 1-192

图 1-193

接着丢。在第 11 帧处创建一个关键帧，继续修改，手机更远了，如图 1-194 所示。

图 1-194

在第 13 帧处创建一个关键帧，继续修改，此时的手机快出画面了，如图 1-195 所示。

在第 15 帧处创建一个关键帧，继续修改，现在可直接把手机对象删除，如图 1-196 所示。

图 1-195

图 1-196

步骤 4 制作人物场景动画

(1) 回到主场景，进行一次镜头的推拉。在第 507 帧的地方创建一个关键帧，把元件实例剪切后粘贴到“孙一”图层并打散、重组元件，如图 1-197 所示。

在第 512 帧处创建一个关键帧，把人物缩小到合适大小。给它添加一个补间动画，同时设置“缓动”值为 100，如图 1-198 所示。

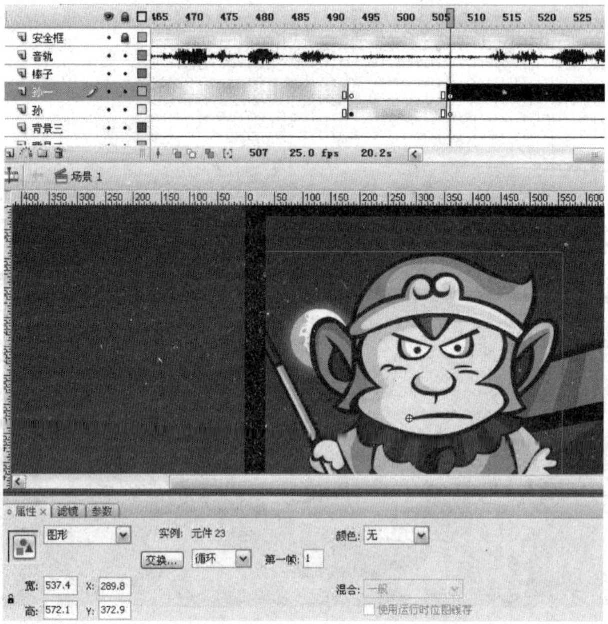

图 1-197

图 1-198

(2) 在第 513 帧处创建一个关键帧，剪切人物元件实例，粘贴到“孙”图层“时间轴”的第 513 帧上并打散，将其重新转换成一个图形元件，如图 1-199 所示。

双击进入元件界面，把几个动画部位分散到各个图层，并命名，如图 1-200 所示。

(3) 选择“头”对象，把“嘴”对象删除。从库里拖出前面的“嘴”实例，将其放到合适位置，如图 1-201 所示。

回到上一层元件“时间轴”，预先新建了 35 帧的普通帧，接下来开始处理如下每个部分的动

图 1-199

图 1-200

图 1-201

画，如图 1-202 所示。

头部：设置两个关键帧变化，分别做两帧不同方向的摆动。

身体：跟着头部运动的时间而运动，同样进行两帧轻微的摆动。

双手：处理手的动画时，尽量让两只手在同一“时间轴”长度上有不同方向的变化，这样显得人物形象会更生动、丰富一点。

(4) 回到主场景，在“背景”层的第 507 帧处创建一个关键帧，并添加一个补间动画，让背景随着人物的缩小而推动，如图 1-203 所示。

图 1-202

图 1-203

在“孙”图层的第 555 帧上创建一个关键帧，把元件剪切后粘贴到“孙一”图层的同一帧上并打散，如图 1-204 所示。

图 1-204

把对象重新转换成图形元件，做另一段动画。

(5) 双击进入元件界面，把需要动画的对象依次分散到各个图层并命名，如图 1-205 所示。

这里预备做一个棒子指向镜头的动画，所以必须把执棒手改变一下。

新建 30 帧的普通帧，分别在“头”和“身体”图层上创建同一时间上的两个关键帧动画，并在“左手”图层做 4 帧简单的关键帧动画，如图 1-206 所示。

把“右手”图层拖放到最上一层，选中第 1 帧，把现有的对象删除后将前面绘制的一根纵向的棒子从库里拖出来，放在合适位置并转换成新图形元件，如图 1-207 所示。

图 1-205

图 1-206

(6) 双击进入棒子的元件界面，新建 9 帧，每 3 帧创建一个关键帧，并修改这 3 个关键帧的动态图形，如图 1-208 所示。

图 1-207

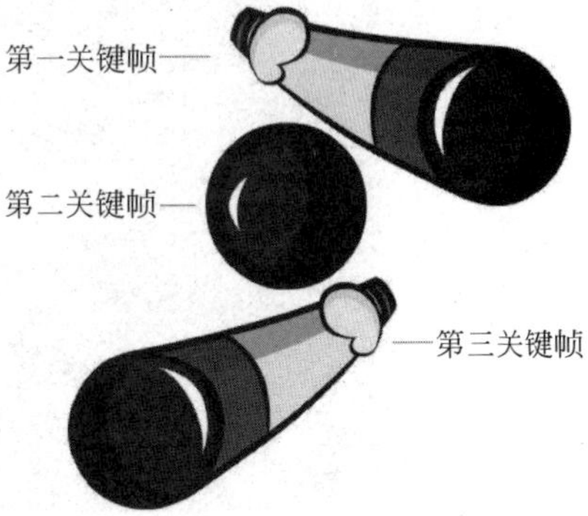

图 1-208

设置完成后回到主场景“时间轴”的第 555 帧，把元件的中心点往下拉到中间的最低点，如图 1-209 所示。

顺着这个中心点的方向把元件稍微放大、倾斜一些，如图 1-210 所示。

经测试可以看出，从大约第 611 帧起将是唐僧出场的时间。

在“孙一”图层第 605 帧的地方新建一个关键帧，把元件剪切后粘贴到“孙”图层的同一帧上，打散后重新转换成一个图形元件。

图 1-209

图 1-210

在这一段动画中，只要保持棍子在运动就行，其他不变。

单独把棍子的动态元件分散到另一个层上；然后把“嘴”的元件实例也打散，让它不再运动，如图 1-211 所示。

图 1-211

前面棍子的运动总共用了 9 帧的时间，所以这里也只要加上 9 帧的普通帧就行，如图 1-212 所示。

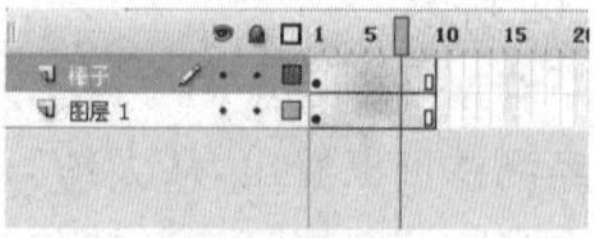

图 1-212

项目小结

在这一段的制作当中涉及一些简单的逐帧和元件嵌套应用，特别是在子级图形元件的“时间轴”上动画的处理以及和父一级图形元件的附属关系。如果子级元件的“时间轴”

动作长度长(短)于非父级元件“时间轴”的整倍数,将出现不可预计的动画错误。所以在工作过程中一定要清楚地理解这个元件概念。

1.7 实例体验 在同一画面中处理两个人物的关系

项目背景

在这一段的动画制作中,将会同时出现一个以上的人物画面,所以在这个时候就得注意画面的构成以及人物出场的顺序、排列等关系。

项目任务

制作第四段台词——“悟空,为师跟你说过多少遍了”、“在我睡觉的时候不要大吵大闹”和“你就是不听”的动画内容。

项目分析

从这一段开始将出现两个主角人物在画面中,此时可从主、次两个方面来处理这两者共存于一画面中的相互关系问题,即当主要角色(说话的一方)在进行语言动作的时候,次要角色的位置摆放、动作设计该如何处理等。

项目实施

步骤1 利用外部软件制作动画特效

(1) 回到主场景,在“孙一”图层上新建一层,取名为“师父”,并在第605帧处新建一个空白关键帧,如图1-213所示。

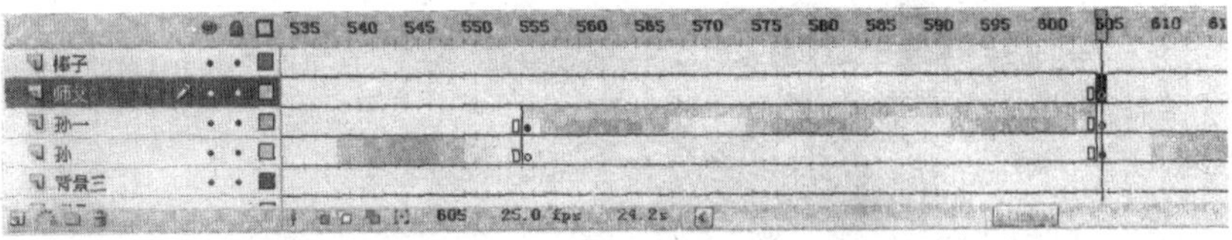

图 1-213

这一段是师父的出场,播放时有类似于重物落地的声音,所以就制作一段带有重物下落的动画效果。

(2) 打开前面绘制的师父的一个正面图稿,把它转换成一个元件。执行“文件”→“导出”→“导出图片”菜单命令,在弹出的对话框中选择PNG图片格式,如图1-214所示。

图 1-214

打开 Photoshop 软件，导入刚才的 PNG 图片，如图 1-215 所示。

现在呈现的是一个透明底的图形，接着执行“图像”→“画布大小”菜单命令，目前的尺寸是 190 像素×198 像素，如图 1-216 所示。

图 1-215

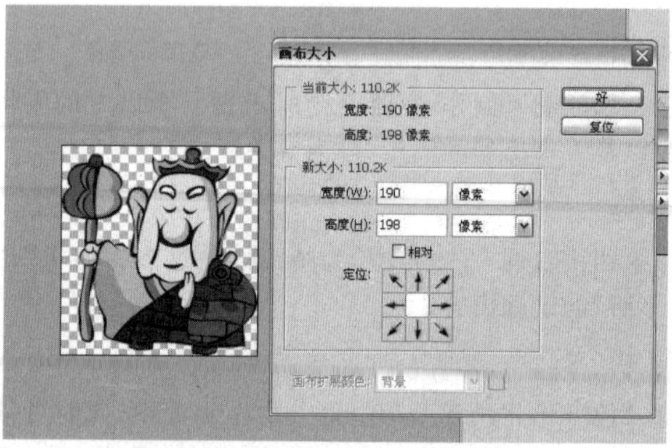

图 1-216

把画布设置大一些，修改尺寸为 250 像素×250 像素，如图 1-217 所示。

图 1-217

执行“滤镜”→“模糊”→“动感模糊”菜单命令，在弹出的对话框中设置“角度”为 90 度、“距离”为 18 像素，如图 1-218 所示。

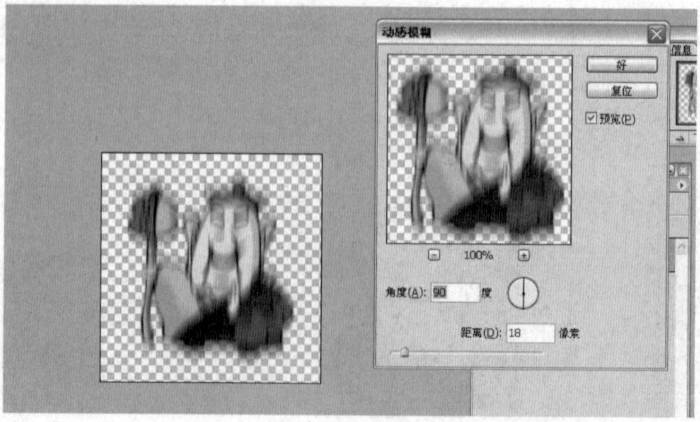

图 1-218

结束后保存为 PNG 格式图片，回到 Flash 软件。

(3) 在“师父”图层主场景“时间轴”的第 605 帧的关键帧上，把刚才制作的 PNG 图片导入进来并调整放在合适的位置，如图 1-219 所示。

图 1-219

把这个位图图片转换成一个图形元件，取名为“师父导入”，如图 1-220 所示。

图 1-220

回到主场景，在第 620 帧的位置上新建一个关键帧，并添加一个补间动画命令，再把人物拖到画面下方，如图 1-221 所示。

步骤 2 丰富人物的表情及动作

(1) 在第 621 帧的地方给“师父”图层创建一个空白关键帧，给“孙”图层和“背景”图层在同一帧上各创建一个关键帧，如图 1-222 所示。

图 1-221

图 1-222

把“孙”图层上的关键帧剪切后粘贴到“孙一”图层，并且打散后重组新元件，如图 1-223 所示。

(2) 双击进入元件界面，在第 3 帧上创建一个关键帧并修改人物为很惊讶的表情，然后插入 40 帧的普通帧，如图 1-224 所示。

选中这个对象把它转换成图形元件，双击进入这个元件界面。

图 1-223

图 1-224

在这个人物元件实例的“时间轴”上新建 4 帧普通帧，在第 3 帧上创建一个关键帧并把人物对象往下拖一点，如图 1-225 所示。

回到上一层元件，新建一个图层。在第 3 帧的地方把刚才这个人物元件粘贴上去，打散后重组一个图形元件，接着再次进入这个元件界面。

在第 2 帧上创建一个关键帧，把人物对象往下拖一点，如图 1-226 所示。

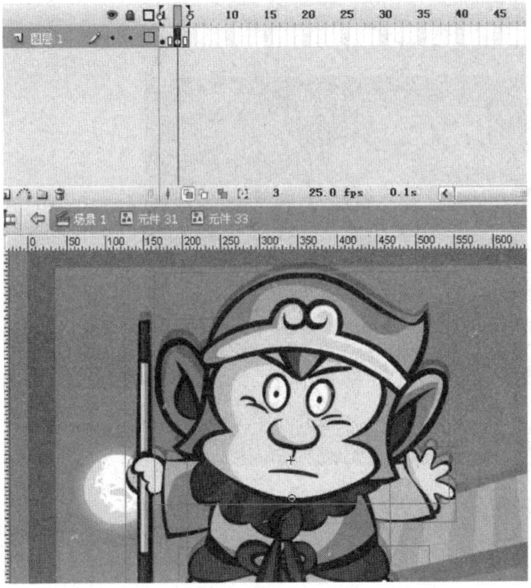
图 1-225

图 1-226

返回上一层元件界面，把新做的这个元件设置 Alpha 值为 25%，如图 1-227 所示。

(3) 返回主场景，在“孙一”图层第 634 帧上插入一个关键帧，把元件打散，如图 1-228 所示。去掉打散后第一层 25%透明度的元件实例，再把剩下的一个动态元件也打散并群组，如

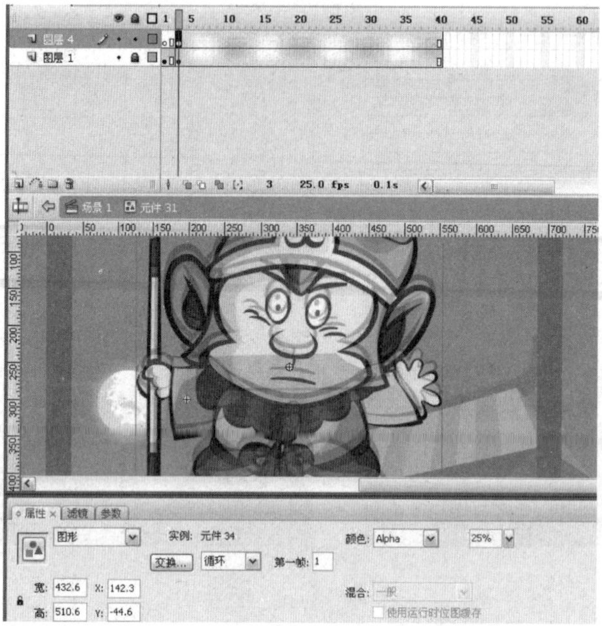

图 1-227

图 1-228

图 1-229 所示。

接下来处理“背景”图层，回到“背景”图层的第 621 帧上，双击进入元件界面，分别制作“月亮”和“城墙”对象的抖动动画，如图 1-230 所示。

回到主场景，在“背景”图层的第 634 帧处创建一个关键帧，把刚才的元件打散成静态对象，如图 1-231 所示。

图 1-229

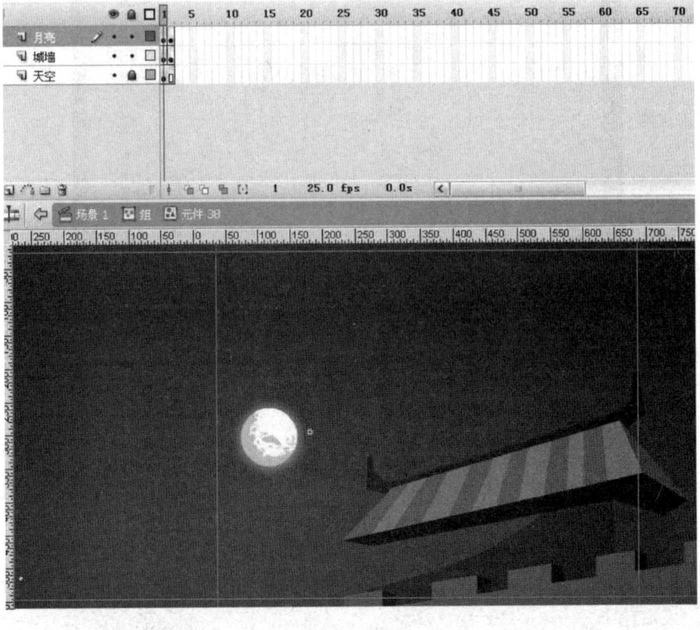

图 1-230

步骤 3 绘制新场景

制作最后一段场景的动画。这一段的处理是让它整段基调变亮，更加娱乐化。毕竟这是全片中的高潮部分，所以在背景绘制过程中就应开始考虑这部分内容。

绘制背景画面。在“孙一”和“背景”图层的第 644 帧上分别创建一个空白关键帧。

先画一块土黄色的大背景，在画面下方 1/3 处画一段作为地面的深黄色块，如图 1-232 所示。

图 1-231

图 1-232

在背景墙的上方画一排小孔，作为寺院墙的瓦，并将小孔填充为墙面的暗调色彩(＃BF9500 赭石色)，如图 1-233 所示。

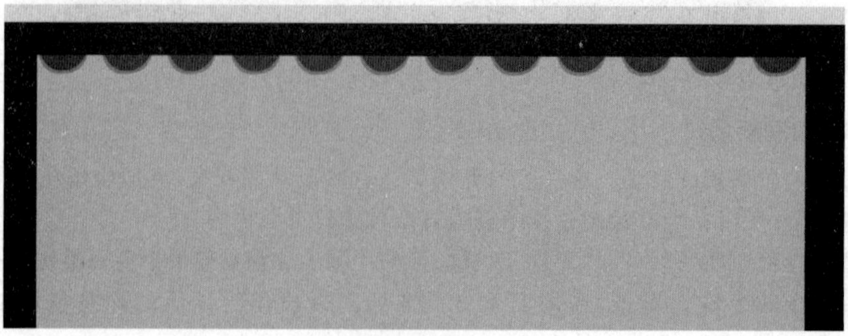

图 1-233

在中间画 4 个圆，并添加一些立体感的颜色效果。在这 4 个圆里分别写上“阿”、“弥”、“陀”、“佛”，如图 1-234 所示。

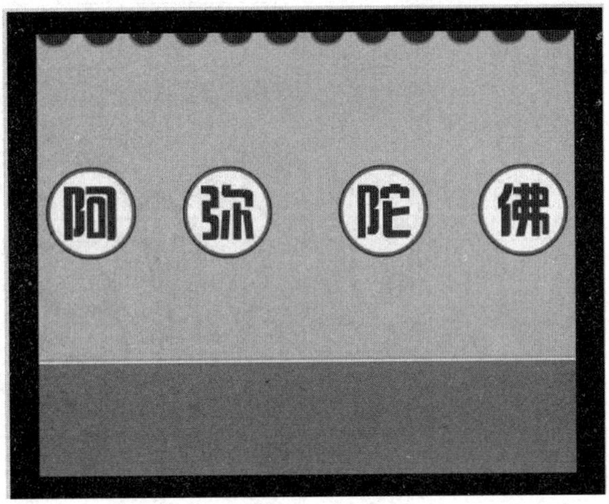

图 1-234

步骤 4 制作人物的出场动画

(1) 回到“师父”图层，在第 644 帧处把库里的师父元件拖出来放在画面合适的位置，如图 1-235 所示。

图 1-235

双击进入元件界面，把几个动画部分分散到各个图层，如图 1-236 所示。

(2) 新建 50 帧的普通帧，然后选中头部对象中的“嘴”，把它转换成图形元件，如图 1-237 所示。

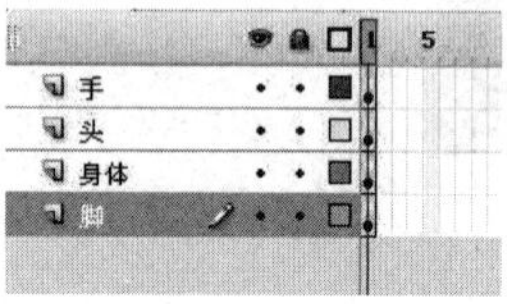

图 1-236

图 1-237

双击进入“嘴”元件界面，同样新建 50 帧的普通帧，再把第 1 帧闭合的嘴形修改为张开状态，如图 1-238 所示。

在第 6 帧处创建一个关键帧，修改嘴形大小，如图 1-239 所示。

图 1-238

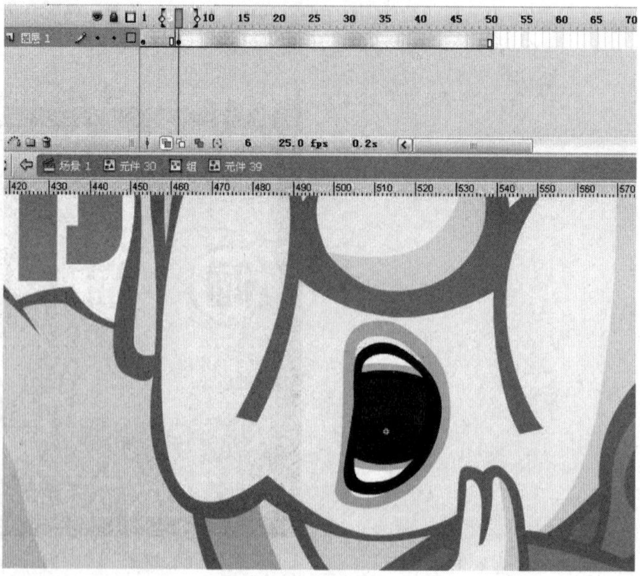

图 1-239

在第 11 帧处创建一个关键帧，并修改嘴形，如图 1-240 所示。在第 16 帧处创建一个关键帧，修改嘴形，如图 1-241 所示。

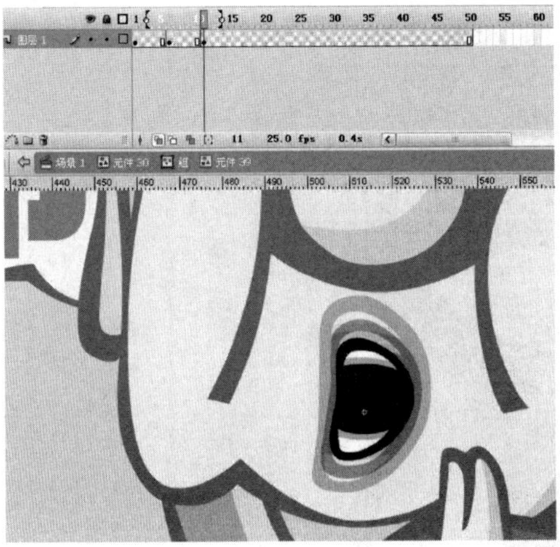

图 1-240

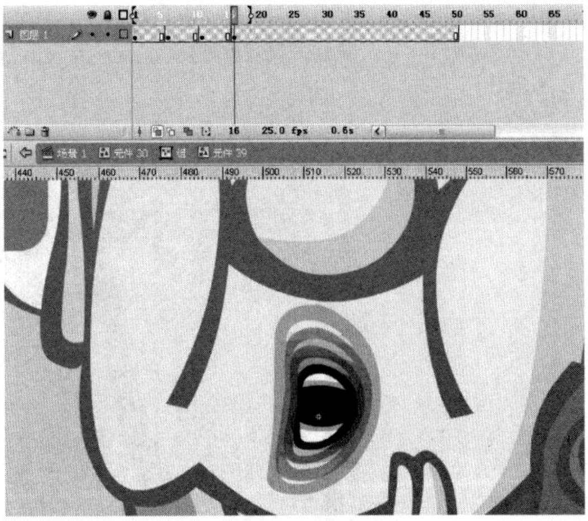

图 1-241

在第 20 帧处创建关键帧，修改嘴形，如图 1-242 所示。

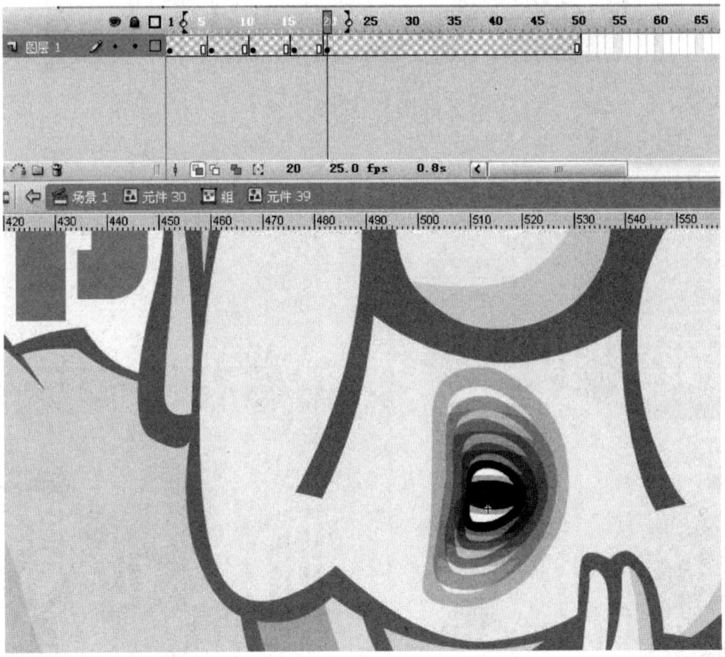

图 1-242

在第 25 帧处创建一个关键帧，修改嘴形为半闭合状态，如图 1-243 所示。

在第 28 帧处创建一个关键帧，修改嘴形为闭合状态，如图 1-244 所示。

回到主场景，先单独测试这一段嘴形运动配合的台词：哦——如果发觉不理想就再打开元件，在“时间轴”上调整，如图 1-245 所示。

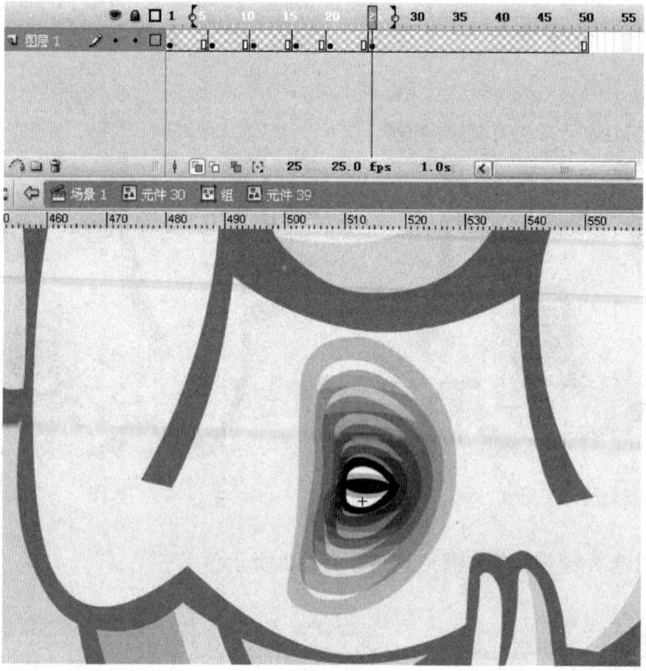

图 1-243

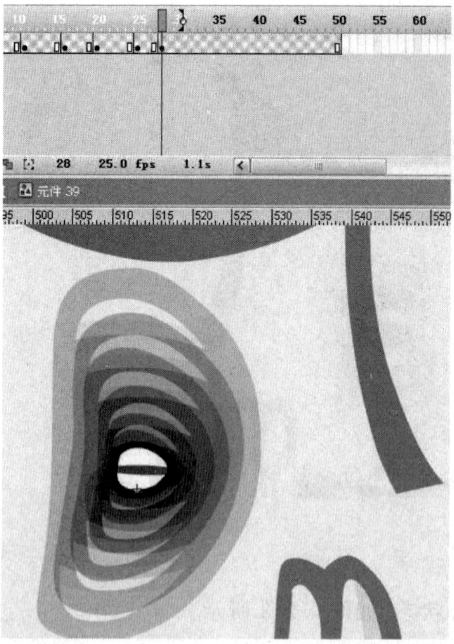

图 1-244

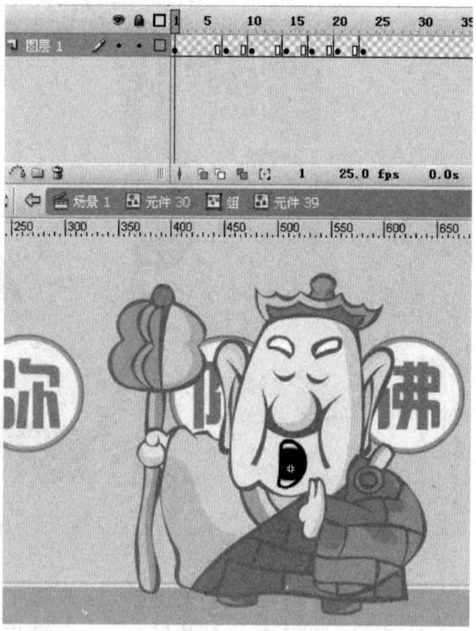

图 1-245

(3) 处理脚的动画。在制作老年角色动画时一定要注意运动的幅度、力度不能和年轻的人物角色一样，必须保持动作缓慢、轻柔甚至有些迟钝的动画效果。根据上述思路，这里做了两层双脚的补间动画，如图 1-246 所示。

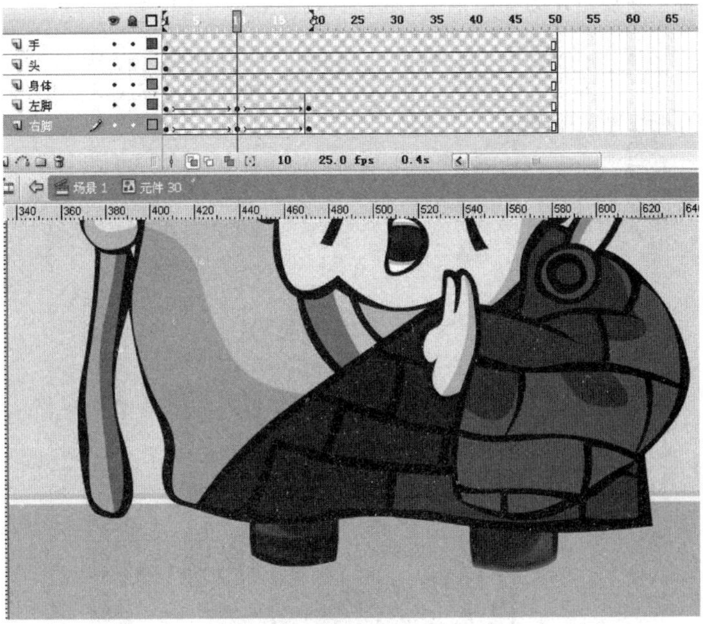

图 1-246

将两只脚每次运动的时间长度也拉长些，接着再把这两层复制后粘贴到这两个图层的后面，直到把这 50 帧的时间长度撑满，做的时候修改每次运动的时间长度直至合适，如图 1-247 所示。

图 1-247

给其他几个部分分别做几帧简单的逐帧运动,效果如图 1-248 所示。

图 1-248

步骤 5 绘制人物运动中的状态切换

(1) 回到主场景,在第 693 帧处创建一个关键帧,把人物元件放大后往前移一定的距离,并给它添加补间动画命令,如图 1-249 所示。

图 1-249

在第 694 帧处打散元件,新建一层,改名为"师父一"。把刚才打散的元件剪切后粘贴到新图层的第 694 帧上,如图 1-250 所示。

图 1-250

选中头部对象,把"嘴"元件实例打散后再重组一个图形元件。

(2) 双击进入元件界面,给它添加 3 帧的关键帧。

第 1 帧,嘴呈半张开状态,如图 1-251 所示。

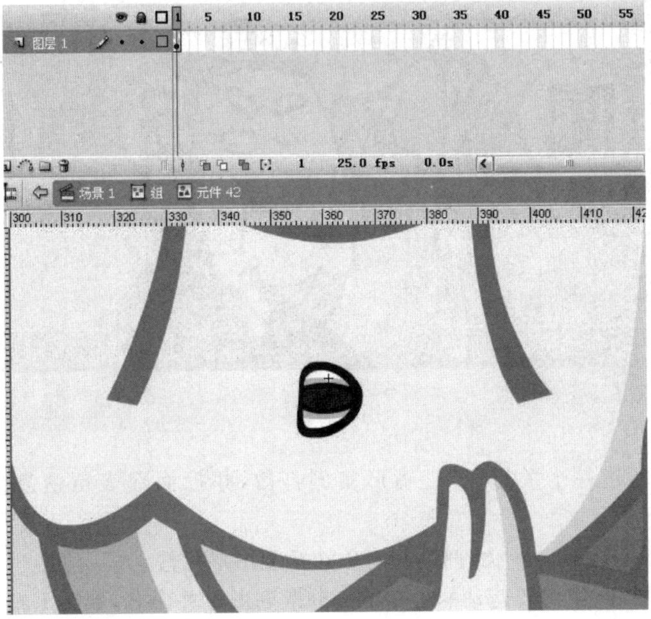

图 1-251

第 9 帧嘴呈张大状，如图 1-252 所示。第 20 帧嘴呈闭合状，如图 1-253 所示。

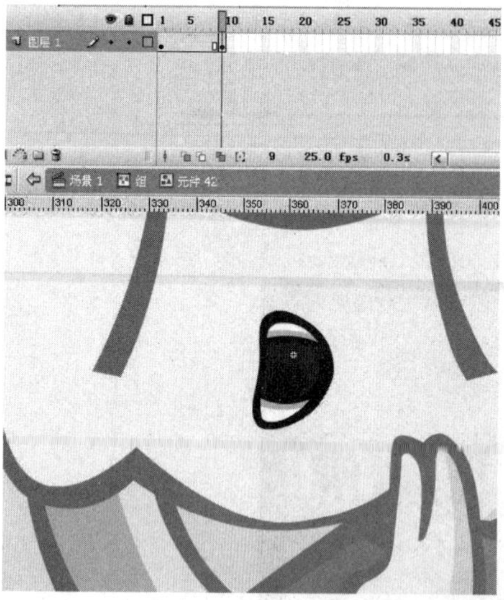

图 1-252

图 1-253

(3) 回到主场景，再对师父的动态进行修饰。先让他睁开一只眼向下看，稍微抬起一点眉毛，头部微微摆动，如图 1-254 所示。

图 1-254

在第 720 帧处创建一个关键帧，把嘴形实例打散，并把面部表情恢复到原来的样子，如图 1-255 所示。

(4) 在第 740 帧处创建一个关键帧，把对象转换成图形元件。

双击进入元件界面，把需要运动的各个部分分散到图层并命名，如图 1-256 所示。

预先创建 30 帧的普通帧，选择头部的“嘴”对象，把它转换成图形元件。

图 1-255

图 1-256

双击进入元件界面，制作和前面一样的动态变化，只是时间间隔更短，如图 1-257 所示。

返回上一层元件界面，在每层第 3 帧的地方创建一个关键帧，并调整整个人物的动态，如图 1-258 所示。

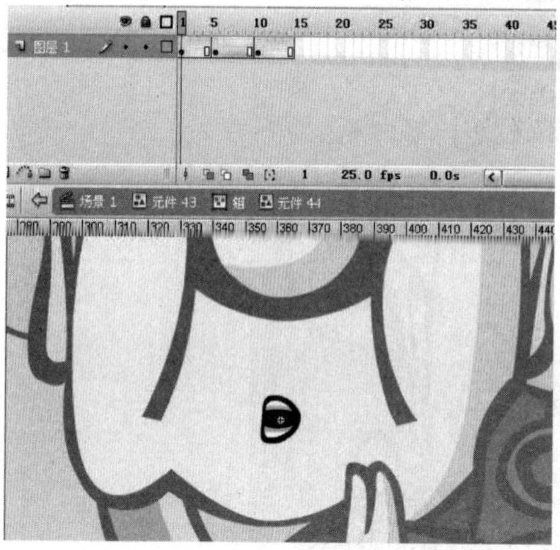

图 1-257

图 1-258

回到主场景，经测试发现这一段的动画时间长度不够，运动也显得单一，所以再次进行编辑。

(5) 把时间帧长度拉到 70 帧，在第 30 帧处开始给“手”图层添加连续的几个关键帧，让手进行轻微的摆动；对头和身体部分分别在第 24 帧和第 40 帧上创建关键帧，同样进行两帧轻微的动态变化，如图 1-259 所示。

图 1-259

回到主场景，在第 795 帧的地方创建一个关键帧，把元件打散。

(6) 处理人物的面部表情，将眼睛闭上，调整眉毛和嘴，如图 1-260 所示。

把头部对象单独转换成一个图形元件，在这一段动画时间里让师父的眉毛抖动。双击进入元件界面，在第 2 帧处创建一个关键帧并调整眉毛的动态，如图 1-261 所示。

图 1-260

图 1-261

步骤 6 转场过程中人物的不同表现方法

(1) 回到主场景，在“时间轴”的第 824 帧处创建一个空白关键帧，把前面绘制过的侧面形象从库里拖出来，如图 1-262 所示。

图 1-262

双击进入元件界面，进一步对人物进行修改。

(2) 首先把“嘴”对象转换成图形元件，并给它加上 3 帧的逐帧动画。

第 1 帧保持不变，在第 5 帧上把嘴张大，如图 1-263 所示。

在第 10 帧上创建一个关键帧，调整嘴形为半闭合状态，如图 1-264 所示。

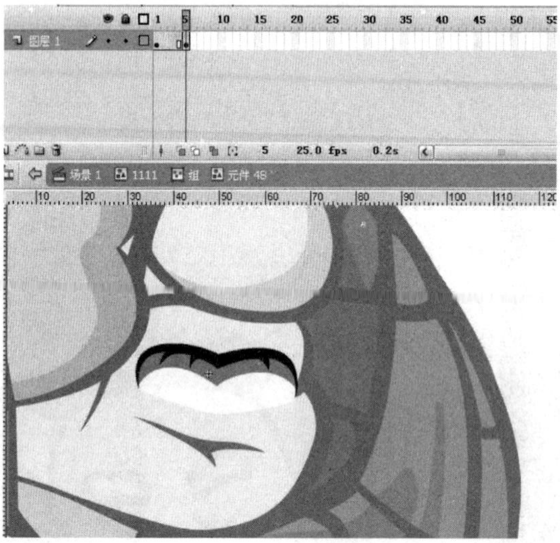

图　1-263

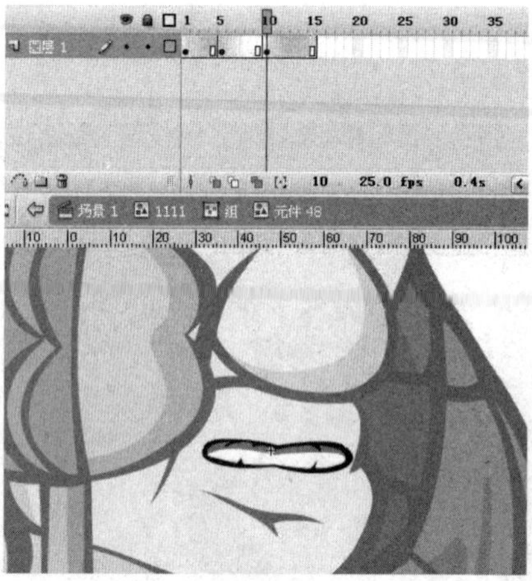

图　1-264

返回上一层元件，把左手对象转换成图形元件，给它添加两帧的逐帧动画。

进入元件界面，在第 2 帧处创建一个关键帧，直接调整手臂轻微摆动，如图 1-265 所示。

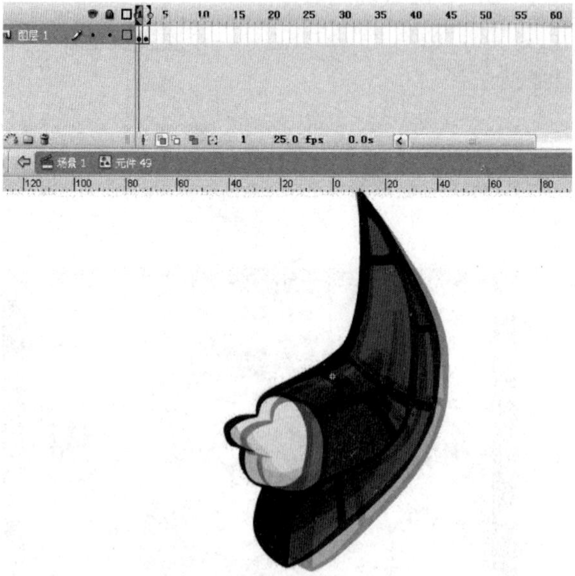

图　1-265

返回上一层元件，选中头部的眉毛对象，把它转换成元件后做两帧逐帧动画，如图 1-266 所示。回到上一层元件，选择右手的前臂对象，将其转换成元件后依然做两帧逐帧动画，如图 1-267 所示。

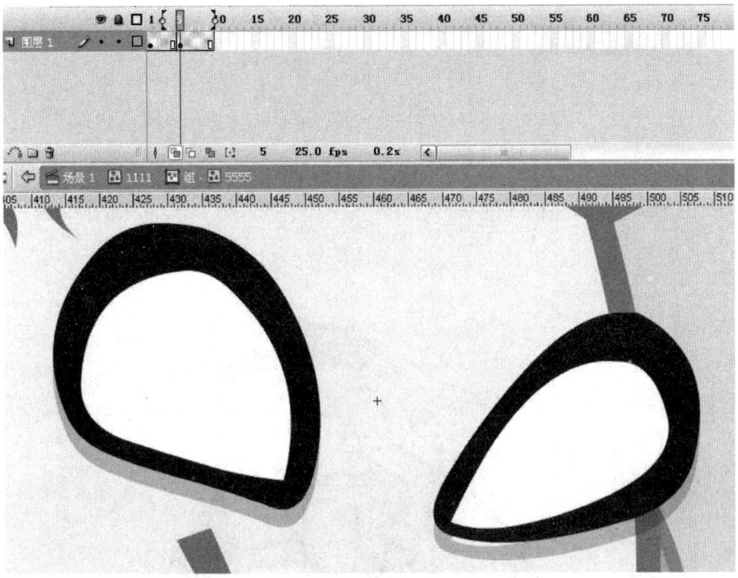

图 1-266

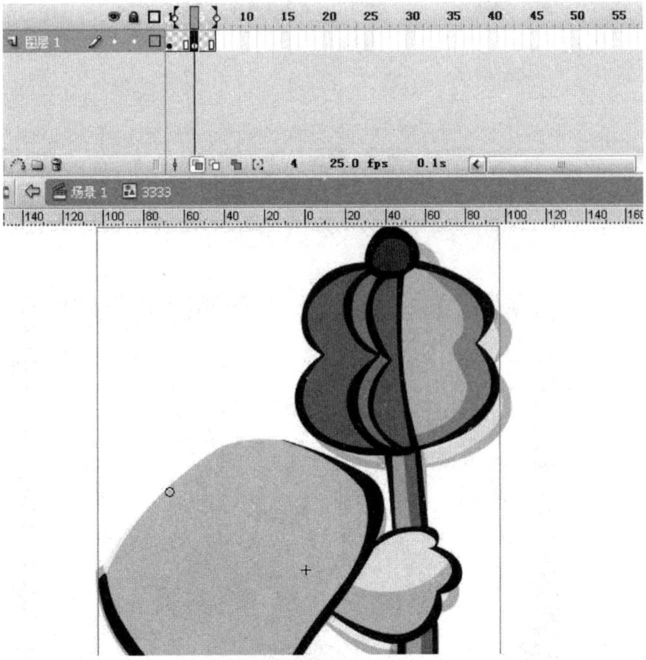

图 1-267

返回上一层元件，先给每个图层新建15帧的普通帧，接着在第8帧处创建一个关键帧，单独为头部元件调整一下方向就可以，如图1-268所示。

(3) 回到主场景，在第895帧处创建一个空白关键帧，把第720帧上的对象复制后粘贴过来，并调整好大小和位置，如图1-269所示。

图 1-268

图 1-269

在第 909 帧处创建一个空白关键帧，把第 694 帧处的对象复制后粘贴过来，如图 1-270 所示。

在第 938 帧处创建一个空白关键帧，把第 895 帧上的对象复制过来，如图 1-271 所示。

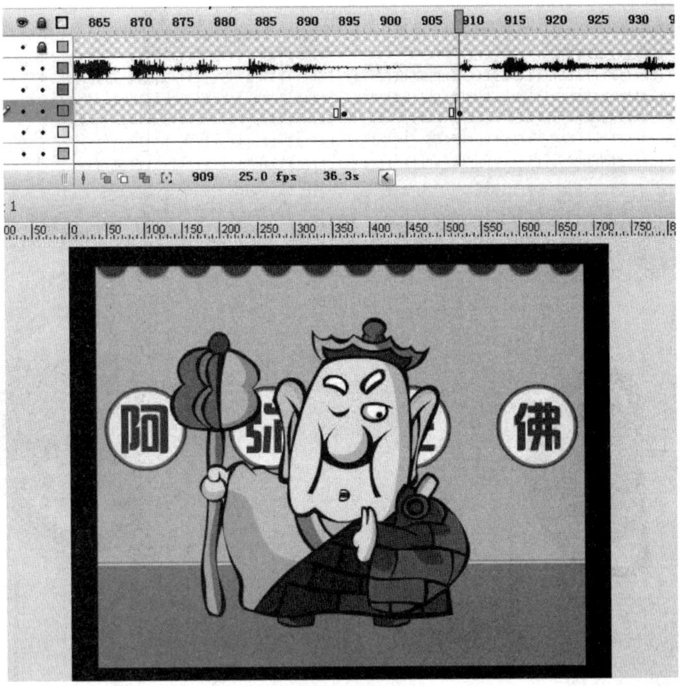

图 1-270

图 1-271

(4) 在第 967 帧处创建一个关键帧，把“嘴”对象转换成图形元件，配合台词给它制作一段叹气的嘴形动画。

进入元件界面，在第 1 帧先把原有的对象删除，绘制一个张大的嘴形，如图 1-272 所示。

在第 3 帧处创建一个关键帧，修改嘴形缩小一些，如图 1-273 所示。

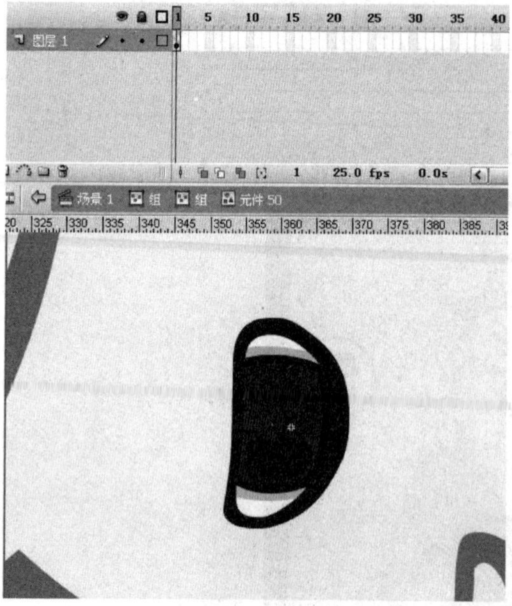

图 1-272

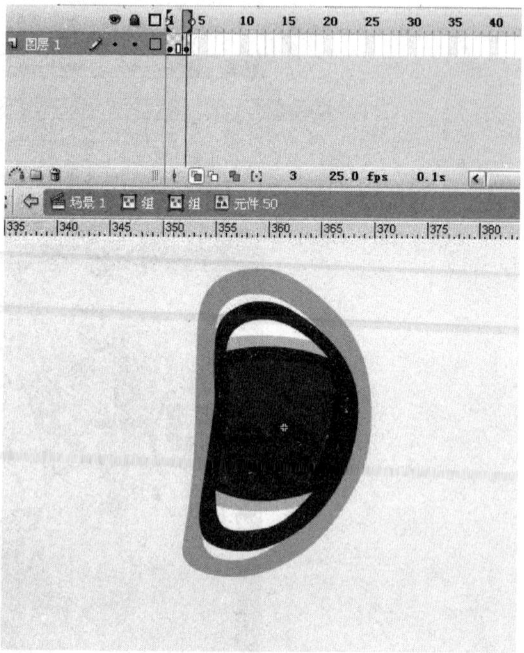

图 1-273

在第 5 帧处创建一个关键帧,修改嘴形缩小,如图 1-274 所示。

在第 7 帧处创建一个关键帧,修改嘴形缩小,如图 1-275 所示。

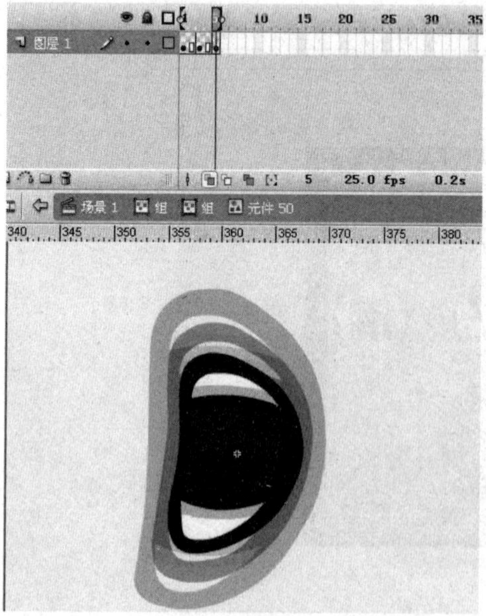

图 1-274

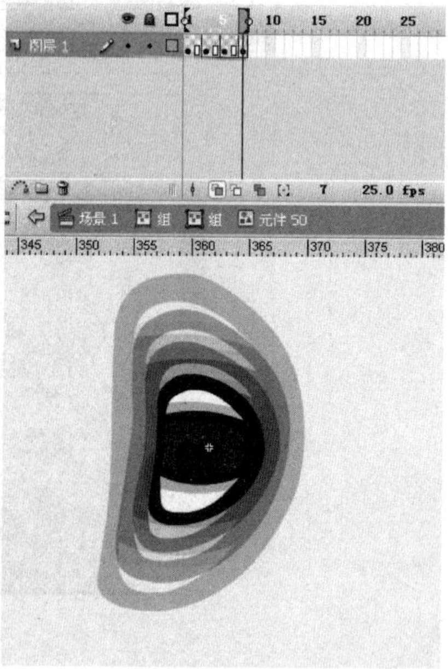

图 1-275

在第 9 帧处创建一个关键帧,修改嘴形缩小,如图 1-276 所示。

在第 11 帧处创建一个关键帧,修改嘴形缩小,如图 1-277 所示。

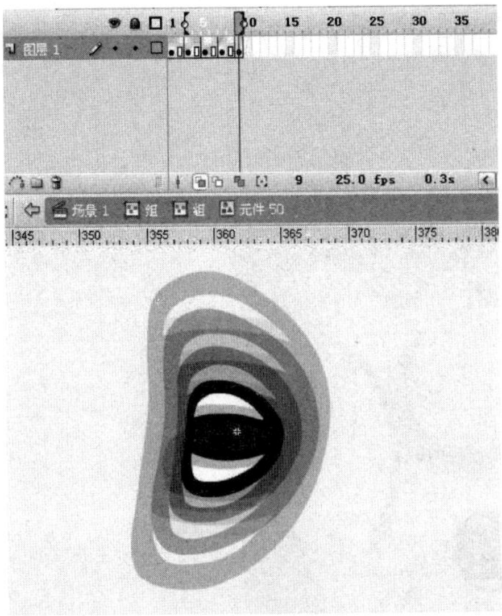

图　1-276

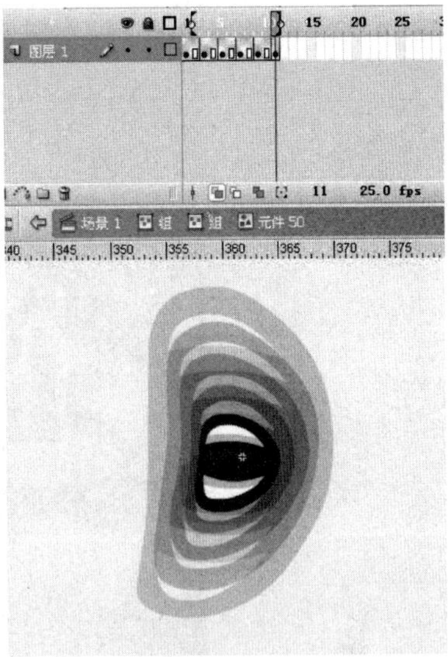

图　1-277

在第 13 帧处创建一个关键帧，修改嘴形缩小至即将闭合状态，如图 1-278 所示。

在第 15 帧处创建一个关键帧，修改嘴形为闭合，如图 1-279 所示。

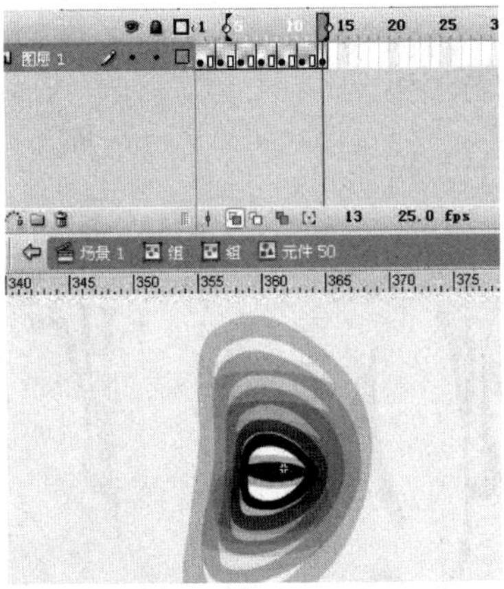

图　1-278

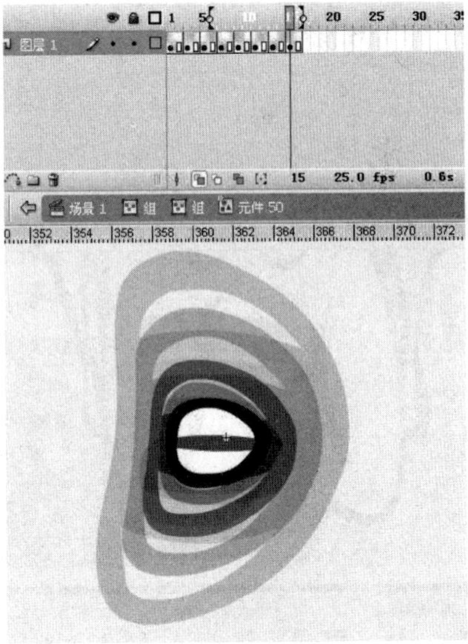

图　1-279

(5) 回到主场景进行测试，发现刚刚完成的嘴形动画稍微显得快了些，所以回到元件里修改“时间轴”，如图 1-280 所示。

(6) 回到主场景，在第 1008 帧处创建一个关键帧。把头部对象转换成图形元件，制作一个头部的动画。

进入元件界面，新建 30 帧的普通帧，再把“嘴”的动态元件删除后从库里拖出前面用过的“嘴”实例(元件 44)替代它，如图 1-281 所示。

图 1-280

接着把头部对象转换成一个图形元件,并进入元件界面设置"时间轴"长度为"嘴"元件实例所用的 14 帧,如图 1-282 所示。

图 1-281

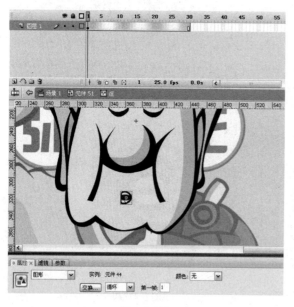

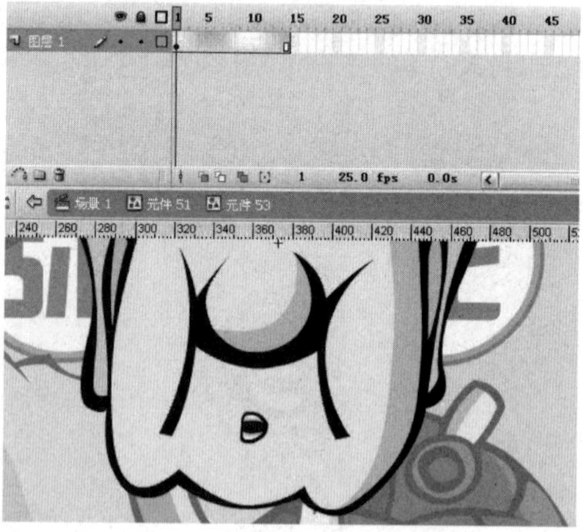

图 1-282

(7) 回到上一层元件,调整好头部中心点到头部的最下方,然后以这个中心点制作一个头部摇摆的 30 帧补间动画,并且延伸普通帧到第 100 帧处,如图 1-283 所示。

步骤 7　绘制一段唐僧"念咒"的动画

(1) 回到主场景,在第 1087 帧处创建一个关键帧,把对象打散,并对人物进行部分调整,如图 1-284 所示。

图 1-283

图 1-284

在第 1116 帧处创建一个关键帧，把对象转换成元件；接着在第 1122 帧处创建一个关键帧，把元件实例放大调整一定比例后给第 1116 帧处添加补间动画，如图 1-285 所示。

在第 1123 帧处创建一个关键帧，把元件实例打散后先修改面部表情为“眼睛闭上”，然后重组一个新元件。

(2) 给人物制作一段“念咒”的动画。双击进入元件界面，把几个动画部分分散到图层，并命名，如图 1-286 所示。

首先在每个层上新建 30 帧，接着把头部元件打散，留余“嘴”动态元件。

图 1-285

图 1-286

分别在第 10 帧和第 20 帧处创建关键帧，调整头部 3 种方向的轻微摆动，如图 1-287 所示。

修改手部分的动态。把原先的对象删除，重新绘制一个伸展开来的手形，如图 1-288 所示。

把它转换成元件，并给它设置成一个两帧的动画，如图 1-289 所示。

回到上一层元件，把新画好的手放置到合适位置，如图 1-290 所示。

图 1-287

图 1-288

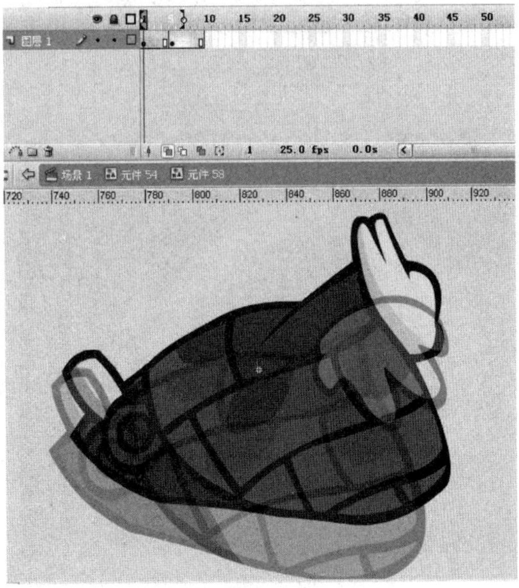

图 1-289

将“身体”图层随着“头”图层创建两帧相同时间上的关键帧，并配合调整其动态，如图 1-291 所示。

(3) 新建一层，绘制一个念咒时的光圈效果。

给新图层取名为“光”，用工具画一个白色的光环，如图 1-292 所示。

选中光环并把它转换为一个图形元件。

进入元件界面，把对象转换成新的图形元件，如图 1-293 所示。

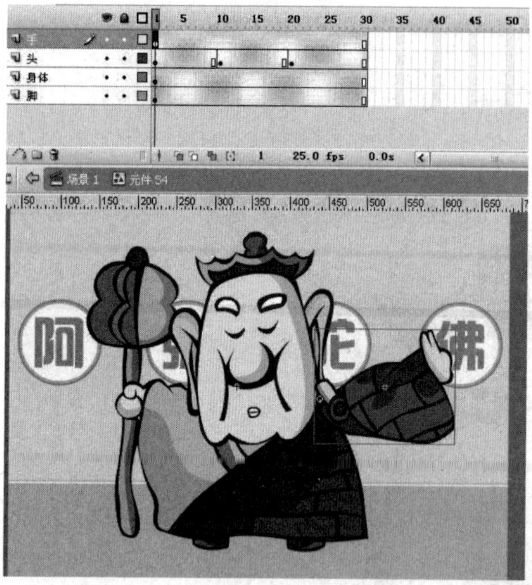

图 1-290

图 1-291

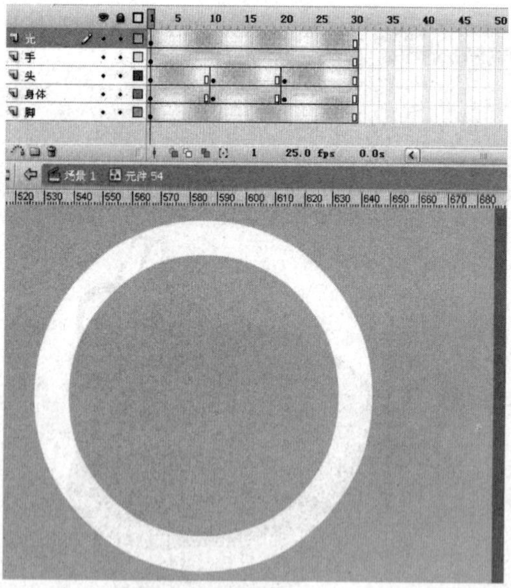

图 1-292

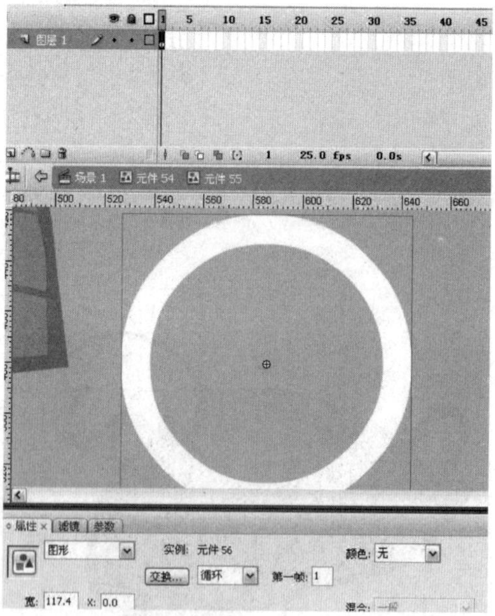

图 1-293

在这一元件的“时间轴”上新建 10 帧的普通帧，给光环做一个由小到大、由不透明到透明的补间动画。

选中最后一帧，按 Ctrl+Alt+S 键打开“缩放和旋转”面板，设置“缩放”比例为 300%。

接着给第 1 帧添加补间命令，并设置光环 Alpha 值为 70%，最后一帧 Alpha 值为 0%，如图 1-294 所示。

回到上一层元件界面，把光环元件拖到脸部中间位置并调整好大小，如图 1-295 所示。

在“光”图层上新建两层，分别在第 5 帧和第 9 帧处创建空白关键帧，如图 1-296 所示。

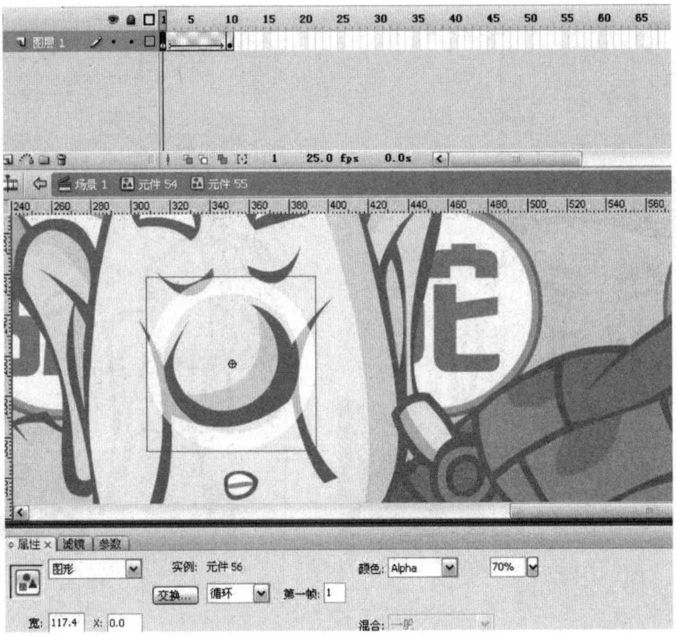

图 1-294

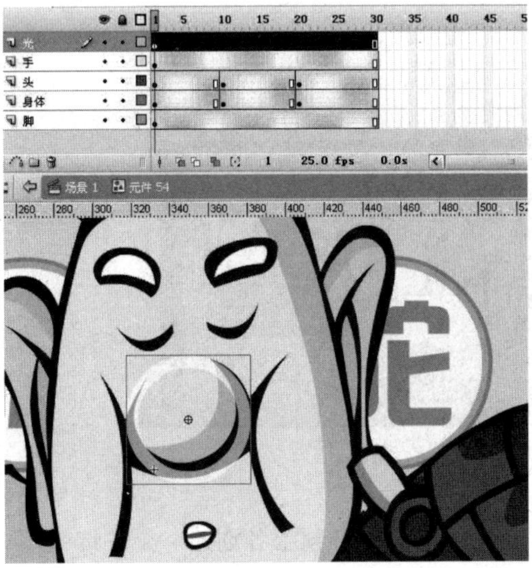

图 1-295

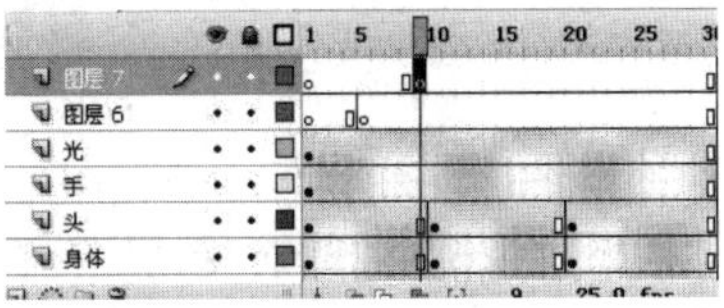

图 1-296

把“光”图层的元件分别复制后粘贴到两个空白关键帧上，如图 1-297 所示。

光环动画效果完成了，再测试一遍，及时修改。

(4) 经过测试，在这段动画上最终拉大了这几个对象实例在“时间轴”之间的距离长度，并设置总“时间轴”的长度延伸为 40 帧，如图 1-298 所示。

回到主场景，调整刚做好的动画元件在画面中合适的位置，如图 1-299 所示。

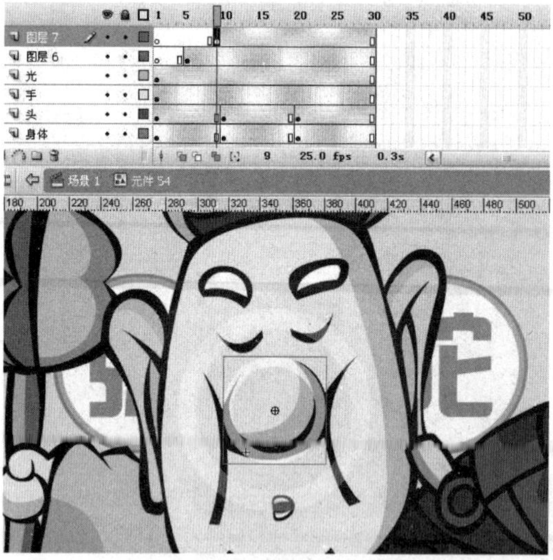

图 1-297

图 1-298

图 1-299

(5) 把播放头拉到“背景”图层上，在第 1116 帧和第 1122 帧上各创建一个关键帧，添加一个背景放大补间动画，如图 1-300 所示。

这一段的镜头切换就完成了，测试一遍，感觉有问题就再进一步修改。

步骤 8　制作孙悟空的动画桥段及画面合成处理

(1) 唐僧的这一段动画已经完成，最后剩下这一个场景里的孙悟空动画。

选择“孙一”图层，“时间轴”位置就定在师父说“悟空……”这句台词的时候开始制作人物动画。

把前面孙悟空的侧面形象从库里调出来，并加以修改。这一段是唐僧的“唠叨”，所以给孙悟空绘制一个眩晕的脸部表情，如图 1-301 所示。

图　1-300

(2) 把这个对象转换成图形元件,制作一个人物走路的动画。

这段动画相对来说比较单一,有重复循环性,所以可以把身体每个动画部分都用补间动画来制作。

把每个动画的身体部分分散到各个图层并命好名,如图 1-302 所示。

图　1-301

图　1-302

选择前面绘制的眩晕眼睛图形,把它转换成一个图形元件。

双击进入这个元件界面,再次把对象转换成新图形元件,并在第 20 帧处创建一个关键帧,如图 1-303 所示。

回到第 1 帧给它添加补间动画命令,并设置"属性"面板的"旋转"为"顺时针"1 次;最后在第 20 帧处旋转对象到合适的方向,如图 1-304 所示。

(3) 返回上一层元件界面,先把所有的对象都转换成元件;在所有图层上新建 20 帧的普通帧;设置各个独立元件的中心点,以备接下来的动画使用。

头部元件实例的中心设置在头部的正下方,并且要特别注意:头部本身还内嵌了一个 20 帧的眼睛转动动画。根据图形元件的层级元件嵌套规律,在头部元件"时间轴"上同时也要设置一个 20 帧的普通帧动画,才能实现它的子级元件动画播放,如图 1-305 所示。

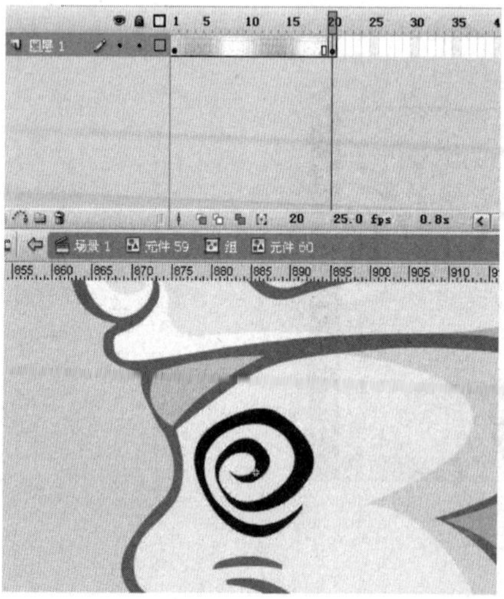

图 1-303

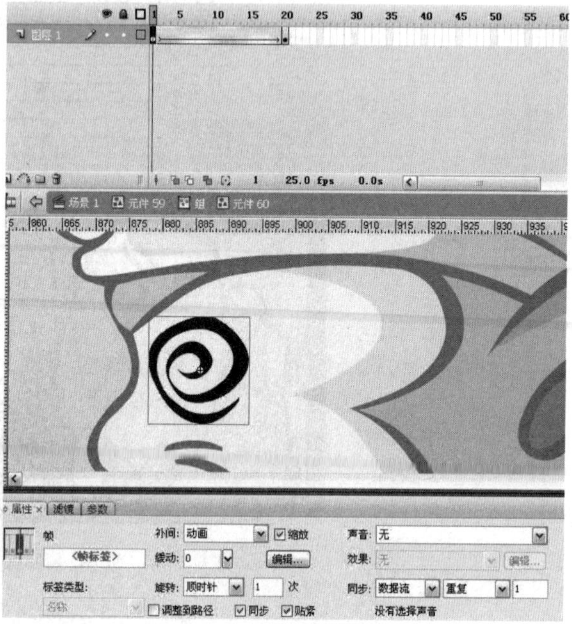

图 1-304

摆巾的中心点位于正上方,配合连接头部运动的位置,如图 1-306 所示。

左手的中心点在手臂末端,如图 1-307 所示。

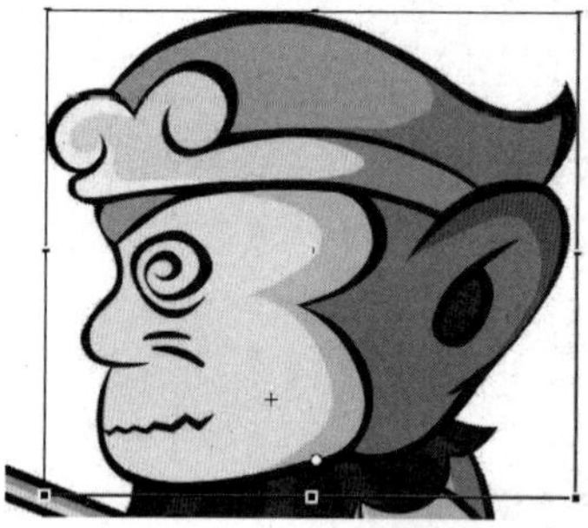

图 1-305

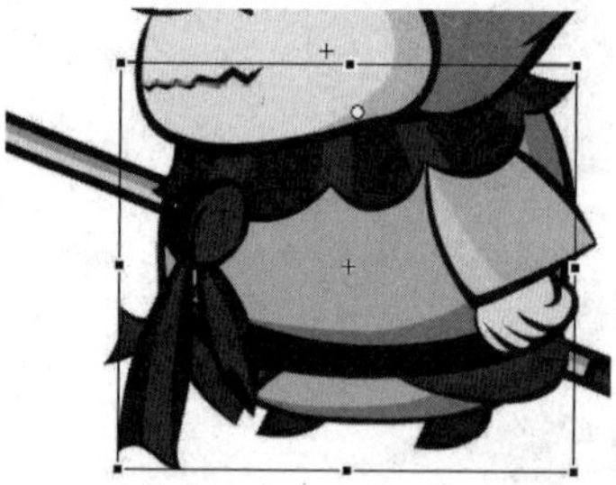

图 1-306

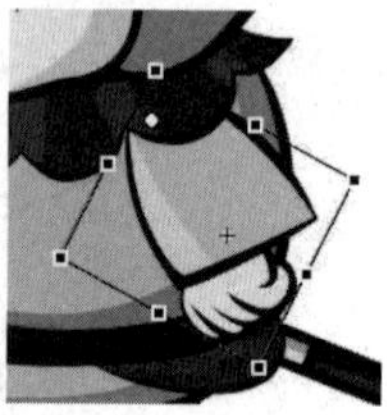

图 1-307

身体的中心点设在正下方,如图 1-308 所示。

右手的中心点在中间,如图 1-309 所示。

两只脚的中心点都是在脚的上方一点的位置,如图 1-310 所示。

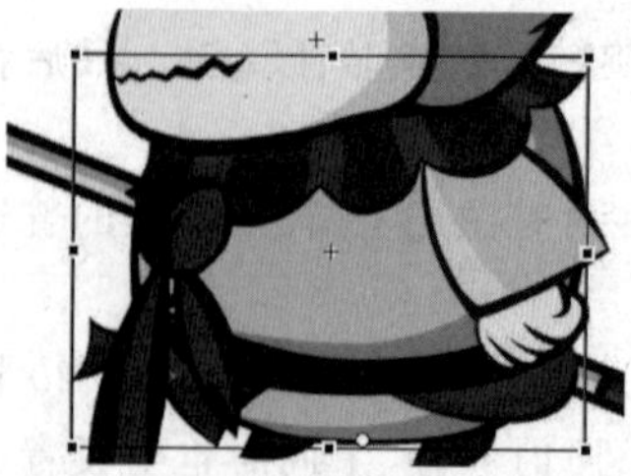

图 1-308

图 1-309

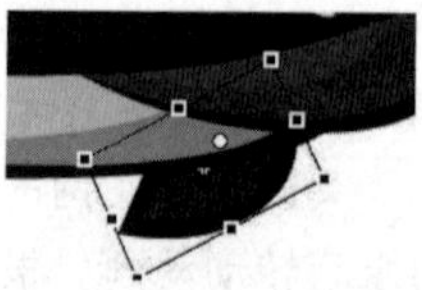

图 1-310

将所有对象的中心点设置好后分别在第 10 帧和第 20 帧处创建关键帧。注意，这个设置的顺序一定不能乱，否则将会出现动画错误。其效果如图 1-311 所示。

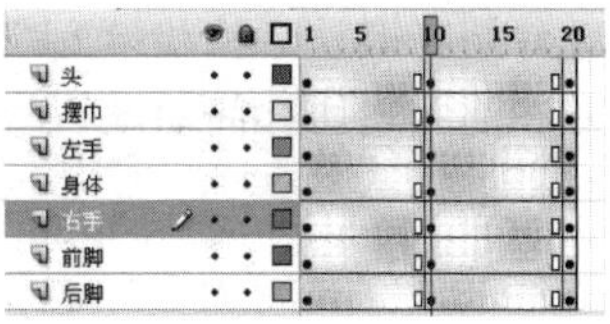

图 1-311

(4) 调整“时间轴”上第 10 帧所有的对象动态。

首先是头部：把它沿着中心点往下摆一点。摆巾：同样沿着中心点往左摆一点。左手：往左摆动一个较大的幅度。身体：和前面相反方向，沿中心点往右摆一点。右手：沿中心点稍微旋转。前脚：往后移动到合适位置。后脚：往前移动到合适位置。调整完了以后添加这几个图层的补间动画，如图 1-312 所示。

再给后 10 帧添加补间动画命令，因为最后一帧设置的是第 1 帧初始状态，所以在这一帧上不需要再进行修改，如图 1-313 所示。

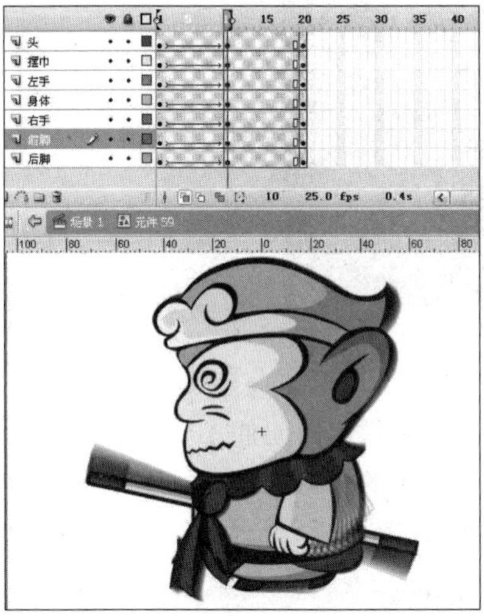

图 1-312

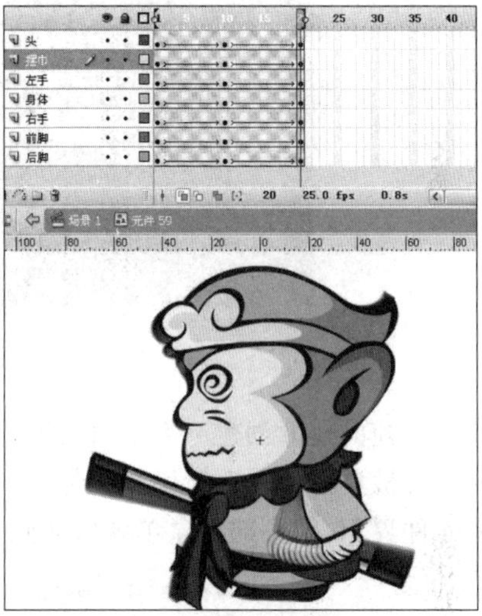

图 1-313

(5) 回到主场景第 720 帧处，把这个元件翻转后放在画面合适的位置，并调整大小，准备出场，如图 1-314 所示。

图 1-314

分别在第 809 帧和第 810 帧处创建一个关键帧和一个空白关键帧，接着把人物平移到画面的另一侧并添加补间动画，如图 1-315 所示。

图 1-315

在第 820 帧的地方创建一个空白关键帧，导入前面的人物侧面元件。

把元件打散后重组一个新图形元件，给人物做一个静止的动态人物。

进入元件界面，把头部对象单独剪切到另一个图层，如图 1-316 所示。

图 1-316

给两个图层创建 20 帧的普通帧，并在“头”图层的第 10 帧和第 20 帧处分别创建一个关键帧，如图 1-317 所示。

在这 3 个关键帧之间添加两段补间动画，并把第 10 帧上的元件沿中心点向上摆动一点，如图 1-318 所示。

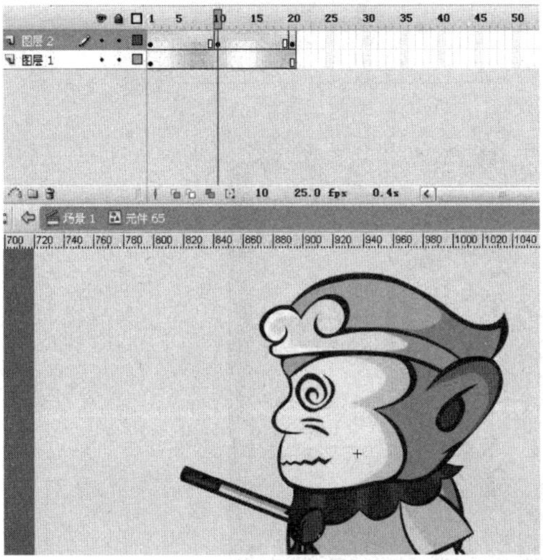

图 1-317

图 1-318

(6) 回到主场景，在"师父一"图层上新建一个图层，取名"孙二"；在第 820 帧处创建一个关键帧，把这个元件拖放到画面右下角合适的位置并调整大小，如图 1-319 所示。

图 1-319

在第 825 帧处创建一个关键帧，把人物拖到偏右下角的位置，并添加补间动画命令，如图 1-320 所示。

(7) 在"孙二"图层上新建一层，取名"孙三"。在"孙二"图层的第 850 帧处创建一个关键帧，把元件打散后剪切到新图层的同一帧上再将其重组成图形元件。接下来做一个孙悟空急忙跑开的动画。

图 1-320

进入元件界面,直接创建一个8帧的普通帧,并修改第1帧的人物动态为"双手举起",其他保持不变,如图1-321所示。

分别在第3帧、5帧、7帧处创建关键帧,修改第3帧的动态:两只手往下摆动,头部往下低,领巾向左摆,身体向右移,并且把整个人物向下移一点。因为在主场景的这个位置上是看不到脚的,所以必须通过身体方位的变化让观众看得出是在运动中。效果如图1-322所示。

图 1-321

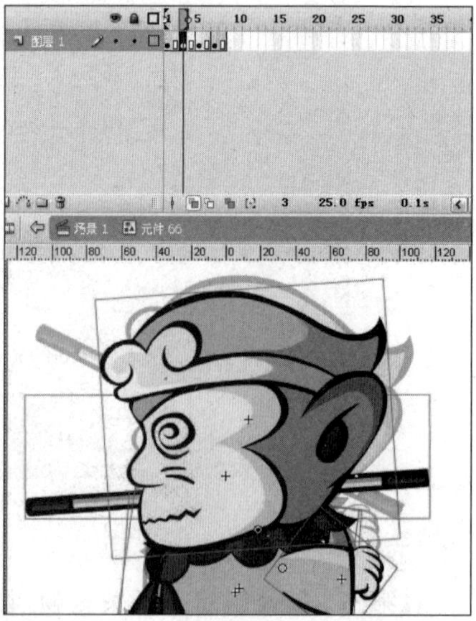

图 1-322

在第5帧则把上一步各个部分的变化方向倒过来再稍微地调整一下,如图1-323所示。

第7帧的处理同第5帧,这样就完成了一个人物急速奔跑的动画,如图1-324所示。

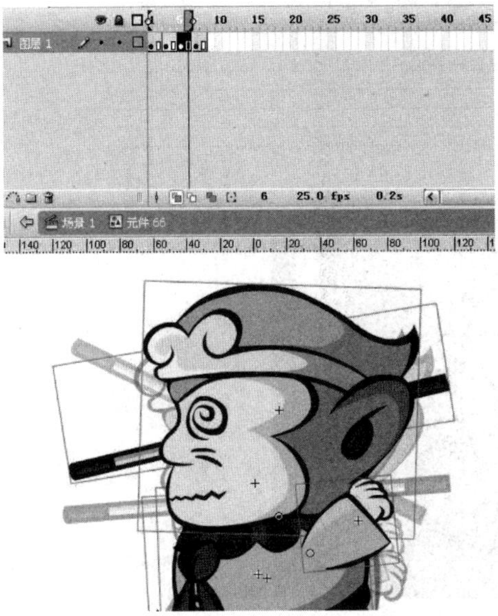

图 1-323

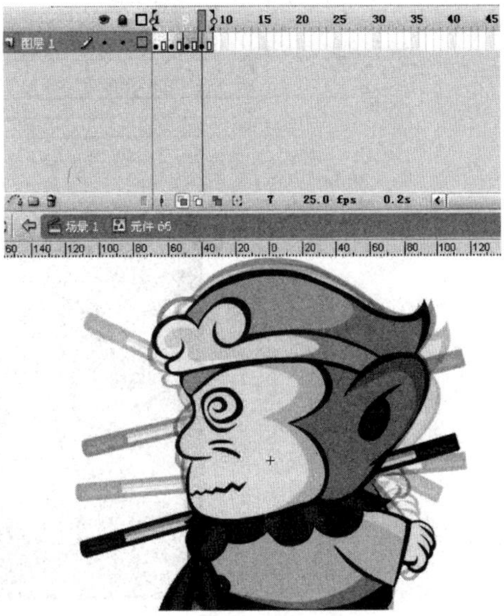

图 1-324

(8) 回到主场景,在第 879 帧处创建一个关键帧,把人物平移到左边画面框外并添加补间动画命令,如图 1-325 所示。

图 1-325

在第 899 帧处创建一个关键帧,并把人物水平翻转过来。接着到第 943 帧处创建一个关键帧,把人物平移至右边画面框外,最后给它添加补间动画命令,如图 1-326 所示。

在第 944 帧处创建一个空白关键帧,如图 1-327 所示。

(9) 把"时间轴"播放头拉到第 1083 帧处,给"孙二"图层创建一个关键帧,把前面用过的一组孙悟空表情吃惊的元件从库里拖出来,将其打散后再重组、编辑新动态,如图 1-328 所示。

图 1-326

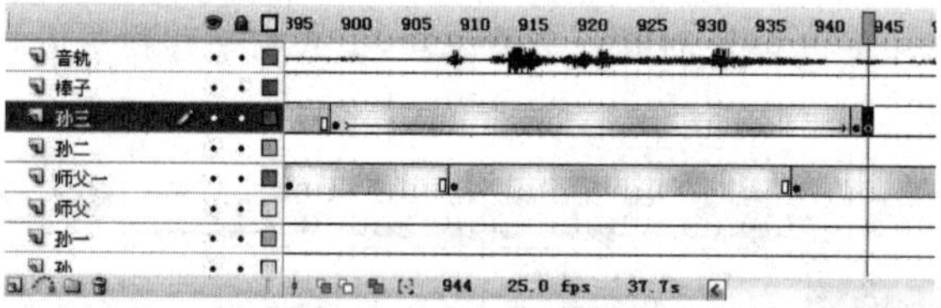

图 1-327

回到主场景的第 1083 帧上，把元件拖到画面右下角框外，如图 1-329 所示。

图 1-328

图 1-329

在第 1088 帧上创建一个关键帧，把人物平移到画面的偏右位置并且设置补间动画命令，如图 1-330 所示。

图 1-330

(10) 在第 1089 帧处创建一个关键帧，把元件的中心点移到人物的正下方，并沿着中心点的方向向左摆动一个较大的幅度，如图 1-331 所示。

图 1-331

接着在第 1091 帧处创建一个关键帧，把人物向右摆动一个较大的幅度，如图 1-332 所示。

分别在第 1092 帧、1093 帧、1094 帧、1095 帧处创建一个关键帧，按以下规律运动。

第 1092 帧和第 1094 帧上对象都向左摆动，前者的幅度大于后者的幅度；第 1093 帧和第 1095 帧上对象都向右摆动，前者的幅度大于后者的幅度，如图 1-333 所示。

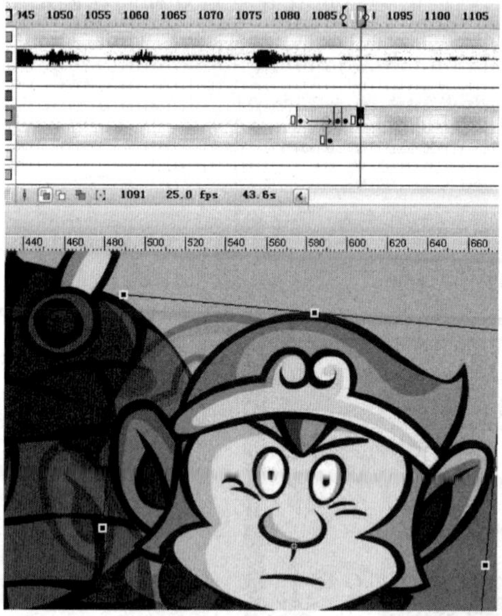

图 1-332

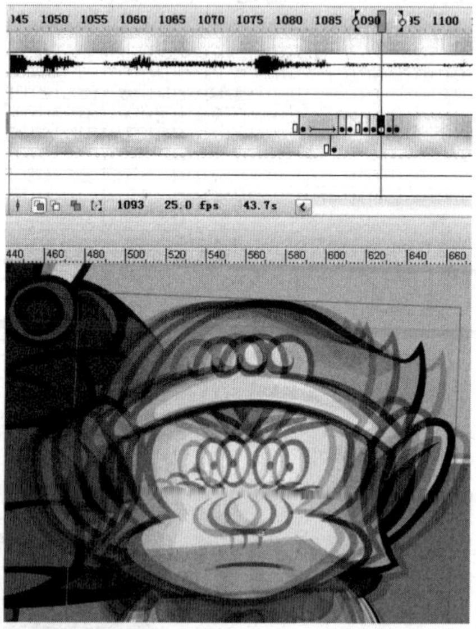

图 1-333

(11) 在第1116帧和第1120帧处分别创建关键帧，制作一个人物往下移出镜头的补间动画，如图1-334所示。

在第1121帧上创建一个关键帧，把元件打散。

在"孙三"图层的第1139帧上创建一个空白关键帧，把刚才打散过的人物元件剪切后粘贴到这一帧上，再把这一对象重新转换成图形元件。

双击进入元件界面，再对人物表情进行修改，如图1-335所示。

图 1-334

图 1-335

选择“嘴”对象，把它转换成图形元件，在这个元件内设置 3 帧逐帧动作，修改第 1 帧为张大嘴的状态，如图 1-336 所示。

第 3 帧上的状态为半张开嘴的样子，如图 1-337 所示。

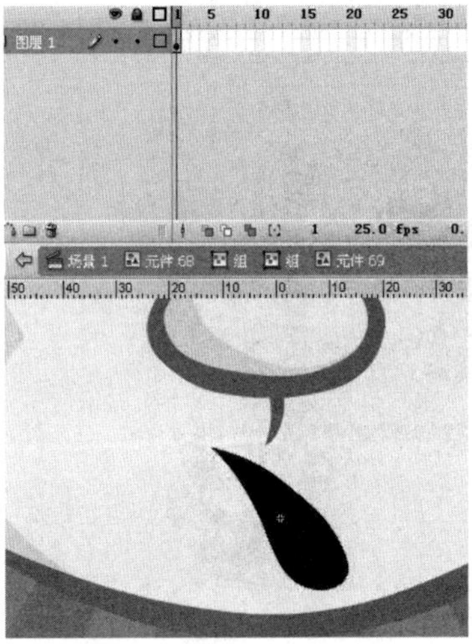

图 1-336

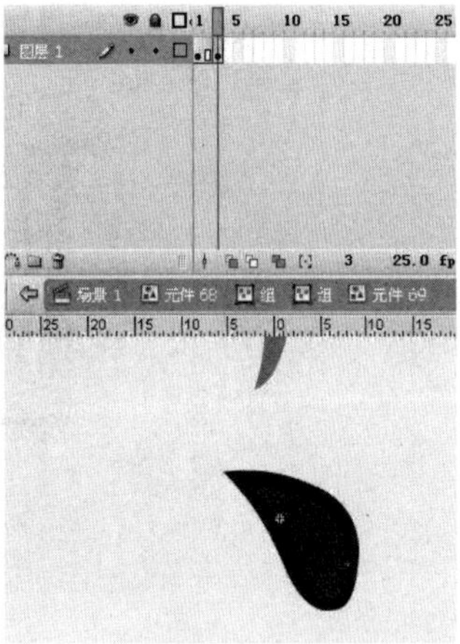

图 1-337

第 5 帧上则为嘴全部闭合了，如图 1-338 所示。

回到上一层元件界面，由于刚才“嘴”动画用了 6 帧，所以这里也新建 6 帧普通帧。在第 5 帧处创建一个关键帧并且调整人物的动态，如图 1-339 所示。

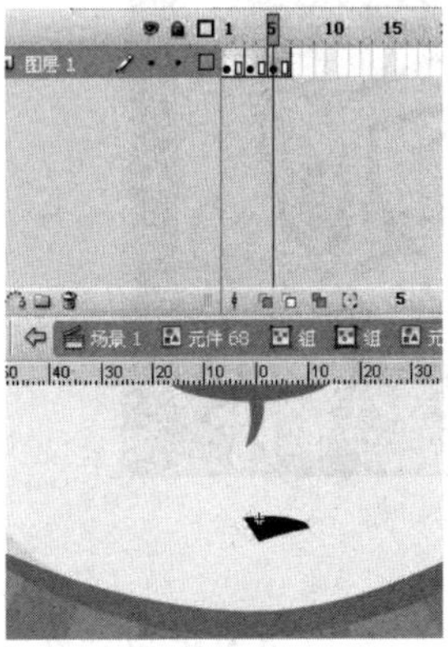

图 1-338

图 1-339

(12) 双击返回主场景的第 1139 帧上，把元件拖到画面下方，如图 1-340 所示。

在第 1143 帧处创建一个关键帧，做一个人物出场的补间动画。这里设置的动画时间短，是为了体现出人物内心的急切。效果如图 1-341 所示。

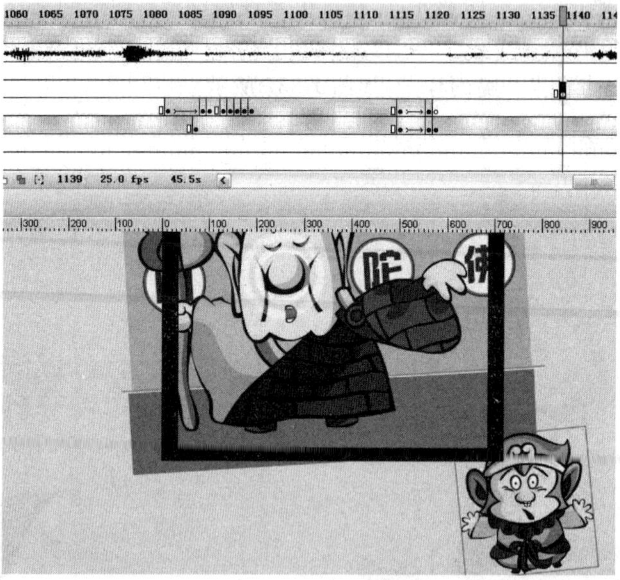

图 1-340

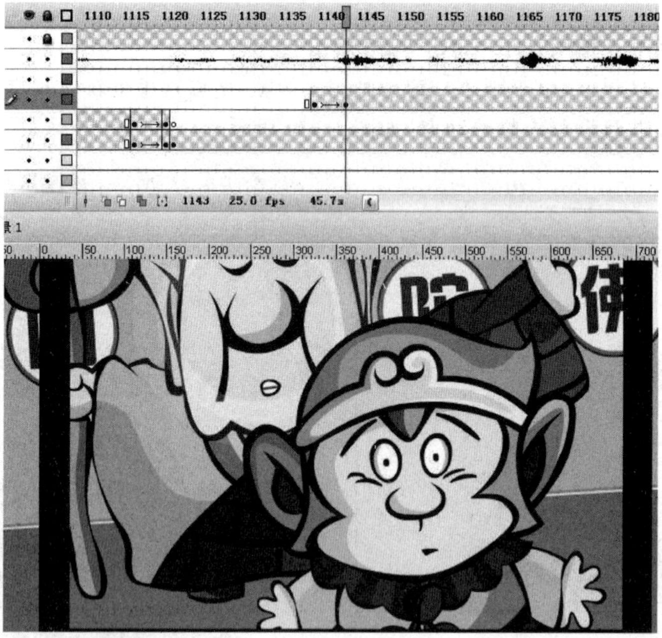

图 1-341

(13) 剩下最后一段孙悟空大声呐喊“师父……”的时间了,在这里给他单独在主场景“时间轴”上加两个关键帧。

在第 1207 帧上创建一个关键帧,把元件打散后直接修改人物动态,如图 1-342 所示。

在第 1220 帧处创建一个关键帧,进行修改。同时把“嘴”对象转换成一个图形元件。

进入元件界面,把对象转换成图形元件,如图 1-343 所示。

图 1-342

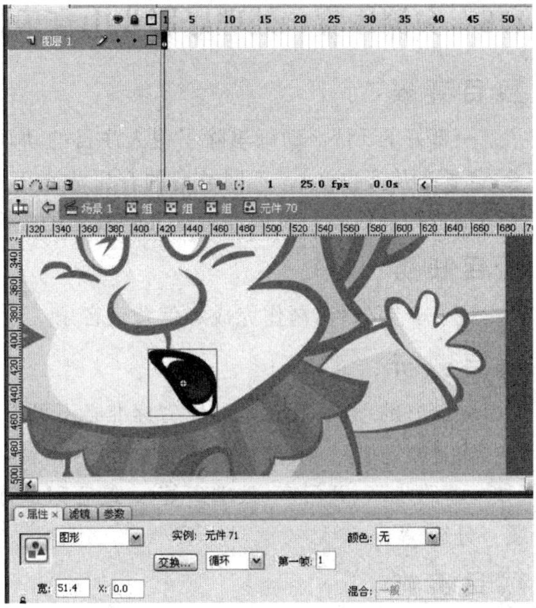

图 1-343

在“时间轴”上设置一个 30 帧的补间动画，让嘴巴由大到小变化，并在 30 帧后面延伸到第 80 帧的普通帧，作为动画静止状态时间，如图 1-344 所示。

图 1-344

项目小结

在这最后一段动画中出现部分较为烦琐和枯燥的逐帧；转场画面和人物动态的衔接处理看似杂乱无章。在实际工作中只要抓住各个动画的规律和表现手法，并把主“时间轴”上的各个对象、元件关系都梳理清楚，那样一切都显得井然有序、一目了然。

1.8 实例体验 处理好影片中音乐和发布设置

项目背景

一部好的Flash动画里除了引人注目的动画效果，还有穿插在里面的各类精彩的音乐(有主音、背景音及旁白音)。不同类型的音乐放在不同的地方都会有不同的视听效果。所以在给动画添加音频的时候一定要注意这几种音乐的关系。

项目任务

配合音频软件，制作完成彩信背景音乐。

项目分析

一部好的动画，其音效的优劣标准必不可少。当然，在Flash动画中的音频处理也需要注意“主、次音频”关系。从排列顺序上来讲，台词音(人物的说话声)为王；二为各类细部的动作音效(如一些跑步声、开门声、鼓掌声等)；最后则是背景音，此类一般为循环式的短音乐，持续半分钟或一分钟。

项目实施

步骤1 挖掘音乐素材

目前网络上很多网站有专门的音乐素材可供下载，里面有上千种不同特色音效。当然，在特殊的情况下也可以利用Adobe Audition软件配合一些简单的硬件设备如麦克风等自行录制。

步骤2 导入音乐素材文件

(1) 彩信动画部分前面已经完成了，这里给影片最前面的过场动画中添加几段音效。

回到主场景第1帧，新建一层，取名为“音效”。这是主角“飞”出场的场景，所以可在这里加上一段“飞翔”的音效。在“时间轴”第1帧处按Ctrl+R组合键，导入“飞翔.wav”音频素材，如图1-345所示。

发现导入的音效有39帧，而“孙”图层上的第一段补间动画起始帧数只有15帧。所以采取整体动画帧数后移的办法来弥补，这样时间上就差不多吻合了，如图1-346所示。

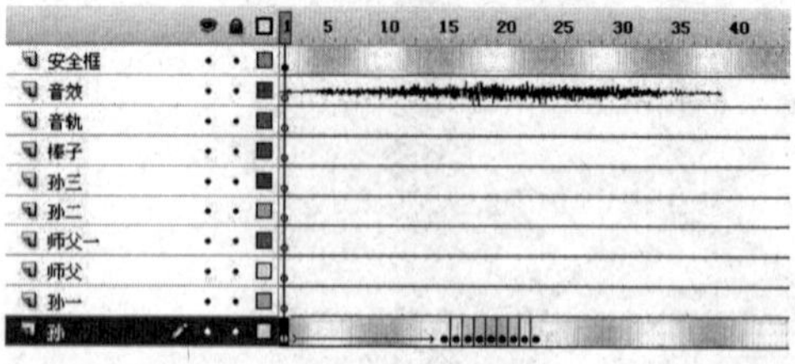

图 1-345

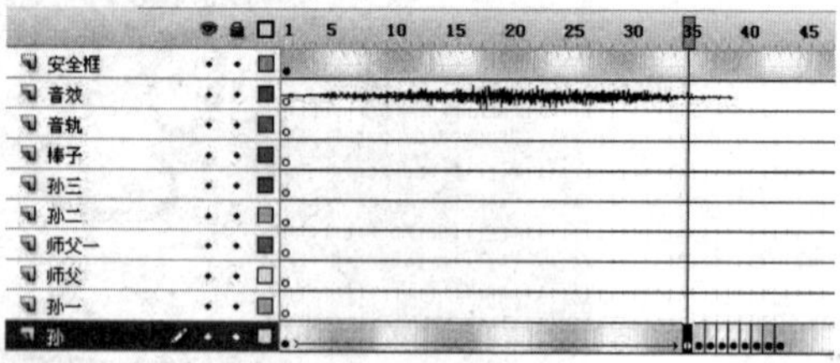

图 1-346

(2) 在“音效”层的第40帧上创建一个关键帧，导入“翻转.wav”音频素材。这里的动画是孙悟空翻云的过程，时间只有几帧，如图1-347所示。

导入后发现这个音频前面几帧是空白无声的，所以打开音效“属性”面板的“编辑封套”功能，把前面一段波形去掉，如图1-348所示。

感觉两段音乐紧密连在一起显得有些紧凑、不自然，所以回到“时间轴”上再次进行调整，如图1-349所示。

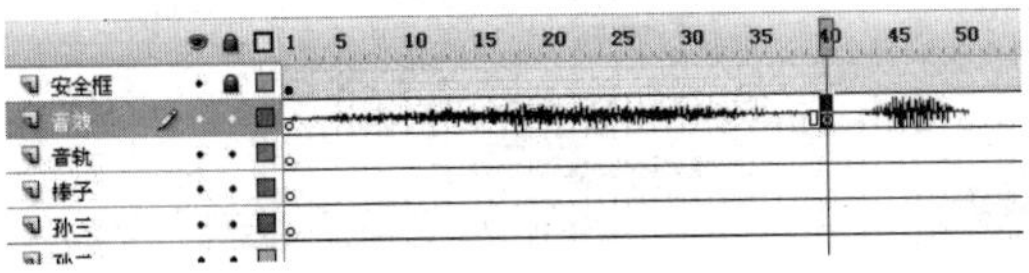

图 1-347

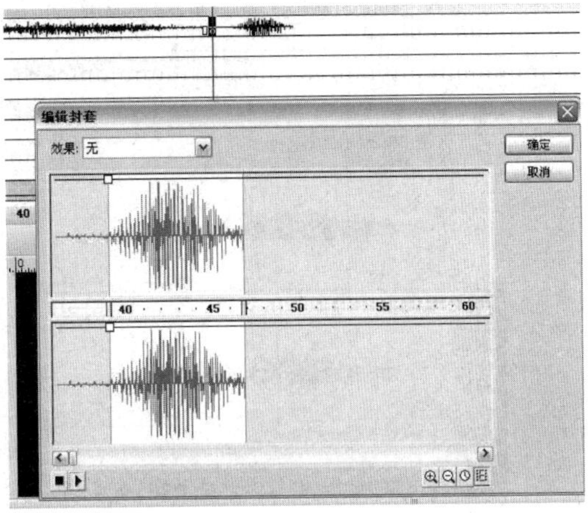

图 1-348

(3) 在第 93 帧处创建一个关键帧，导入另一段音频素材“飞走. wav”。这时候的动画是孙悟空开始飞出画面，如图 1-350 所示。

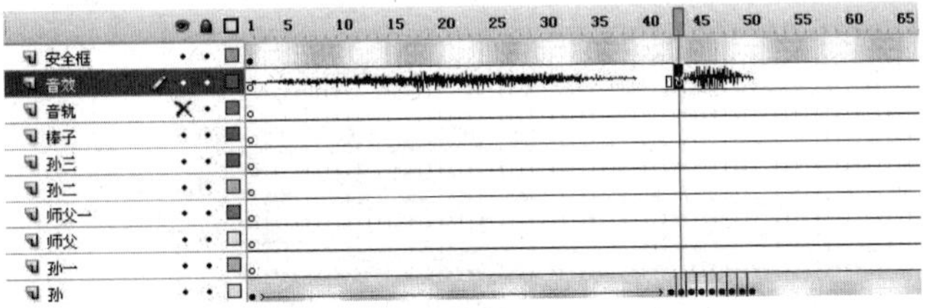

图 1-349

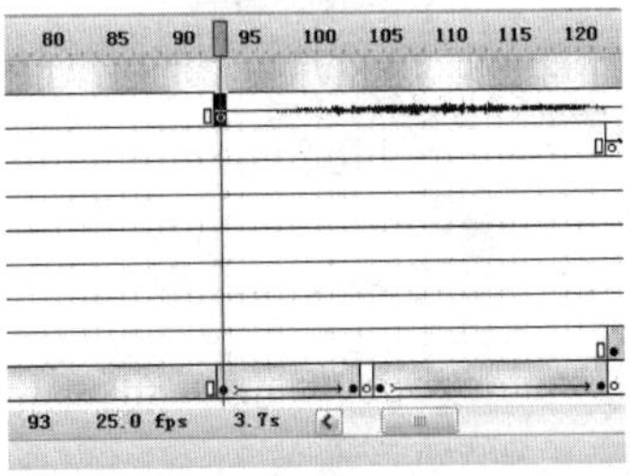

图 1-350

打开音频编辑面板，对新导入的音效进行处理，让它缩短到与动画同步的状态，如图 1-351 所示。

步骤 3 导出

(1) 音频工作到这里就处理完了，开始制作后期的导出动画工作。

TGA 图像格式最大的特点是可以做出不规则形状的图形、图像文件。一般图形、图像文件都是四方形，若需要圆形、菱形甚至是镂空的图像文件时，TGA 就可派上用场。

由于 Flash 软件不支持直接输出 TGA 图片格式，所以必须先输出成 JPG 图片格式后再转成 TGA 格式。

这里把两种导出格式的方法都介绍一下。首先执行“文件”→“导出”→“导出影片”菜单命令，在弹出的对话框中选择保存类型为 SWF 影片，接着在弹出的对话框中设置参数，如图 1-352 所示。

设置“JPEG 品质”为 100，“音频”设置成“原始，22kHz，单声道”，单击“确定”按钮，可导出一个高质量的 SWF 文件；这个 SWF 文件可用于网络、手机动画等一些传播平台，但是电视后期的非线编辑器不支持 SWF 文件的导入，所以这时要再进行一次导出工作。

(2) 执行“文件”→“导出”→“导出影片”菜单命令。在弹出的对话框中设置导出的文件“类型”为“JPEG 序列文件”，如图 1-353 所示。

在弹出的“导出 JPEG”对话框中选择默认设置，并单击“确定”按钮，如图 1-354 所示。

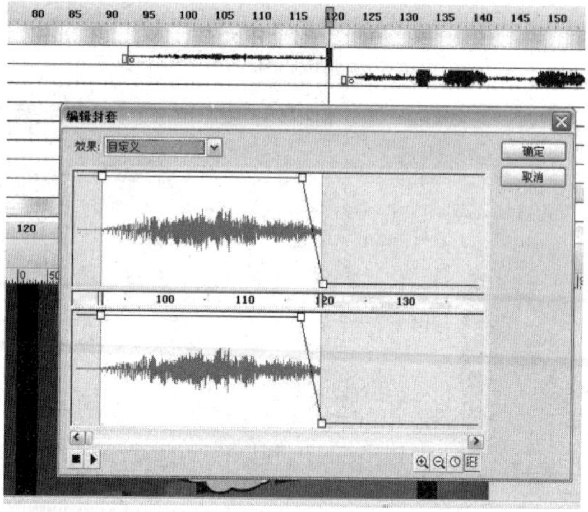

图 1-351

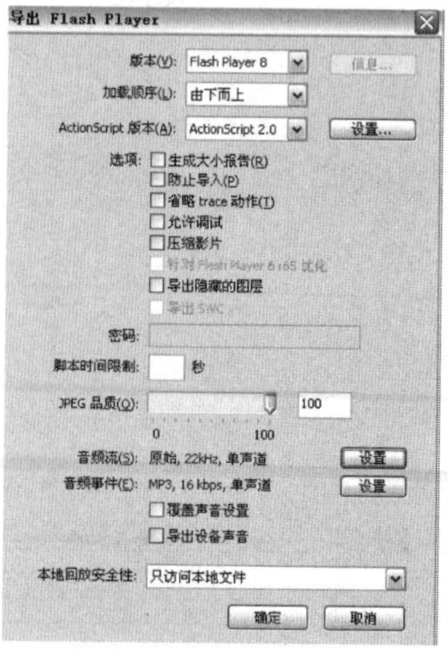

图 1-352

图 1-353

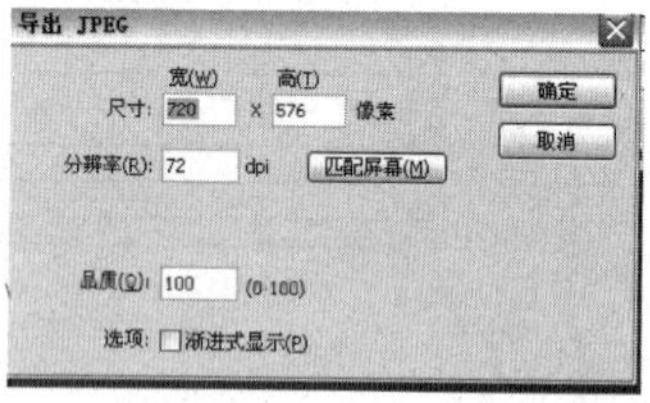

图 1-354

开始导出序列图片，在结束后打开 ACDSee v3.1 看图软件，找到图片保存的位置，可以看到图片已按照默认文件序列号排列，如图 1-355 所示。

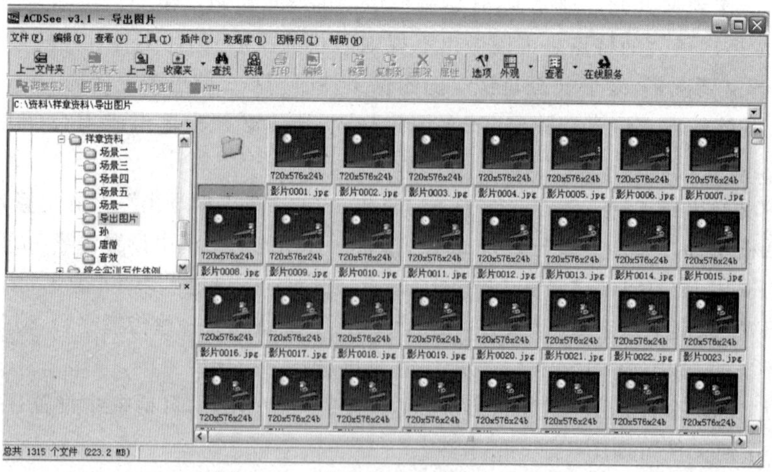

图 1-355

接着单击右键或按 Ctrl＋A 组合键全选，单击右键执行“转换”命令，在弹出的“格式转换”对话框下拉列表中选择 TGA 格式序列选项，如图 1-356 所示，单击“确定”按钮开始转换。

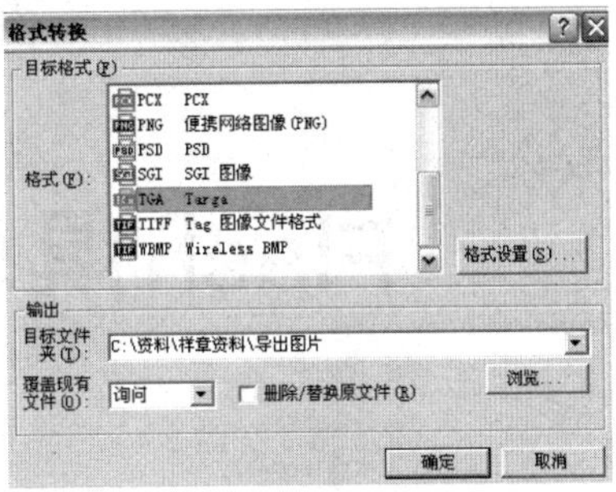

图 1-356

转换结束后，TGA 序列图片也同样按文件序列号排列出来，如图 1-357 所示。

打开 Flash 软件，导出一份动画合成的音轨文件。

执行“文件”→“导出”→“导出影片”菜单命令。在弹出的对话框的下拉列表中选择 WAV 音频文件，如图 1-358 所示。

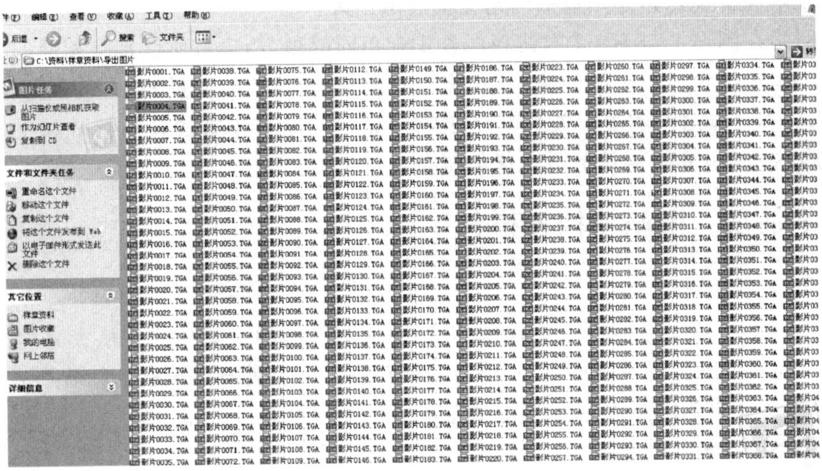

图 1-357

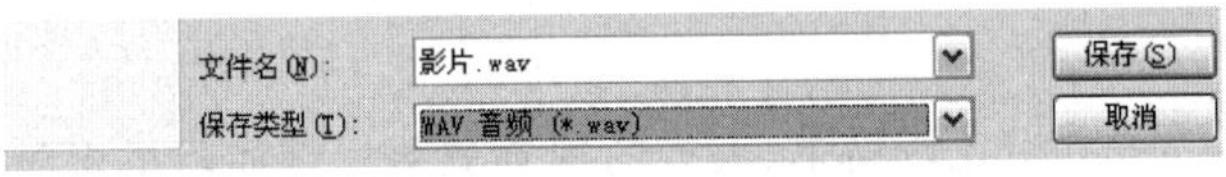

图 1-358

在弹出的音频设置对话框中设置“声音格式”为“44kHz 16 位单声”，如图 1-359 所示。

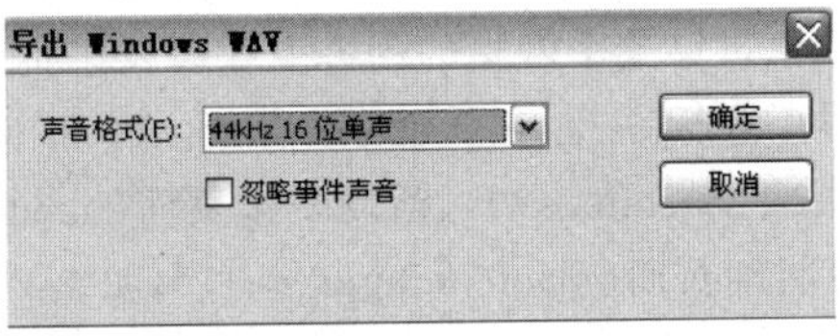

图 1-359

单击“确定”按钮，至此整部片子的制作结束。

项目二

Flash俱乐部网站制作

Flash 网站拥有极强的个性化制作方案，它适合于页面文字信息不多的网站应用，包括专题网络媒体宣传、企业产品品牌推介、个人主页展示等各方面应用渠道，它可以利用生动、直观的 Flash 动画技术和视觉传达立体地把网站完全展示出来。

Flash 网站在制作上与 Html 网站制作方式有相同的地方，也有所区别。相同的是在制作框架思路上一致，包括预先设定的网站主题、统一的视觉标识、统一的页面风格、布局、色彩构成以及每个页面块和首页之间的逻辑关系、不同的是 Flash 网站有丰富的转场特效和生动活泼的动态页面元素，这也是 Flash 网站的最大优势所在。

2.1 教学活动 网站结构分析

项目背景

制作一个 Flash 网站之前一定要策划、构思好整个网站的框架模式。从大方向上来讲整个网站的风格，是类似欧美系风格的简单、明了、富有动感，还是韩日系风格的细节严谨；其中包括每个子页面与首页的调用关系、页面的色调选构和背景音乐的安排等。

项目任务

构思一份完整、详细的羽毛球俱乐部 Flash 网站框架模式图，并以书面文字或表格的形式记录下来。

项目分析

这个网站最终一定是相对比较简单、大方的视觉效果。例如阿里巴巴人员招聘网，画面很简洁，效果却很棒，特别是一些人物跳转的转场视觉效果。

项目实施

关于这个羽毛球俱乐部 Flash 网站的制作，进行了一些内容和功能模板上的删减和页面效果处理，并设计了一个卡通形象贯穿整个网站的动态变化以及子页面的跳转、过场动画等。

网站共分 6 个页面版块，包括一个主页面(index. swf)和 5 个子页面[技术学习页面(jishuxuexi. swf)、线上报名页面(baomin. swf)、活动安排页面(huodonganpai. fla)、会员规章页面(huiyuanguizhang. swf)、消费明细页面(xiaofeimingxi. swf)]，如表 2-1 所示。

表 2-1 网站页面划分

主页 index. swf	技术学习(jishuxuexi. swf)
	线上报名(baomin. swf)
	活动安排(huodonganpai. fla)
	会员规章(huiyuanguizhang. swf)
	消费明细(xiaofeimingxi. swf)

每个页面中有 6 个天气动态的显示效果：晴、阴、多云、雨、雪、雷电。构图划分为 4 个部分，分别是天气显示区、Logo、导航栏区、页面主场景区，如图 2-1 所示。

图　2-1

项目小结

将这个网站所有的画面元素、内容都集中在了文档中间偏上的位置，一是考虑到页面展示的文字信息不多；二是便于输出后的调整；其实在一定意义上，小尺寸的页面往往显得更加精美一些。

2.2　实例体验　首页面制作

项目背景

首页是输入域名后出现的第一次视觉传达；首页的风格、页面以及色调完全决定了子页面的设计和制作方向。

项目任务

设计并制作网站首页，内含完整的 loading 动画、Logo 和 5 个导航菜单动画。

项目分析

在着手制作网站首页之前，必须先构思好整个网站的框架结构，对各个导航跳转及页面安排事先要清晰、明确。

项目实施

步骤 1　网站的页面设置

打开 Flash CS3 软件，新建一个 Flash AS 2.0 文件，取名为 index。打开“文档属性”面板，设置“尺寸”为 1024 像素×768 像素，“帧频”为 30fps，“背景颜色”为黑色，如图 2-2 所示。

在舞台上绘制页面框。设置尺寸为 723 像素×388 像素；页面位置的 X 为轴 139.8，Y 为轴 92.1；颜色为深蓝色(＃1C2233)；并在底部绘制一个深色立面，左上角画一个放置 Logo 的位置框，如图 2-3 所示。

图　2-2

图 2-3

步骤 2　Logo 制作

(1) 绘制一个矢量 Logo。先选择工具栏上的矩形工具；打开“属性”面板，设置矩形边角半径为 5，白色背景，无边框；在舞台上画一个长方形底框，如图 2-4 所示。

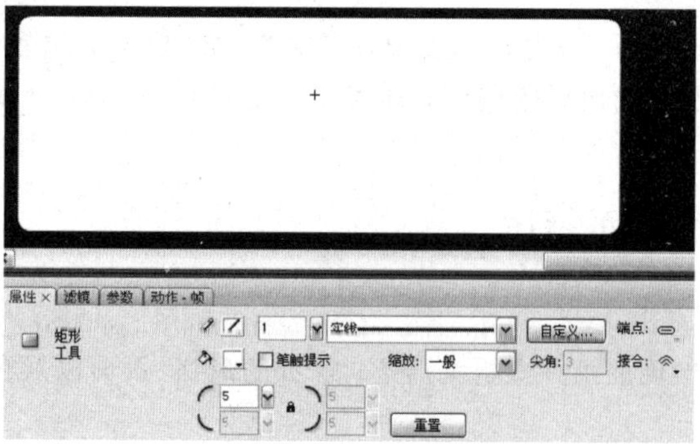

图 2-4

在四周绘制 4 个小圆，并设置小圆的颜色和网页色相同，如图 2-5 所示。

(2) 新建一层，输入文字“飞羽俱乐部”和域名：www.yonng.com。设置中文字体为“汉真广标”，颜色为白色，如图 2-6 所示。

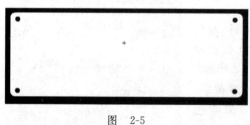

图 2-5

图 2-6

复制这一层文字后再新建一层，按 Ctrl+Alt+V 组合键把它粘贴到相同的位置，锁定图层。接着把原图层上的文字打散，如图 2-7 所示。

选择工具栏的墨水瓶工具，给打散后的文字添加线段笔触：笔触高度为12，颜色与页面底色相同，如图2-8所示。

图 2-7

图 2-8

同样复制一次文字图层。打开“颜色”面板，选择填充样式为渐变类型，设置文字为白—灰—白的渐变，如图2-9所示。

把绘制好的3层文字放置在白色底框中间，并调整好大小，如图2-10所示。

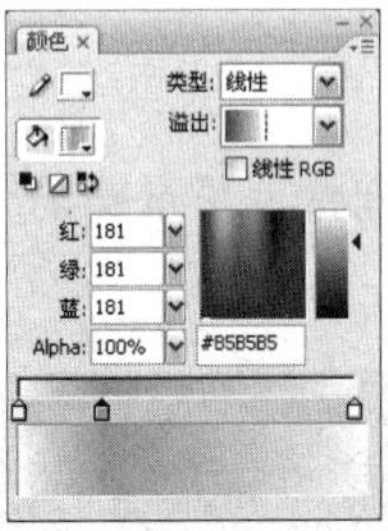

图 2-9

图 2-10

把做好的Logo放置在页面的左上角，如图2-11所示。

图 2-11

步骤3 绘制网站卡通标识形象

(1) 绘制网站卡通标识形象。新建一层，先用线段工具勾出卡通头部的线条轮廓，如图2-12

所示。

这是一只卡通"牛",在原来形状基础上进行了一些加工处理:把鼻子变大,两只角呈扭曲状。调整好线条轮廓,如图 2-13 所示。

给已绘制好的线条轮廓填充上大色块,并进一步调整线条和色块的关系,如图 2-14 所示。

图 2-12

图 2-13

图 2-14

设计牛头部的大色块为白色,牛角为红色,两个鼻孔为灰色;再给它画上黑色色斑(类似奶牛的效果)。并设置牛角部分线条加粗为 1,颜色为深红色(#4F0000);其余线条加粗为 1,颜色为深灰色(#232323)。效果如图 2-15 所示。

(2) 勾出身体和四肢以及尾巴部分的轮廓,如图 2-16 所示。

再用上述方法绘制出完整的卡通形象,并分别设置身体、四肢和尾巴为单独的影片剪辑元件。效果如图 2-17 所示。

图 2-15

图 2-16

图 2-17

步骤 4 制作首页 loading 动画

(1) 制作网站首页的 loading 动画。loading 是 Flash 网站非常重要的组成部分,一个好的 Flash 网站离不开好的 loading 动画。

在主场景页面框图层上新建一层,改名为 loading。分别从库里调出刚才绘制好的卡通牛和 Logo 标识实例放置在主场景上,如图 2-18 所示。

让卡通牛"趴"在 Logo 上,并调整好大小,再把 Logo 实例打散,把文字底部的深蓝色图层删除,保留纯白色的文字,如图 2-19 所示。

图　2-18

图　2-19

选中卡通牛和 Logo，同时把它们转换成一个影片剪辑元件，改名为“loading 元件”，如图 2-20 所示。

图　2-20

（2）制作预加载帧时的动画效果。双击进入元件，把纯白色的文字分散到图层，并设置 100 帧长度的普通帧，如图 2-21 所示。

图　2-21

在“图层 1”和“图层 2”之间新建一层，取名为“进度动画”，如图 2-22 所示。

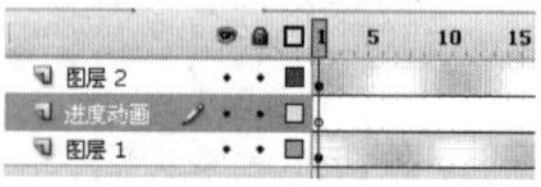

图 2-22

在这一层上绘制一个和底色相同的波浪图形，并特别注意调整波浪两端的弧度和高度相同，如图 2-23 所示。

右击，把它转换成影片剪辑元件，并取名为“波浪”，如图 2-24 所示。

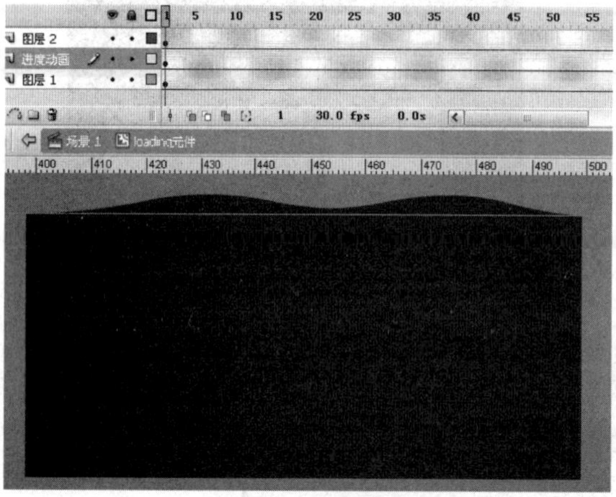

图 2-23

图 2-24

(3) 双击进入元件界面，把它群组后复制两个波浪放在左边，并排列整齐，如图 2-25 所示。

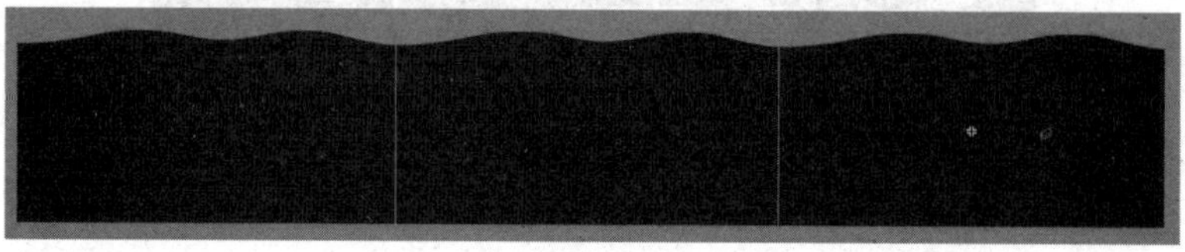

图 2-25

选中 3 个波浪图形，再次把它们转换成影片剪辑元件，并调整好大小，将其靠右放置在 Logo 的底部，如图 2-26 所示。

图 2-26

在第 100 帧处创建一个关键帧，把波浪向右平移到 Logo 的最左端(快超出 Logo 的位置)，如图 2-27 所示。

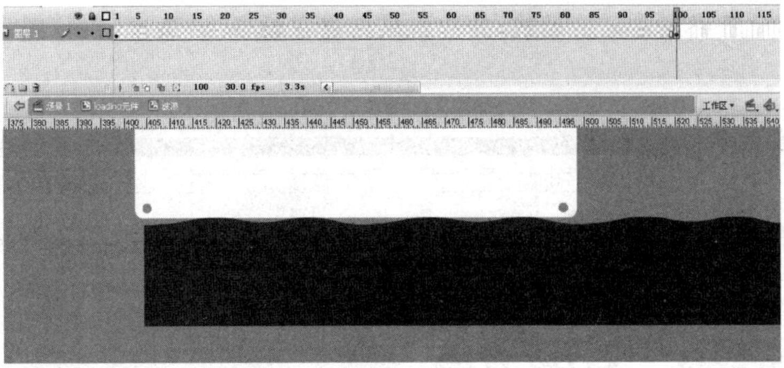

图　2-27

打开洋葱皮效果，进一步调整第 100 帧上波浪的位置，使其与第 1 帧的位置保持靠右一些，如图 2-28 所示。

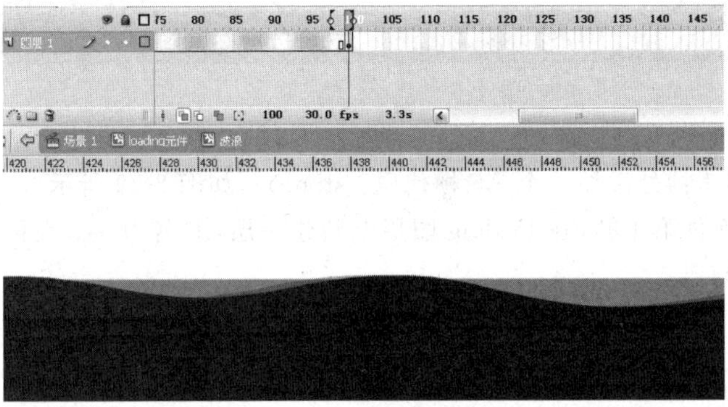

图　2-28

最后回到第 1 帧处，添加一个补间动画命令。测试动画。

(4) 制作波浪加载动画的第二层嵌套影片剪辑。双击回到上一层元件界面，设置“图层 2”为线框模式，再把刚才制作的波浪放在文字的底部，如图 2-29 所示。

在“进度动画”图层的第 100 帧处创建一个关键帧，把波浪向上移至盖过全部文字的位置，并给第 1 帧添加补间动画命令，如图 2-30 所示。

图　2-29

图　2-30

把“图层 2”设置回正常显示模式，并右击鼠标将它设置为“进度动画”图层的遮罩层，如图 2-31 所示。

图　2-31

新建一层，在第 1 帧处添加一个 AS 帧代码：stop()；，如图 2-32 所示。

(5) 双击回到首页第 1 帧，在 loading 图层上新建一层，取名为 as；在网站制作中将使用这一层专门放置代码帧。

在 as 图层的第 1 帧处打开“动作”面板，输入代码：stop()；，如图 2-33 所示。

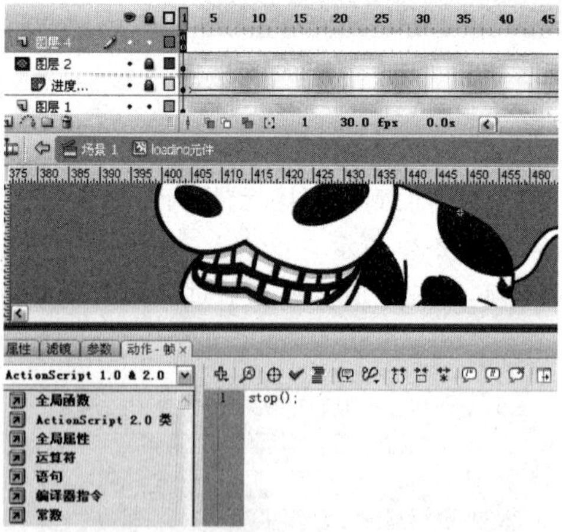

图　2-32

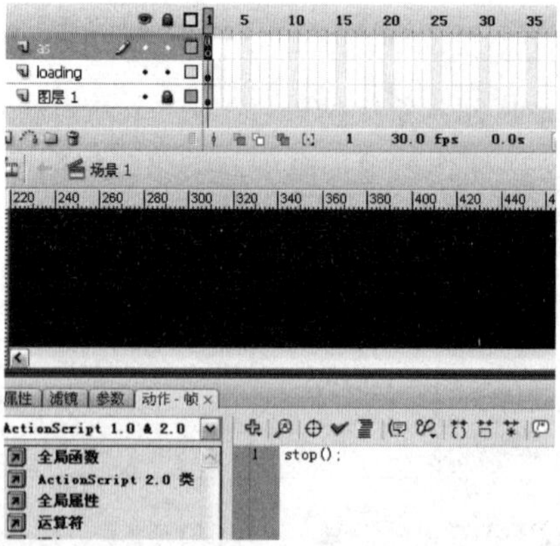

图　2-33

选中 loading 图层的第 1 帧，在“属性”面板里设置元件的实例名为 loading，如图 2-34 所示。

单击工具栏中的文字工具，在 Logo 底部拖出一个长方形的动态文本框，并设置它的“变量”名为 txt，如图 2-35 所示。

在实例上右击，打开“动作”面板并输入如下代码。

```
onClipEvent (enterFrame) {
  //取得影片的已下载字节数
  byteloaded = _root.getBytesLoaded();
```

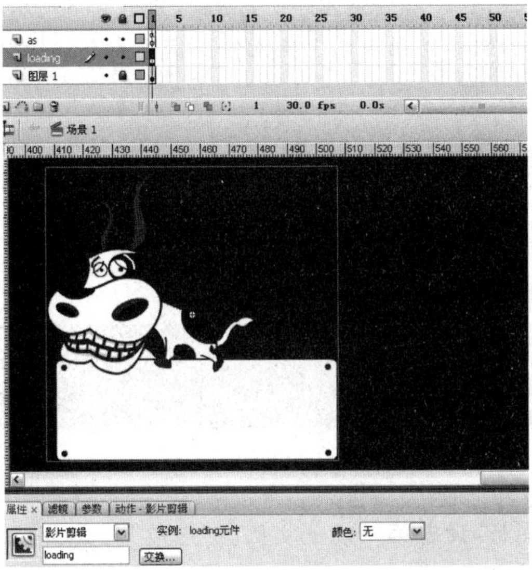

图　2-34

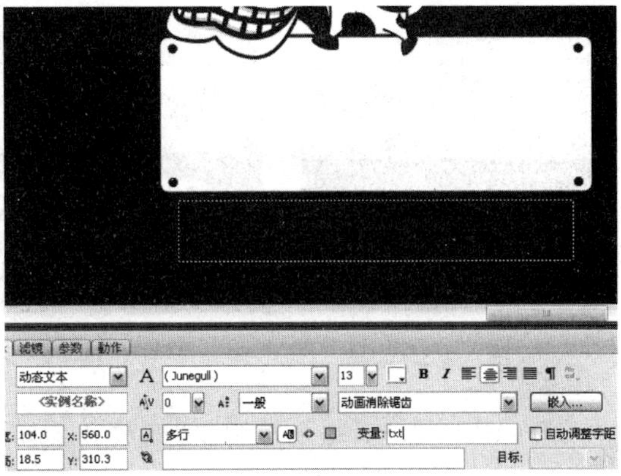

图　2-35

```
    //取得影片的总字节数
    bytetotal = _root.getBytesTotal();
    //已下载字节数与总字节数的百分比
    percent = Math.floor(byteloaded/bytetotal * 100);
    //根据当前加载百分比跳转到相应的帧
    this.gotoAnd Stop(percent);
    //当 percent 值大于等于 100 时,主影片开始播放
    if (percent >= 100) {
          _root.play();
    }
    //使 0%～9%显示为 00%～09%
    if (String(percent).length == 1) {
          percent = "0" + percent;
    }
    //设置 TXT 动态文本的显示内容
    _root.txt = percent + "% 等吧等吧 LOADED";
}
```

这段代码很简单,即测试加载的动画到第 100 帧的时候开始播放主影片,在 TXT 动态文本的显示内容旁边加上“等吧等吧”字样显得更有趣味,其效果如图 2-36 所示。

图　2-36

回到 as 图层,在第 2 帧处创建一个空白关键帧,输入代码“loading.gotoAndStop(100);”,即 loading 动画播放到第 100 帧的时候则停止。

至此,网站首页的 loading 加载动画就制作完成了。

步骤 5　Logo 动画制作

制作网站首页,首先是制作 Logo 动画。

新建一层,取名为 Logo;把刚才放置好的 Logo 元件实例拖到第 2 帧处,如图 2-37 所示。

分别在同一层“时间轴”上的第 5 帧、7 帧、8 帧、9 帧、10 帧处创建一个关键帧，如图 2-38 所示。

在第 2 帧、第 5 帧和第 7 帧之间创建两段补间动画，把第 2 帧上的元件实例缩小并设置其 Alpha 值为 0%，如图 2-39 所示。

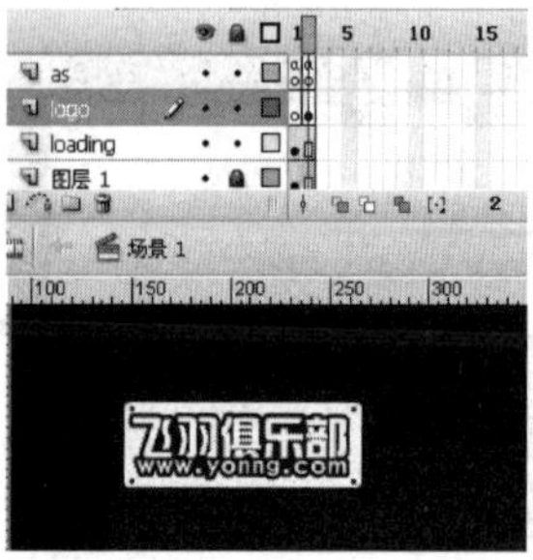

图　2-37

图　2-38

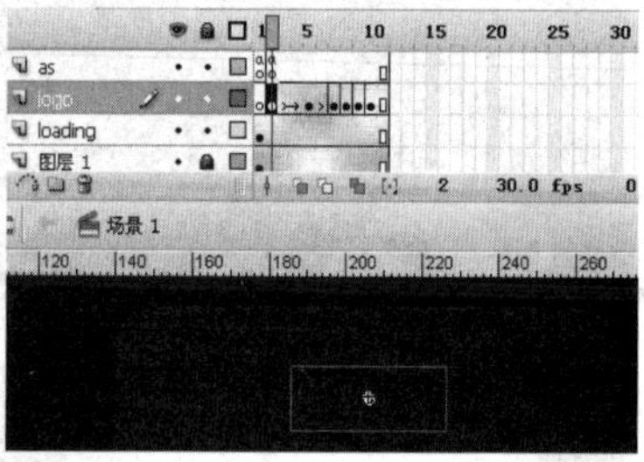

图　2-39

按 Ctrl+Alt+S 组合键调出“缩放和旋转”面板，设置第 7 帧上实例的“缩放”为 80%，如图 2-40 所示。

选择第 9 帧，设置其元件实例的“缩放”为 90%，如图 2-41 所示。

图　2-40

图　2-41

步骤 6　卡通牛动画制作

(1) 制作首页面的卡通形象出场动画：这一块的动画设计大致介绍一下：设计卡通牛身体的各个部分从天而降，然后“拼接”成一只完整的牛，这时一个铅笔在页面上画出一扇门；门开，牛跑进门后即转场到导航栏文字菜单出现。

在 loading 图层“时间轴”的第 2 帧上创建一个空白关键帧，然后新建一层，取名为 niu，如图 2-42 所示。

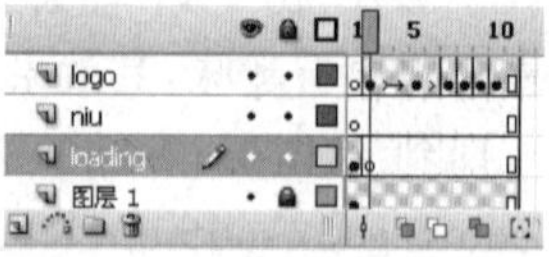

图　2-42

在新建图层的第 2 帧处创建一个关键帧，把卡通牛从库里调出来，打散后调整为“碎尸”状，如图 2-43 所示。

全选所有的“牛部件”，把它转换成一个图形元件，取名为“下落”，如图 2-44 所示。

(2) 双击进入元件界面，把每个单独的对象分散到图层，同时将图层分别命名为“头”、“尾”、“身”、“脚 1”、“脚 2”、“脚 3”、“脚 4”，并调整每个对象的中心点在其贴近底部的位置，如图 2-45 所示。

图　2-43

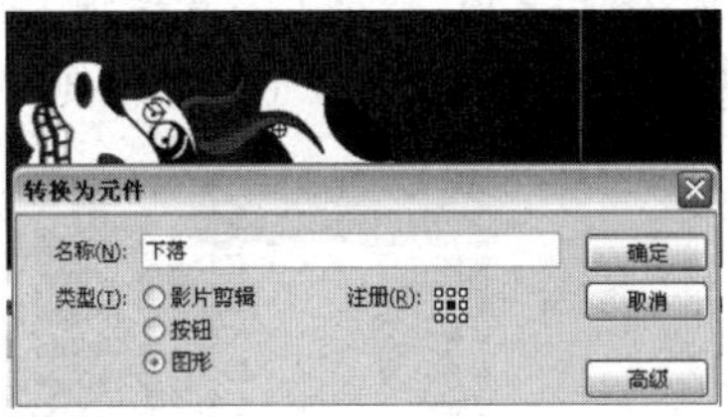

图　2-44

图　2-45

分别在所有图层“时间轴”上第 6 帧、9 帧、11 帧、12 帧、13 帧处创建一个关键帧，如图 2-46 所示。

图　2-46

在制作物体自由下落动画的时候特别要注意重力学的应用，由于受到地心引力的重力加速度的影响，在第一次下落的过程中物体将以慢至快的加速度冲向地面，而后受到反弹，将会有一组逐级递减的往返过程，直至几股力相互抵消，最后为静止状态。

在 Flash 动画中可使用“属性”面板中的“缓动”功能表现出物体的加速度状态，而在开始进行逐级反弹的过程动画中，可通过调整“时间轴”上的位置来表现。

拿“头”图层来说，从第 1 帧开始到第 6 帧之间是第一段自由下落的加速度运动过程，所以在第 1 帧到第 5 帧之间添加一个补间动画，并设置其“缓动”值为－100，如图 2-47 所示。

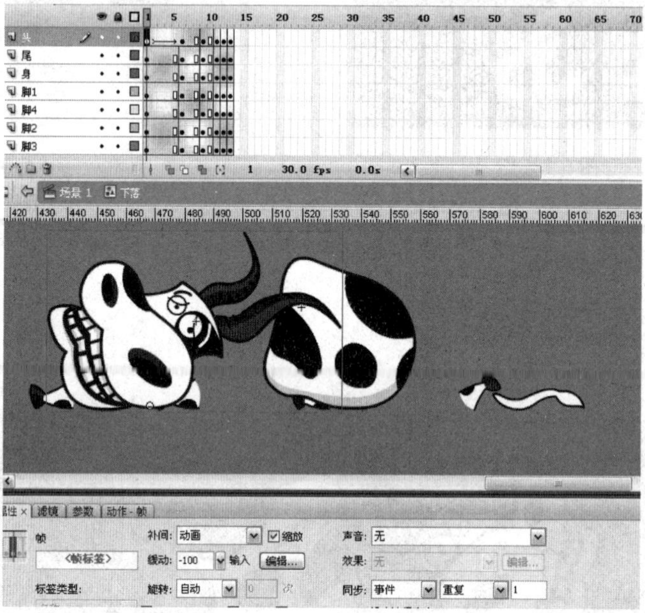

图 2-47

第 6 帧以后为物体第一次到达地面后开始反弹，每次的反弹均比上一次的高度低、强度弱、用时短。

设置第一次反弹为第 6 帧～第 9 帧，它占用了 3 个帧的时间长度。在这次的反弹中创建一个补间动画，并设置第 6 帧的“缓动”属性值为 100，如图 2-48 所示。

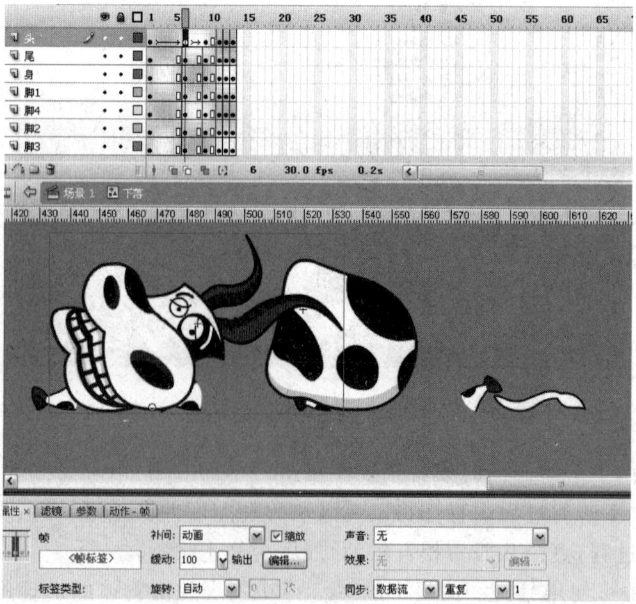

图 2-48

第 9 帧至第 11 帧为第三段反弹运动时间，它占用了 2 个帧的时间长度，并再次给它创建补间动画，如图 2-49 所示。

接下来的两个关键帧分别作用于力量更弱的第 4 次和第 5 次反弹运动。反弹的次数越多，越能显得动画精细。

(3) 分别调整在逐级递减的反弹过程中几个不同运动物体的状态，初学者若是担心把握不好可以在物体上方添加一条横向的参考线，每次最高点的反弹状态可根据与参考线的距离来调整，如图 2-50 所示。

图　2-49

图　2-50

在“时间轴”上选择第 1 帧，把这一帧上的“牛头”垂直向上移到页面框的外部，如图 2-51 所示。

在“时间轴”上选择第 6 帧，把这一帧上的“牛头”沿着底部的中心点向下挤压一些，如图 3-52 所示。

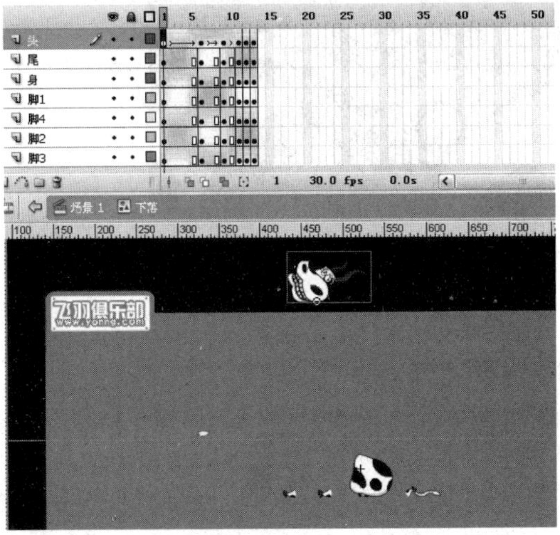

图　2-51

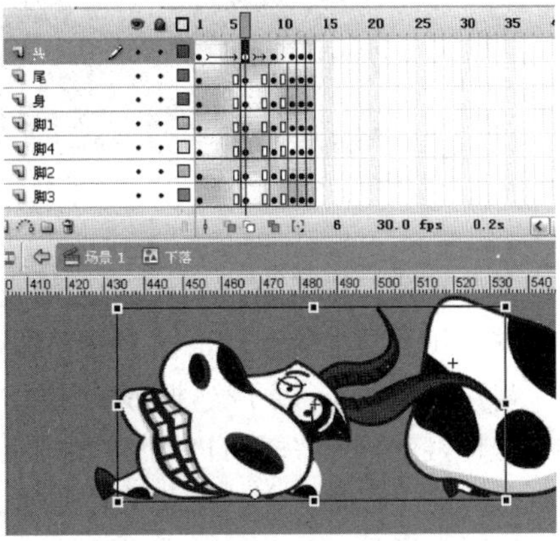

图　2-52

选择“时间轴”上的第 9 帧，把“牛头”垂直向上移至参考线处，如图 2-53 所示。

选择第 11 帧，把这一帧上的“牛头”向下挤压一些，力度必须比第 6 帧的挤压力度稍小，如图 2-54 所示。

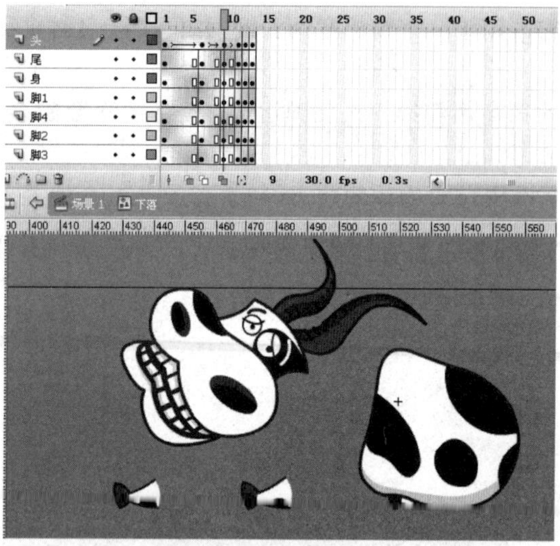

图 2-53

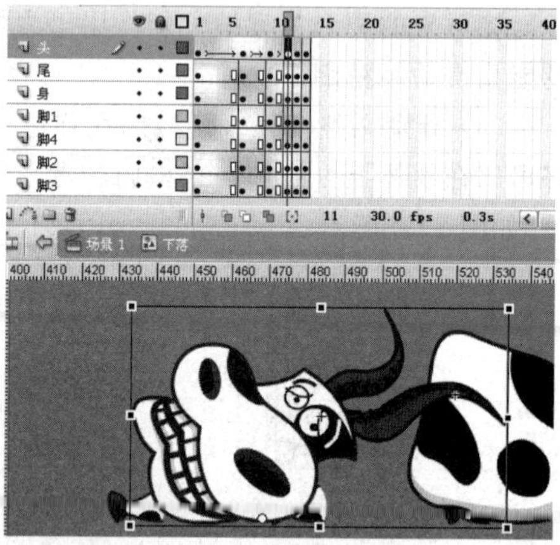

图 2-54

选择第 12 帧，把“牛头”垂直向上移一些，高度必须比第 9 帧的稍低，如图 2-55 所示。

图 2-55

最后一帧保持不变，作为最后的静止状态；这样“头”图层的下落动画就完成了。

其余几个图层的动画也按上述方法制作，效果如图 2-56 所示。

(4) 保持动画长度不变，把每个图层在“时间轴”上的动画顺序分别打散、错开，如图 2-57 所示。

这样，整个卡通牛的自由下落动画就制作完成了。再一次测试动画，进一步完善动画效果，特别是几个下落过程中的对象关系处理。

回到主场景，在 niu 图层“时间轴”的第 28 帧处创建一个关键帧，并把“下落”元件实例打散，如图 2-58 所示。

步骤 7　制作网页的笔绘效果动画

(1) 新建一层，重命名为 bihui，在“时间轴”的第 28 帧处创建一个关键帧。单击工具栏中的笔刷工具按钮，在舞台上绘制一个铅笔的形状，如图 2-59 所示。

图　2-56

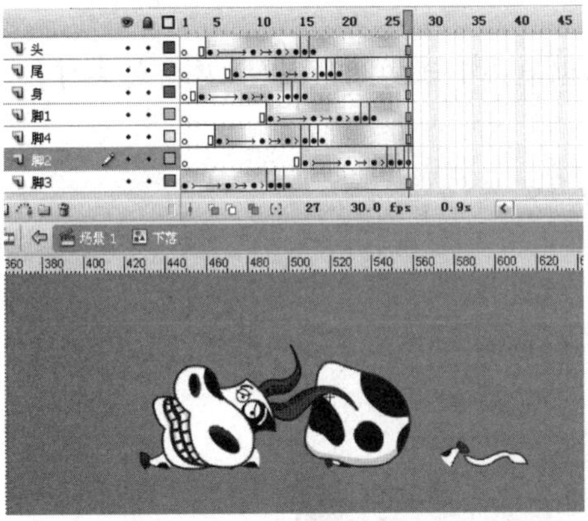

图　2-57

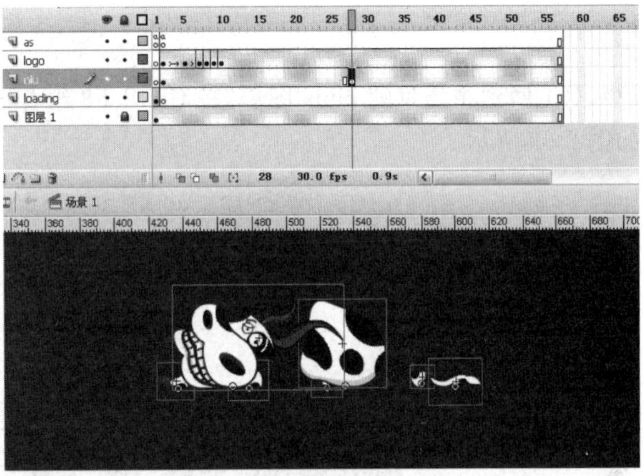

图　2-58

进一步细化图形,同样用笔刷工具画出几道笔体上的色彩,如图 2-60 所示。

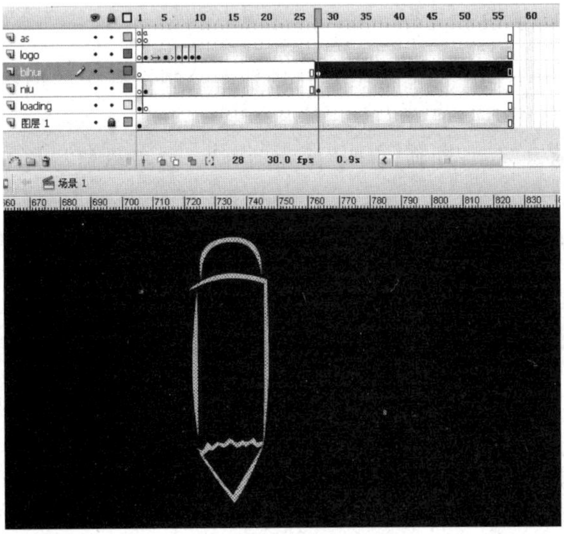

图　2-59

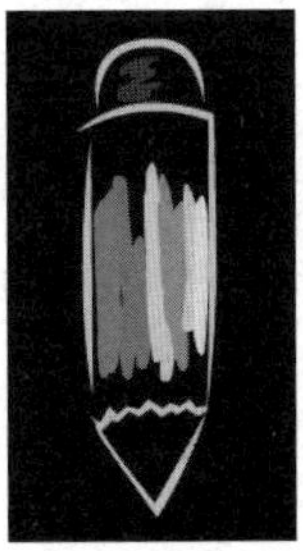

图　2-60

细化调整每段色彩笔触的形状，使其不显得过于呆板，如图 2-61 所示。

最后把它转换成一个图形元件，命名为“铅笔”，如图 2-62 所示。

图 2-61

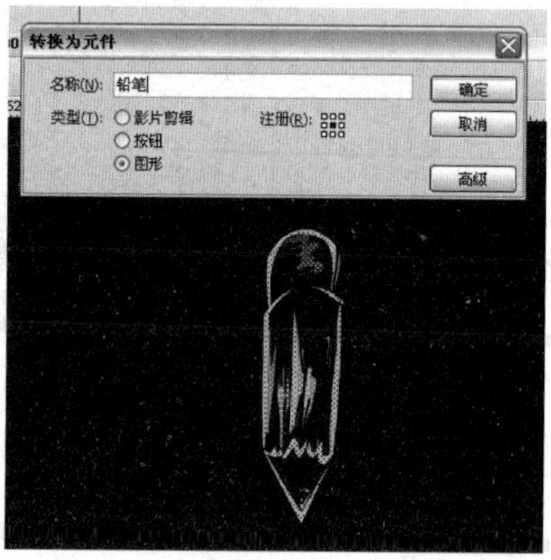

图 2-62

(2) 回到主场景的 bihui 图层，按 Ctrl+F8 组合键，创建一个新的图形元件，并命名为“门”，如图 2-63 所示。

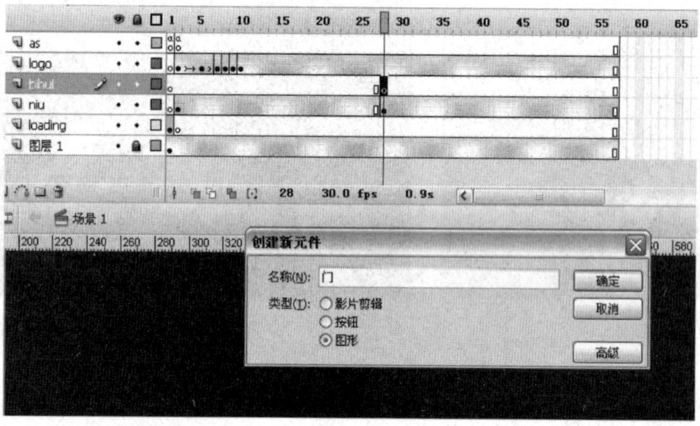

图 2-63

双击进入元件界面，先在第 1 帧处用工具栏的笔刷工具在场景上绘制一扇门的形状，并从库里把刚才绘制好的铅笔拖到场景中，如图 2-64 所示。

(3) 制作 Flash 动画中常用到的“逼真写字”动画，也叫“擦除动画”。这里虽然写的不是字，但原理相同，方法一样。

制作用笔在 Flash 中逼真写字或画图的动画之前，一定要先考虑好写这个字或画这幅图的第一笔在哪儿，最后一笔在哪儿，然后从最后一笔的落笔处开始起一点一点地把“字”或“图”擦出来。

这里画的是一扇门，通常绘画的习惯是画完大的门框后再画门把手，如图 2-65 所示。

再来看门把手的绘画，可按顺时针从左到右地画，所以这里就应该从左边的第一笔位置开始，如图 2-66 所示。

(4) 把刚才的铅笔拖到门把手的最后一笔处，并调整铅笔的中心点到笔尖处，准备开始从这里一点点地把门擦除，如图 2-67 所示。

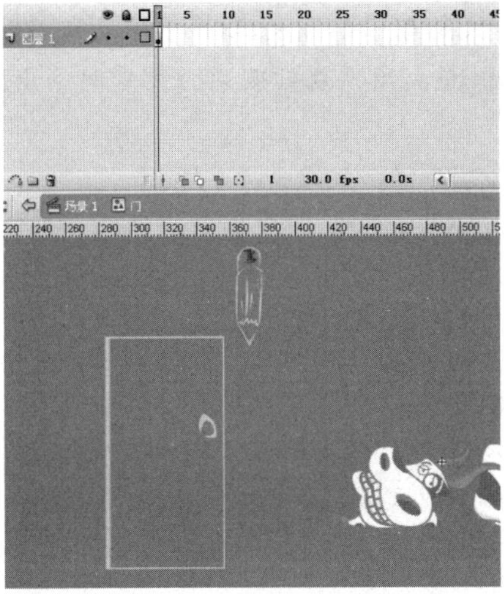

图　2-64

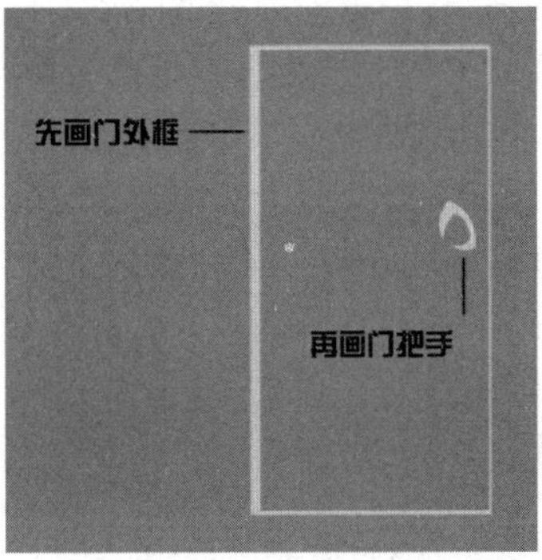

图　2-65

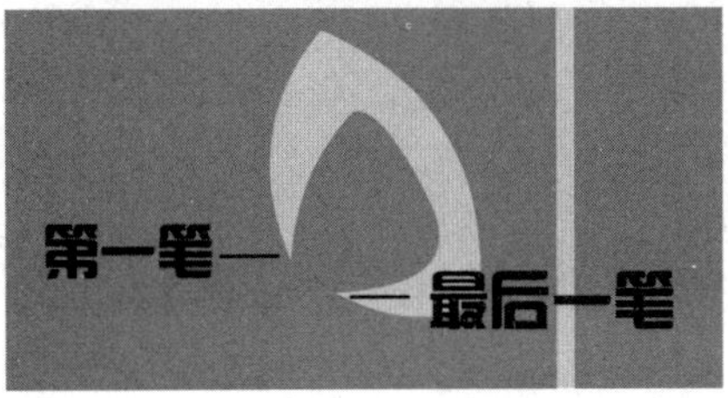

图　2-66

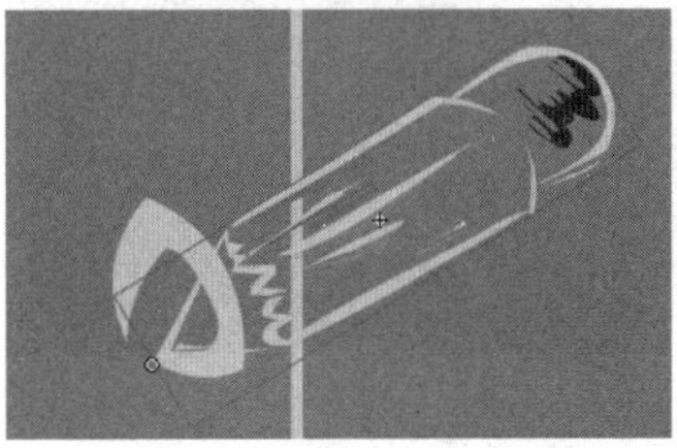

图　2-67

在“时间轴”的第 2 帧处创建一个关键帧，把铅笔往右拖动一点，并删除铅笔在门把手上拖动的部分，如图 2-68 所示。

在第 3 帧处创建一个关键帧，把铅笔往上拖动一点，并删除拖动的门把手部分，如图 2-69 所示。

在第 4 帧处创建一个关键帧，把铅笔拖动到门把手的第一笔落笔处，并把最后一部分的门把手直接删除，如图 2-70 所示。

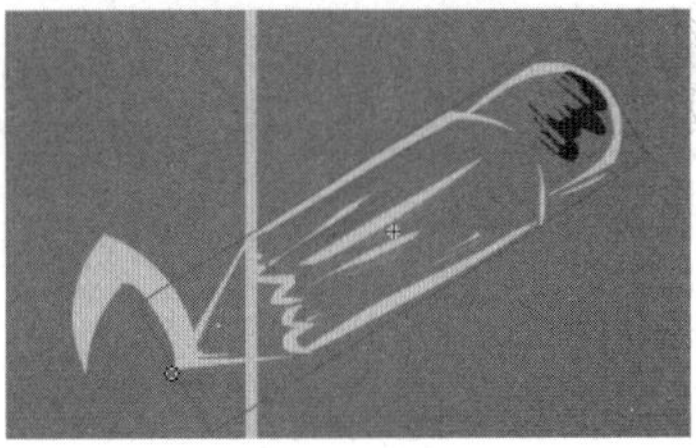

图　2-68

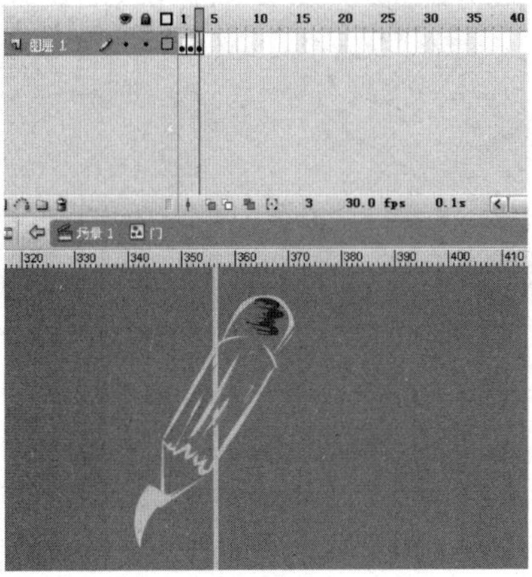

图　2-69

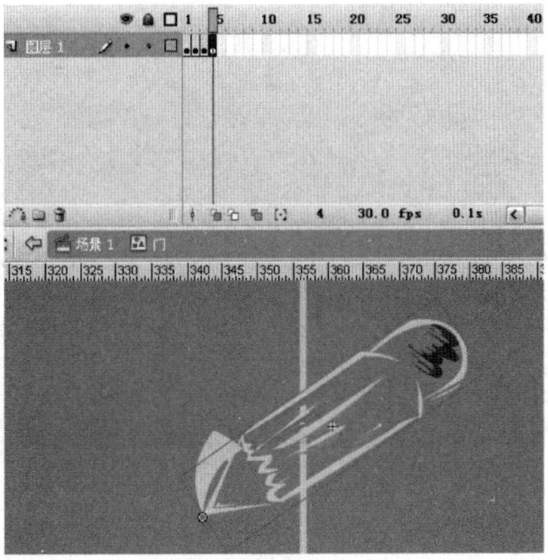

图　2-70

(5) 制作门外框的部分。铅笔现在所处的位置还是在门把手上，得把它移动到门外框的最后落笔处。这里设计最终的动画是让铅笔沿着门框左上角顶点处按逆时针走向画出门框，如图 2-71 所示。

可以看出，门框的第一笔落笔处也是最后一笔的节点处，就像画圆一样。

接着按 Ctrl＋X 组合键把第 4 帧上的铅笔剪切下来，新建一层，把铅笔粘贴到新图层的第 4 帧上，如图 2-72 所示。

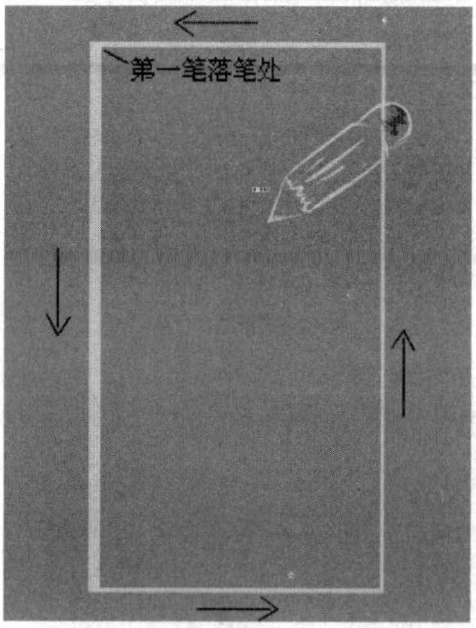

图　2-71

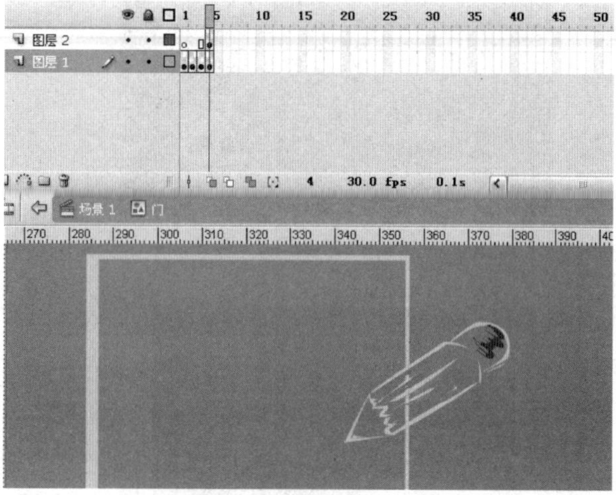

图　2-72

在新图层的第 8 帧处创建一个关键帧，把铅笔拖动到门框的最后一笔处，并添加补间动画命令，如图 2-73 所示。

回到新图层第 4 帧，打开“属性”面板，并设置这段铅笔的补间动画“缓动”值为－100，如图 2-74 所示。

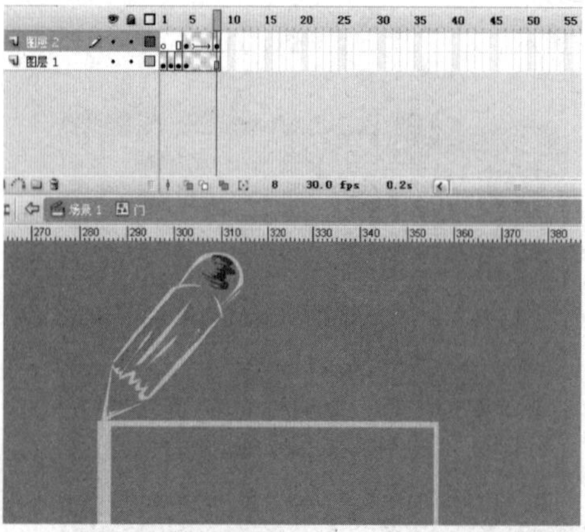

图　2-73

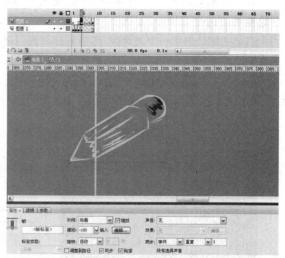

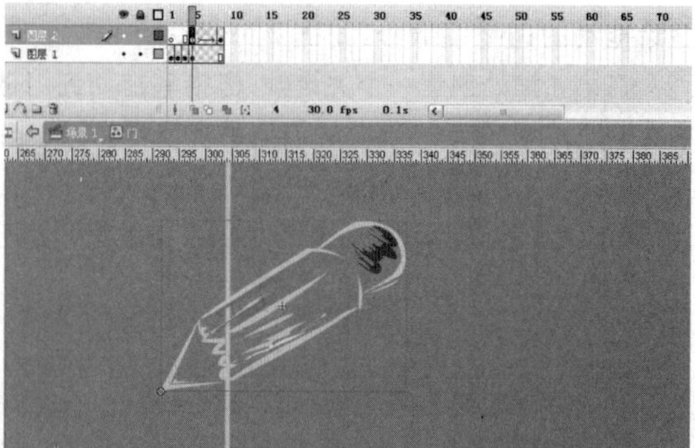

图　2-74

复制第 8 帧上的铅笔，在第 9 帧处创建一个空白关键帧；在“图层 1”的第 9 帧处创建一个关键帧，并按 Ctrl+ Alt + V 组合键把刚才复制到剪切簿上的铅笔粘贴到相同位置，如图 2-75 所示。

这里给它留一个帧的停顿时间，在“图层 1”的第 10 帧处创建一个关键帧，把铅笔向右拖动一点，并删除铅笔在门框拖动过的部分，如图 2-76 所示。

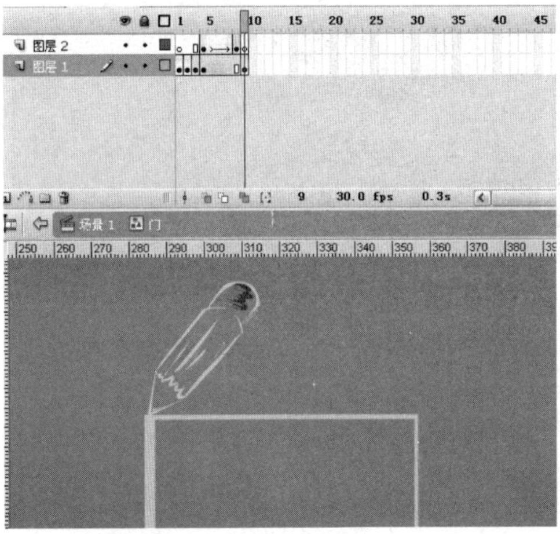

图　2-75

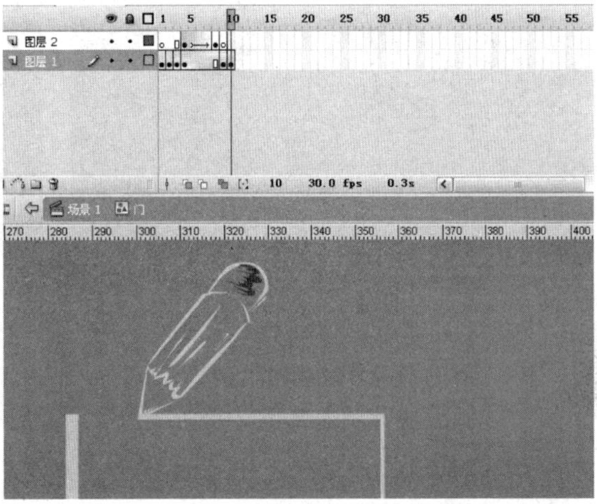

图　2-76

在同一层的第 11 帧处创建一个关键帧，把铅笔向右平移一点并删除拖动过的门框部分，如图 2-77 所示。

同样在第 12 帧处创建一个关键帧，把铅笔向右平移后删除相应的门框部分，如图 2-78 所示。

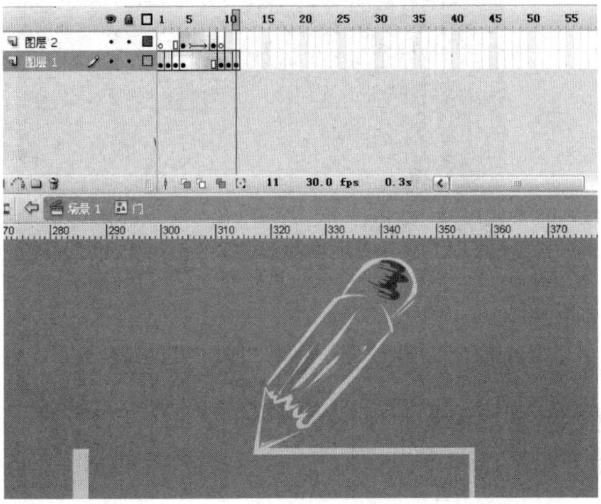

图　2-77

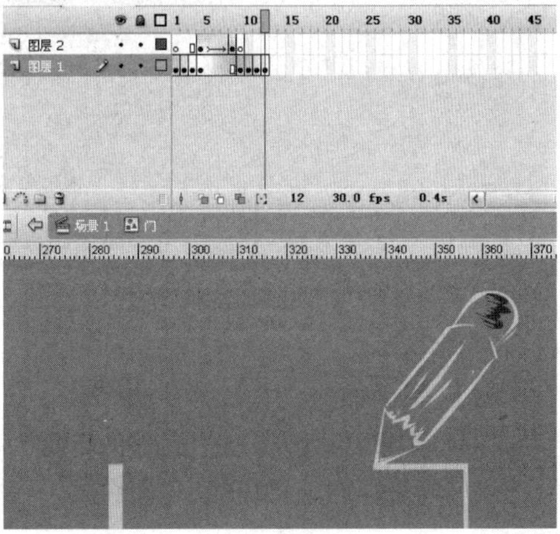

图　2-78

擦除到第 13 帧的时候已经到了门框转角处，开始向下擦除，如图 2-79 所示。

这样，在第 14 帧处的擦除状态如图 2-80 所示。

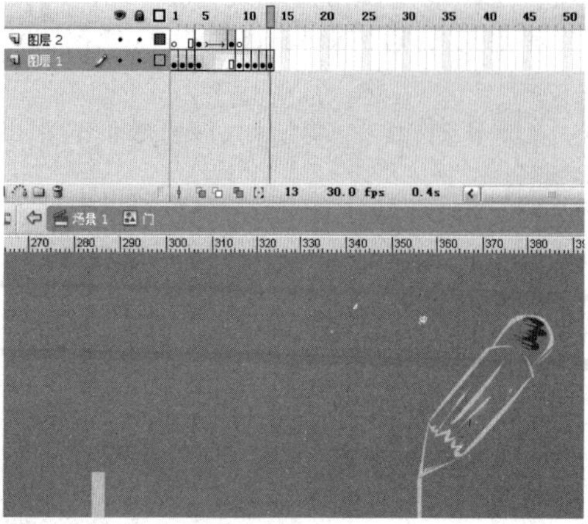

图 2-79

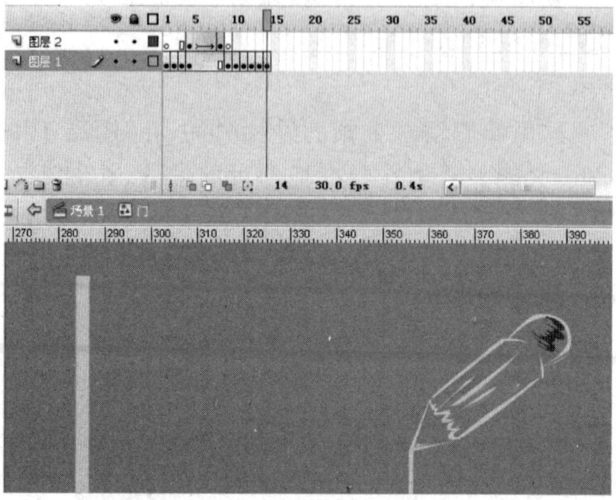

图 2-80

第 15 帧的擦除状态如图 2-81 所示。

第 16 帧的擦除状态如图 2-82 所示。

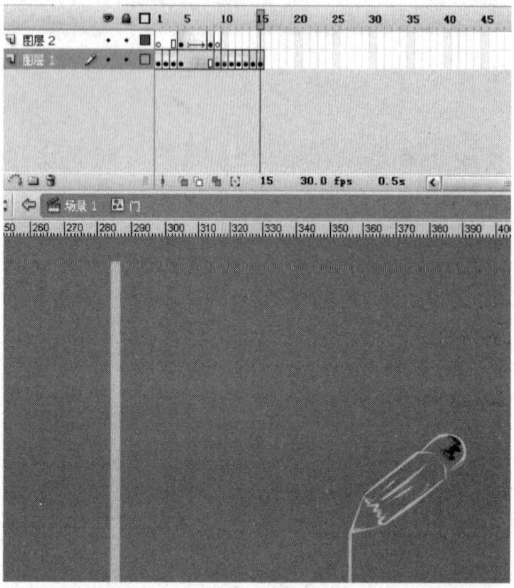

图 2-81

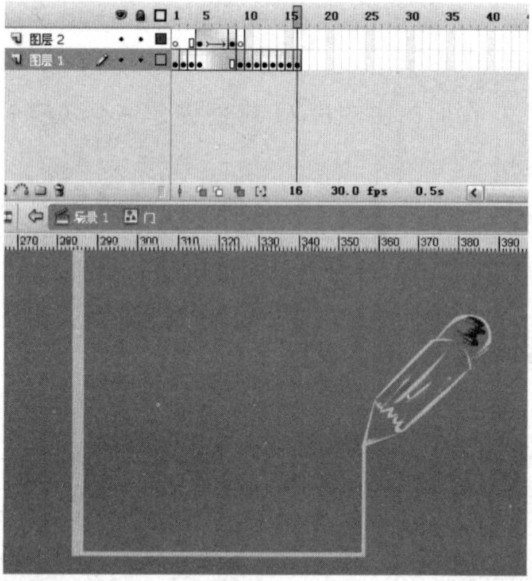

图 2-82

第 17 帧的擦除状态如图 2-83 所示。

在第 18 帧开始擦除门框底部的转角了，擦除状态如图 2-84 所示。

这一段用两帧就可以擦完，即在第 19 帧后开始最后一个门框的转角，其擦除状态如图 2-85 所示。

第 20 帧是向上擦除，其状态如图 2-86 所示。

第 21 帧的擦除状态如图 2-87 所示。

到了第 22 帧即把门框的整体全擦掉了，其状态如图 2-88 所示。

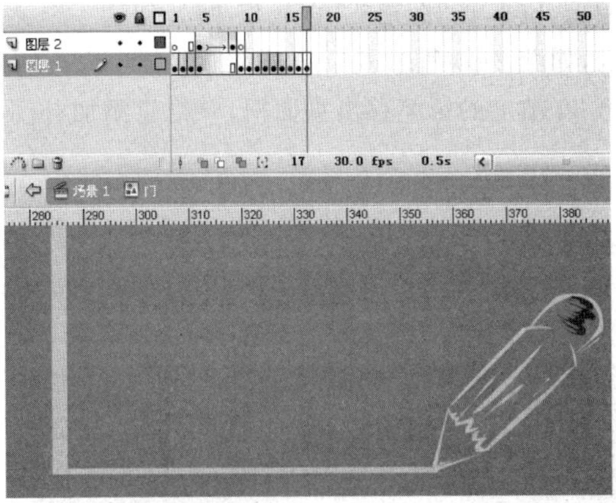

图　2-83

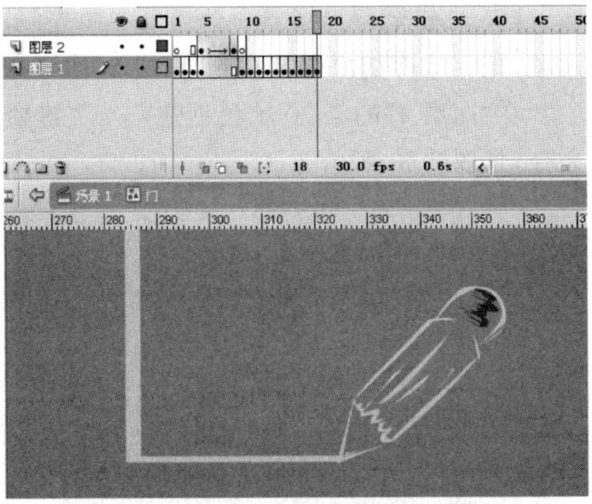

图　2-84

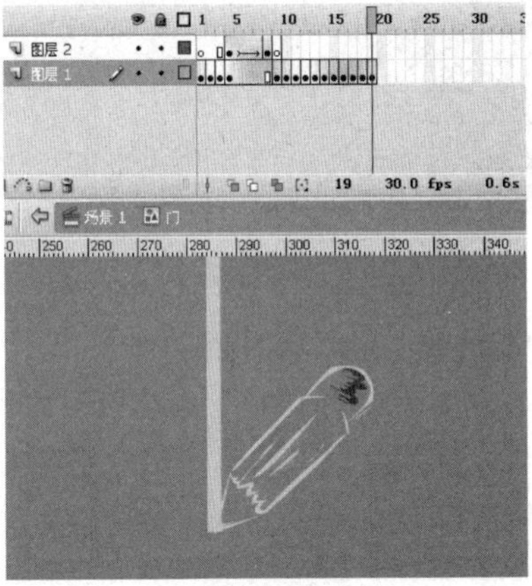

图　2-85

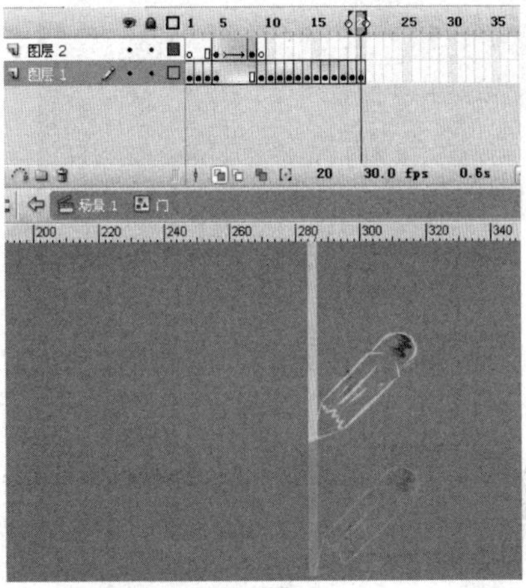

图　2-86

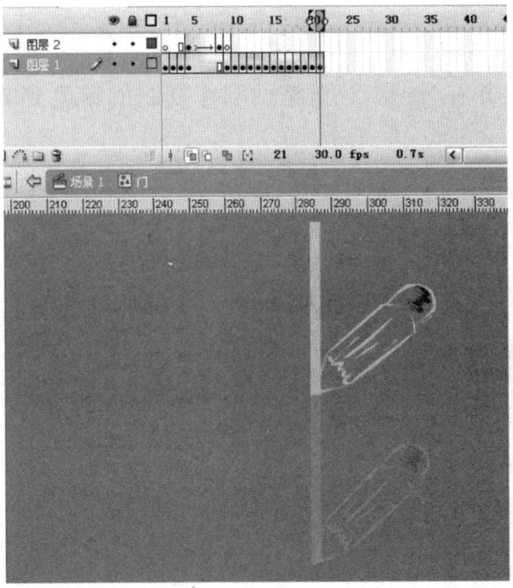

图　2-87

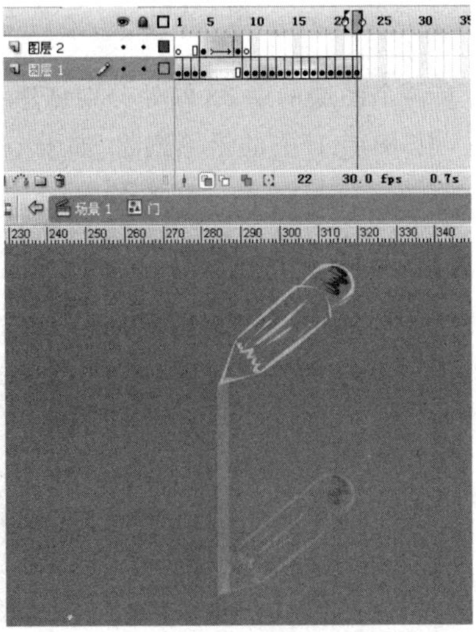

图　2-88

（6）把铅笔移出场景。让铅笔在画完门以后停留几帧，在“图层 1”的第 25 帧处创建一个关键帧，把铅笔剪切出来粘贴到“图层 2”的第 25 帧上，如图 2-89 所示。

在“图层 2”的第 30 帧处创建一个关键帧，把第 30 帧上的铅笔移出页面框，并给它添加补间命令，如图 2-90 所示。

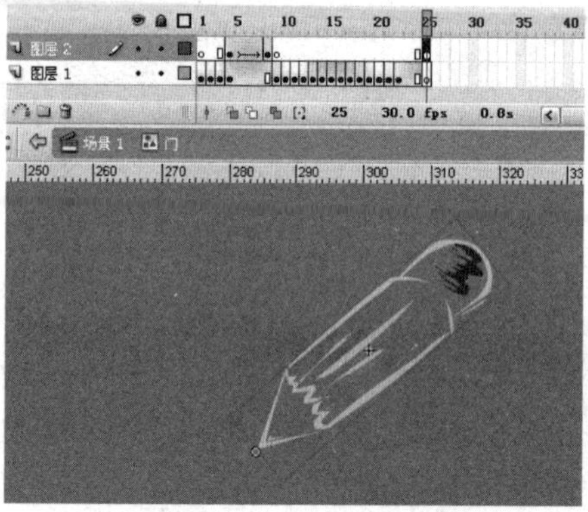

图 2-89

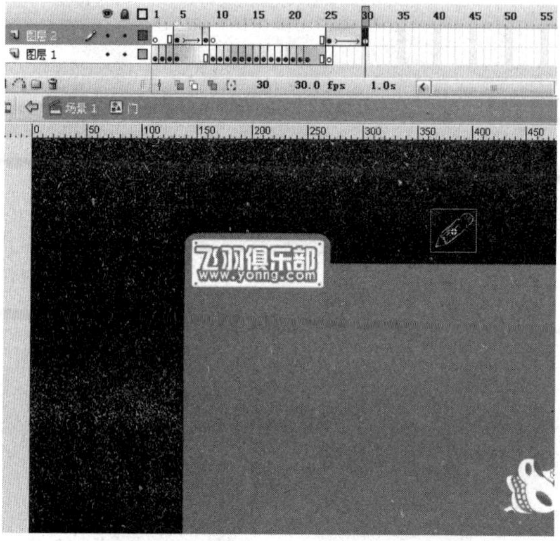

图 2-90

选中两层的所有帧，在“时间轴”上右击鼠标，执行“翻转帧”命令，如图 2-91 所示。

翻转帧后，前后对应的最后一帧将会互相颠倒，所以需要在“时间轴”上调整两层的帧运动关系的顺序。效果如图 2-92 所示。

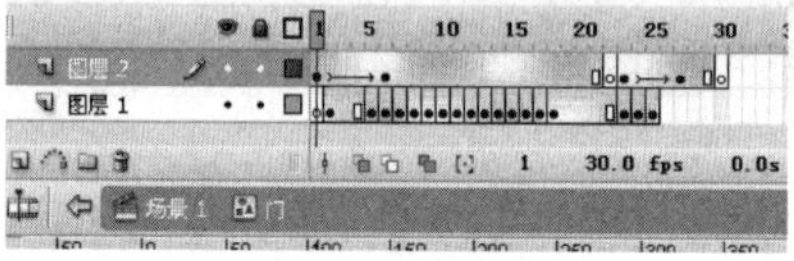

图 2-91

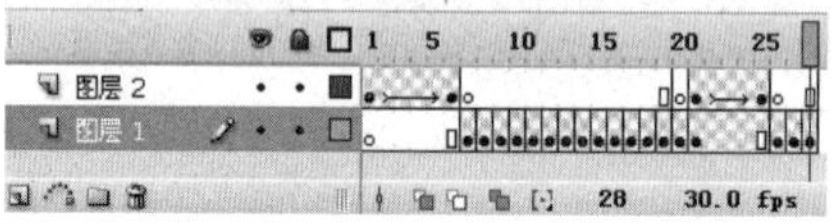

图 2-92

在两个图层的第 33 帧处分别创建一个关键帧，并在“图层 2”上粘贴刚才复制的铅笔到相同位置，把“图层 1”上的铅笔删除，如图 2-93 所示。

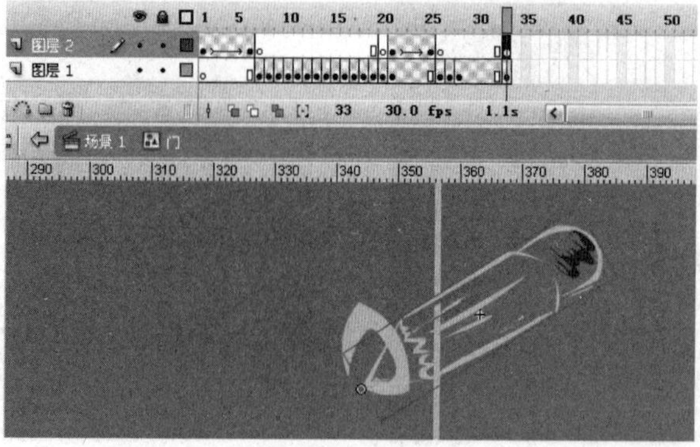

图 2-93

延长到第 40 帧，在“图层 2”的第 38 帧处创建一个关键帧，把铅笔移出页面，并给它添加一段“缓动”值为－100 的补间动画，如图 2-94 所示。

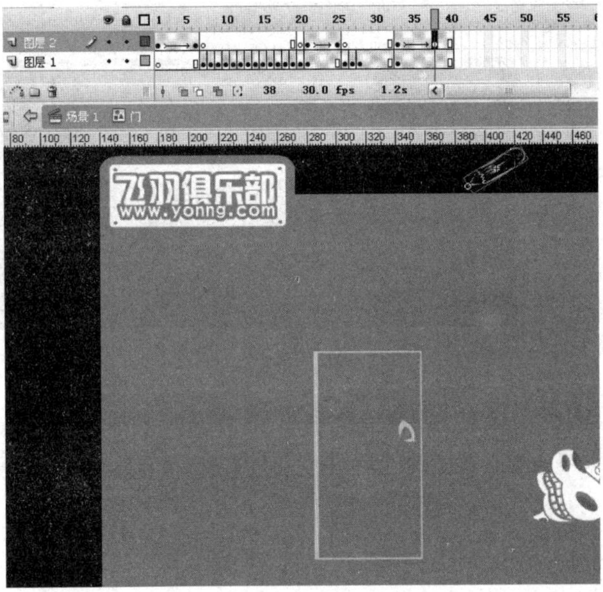

图　2-94

双击回到主场景页面，选中 bihui 图层，把刚才制作的动画从库里拖到主场景中合适的位置，并在“时间轴”上第 67 帧处创建一个关键帧，把实例打散，留下在页面当中的门，把移到框外的铅笔删除，如图 2-95 所示。

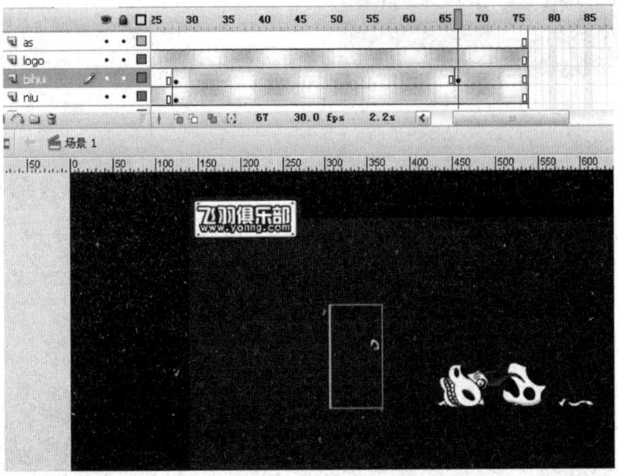

图　2-95

步骤 8　制作转场动画

(1) 制作“牛”跑进门的动画，先把肢解的“牛”拼接起来。

选中 niu 图层，在“时间轴”上第 60 帧处创建一个关键帧，把“牛”的零部件全部转换成一个图形元件，取名为“拼合”，如图 2-96 所示。

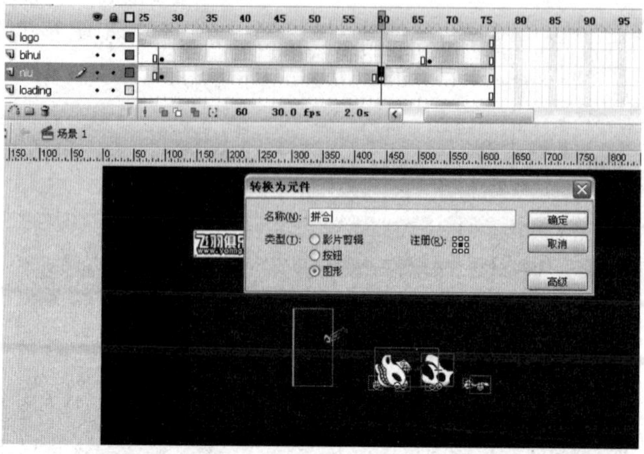

图 2-96

双击进入元件界面,再次把各个对象分散到图层,分别命名对应的图层,如图 2-97 所示。

分别在所有图层的第 4 帧和第 9 帧处创建一个关键帧,并添加补间动画命令,如图 2-98 所示。

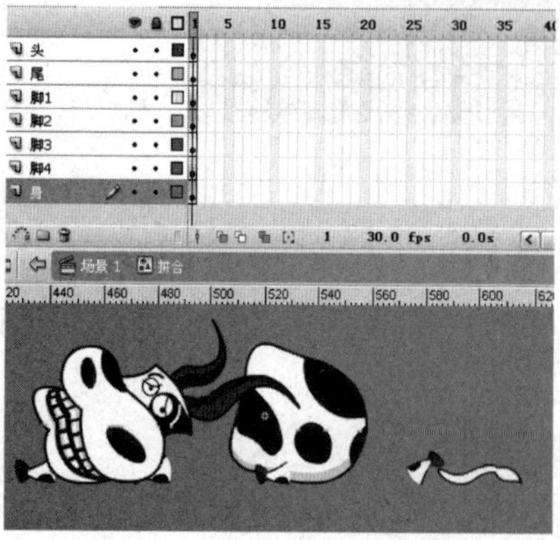

图 2-97

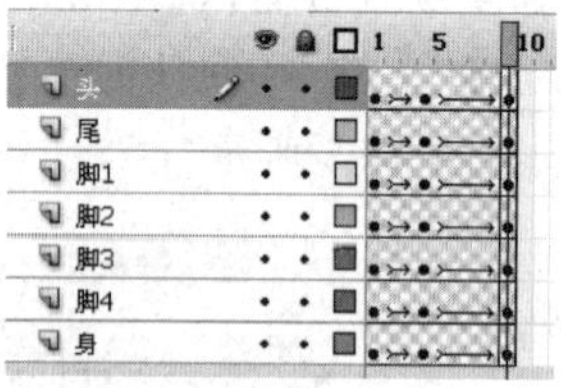

图 2-98

在第 4 帧处把所有的对象沿底部中心点向下挤压一些,呈现拼合前的运动缓冲状态,如图 2-99 所示。

图 2-99

在第 9 帧处把整只“牛”拼合在一起，并调整好形象，如图 2-100 所示。

回到第 1 帧，选中第 1 帧上所有的图层对象，设置它们的“缓动”值为－100，如图 2-101 所示。

图　2-100

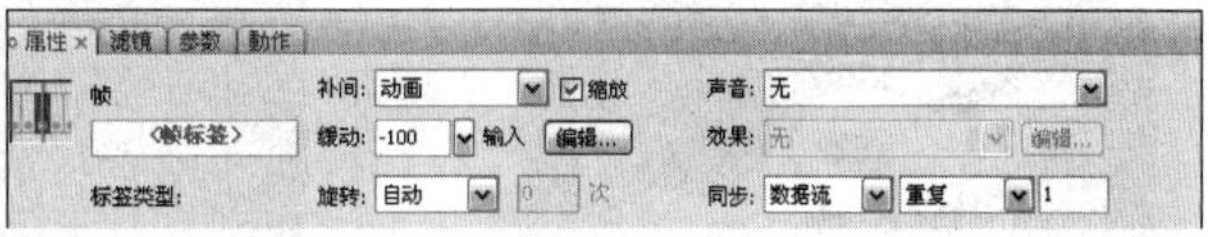

图　2-101

到第 4 帧上，选中所有图层帧，设置它们的“缓动”值为 100，如图 2-102 所示。

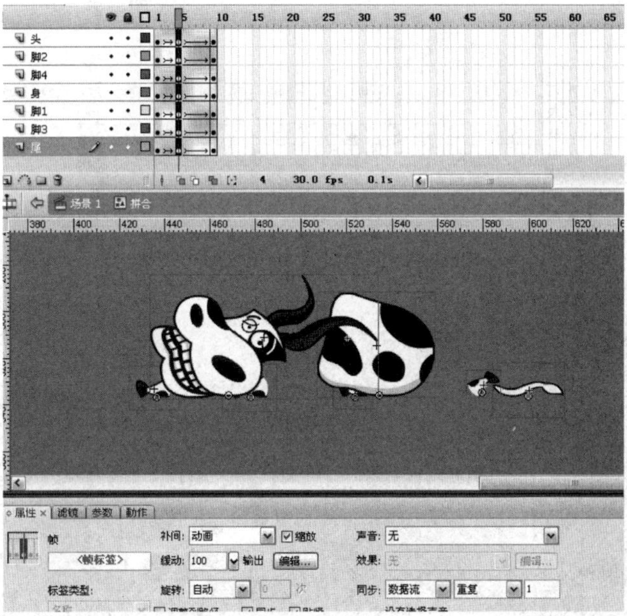

图　2-102

最后再逐个调整各个图层在“时间轴”上的顺序关系，使其不均匀分散开来，形成有交错感的动画效果，如图 2-103 所示。

在调整顺序的时候要注意保持第 1 帧状态是不变的，它没有消失的过程。至此，这段拼合动画就制作完成了。

(2) 制作跑步运动的动画。双击回到主场景页面，在 niu 图层的第 74 帧处创建一个关键帧，并把“拼合”动画实例打散，如图 2-104 所示。

单击鼠标右键，把它转换成一个图形元件，取名为“跑步”，如图 2-105 所示。

双击进入新建元件界面，首先调整第 1 帧的运动状态：双眼向前视，前左腿相对前右腿靠后一些，后右腿相对后左腿靠里一些，如图 2-106 所示。

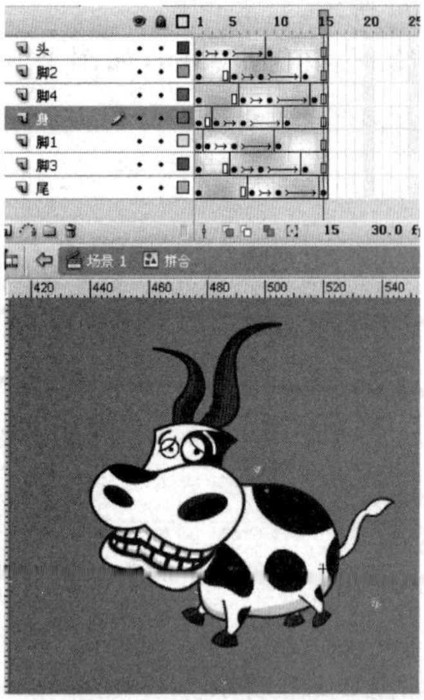

图 2-103

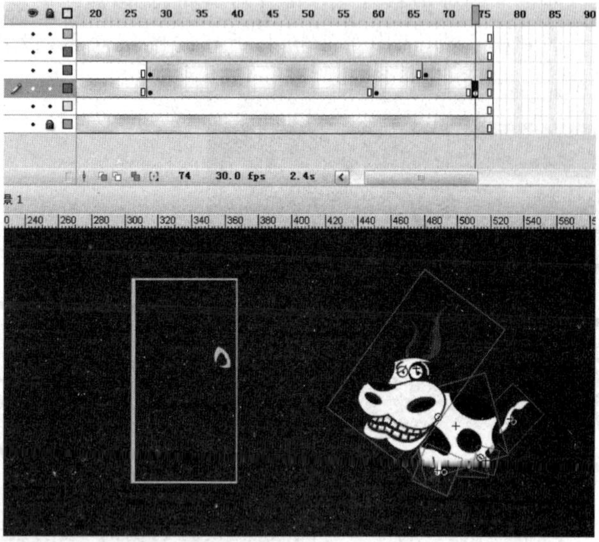

图 2-104

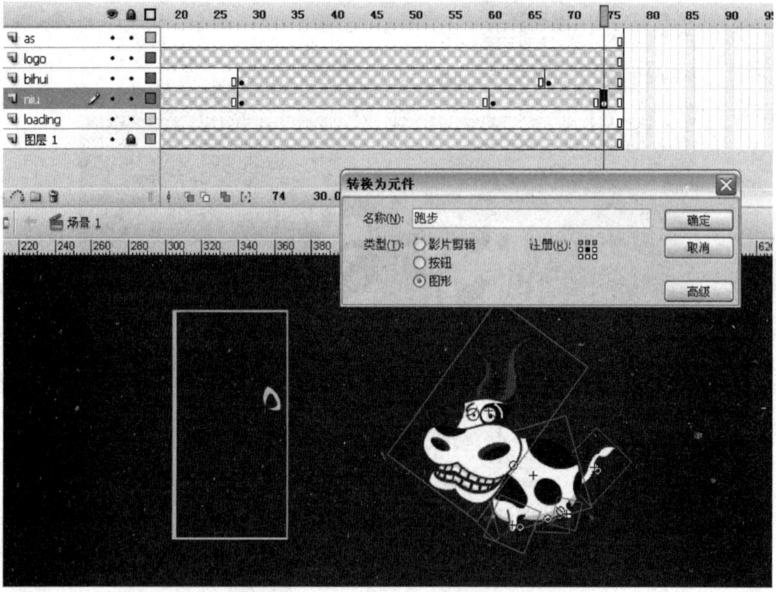

图 2-105

在第 3 帧处创建一个关键帧,调整运动状态：身体微微向上前倾,头向上抬一点,尾巴向上翘；前右腿靠后缩,两只后腿同时也靠里缩一点,如图 2-107 所示。

在第 5 帧处创建一个关键帧。把整只“牛”向上抬起一点；身体再一次向上抬,头微向下低,尾巴上翘；右前腿和两只后腿同时向里收缩,前右腿稍微向后抬起,如图 2-108 所示。

在第 7 帧处创建一个关键帧。再把整只“牛”向上抬起一点；身体稍微向下低一点,头向上抬,尾巴向上稍抬一些,前右腿往前倾,前左腿靠后转动,两只后腿同时向后倾,如图 2-109 所示。

图　2-106

图　2-107

图　2-108

图　2-109

在第 9 帧处创建一个关键帧。把“牛”再提高一些；头向上抬起，身体向下再倾一点，尾巴开始往下歪一点；前右腿开始往回收缩，前左腿向前迈出一点，后右腿往回收缩一点，后左腿保持不变，如图 2-110 所示。

在第 11 帧处创建一个关键帧。“牛”继续抬高一点；头部抬起，身体向下倾，尾巴向下歪一点；四只脚呈张开的姿态，如图 2-111 所示。

图 2-110

图 2-111

制作“牛”落回地面。在第 13 帧处创建一个关键帧，“牛”往下低一点；头部同时向下低，身体向上抬，尾巴扬起；两只前腿同时向后倾一点，两只后腿保持不变，如图 2-112 所示。

在第 15 帧处创建一个关键帧。把“牛”再向下低一点；头部向下低，身体和尾巴部分保持继续向上抬；前右腿和后左腿向后收缩，前左腿和后右腿保持不变，如图 2-113 所示。

图 2-112

图 2-113

在第 17 帧处创建一个关键帧。“牛”继续向下降；头部下低，身体和尾巴部分仍向上抬；前右腿和后右腿向里收缩，前左腿保持不变，后左腿向后移一点，如图 2-114 所示。

在第 19 帧处创建一个关键帧。“牛”最后一次下降；头部微抬起，身体和尾巴稍向上抬一点；前右腿和后右腿向外移一点，如图 2-115 所示。

图 2-114

图 2-115

(3) 双击回到主场景，在 niu 图层的第 105 帧处创建一段补间动画，如图 2-116 所示。

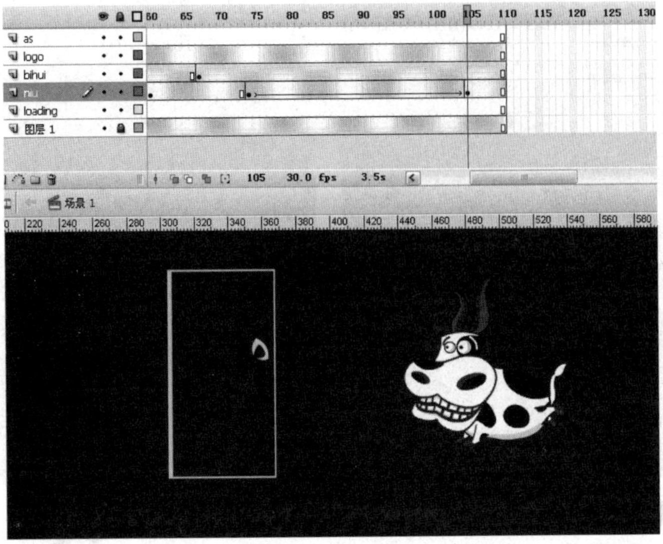

图 2-116

在 bihui 图层的第 67 帧处，把实例打散后再次转换成一个图形元件，取名为“开门”，如图 2-117 所示。

双击进入新建元件界面，把门框填充成与主页面底色相同的深蓝色(#1C2233)，如图 2-118 所示。

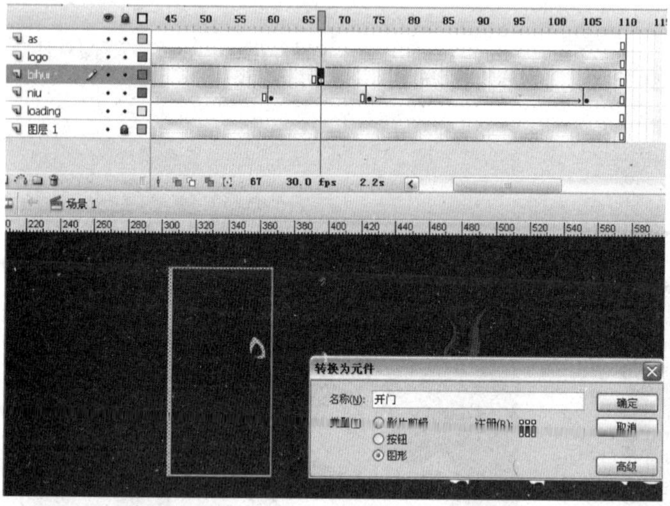

图 2-117

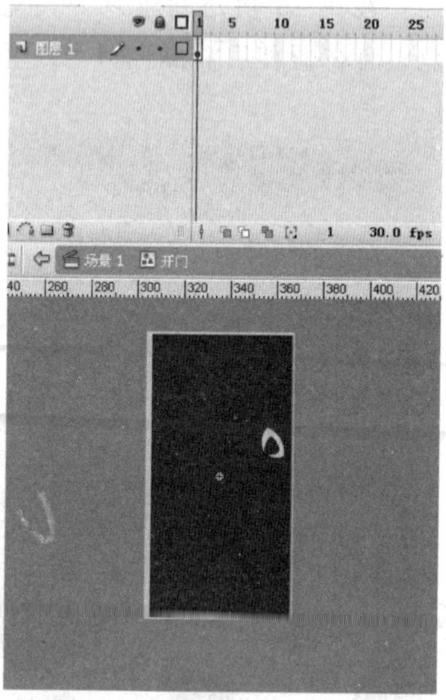

图 2-118

回到主场景，把新建元件的中心点拖到左侧贴进门框的位置，如图 2-119 所示。

在第 73 帧处创建一个关键帧，给它添加补间命令；并沿着中心点把门进行扭曲，使其倾斜呈打开状，如图 2-120 所示。

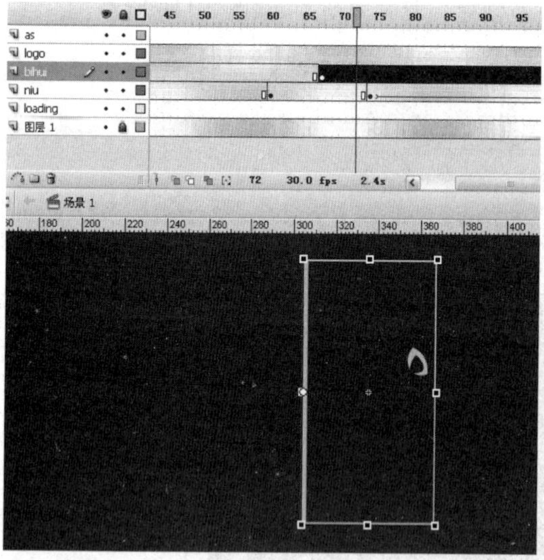

图 2-119

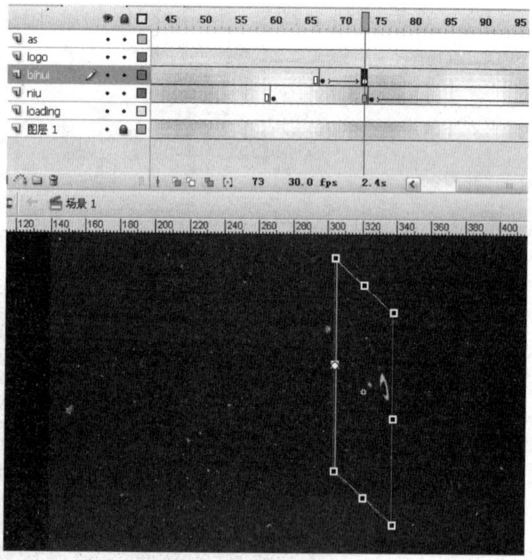

图 2-120

在 niu 图层下面新建一层，取名为 menkuang。在这一图层的第 67 帧处创建一个关键帧，绘制一个和 bihui 图层的第 67 帧上形状和位置相同的门框，将其转换成图形元件，并取名为“门框”，如图 2-121 所示。

图 2-121

在 niu 图层上方新建一层，取名为“进门遮罩”，在“时间轴”的第 74 帧上创建一个关键帧，并在舞台上沿门框的最右边绘制一个长方形图形对象,如图 2-122 所示。

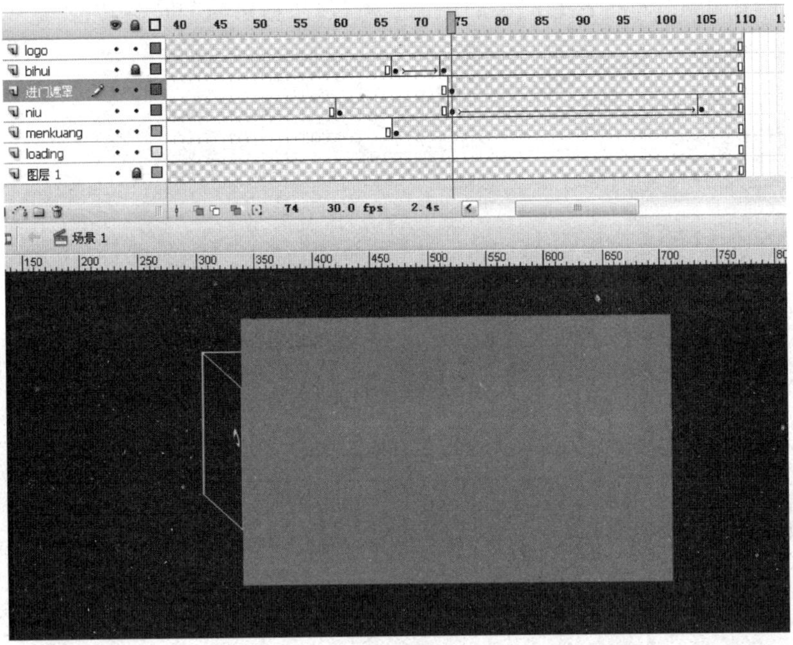

图 2-122

把 niu 图层的"时间轴"上第 105 帧的对象实例向左平移到门的左侧,并在遮罩层上添加遮罩命令,如图 2-123 所示。

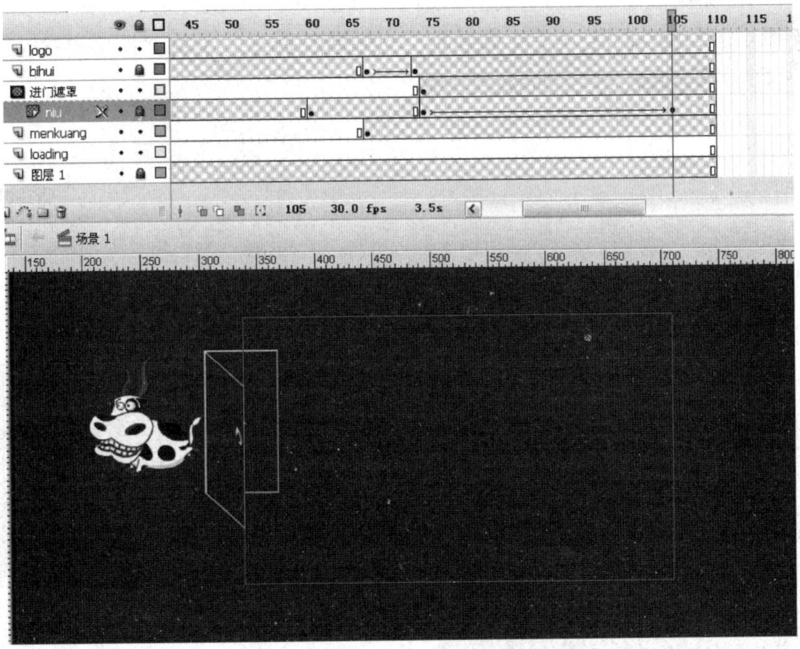

图 2-123

(4) 制作一段关门的动画。选择 bihui 图层的"时间轴"上从第 67 帧到第 73 帧的开门动画，右击鼠标执行"复制帧"命令，再到同层的第 105 帧执行"粘贴帧"和"翻转帧"命令，如图 2-124 所示。

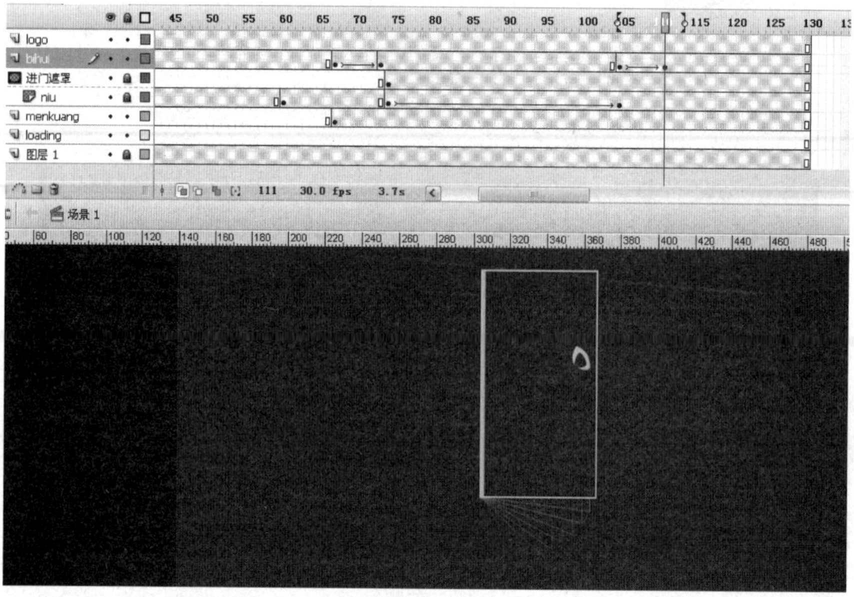

图 2-124

选择 menkuang 图层，在其"时间轴"的第 111 帧处创建一个空白关键帧。由于动画播放到这一帧的时候门已完全关上，门底部的这一层门框就没用了，所以可把它去除，如图 2-125 所示。

在 bihui 图层的"时间轴"上第 114 帧和第 120 帧处各创建一个关键帧，并在这两帧之间创建一个淡出的补间动画，如图 2-126 所示。

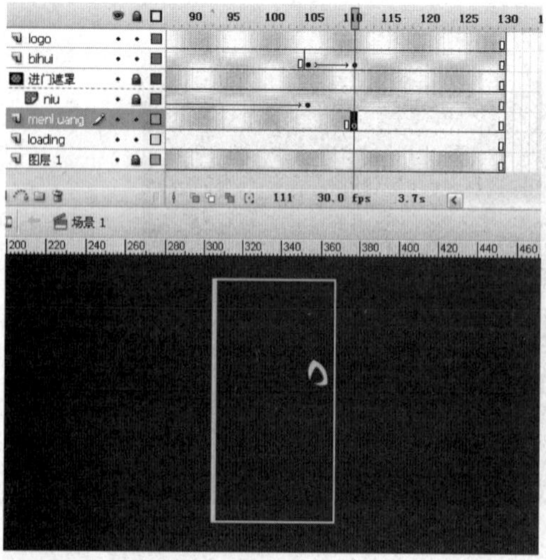

图 2-125

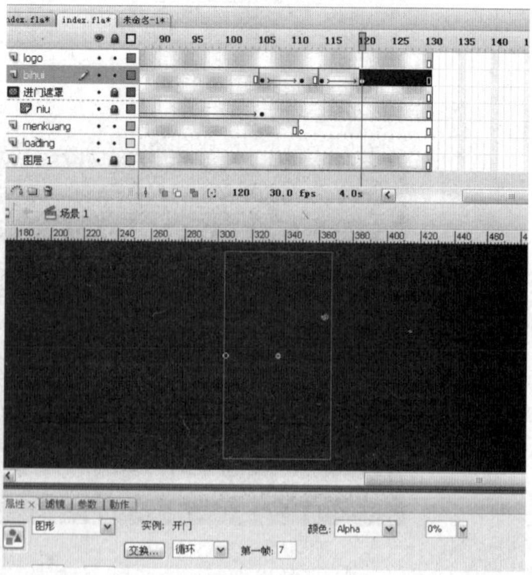

图 2-126

步骤 9 制作导航栏菜单动画

(1) 制作网站的导航栏文字，首先在主场景“时间轴”上新建一层，取名为“导航栏文字”。在“时间轴”的第 120 帧处创建一个关键帧。在页面上分别输入 5 个子页面的名称：技术学习、线上报名、活动安排、会员规章、消费明细。并设置字体为繁体的“华康童童体”，字体颜色为白色。效果如图 2-127 所示。

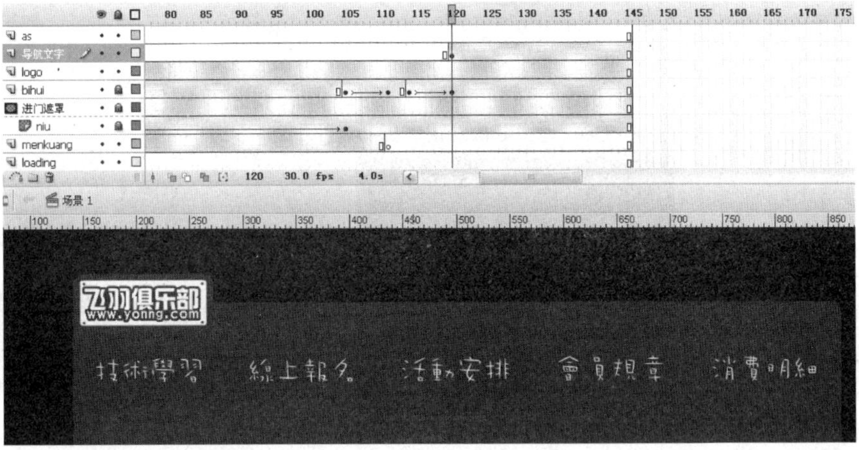

图 2-127

把导航栏文字分别转换成单独的图形元件，给它们制作一段从页面上方掉落的动画，如图 2-128 所示。

物体的自由下落原理是相同的，这个和前面的卡通牛下落动画制作方法相同，都是经过了重力加速度的降落和几次逐级力量递减的反弹。

(2) 双击进入“技术学习”元件界面，将这 4 个字打散后分散到图层，把文字分别转换为图形元件后调整每个字的中心点在元件的下方，如图 2-129 所示。

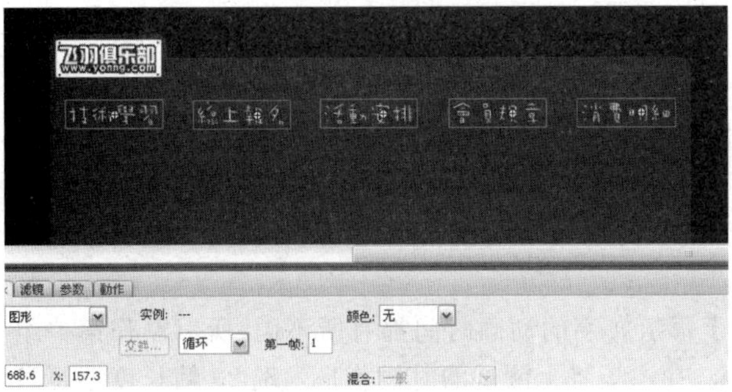

图 2-128

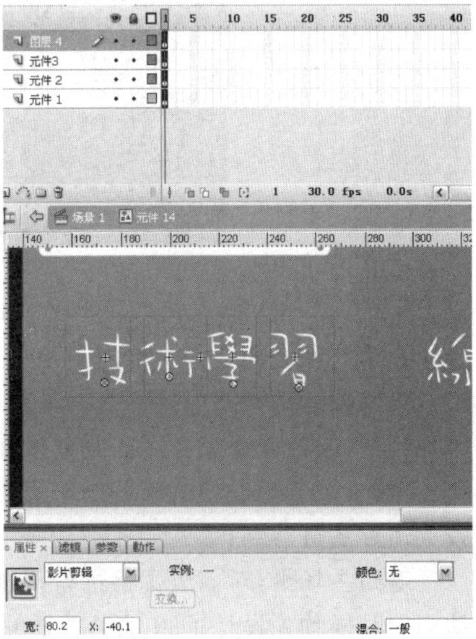

图 2-129

选中所有图层，在“时间轴”上的第 5 帧、7 帧、8 帧、9 帧上分别创建一个关键帧，并在第 1 帧、第 5 帧和第 7 帧之间创建两段补间动画，如图 2-130 所示。

回到第 1 帧，把这一帧上的 4 个字全向上移至页面外，如图 2-131 所示。

在第 5 帧处把 4 个字沿着中心点向下挤压一点，如图 2-132 所示。

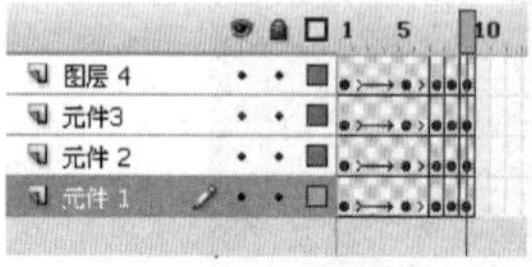

图　2-130

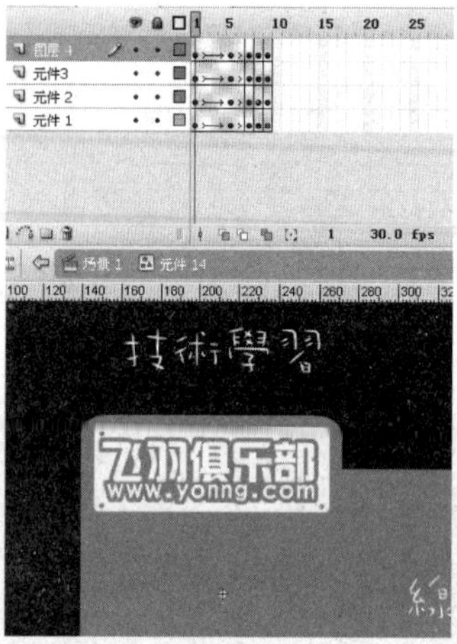

图　2-131

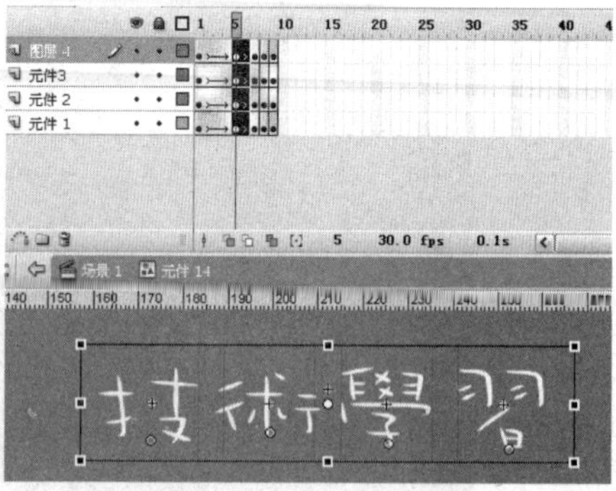

图　2-132

在第 7 帧处把 4 个字向上调整一些，可稍微调整每个字之间的不同方向变化，如图 2-133 所示。

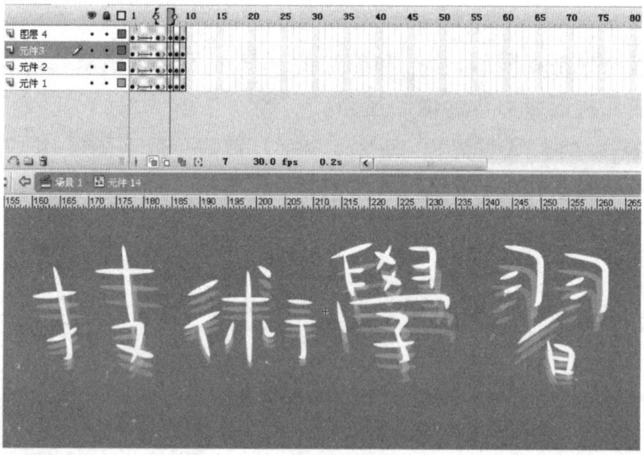

图　2-133

在第 8 帧处稍微把文字向下挤压一点，如图 2-134 所示。

第 9 帧运动状态保持不变；调整每个图层在“时间轴”上的顺序，使其交错开来，最后再给它添加到 20 帧的普通帧长度。其效果如图 2-135 所示。

至此，关于导航栏的第一个子页面菜单文字的过场动画就制作完成了，其他 4 组文字也均按上述方法进行制作。

返回主场景，对 5 组文字进行测试，由于每组文字的动画时间都有所不同，所以制作第一组动画的时候预先设计了20 帧的普通帧长度。在主场景上测试的时候若是发现 20 帧长度不足可再加至 40 帧。

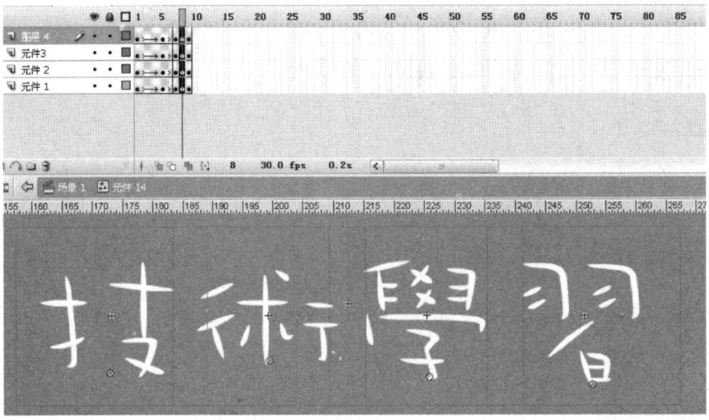

图　2-134

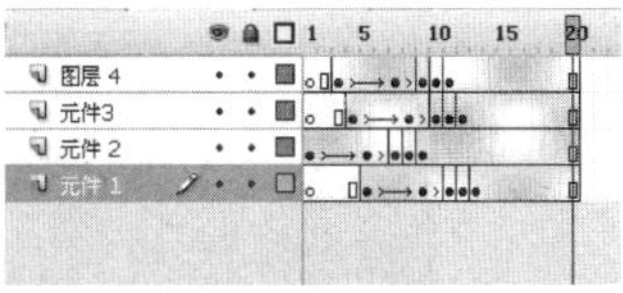

图　2-135

(3) 把自由下落的文字元件转换成具有跳转页面功能的导航栏菜单。

在主场景“导航文字”图层的“时间轴”上第 141 帧处创建一个关键帧，把 5 个文字元件打散后再分别转换成影片剪辑元件，并取名为 dh1、dh2、dh3、dh4、dh5，如图 2-136 所示。

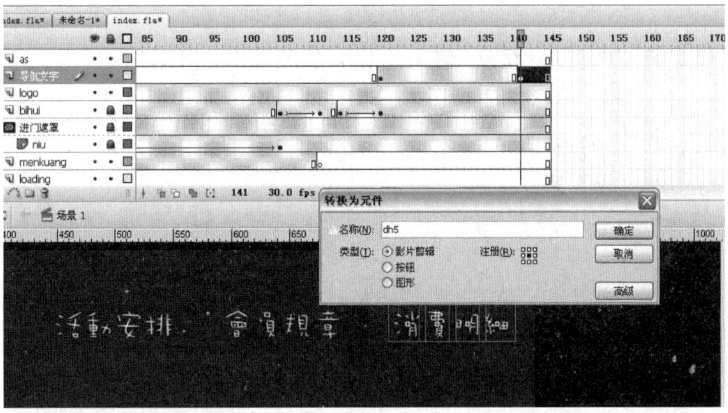

图　2-136

选中“技术学习”影片剪辑，双击进入元件界面，再次把 4 个文字分散到图层，如图 2-137 所示。

选中所有图层，在“时间轴”的第 5 帧和第 9 帧上分别创建一个关键帧，并添加补间动画，如图 2-138 所示。

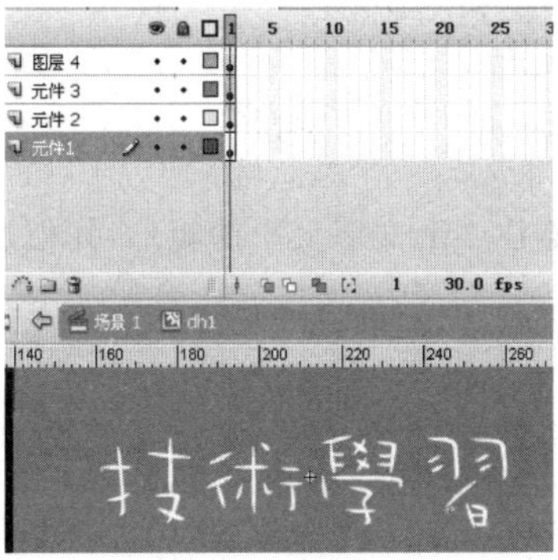

图　2-137

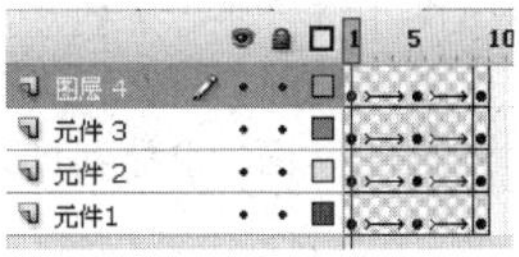

图　2-138

在第 5 帧上分别把每个图层的文字沿着中心点稍微扩大、倾斜，如图 2-139 所示。

在每个图层的第 1 帧上均设置"缓动"属性值为 100，如图 2-140 所示。

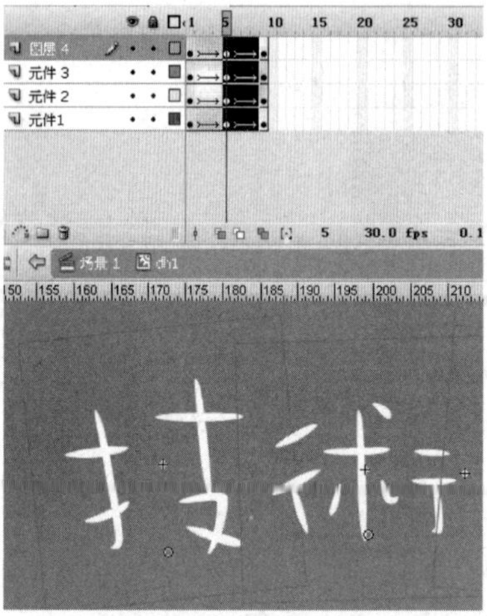

图 2-139

图 2-140

在第 5 帧处设置每个图层的"缓动"值为－100，如图 2-141 所示。

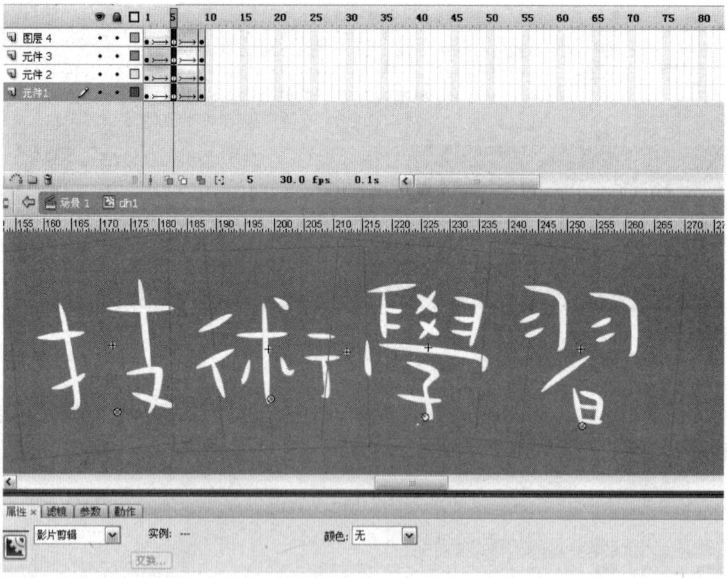

图 2-141

在"图层 4"上方再新建一层，绘制一个能完全盖住 4 个文字大小的矩形，并把这个矩形转换成一个按钮元件，取名为 anniu，如图 2-142 所示。

双击进入按钮元件界面，分别在 4 个按钮状态栏中创建一个关键帧，并把前 3 个删除，保留最后的"点击"状态对象，如图 2-143 所示。

返回上一级元件界面，可看到此时的按钮呈蓝色。这表示按钮对象实际为空，仅有蓝色的区域响应。

在蓝色的按钮上右击，打开"动作"面板，输入如下跳转代码。

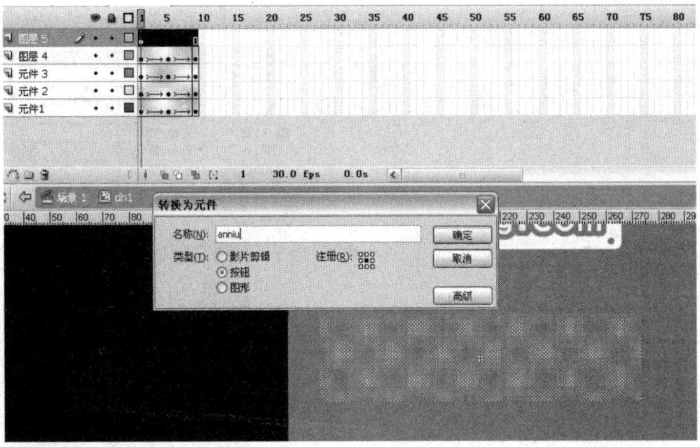

图 2-142

```
on (rollOver) {
    goto And Play(2);
}
on (releaseOutside, rollOut) {
    goto And Play(6);
}

on (release) {
    load Movie Num("jishuxuexi.swf", 0);
    _level1._alpha = 0 ;
}
```

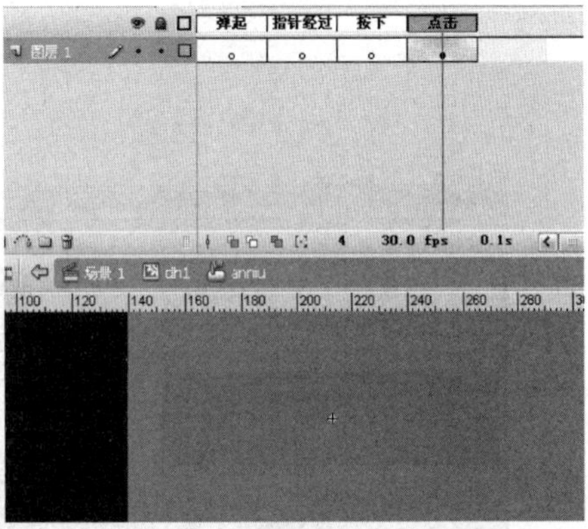

图 2-143

这段代码也很简单，表示当鼠标移至按钮上的时候开始播放第 2 帧动画，响应了此动作后将鼠标从按钮上移开即开始播放第 6 帧的动画。而单击按钮以后将加载一个 jishuxuexi.swf 的子页面动画到影片的第一层(0)，并且设置原影片文件不可见。

之后再新建一层，分别在第 1 帧和第 5 帧处输入代码：

```
stop();
```

表示当导航栏文字处于静止状态的时候则不播放任何动画。其余 4 个导航栏动画均按上述方法制作即可。

至此，网站的导航栏菜单动画就制作完了。

步骤 10　制作网页天气显示动画

(1) 制作首页的天气动画。在“导航文字”图层上新建一层，取名为“天气动画”，如图 2-144 所示。

在新建图层的第 2 帧处创建一个关键帧，导入“太阳.png”图片素材，如图 2-145 所示。

把 PNG 位图素材转换成一个影片剪辑，并取名为“太阳”，如图 2-146 所示。

在主场景“时间轴”上调整“太阳”的大小，将其放置在页面 Logo 区正上方；并在第 7 帧处创建一个关键帧，如图 2-147 所示。

回到第 2 帧，给它添加一段补间动画，把这一帧上的太阳拖动到 Logo 处，并设置其“缓动”属性值为 100，如图 2-148 所示。

在这一图层上新建一层，取名为“天气遮罩”。在“时间轴”的第 2 帧上创建一个关键帧，并在舞台上沿着页面边框绘制一个矩形，如图 2-149 所示。

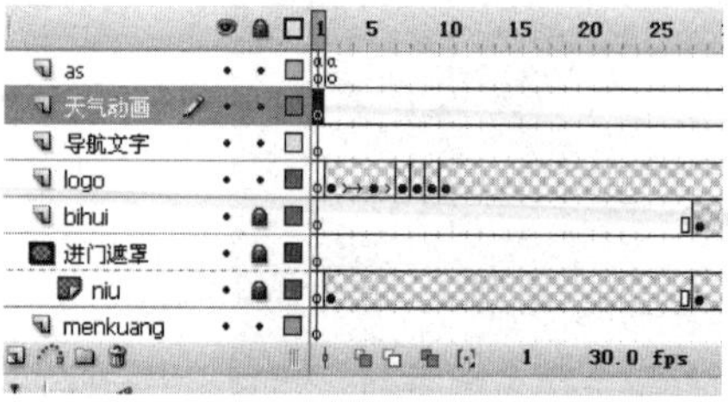

图 2-144

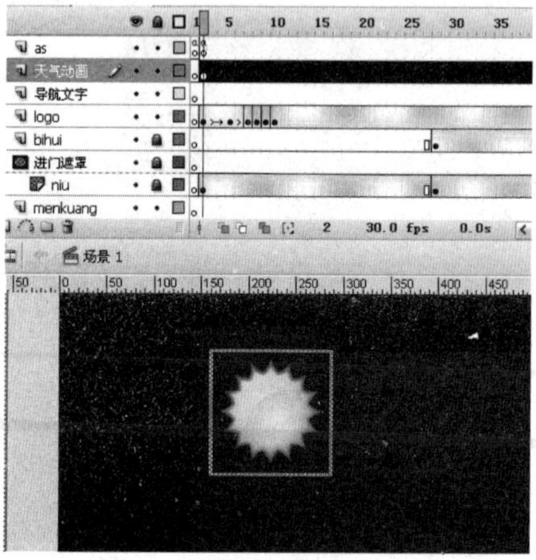

图 2-145

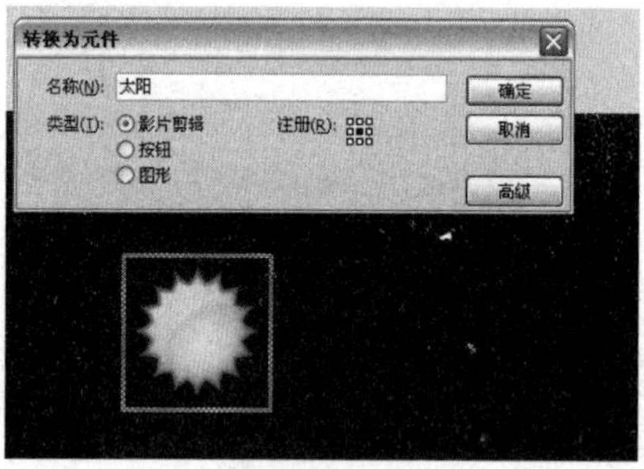

图 2-146

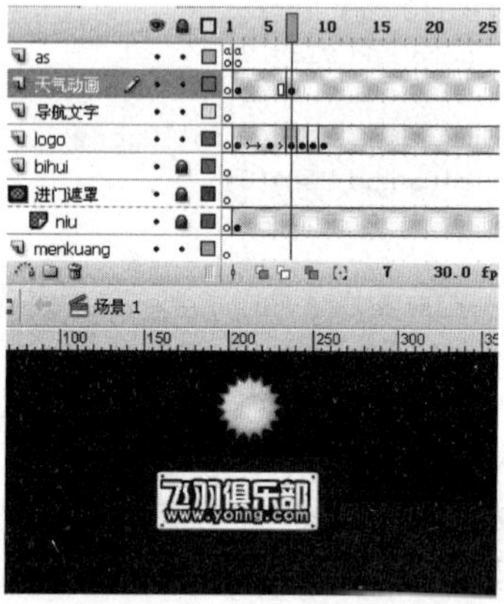

图 2-147

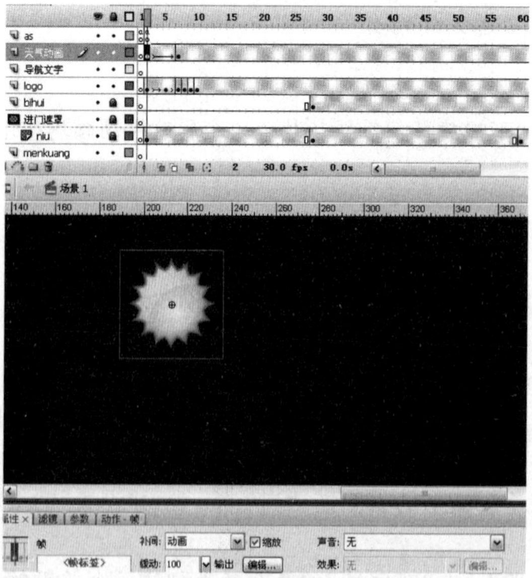

图 2-148

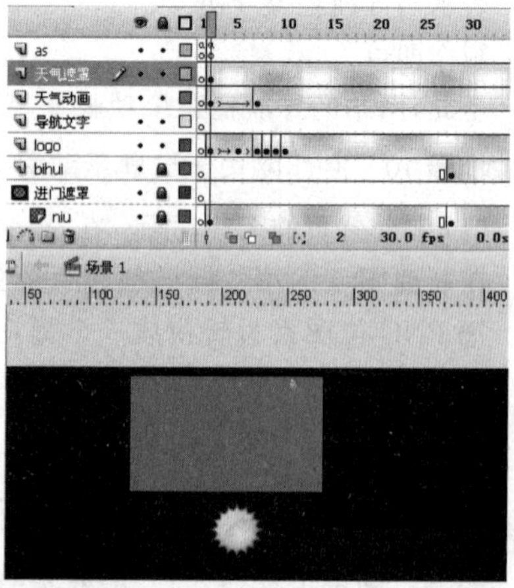

图 2-149

将该图层设置为遮罩层，矩形框内即是天气动画显示的区域，如图 2-150 所示。

（2）回到素材图层，双击进入元件界面，再次把太阳位图素材转换成图形元件，如图 2-151 所示。

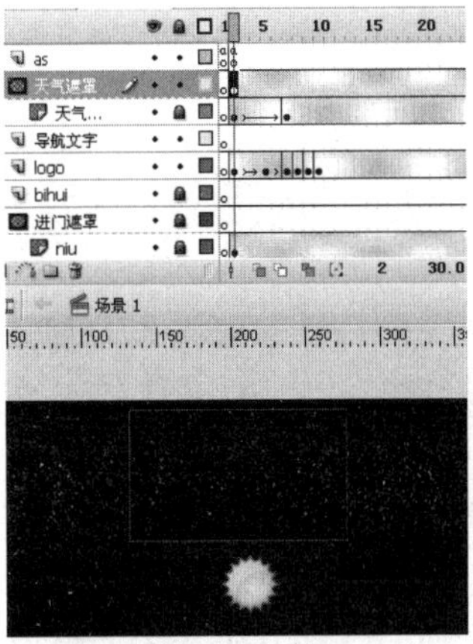

图　2-150

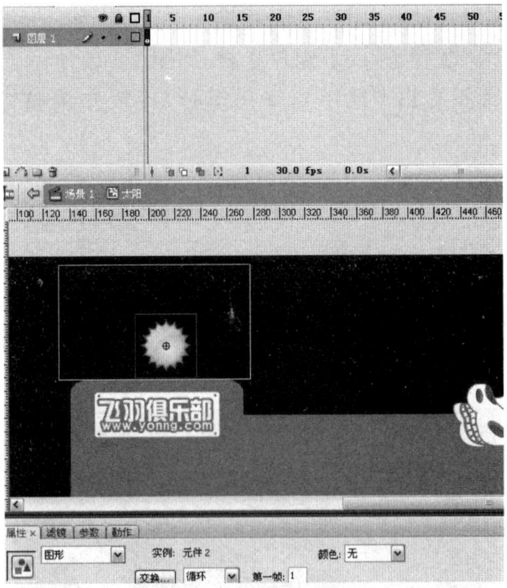

图　2-151

在“时间轴”的第 120 帧处创建一个关键帧，给它添加一段补间动画；并在第 1 帧上设置太阳按顺时针旋转，如图 2-152 所示。

图　2-152

在第 120 帧处，把太阳稍微向左转一些，让动画过渡得自然流畅些，如图 2-153 所示。

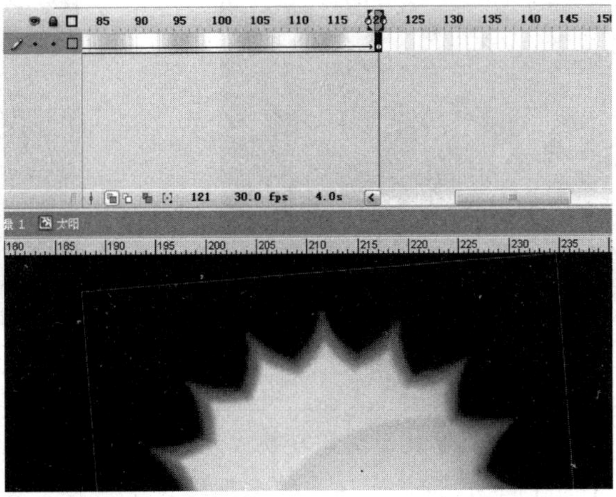

图　2-153

步骤 11　网站子动画——骑摩托车的牛

（1）给网站制作一个搭配的子动画，增加 Flash 网站的趣味性。

在“天气动画”图层上面新建一层，取名为“子动画”。在“时间轴”的第 2 帧处创建一个关键帧并导入“摩托车.png”图片素材，如图 2-154 所示。

从库里拖出卡通牛到摩托车处，打散并调整“牛”的状态为“骑”在摩托车上，如图 2-155 所示。

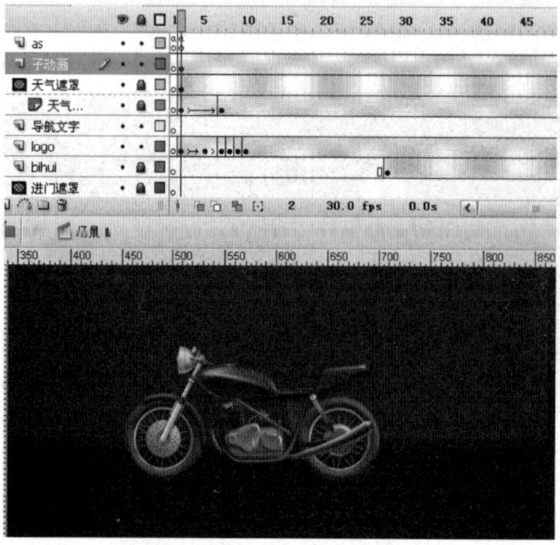

图　2-154

图　2-155

全选这部分素材，把它转换成一个影片剪辑，取名为“骑车”，如图 2-156 所示。

在主场景上把它缩小并放置在文档右侧，高度大概在网页页面框偏下一点，如图 2-157 所示。

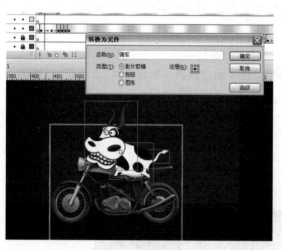

图　2-156

图　2-157

（2）双击进入元件界面，再次把摩托车对象转换成元件。接着在“时间轴”的第 35 帧处创建一个关键帧，给它添加一个补间动画，并在这一帧上把摩托车平移至文档的右侧，如图 2-158 所示。

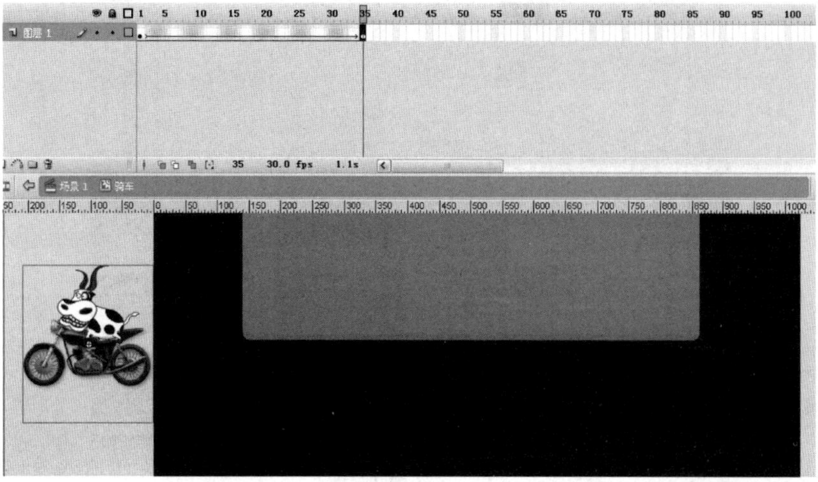

图　2-158

在“时间轴”的第 300 帧处插入一个普通帧，意思是每走过 300 帧的时间长度后播放一次摩托车行驶过页面的动画。这个网站的帧频是 30fps，计算一下即每过 10s 就会有一辆载着“牛”的摩托车开过网页画面。

步骤 12　制作网站音效

(1) 制作网站的背景音效。先在摩托车图层上新建一层，导入“摩托车音效.mp3”音频素材，如图 2-159 所示。

保持音频文件选中的状态，打开音频“属性”面板，设置“效果”为“从右到左淡出”，如图 2-160 所示。

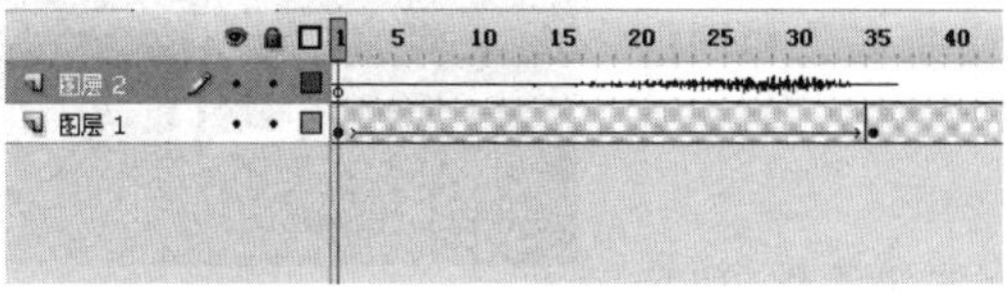

图　2-159

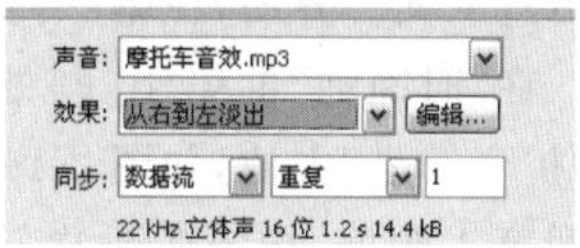

图　2-160

再单击“属性”面板中的“编辑”按钮，在弹出的音频设置框中分别把上下声道的最高音值调低一些，如图 2-161 所示。

双击返回主场景首页面，添加导航栏菜单的点击响应音频。

(2) 在“导航文字”图层“时间轴”的第 141 帧上，首先选择菜单“技术学习”，双击进入菜单元件界面，选择“图层 2”的蓝色按钮框并再次双击进入按钮界面；在“指针经过”状态帧中导入“导航菜单按钮音.mp3”音频素材，并设置音频属性为“事件”，如图 2-162 所示。

第一个导航菜单的音频就添加完了，其余 4 个均按上述方法制作即可。

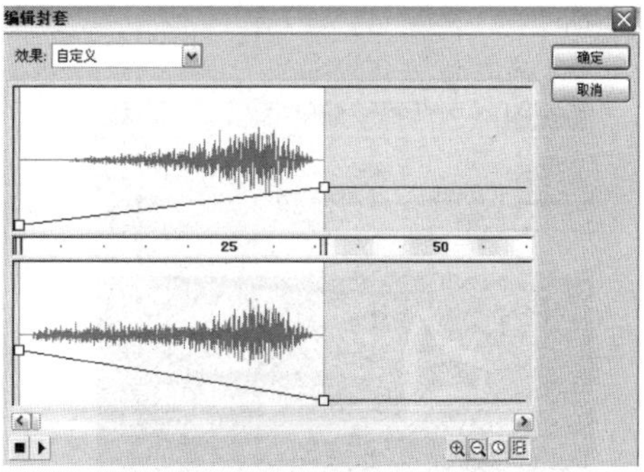

图　2-161

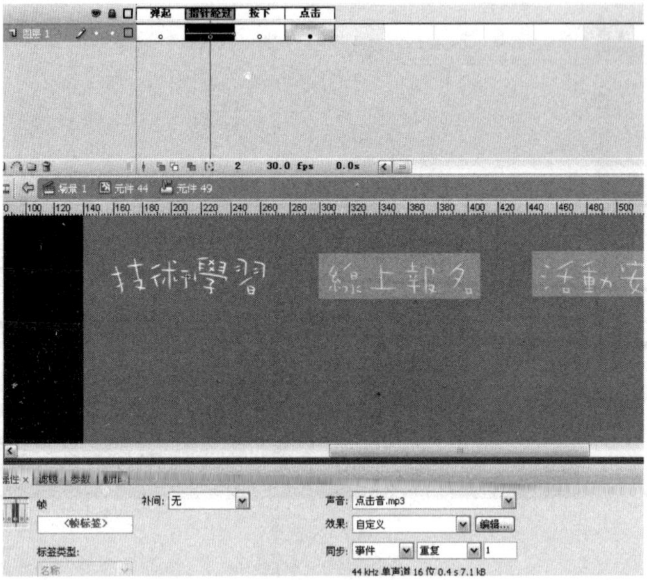

图　2-162

(3) 制作一个交互式的网站背景音乐,这里将通过一个按钮来控制。

返回主场景,在"子动画"图层上新建一层,重命名为sound。在第2帧处创建一个关键帧,并在舞台上用笔刷绘制一个喇叭,如图2-163所示。

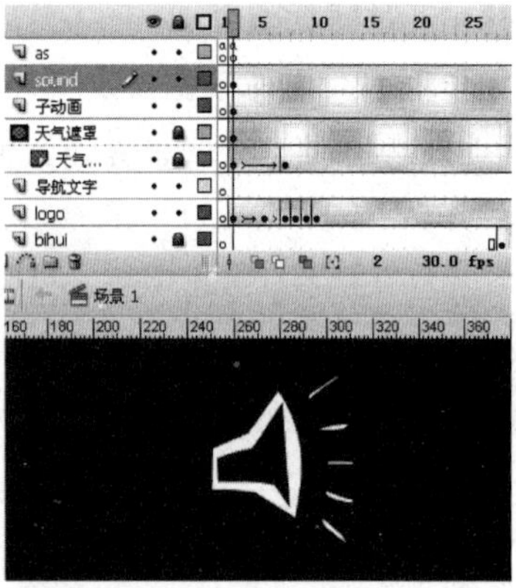

图　2-163

把这只喇叭转换成一个影片剪辑元件,取名为sound,如图2-164所示。

双击进入元件界面,在喇叭内部填充和背景底色相同的深蓝色。在"时间轴"的第10帧处创建一个关键帧,把喇叭前面的"扩音符号"去掉,如图2-165所示。

回到第1帧处,把喇叭再次转换成一个按钮元件,取名为"喇叭",如图2-166所示。

图　2-164

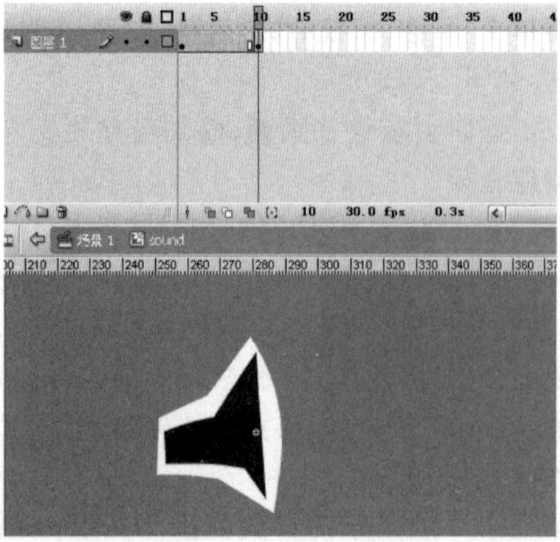

图　2-165

双击进入按钮界面，在 4 个状态帧中分别创建一个关键帧，如图 2-167 所示。

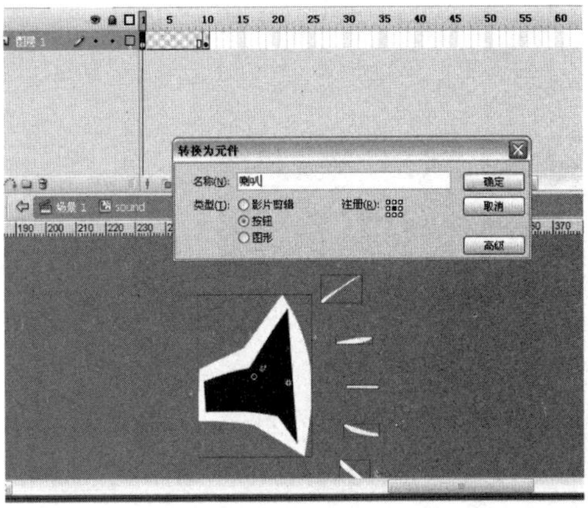

图　2-166

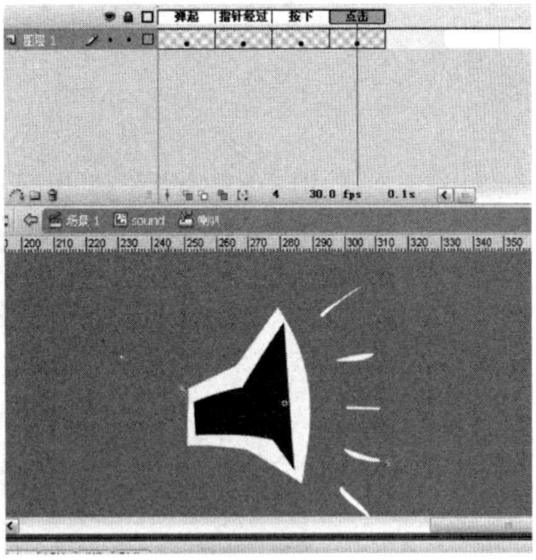

图　2-167

返回上一层元件，再对第 10 帧上的关闭喇叭也设置相同的按钮单击状态。

在第 1 帧的按钮上右击，打开“动作”面板，输入如下代码。

```
on (release) {
    gotoAndStop(10);
    stopAllSounds();
}
```

这段代码的意思是单击按钮后动画跳转到第 10 帧上，并停止播放声音。

在第 10 帧的按钮上右击，打开“动作”面板，输入如下代码。

```
on (release) {
    gotoAndStop(1);
}
```

这段代码的意思是单击按钮后动画跳转到第 1 帧，并停止播放。

新建一层，导入“网站背景音乐.mp3”音频素材，如图 2-168 所示。

在音频图层的第 1 帧处输入代码：

```
stop();
```

设置音频属性为“事件循环”状态。

这样，网站首页的音频工作就制作完成了。

步骤 13　制作页面的遮罩以及扫尾工作

给网站首页页面做一个遮罩，让其最终输出的时候只显示页面中的内容。

双击返回主场景，在“天气动画”图层的下面新建一层，取名为“页面遮罩”。并在页面上沿着网页页面边框绘制一个黑色的遮罩图形，将深蓝色页面底部一小段的立体色块同时也制作为遮罩，如图 2-169 所示。

把刚才制作好的喇叭缩小后放置在页面右上角，如图 2-170 所示。

把“子动画”图层第 2 帧上的摩托车延迟至“时间轴”的第 100 帧处开始行驶，如图 2-171 所示。

在 as 图层的“时间轴”上第 145 帧处创建一个关键帧，并输入一个停止代码：stop();。

在这一切处理完成后，按 Ctrl+Enter 组合键测试动画。

至此，俱乐部网站的首页就制作完成了。

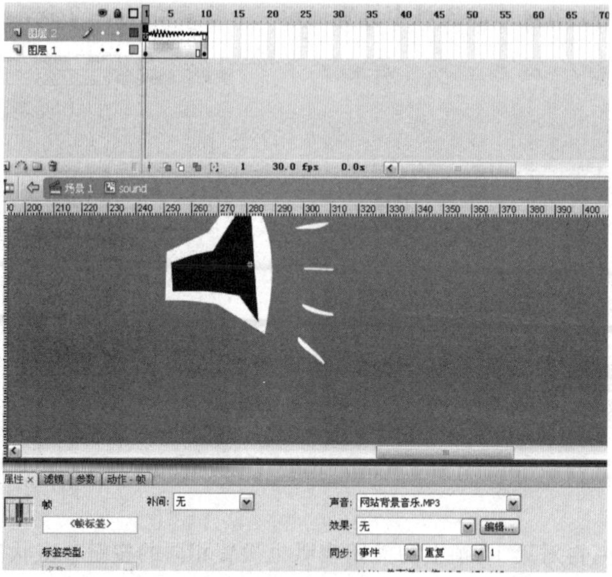

图 2-168

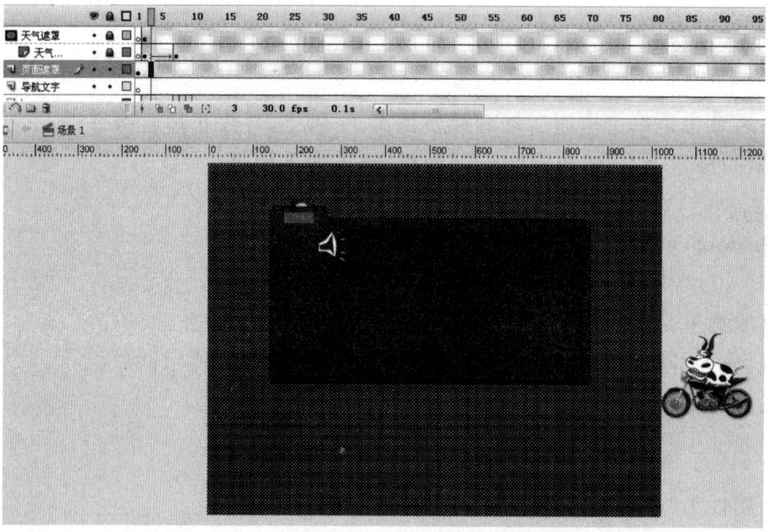

图 2-169

图 2-170

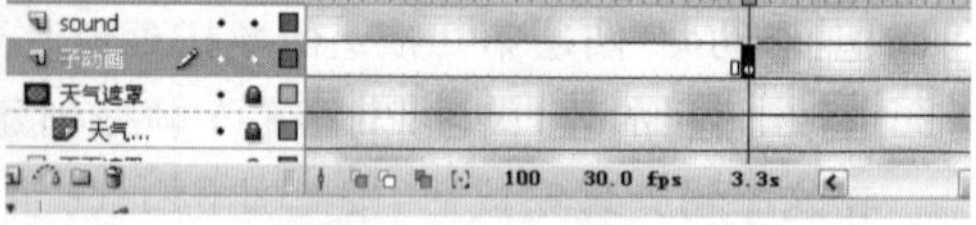

图 2-171

项目小结

首页中出现的元素不多。除去每个页面固定的元素如子动画、天气显示、Logo和喇叭以外，首页上单独出现的是：一个loading动画，一个简单的转场动画和导航栏菜单动画。但这几个元素的设计和制作将直接作用到接下来的5个页面，所以在这第一块的工作当中一定要多加思考，把握好整体网站的定位。

2.3　实例体验　子页面“技术学习”制作

项目背景

“技术学习”这一页面是利用笔绘进洞的动画作为转场效果，其原理和首页的笔绘进门动画一致；不同的是，在每个子页面上都将由卡通标识带着相对应的页面导航菜单文字同时进行转场运动。

项目任务

制作俱乐部网站子页面“技术学习”动画，利用擦除法制作笔绘转场效果，熟练掌握关键帧动态控制和逐帧动画节奏的调整。

项目分析

每个子页面当中的笔绘转场效果都不相同，但都遵循着与首页相同的动画规则和时间顺序，所以在实际制作过程当中必须注意到这一点。

项目实施

步骤1　设置页面文档

制作子页面，首先是“技术学习”页面。

子页面的文档设置必须和首页一样，包括网站页面的大小和位置等。

打开Flash CS3软件，新建一份Flash文件（ActionScript 2.0）。设置文档“尺寸”为1024像素×768像素，“帧频”为30fps，黑色背景。

回到index.fla首页文件，把最底层的背景层复制后按Ctrl＋Alt＋V组合键粘贴过来，如图2-172所示。

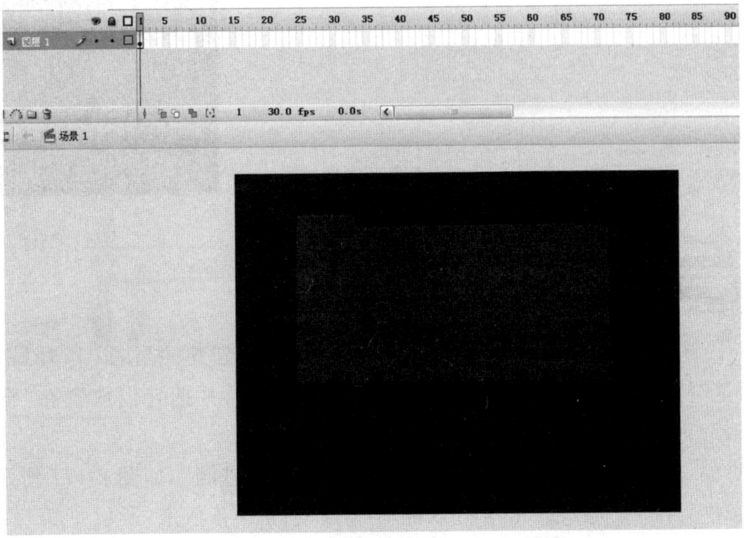

图　2-172

在 Logo 图层"时间轴"的第 10 帧处，把静态的俱乐部 Logo 连同页面右上角的喇叭复制后粘贴到子页面相同位置。由于在所有子页面当中这几个元素均不再进行运动，所以可把它们放置在同一个层内并锁定，如图 2-173 所示。

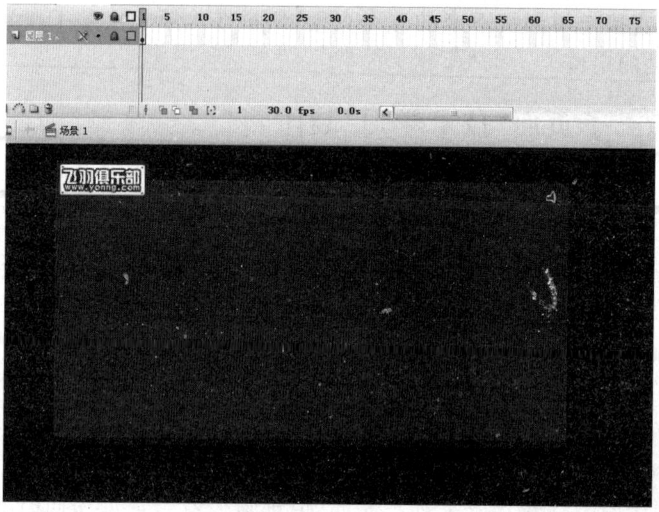

图 2-173

按 Ctrl＋S 组合键保存文件，并取名为 jishuxuexi，如图 2-174 所示。

在"导航文字"图层"时间轴"上第 141 帧处把 5 个导航栏按钮复制后粘贴到子页面的相面位置，新建一层，并取名为"导航栏文字"，如图 2-175 所示。

图 2-174

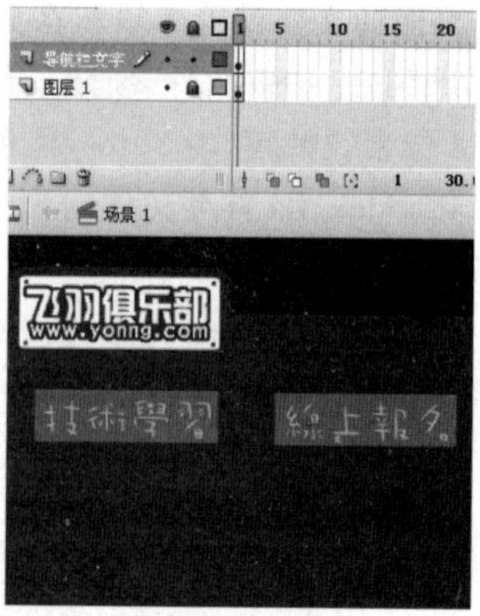

图 2-175

步骤 2 制作页面过场动画

(1) 制作一段笔绘的过场动画。在"导航栏文字"图层上新建一层，取名为 bihui。把首页中用过的那支"铅笔"从库里调出来，在舞台上绘制一个椭圆形，并把它们放置在"技术学习"导航栏下面，如图 2-176 所示。

全选两个对象，把它们转换成一个图形元件，取名为"牛进洞"，如图 2-177 所示。

双击进入元件界面，设定最终铅笔将以顺时针方向画出椭圆来，所以把第一落笔点和最后一笔节点处定在椭圆的右侧，如图 2-178 所示。

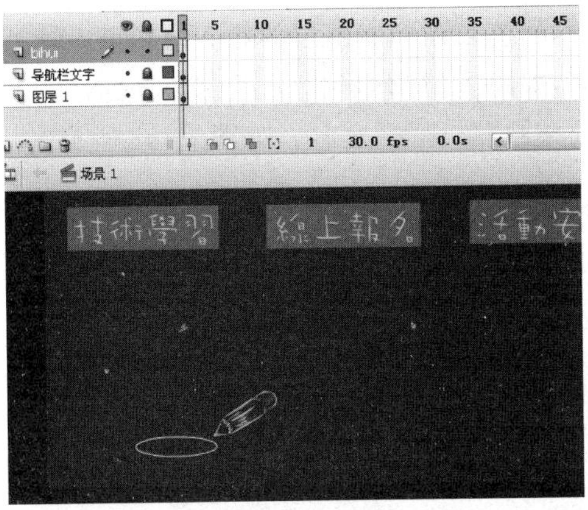

图 2-176

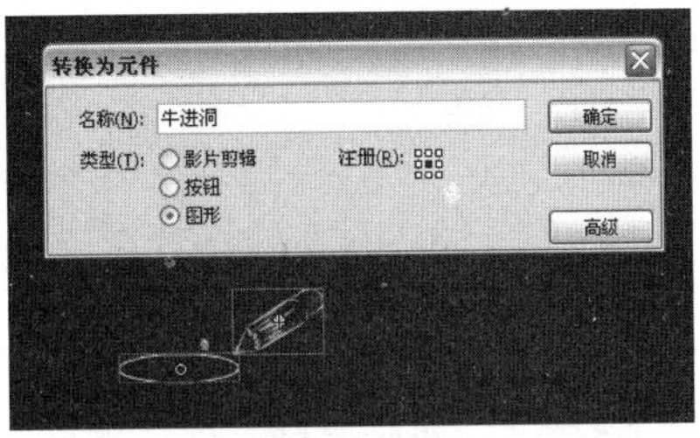

图 2-177

在第 2 帧处创建一个关键帧，将铅笔移至最后一笔处，顺着逆时针方向拖动一点，并将在椭圆上拖动过的位置删除，如图 2-179 所示。

图 2-178

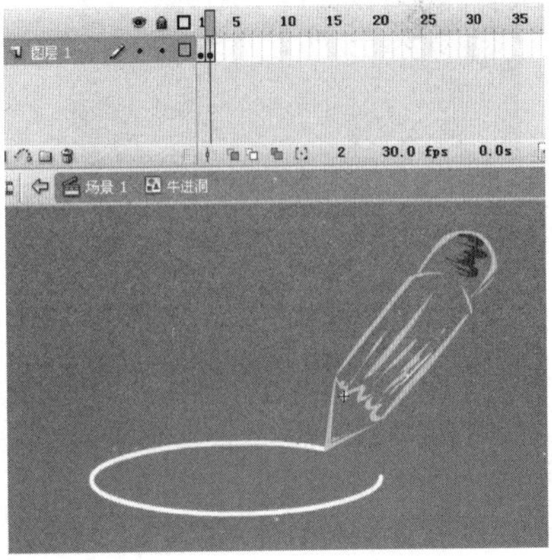

图 2-179

利用上述方法，顺着逆时针方向即可把椭圆完全擦除，如图 2-180 所示。

选中所有帧，执行“翻转帧”命令，并把所有帧在“时间轴”上向后延迟 5 个帧的时间长度，如图 2-181 所示。

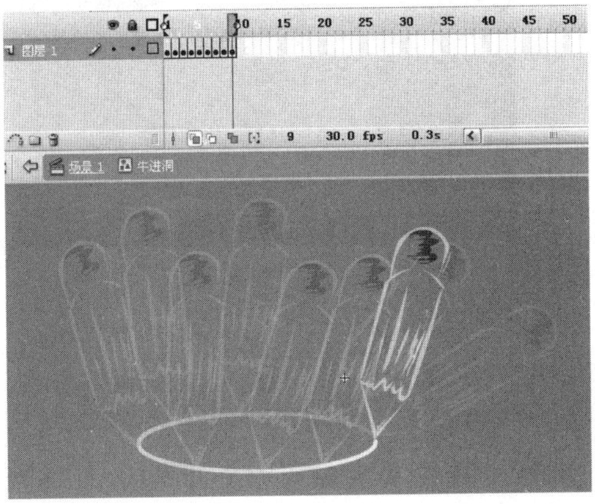

图 2-180

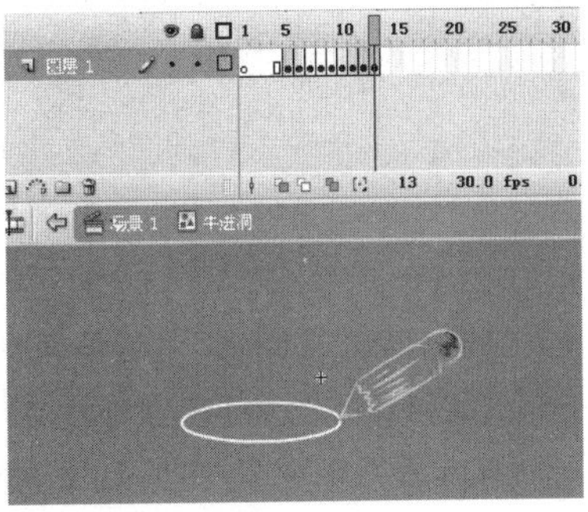

图 2-181

复制第 5 帧上的铅笔，新建一层，把复制出来的铅笔粘贴到新图层的第 1 帧和第 5 帧处，并添加一个补间动画，在第 6 帧创建一个空白关键帧，如图 2-182 所示。

把第 1 帧上的铅笔移至页面外部，并设置补间动画“缓动”值为 100，如图 2-183 所示。

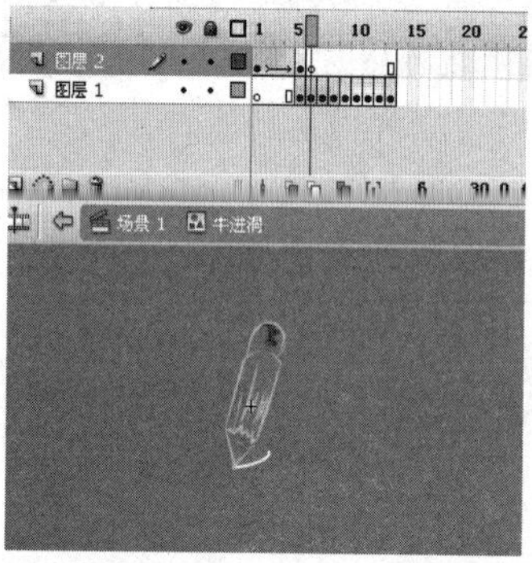

图　2-182

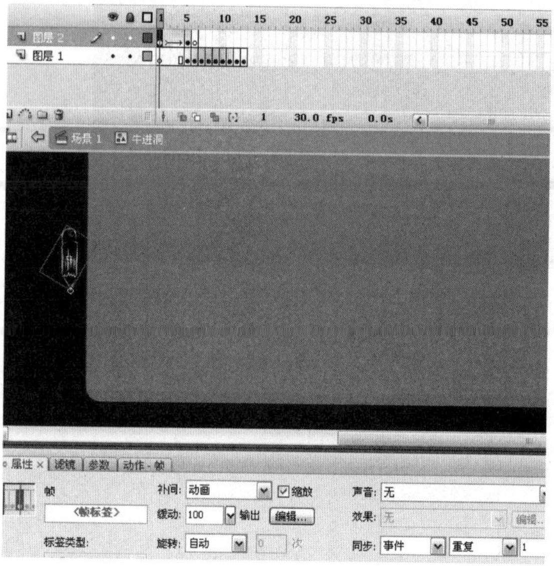

图　2-183

在这一图层的第 17 帧和第 22 帧处分别创建一个关键帧，把“图层 1”的“时间轴”上第 13 帧的铅笔复制后粘贴到“图层 2”的相同位置，如图 2-184 所示。

在这两帧之间做一个补间动画，设置其“缓动”值为－100，并把最后一帧上的铅笔移出页面，如图 2-185 所示。

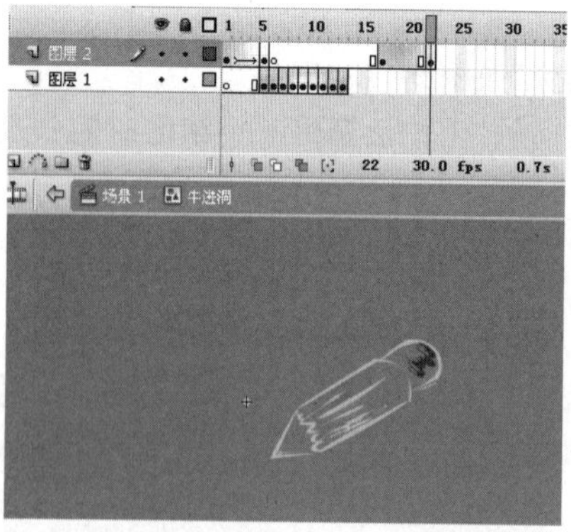

图　2-184

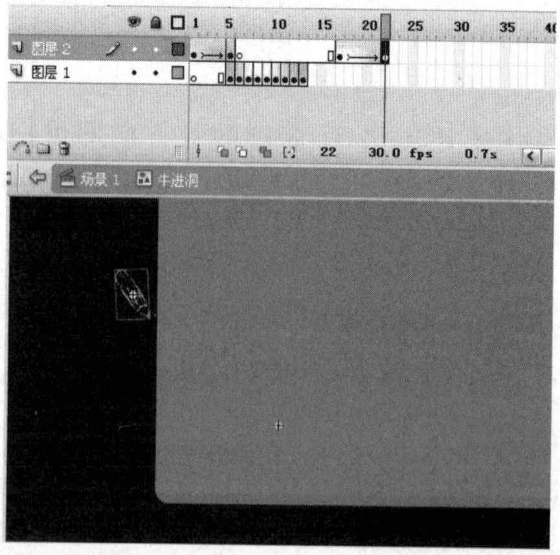

图　2-185

在“图层 1”的“时间轴”上延伸普通帧到第 22 帧处，在第 17 帧处创建一个关键帧，并把这一帧上的铅笔删除，如图 2-186 所示。

(2) 双击返回主场景页面，在 bihui 图层“时间轴”的第 22 帧处创建一个关键帧，把“牛进洞”实例打散并将移出页面的铅笔删除，如图 2-187 所示。

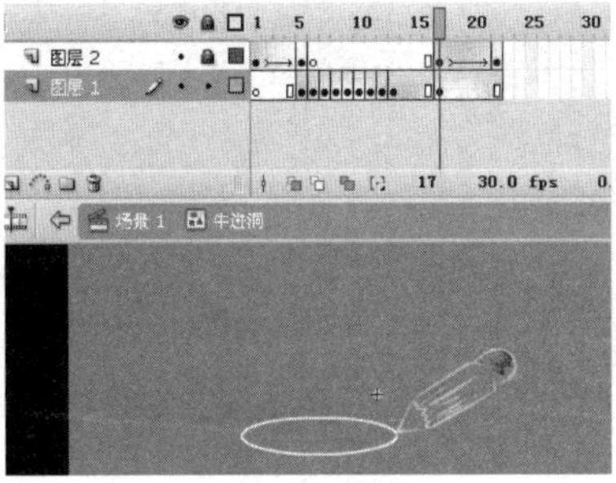

图　2-186

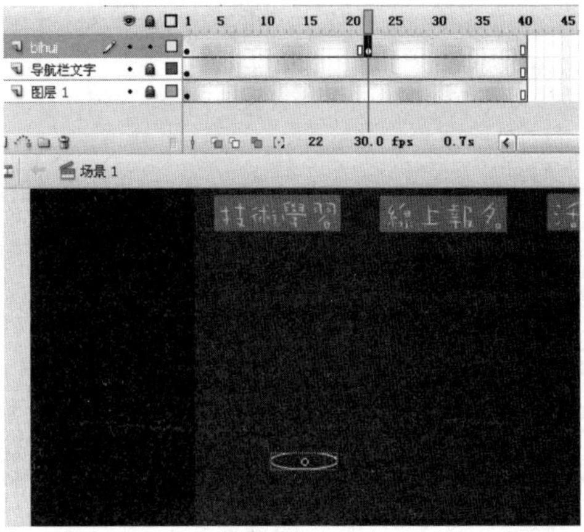

图　2-187

再一次把椭圆打散，把它分为上下两个半圆并分别群组，如图 2-188 所示。

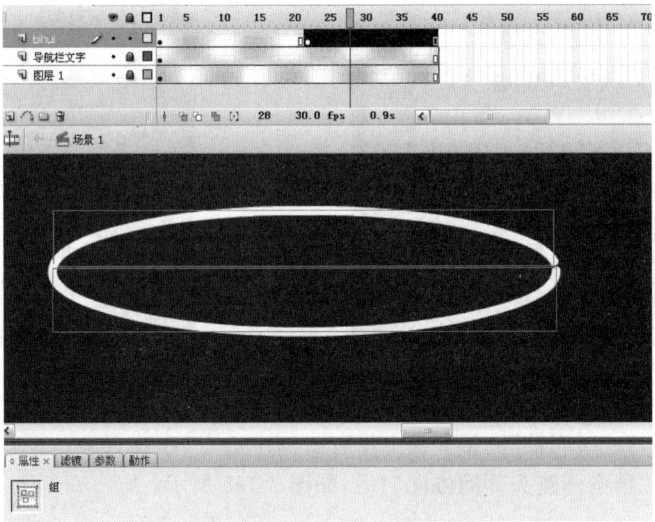

图　2-188

在 bihui 图层下新建一层，在其“时间轴”的第 22 帧处创建一个关键帧，把椭圆的上半部分剪切过来，并锁定，如图 2-189 所示。

(3) 在 bihui 图层和“图层 4”之间新建一层，取名为 niu；再把首页上的卡通牛复制过来，放置在椭圆的正下方并摆好姿态；由于这里不需要出现整个身体，所以可把两只后腿去掉，如图 2-190 所示。

把它转换成一个图形元件，取名为“出洞”，如图 2-191 所示。

双击进入元件界面，把身体各个部分分散到图层，如图 2-192 所示。

选中所有图层帧，在“时间轴”的第 6 帧处创建一个关键帧，给它创建一个补间动画，设置其“缓动”属性值为 100，并把第 6 帧上的牛垂直向上移到椭圆的中心处，如图 2-193 所示。

保持所有图层选中状态，在“时间轴”的第 8 帧、9 帧、10 帧处分别创建一个关键帧，并在第 6 帧和第 8 帧之间创建一个补间动画，如图 2-194 所示。

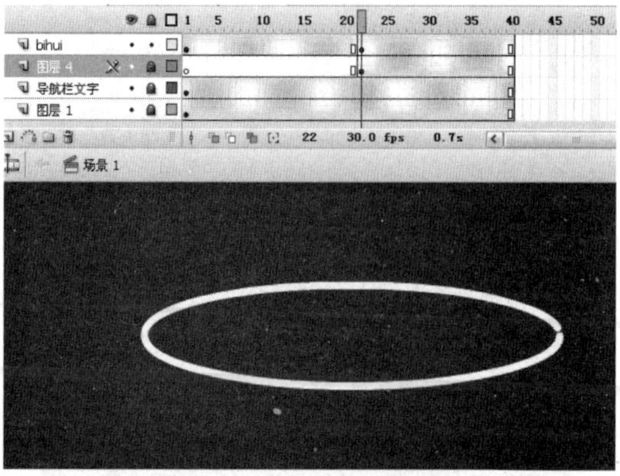

图 2-189

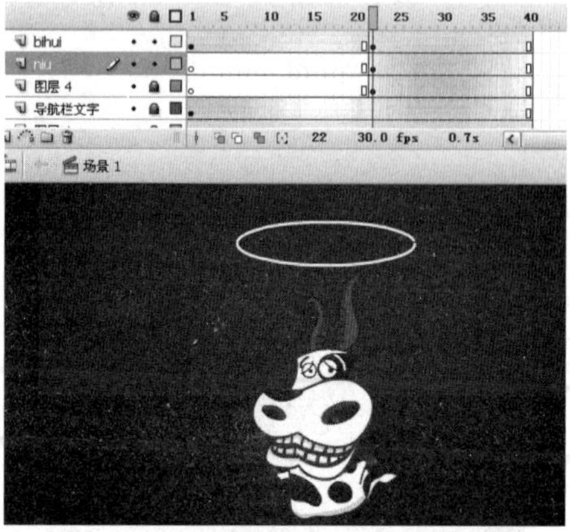

图 2-190

图 2-191

图 2-192

选择“头”图层，在“时间轴”的第 8 帧上沿着底部中心点(在首页中已设置中心点在底部)将“牛头”放大一点，并稍微调整头部的方向向后，如图 2-195 所示。

图 2-193

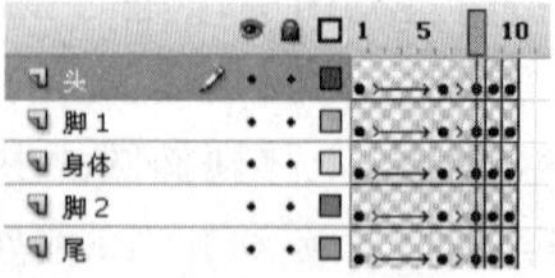

图 2-194

图 2-195

在第 10 帧处再稍微放大一点，并微调头部方向，如图 2-196 所示。

其余 4 个部分的调整也如上述方法进行。这一段动画意在表现当物体高速出洞口的时候急速停顿所产生的缓冲动态；当然，如果要把动画制作得更加精美可再多几个缓冲关键帧，这里就不再复述。

(4) 双击返回主场景，在 niu 图层“时间轴”的第 31 帧处创建一个关键帧，把已经出了洞口的“牛”实例打散，如图 2-197 所示。

图 2-196

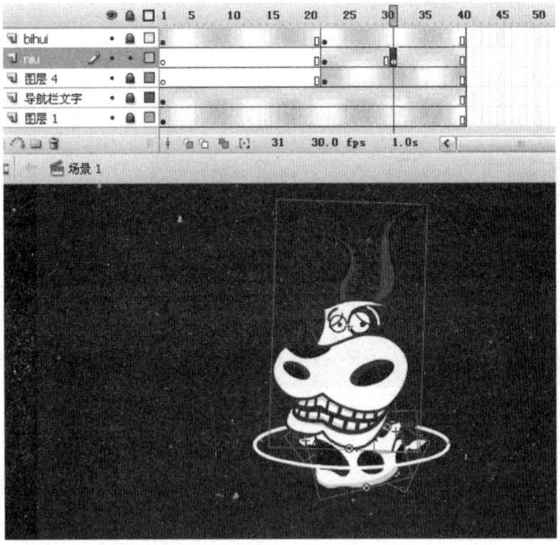

图 2-197

在卡通牛图层上新建一层，取名为“卡通遮罩”，在其“时间轴”的第 22 帧处沿着椭圆的下半部分内轮廓绘制一个遮罩图形，如图 2-198 所示。

在图层面板上设置其遮罩属性，这样牛就在遮罩区域内“活动”了，如图 2-199 所示。

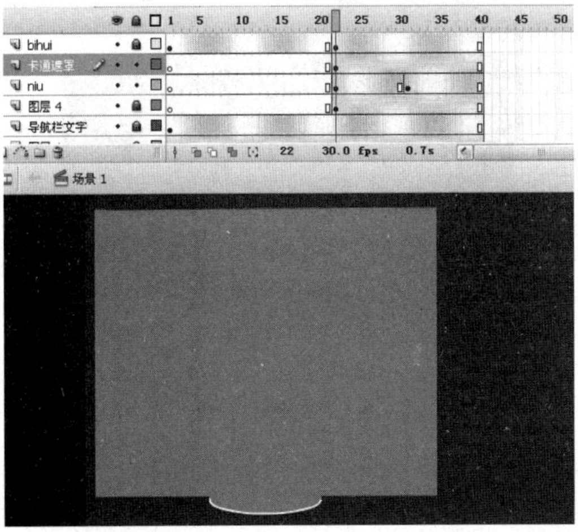

图 2-198

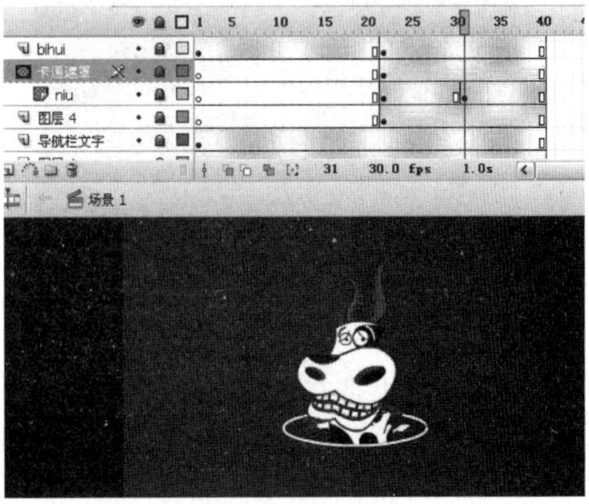

图 2-199

(5) 新建一层，取名为“文字动画”；在“导航栏文字”图层的“时间轴”上第 40 帧处创建一个关键帧；把“技术学习”按钮剪切下来，粘贴到“文字动画”图层的第 40 帧上的相同位置，如图 2-200 所示。

在第 45 帧处创建一个关键帧,给它添加一个"缓动"值为－100 的补间动画,并把第 45 帧上的按钮垂直移到卡通牛的牛角顶点处,如图 2-201 所示。

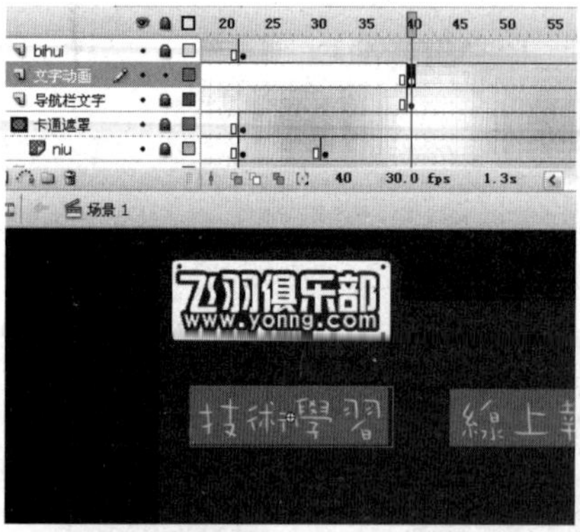

图　2-200

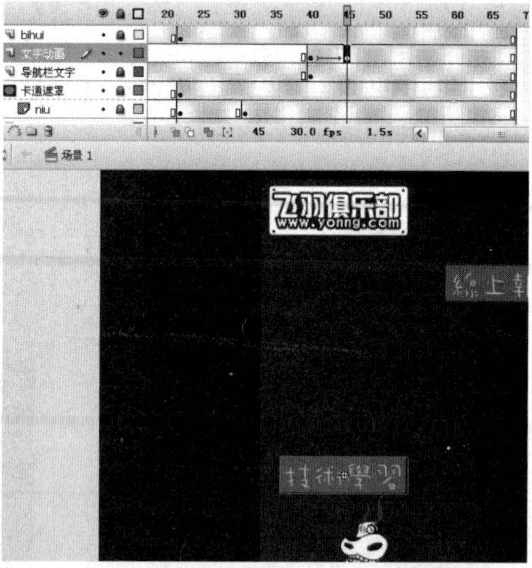

图　2-201

利用逐帧动画制作一段按钮文字在下落过程中触碰到卡通牛的动画。

先把视窗放大,在第 46 帧上文字即将接触到牛角。再新创建一个关键帧,把文字顺着牛角的位置往下拖,如图 2-202 所示。

在第 47 帧上把文字按钮下拉,如图 2-203 所示。

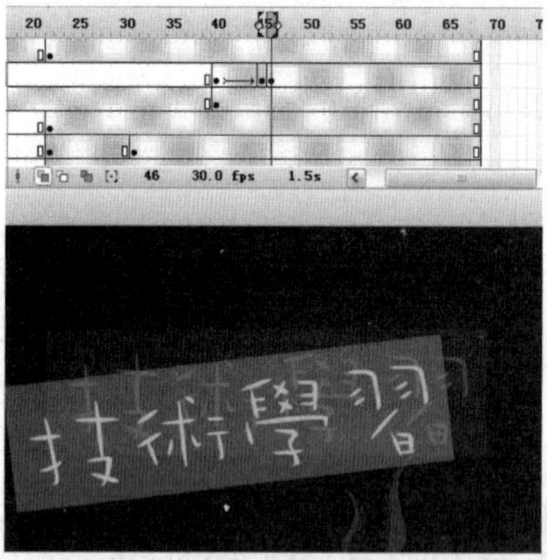

图　2-202

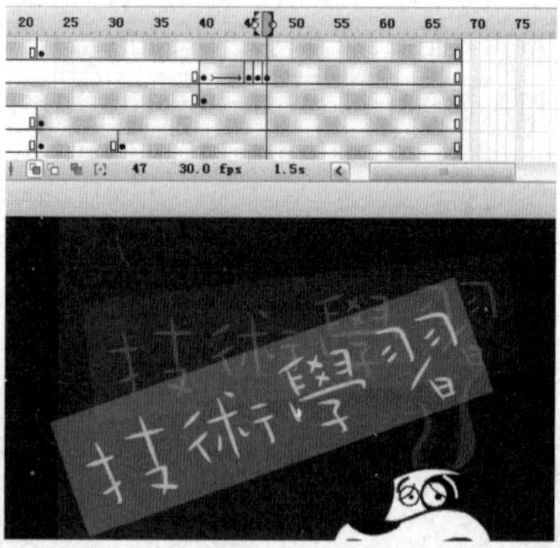

图　2-203

在第 48 帧上把文字按钮下拉,可以看出,现在的文字按钮是以最后一个"习"字和牛角的一边为转轴作下落旋转。最终在文字落下至地面的时候就必然是一个翻转的动画过程,所以每一帧上调整的时候要注意这一点,如图 2-204 所示。

在第 49 帧上文字按钮离开牛角开始翻转,如图 2-205 所示。

在第 50 帧上文字按钮继续翻转,如图 2-206 所示。

第 51 帧上文字按钮继续保持翻转状态,如图 2-207 所示。

第 52 帧的文字按钮继续下落翻转,呈倒转的文字方向,如图 2-208 所示。

第 53 帧的文字按钮快接近地面了,此时差不多呈倒转的水平文字方向,如图 2-209 所示。

图　2-204

图　2-205

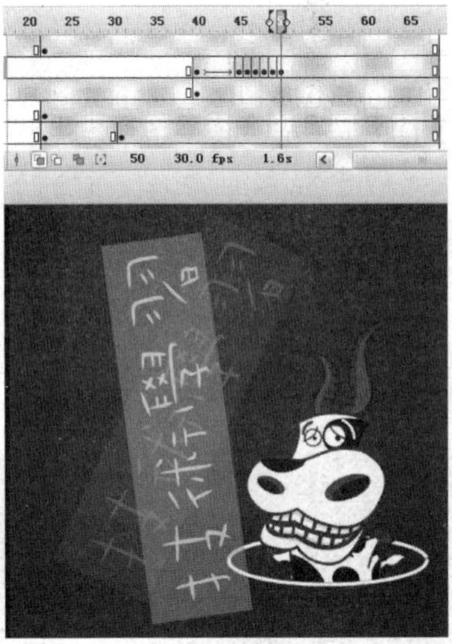

图　2-206

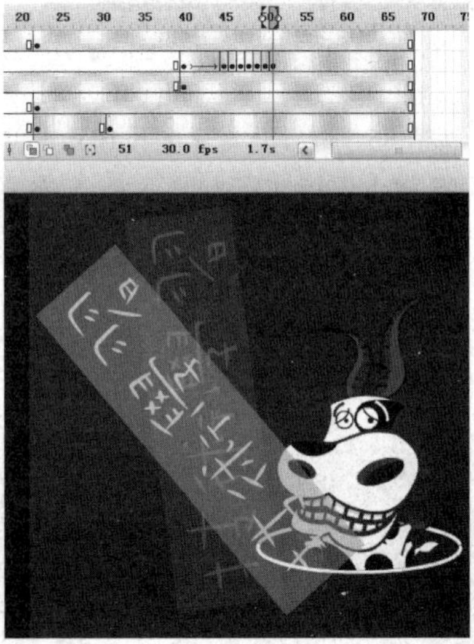

图　2-207

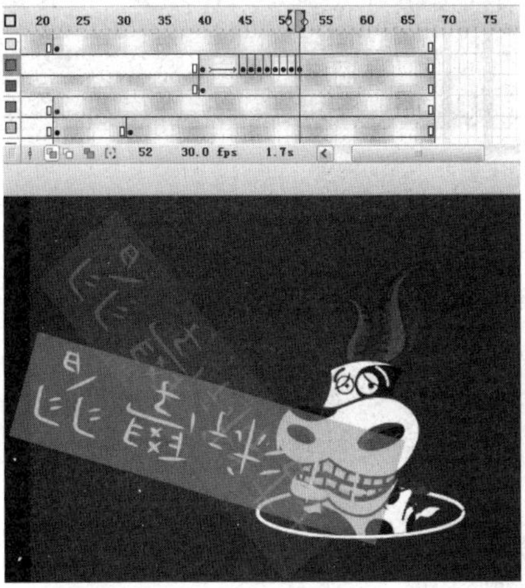

图　2-208

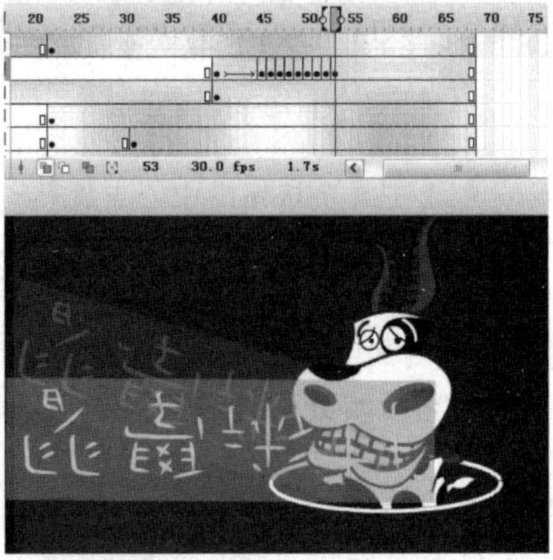

图　2-209

第 54 帧处文字按钮已完全下落至地面，呈水平倒转放置，如图 2-210 所示。

制作几帧缓冲动态帧，先在第 55 帧、56 帧、57 帧、58 帧处分别创建一个关键帧，如图 2-211 所示。

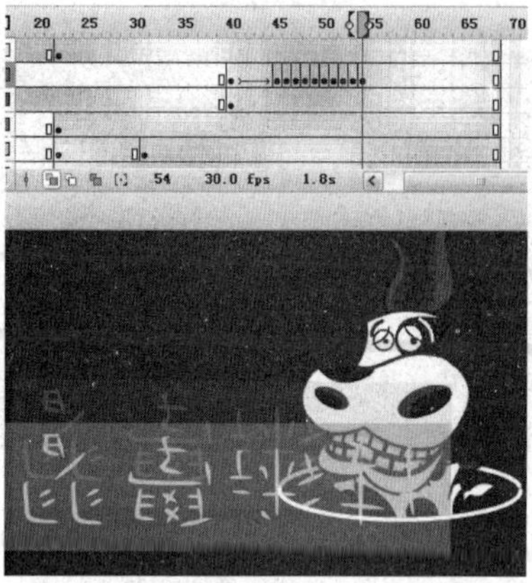

图 2-210

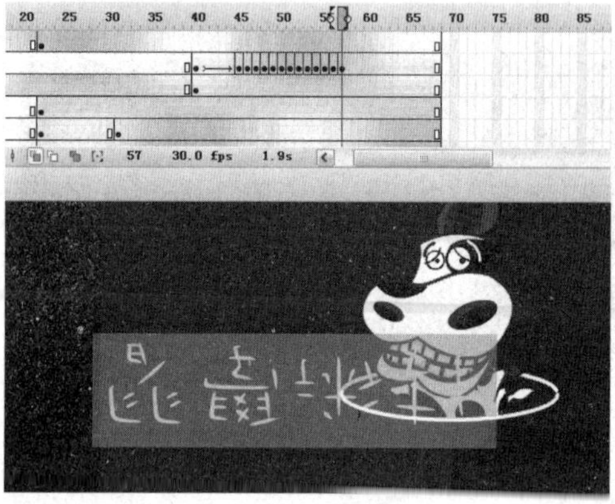

图 2-211

回到第 55 帧上，沿着文字按钮中心点旋转一点，并向右平移一些，如图 2-212 所示。

第 56 帧上保持文字方向不变，向右平移一些，如图 2-213 所示。

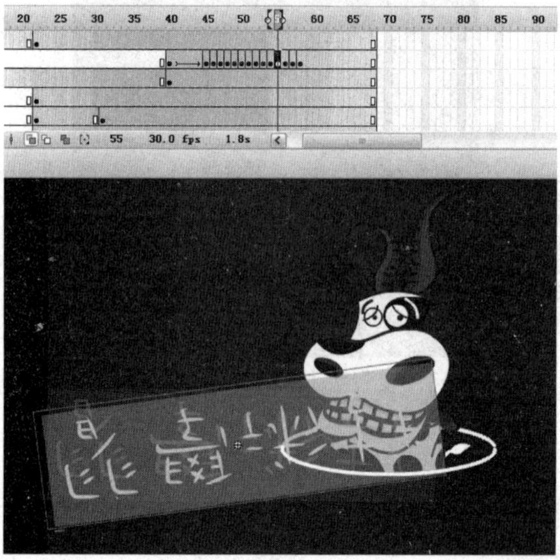

图 2-212

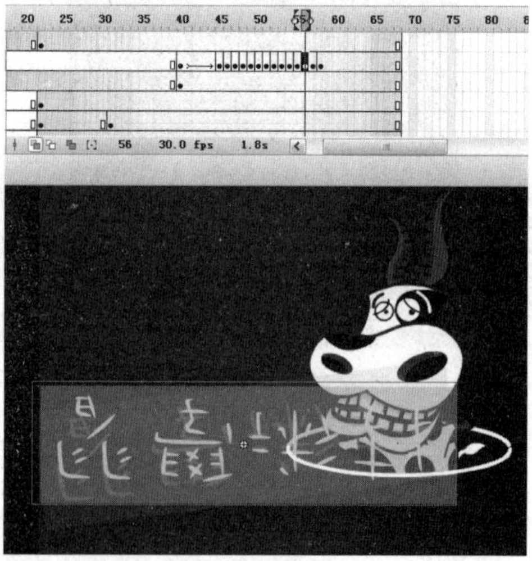

图 2-213

第 57 帧上把文字按钮沿中心点旋转一点，向右平移一些，如图 2-214 所示。

第 58 帧上文字按钮保持方向不变，再向右平移一些。至此，文字下落的动画就制作完成了，如图 2-215 所示。

(6) 通过测试可发现文字按钮在第 46 帧的时候和牛角发生了第一次触碰，所以就在 niu 图层时间轴的第 46 帧处创建一个关键帧，调整"牛"由于受到文字按钮的触碰而向左望去，如图 2-216 所示。

在第 47 帧处让"牛眼"跟随着文字按钮下落而转动，如图 2-217 所示。

在第 48 帧处继续调整卡通牛注视着文字下落过程，如图 2-218 所示。

在第 49 帧处继续保持"牛"跟随着文字按钮下落的动态变化，如图 2-219 所示。

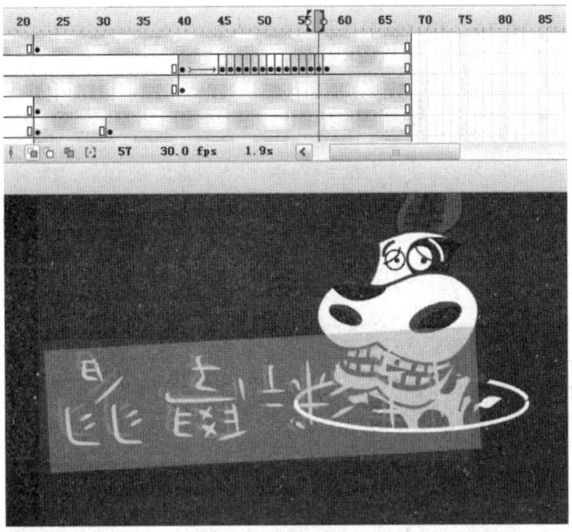

图 2-214

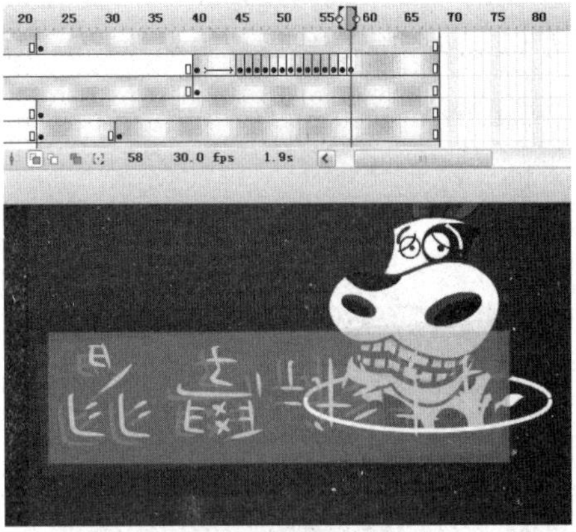

图 2-215

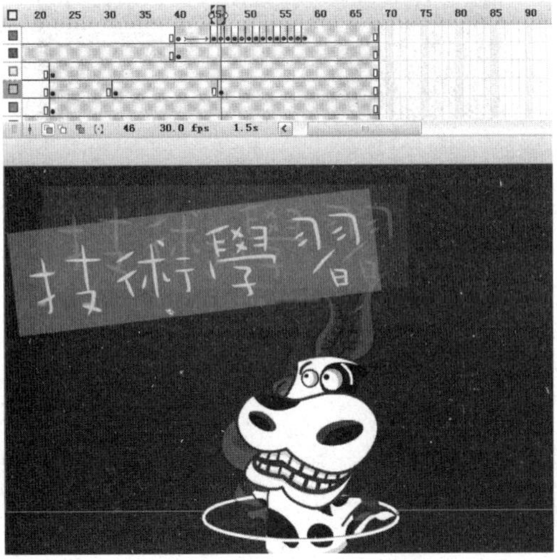

图 2-216

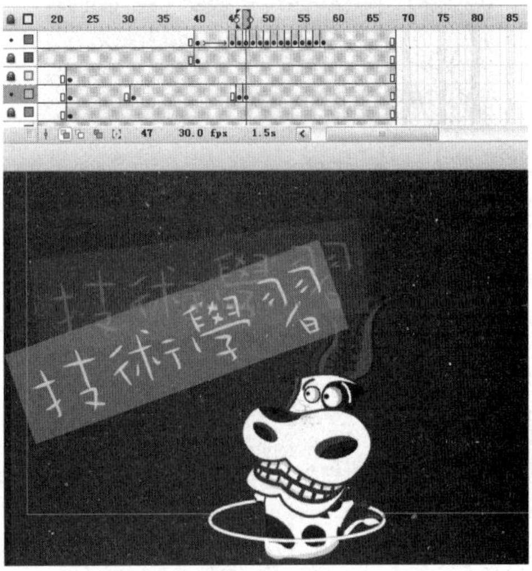

图 2-217

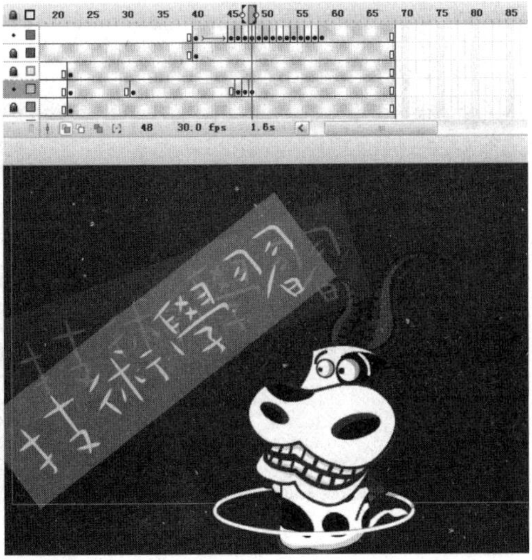

图 2-218

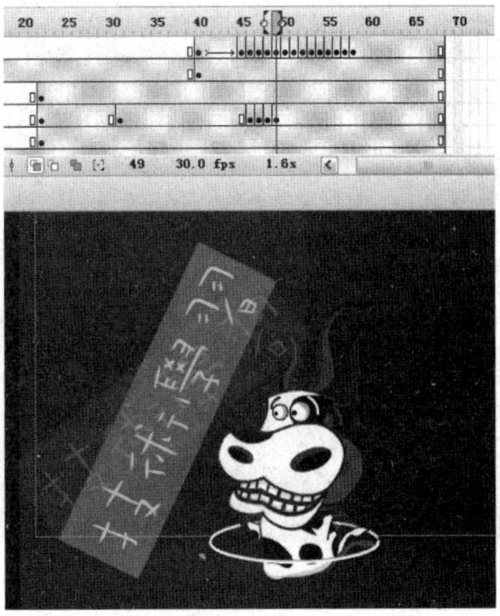

图 2-219

在第 50 帧处继续调整，此时文字按钮快下落至地面，如图 2-220 所示。

第 51 帧处文字按钮已开始翻转，“牛”的眼珠此时也转向地面方向注视，如图 2-221 所示。

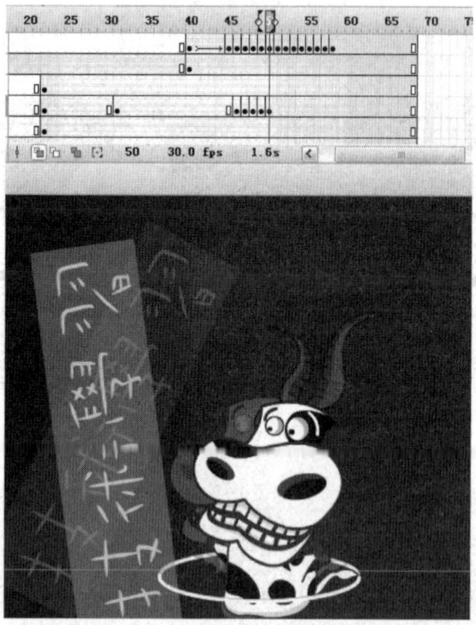

图 2-220

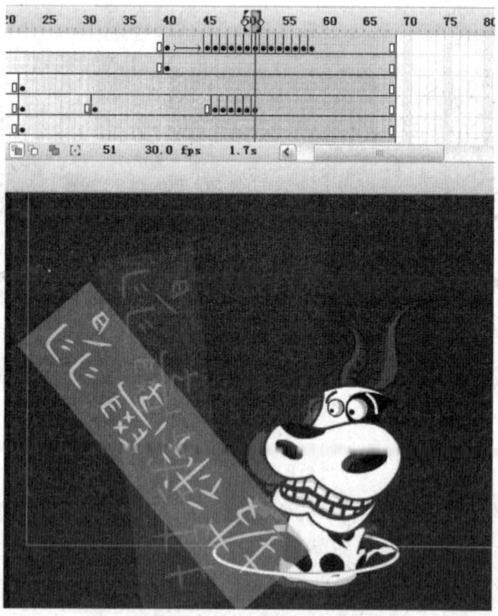

图 2-221

(7) 制作一段卡通牛捡起文字按钮后回到洞下方的动画。

先把“文字动画”图层关闭。在 niu 图层的第 59 帧处创建一个关键帧，调整“牛”向前倾的动态，如图 2-222 所示。

前倾的动态为身体沿着底部中心点向左旋转一些，两只手分别向左转动，头部和尾巴随着颈部移动。

在第 60 帧处把“牛”再向左平移一些，身体等部分继续旋转一点，两只手向左平伸，如图 2-223 所示。

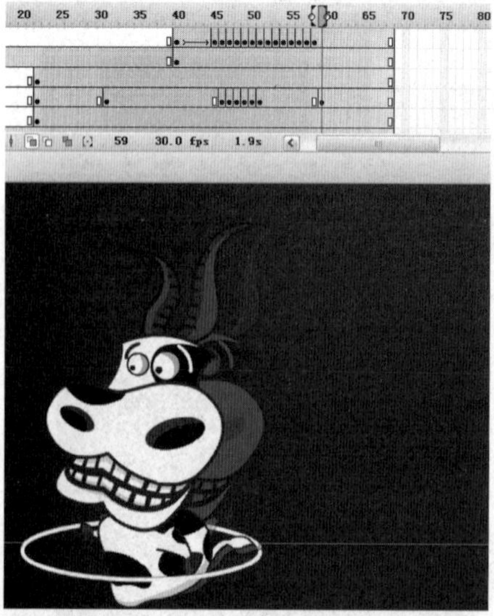

图 2-222

图 2-223

打开“文字动画”图层，文字按钮和“牛”已结合在一起，可以制作往洞里“拖”的动画。

分别在“文字动画”图层和 niu 图层“时间轴”的第 61 帧处创建一个关键帧，同时往右平移一些，并微调“牛”的身体动态，如图 2-224 所示。

在 62 帧处继续往右微调一些，并把“牛”往右下角方向向洞内移动，文字按钮沿着洞口左边缘开始向下翘起，如图 2-225 所示。

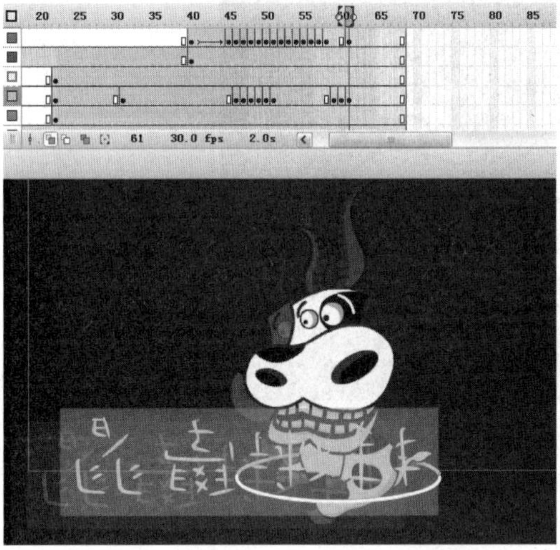

图　2-224

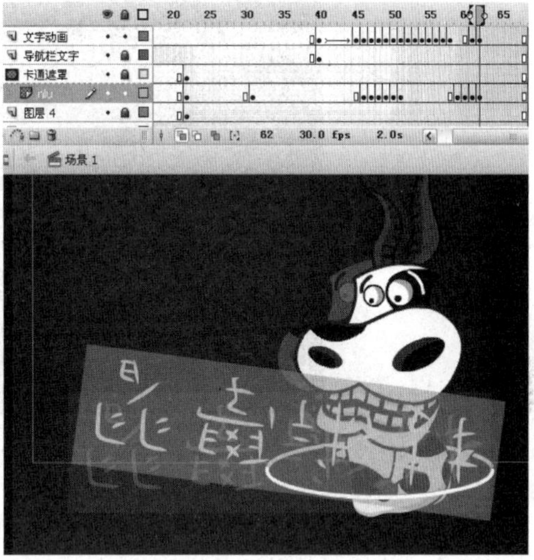

图　2-225

在第 63 帧处继续让“牛”往右下角下落，文字按钮同时向洞内倾斜，如图 2-226 所示。

图　2-226

到第 64 帧时“牛”的半个身子已下落至洞内，文字按钮也差不多呈 45°倾斜状态插入洞口，如图 2-227 所示。

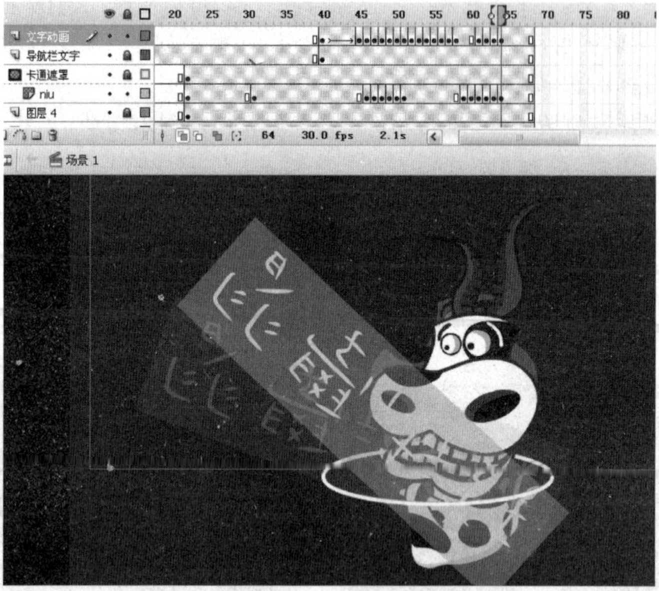

图 2-227

在 niu 图层上新建一层，取名为“文字遮罩”。在“时间轴”的第 64 帧处把“文字动画”图层上的文字按钮剪切后粘贴到相同位置，如图 2-228 所示。

图 2-228

把文字按钮打散成文字后再次打散成图形，并转换成一个图形元件，如图 2-229 所示。

(8) 在 niu 图层“时间轴”的第 64 帧处把分散的卡通素材转换成图形元件，同时分别在上下两图层的第 68 帧处创建一个关键帧，做两段补间动画，并把第 68 帧上的两个元件实例拖至椭圆形洞口的下方，如图 2-230 所示。

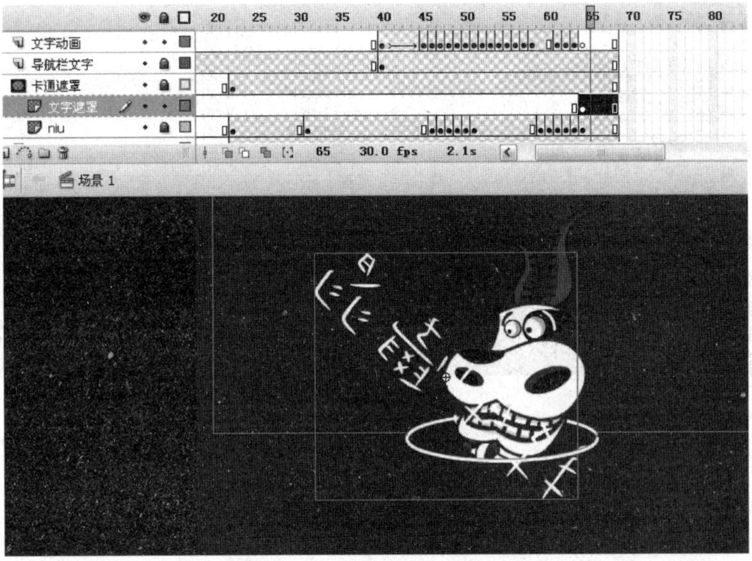

图　2-229

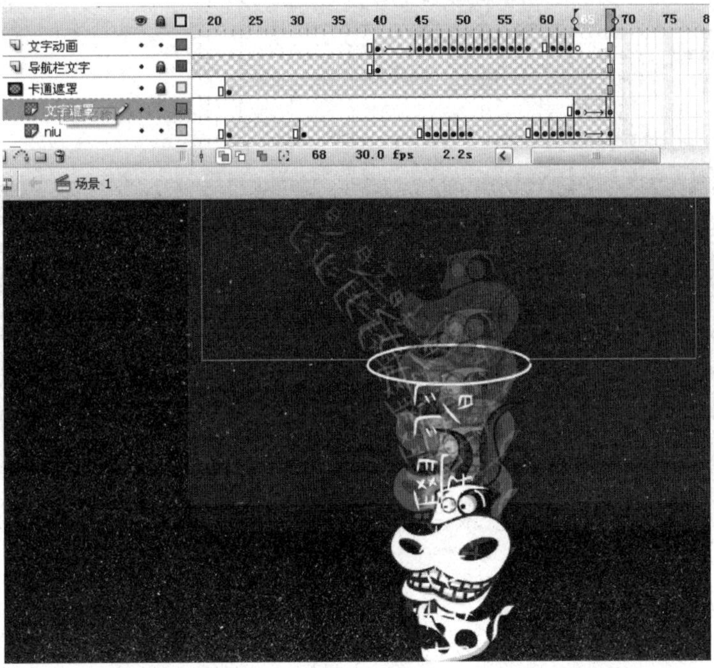

图　2-230

在制作这两段遮罩动画的时候要注意保持文字和“牛”在进洞的过程中都不跳出椭圆形的洞口，这样才能正确地显示出真实进洞效果。

分别在 bihui 图层和“图层 4”的“时间轴”上第 75 帧处创建一个关键帧，把椭圆上下两个半圆剪切集中粘贴到 bihui 图层的第 75 帧上，并把它转换成元件，如图 2-231 所示。

在同一图层的第 80 帧处创建一个关键帧，把这一帧上的椭圆缩小并做一段淡出（Alpha 值：0%～100%）补间动画，如图 2-232 所示。

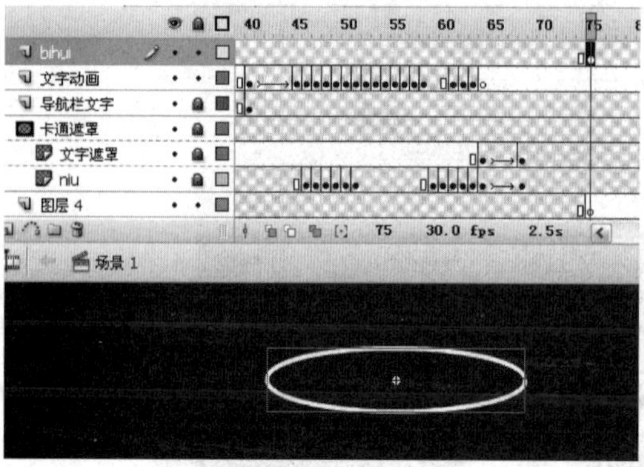

图 2-231

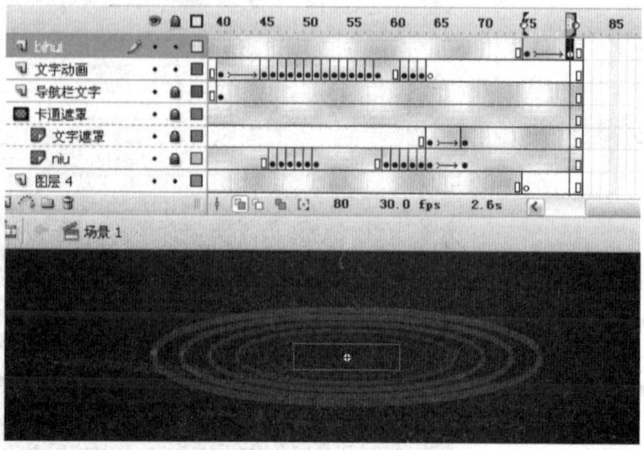

图 2-232

在"导航栏文字"图层"时间轴"的第 75 帧处创建一个关键帧,把其余 4 个导航菜单按钮转换成元件,并在第 81 帧处创建一个关键帧,添加一个"缓动"值为－100 的补间动画,如图 2-233 所示。

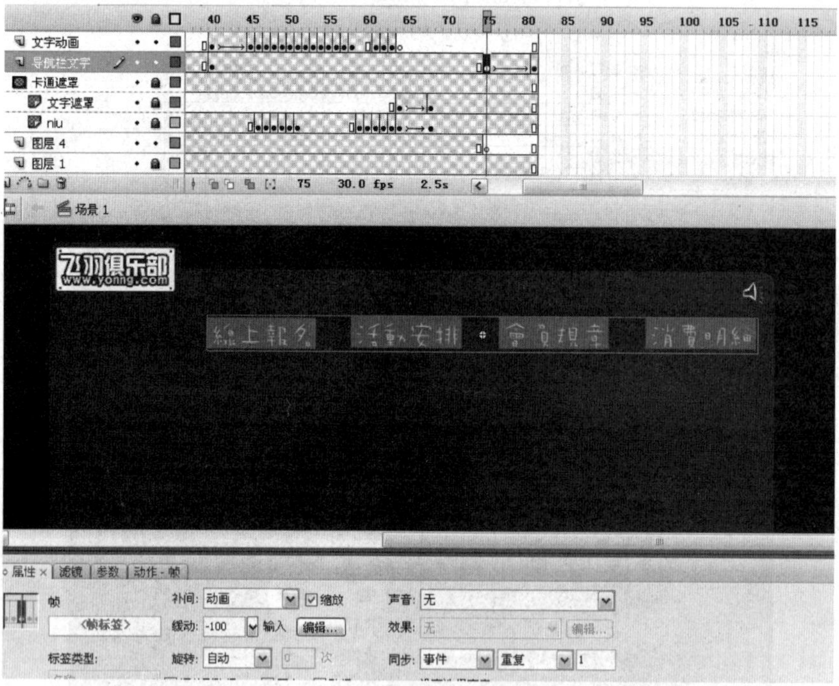

图 2-233

把第 81 帧的导航菜单元件向上直移到页面框外,如图 2-234 所示。

步骤 3 制作第二场景动画

(1) 制作子页面的第二段场景。在接下来的每个子页面当中,文字信息都将在这一部分出现。

在 bihui 图层"时间轴"的第 85 帧处创建一个空白关键帧,从库里调出前面用过的"铅笔",并在页面的左下角用笔刷绘制一个椭圆和一个弧形线段,如图 2-235 所示。

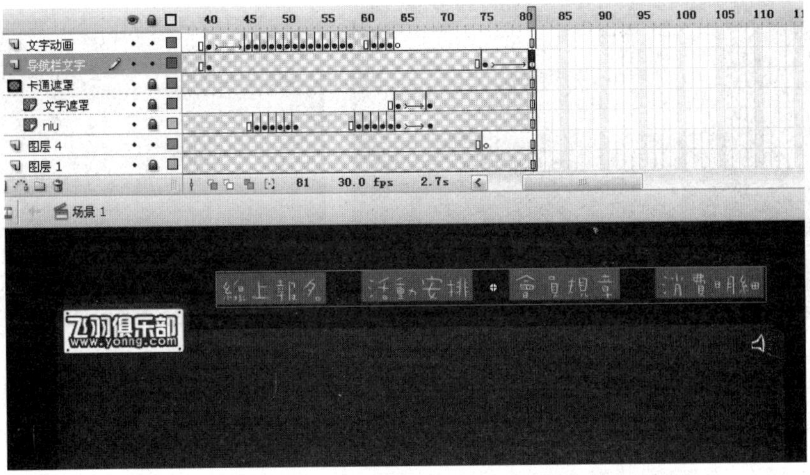

图　2-234

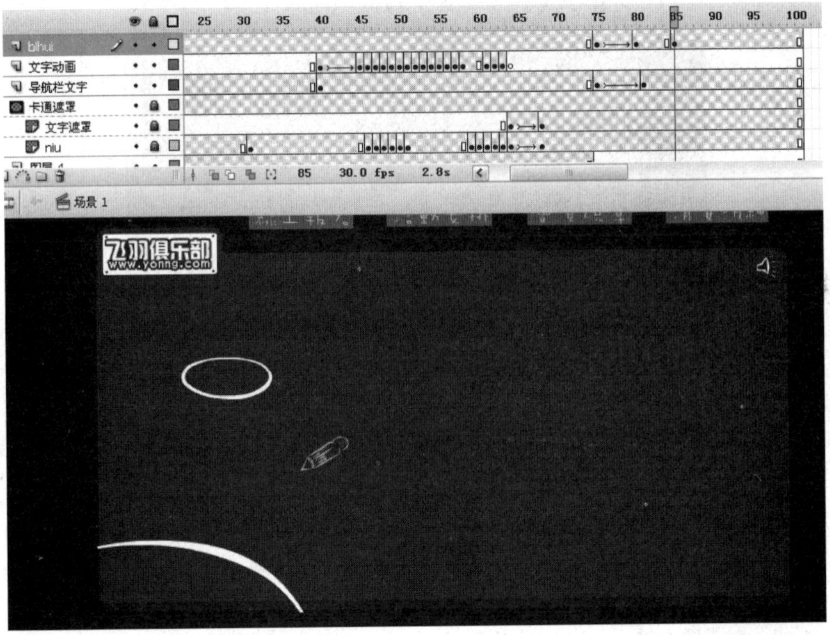

图　2-235

全选绘制的图形和铅笔，把它们转换成一个图形元件，取名为"出洞动画"，如图 2-236 所示。

双击进入元件界面，使用前面用过的擦除法擦出整个图形。

这里设置最终的动画顺序为：铅笔按顺时针方向从上面的圆开始画起，直到画出下面的弧线，如图 2-237 所示。

在图层第 1 帧处把铅笔拖至最后一帧处，开始逐帧擦除。

由于在前面已详细介绍过此类动画的制作方法及步骤，这里就不把每一帧的擦除状态写出来。

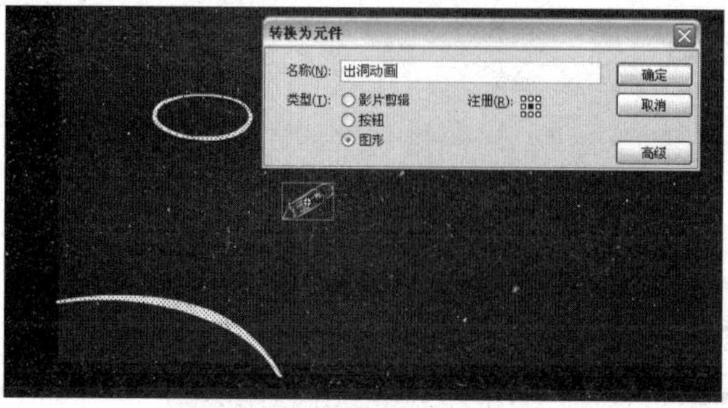

图 2-236

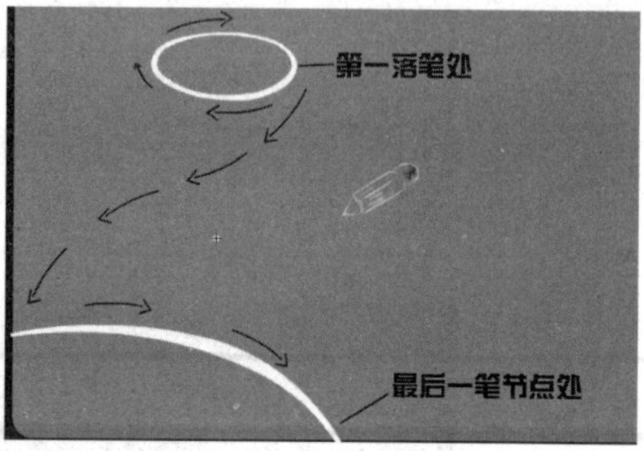

图 2-237

当擦除到第 5 帧的时候，弧线部分已经消失了，如图 2-238 所示。

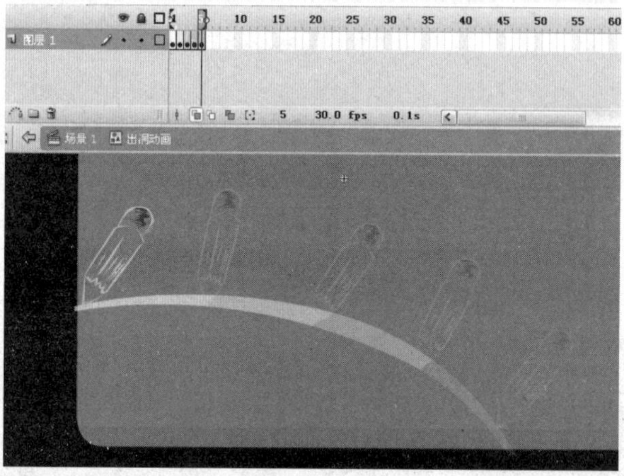

图 2-238

从第 6 帧开始要把铅笔移动到上面的椭圆处，所以在第 6 帧上把铅笔剪切下来。新建一层，再把铅笔粘贴到新图层第 6 帧的相同位置，如图 2-239 所示。

在“图层 2”的“时间轴”上第 10 帧处创建一个关键帧，给它添加“缓动”值为－100 的补间动画，并把第 10 帧上的铅笔移至上方椭圆的右侧，如图 2-240 所示。

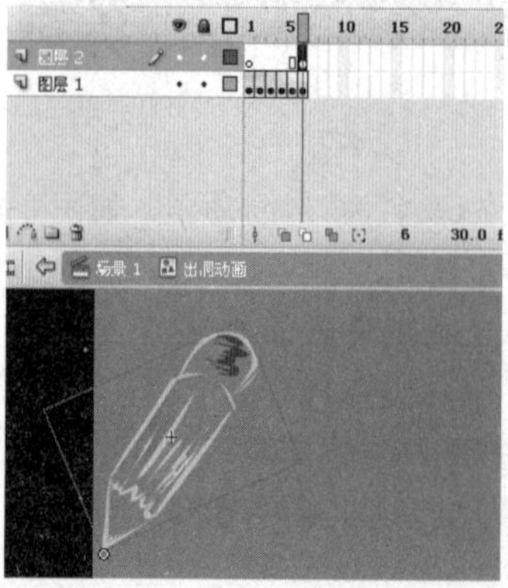

图 2-239

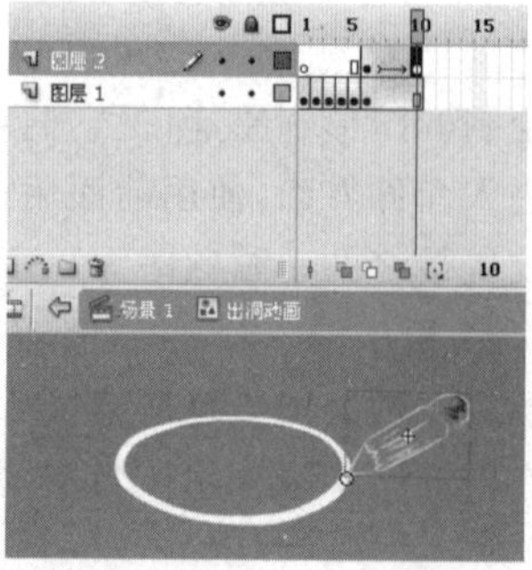

图 2-240

在两个图层的第 11 帧处分别创建一个关键帧，并把“图层 2”上的铅笔剪切到“图层 1”处，如图 2-241 所示。

继续做擦除动画，当擦除至第 15 帧的时候，效果如图 2-242 所示。

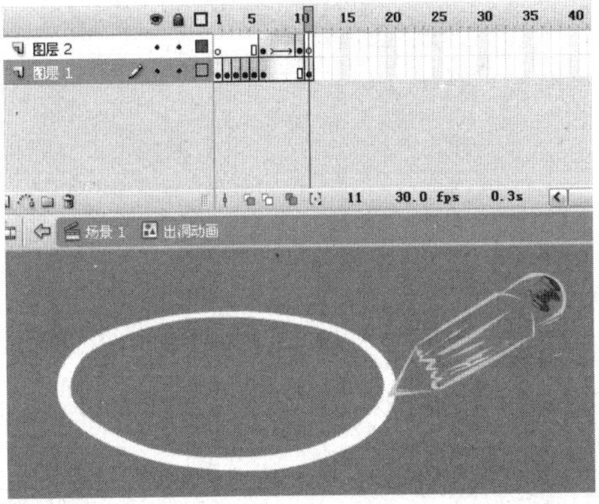

图 2-241

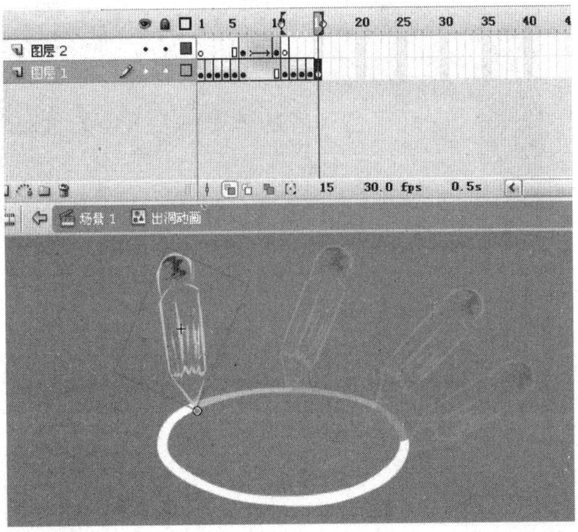

图 2-242

擦除到第 19 帧的时候即全部擦完了，其效果如图 2-243 所示。

(2) 让铅笔离开页面，在“图层 2”的“时间轴”上第 20 帧和第 25 帧处分别创建一个关键帧，并做一段补间动画，把第 25 帧上的铅笔拖到页面框外，如图 2-244 所示。

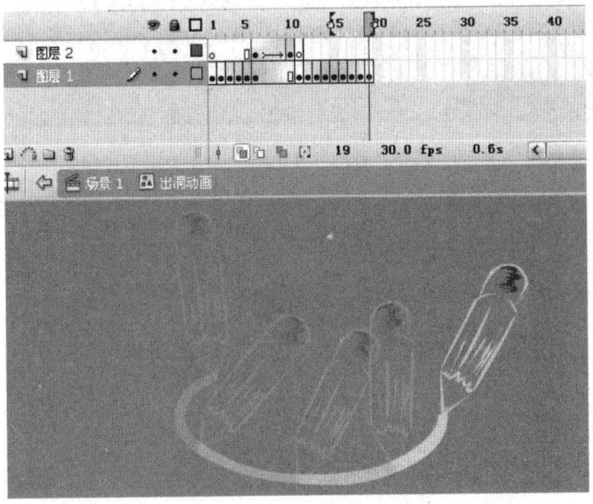

图 2-243

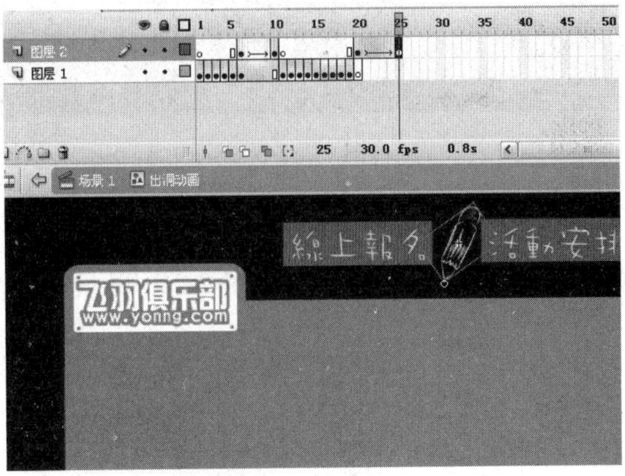

图 2-244

选中所有帧，单击鼠标右键执行“翻转帧”命令，翻转后效果如图 2-245 所示。

现在的图层帧是完全相反过来的，有些帧的播放顺序发生了错乱，所以这里还需对它再进行调整。

先选中“图层 1”的所有帧，把它整体延迟到第 7 帧处，并在“图层 2”的“时间轴”上第 7 帧和第 21 帧处分别创建一个空白关键帧，如图 2-246 所示。

在两个图层“时间轴”上拉伸一个 37 帧的普通帧长度，并在两个图层“时间轴”的第 30 帧处分别创建一个关键帧，把“图层 1”上的铅笔剪切到“图层 2”的第 30 帧上，如图 2-247 所示。

在“图层 2”的“时间轴”上第 35 帧处创建一个关键帧，给它添加一段“缓动”值为－100 的补间动画后再把第 35 帧上的铅笔移到页面框外，如图 2-248 所示。

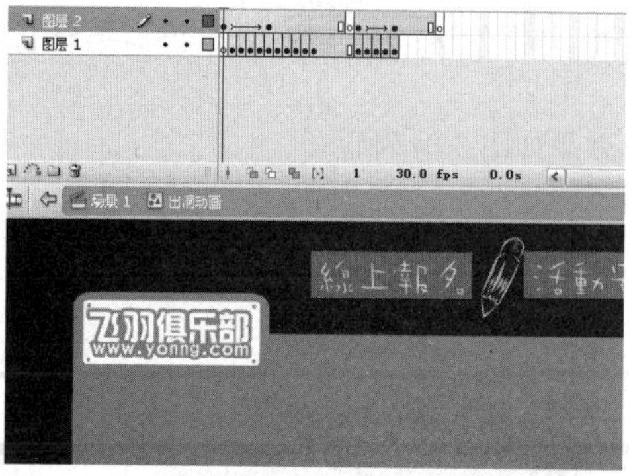

图　2-245

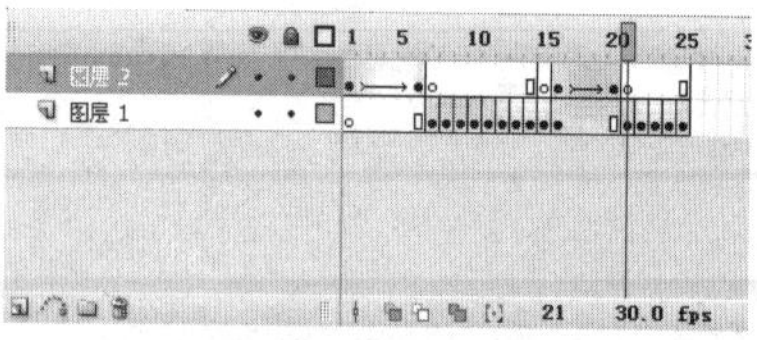

图　2-246

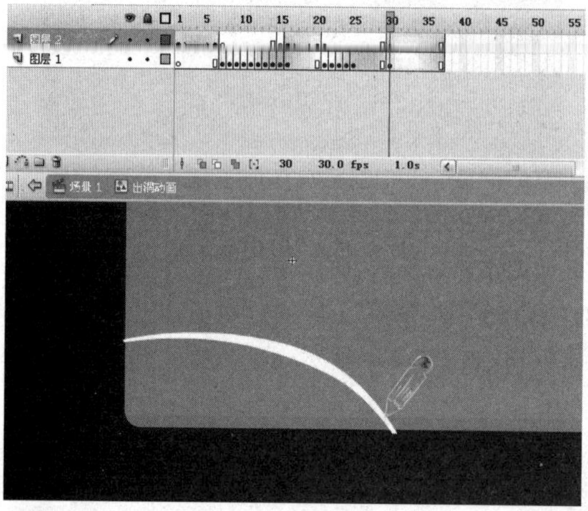

图　2-247

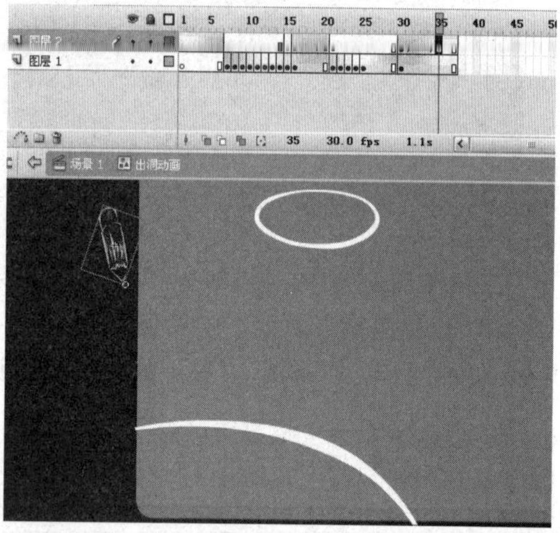

图　2-248

(3) 双击返回主场景页面，在 bihui 图层“时间轴”上第 120 帧创建一个关键帧，打散实例并删除已经移出页面的铅笔，如图 2-249 所示。

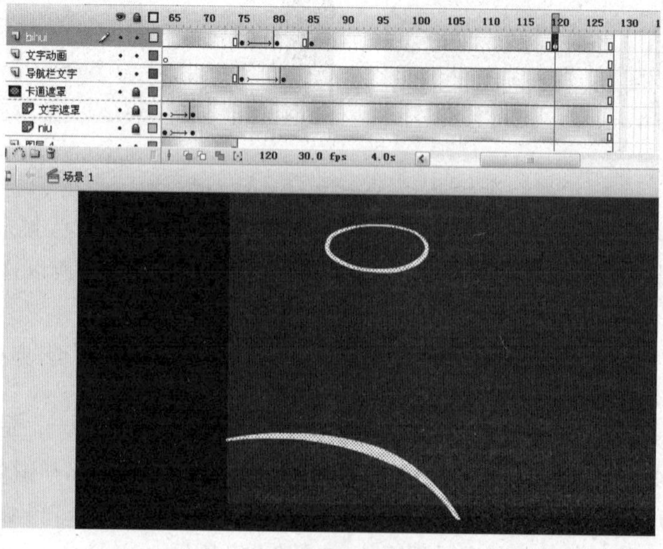

图　2-249

先在 niu 图层、“文字遮罩”图层和“卡通遮罩”图层“时间轴”的第 69 帧和第 121 帧处分别创建一个关键帧，把第 69 帧上的 3 个对象删除，再把第 121 帧上的文字对象剪切到 niu 图层的第 121 帧上，最后把“卡通遮罩”图层的第 121 帧上遮罩图形删除，如图 2-250 所示。

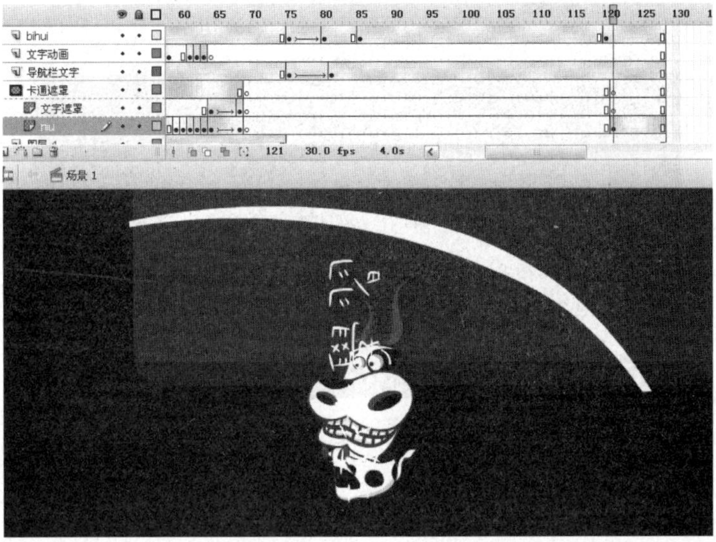

图 2-250

把两个对象转换成一个图形元件，调整大小后拖放到刚才绘制的椭圆正上方，如图 2-251 所示。

双击进入元件界面，给卡通牛添加两只后腿，如图 2-252 所示。

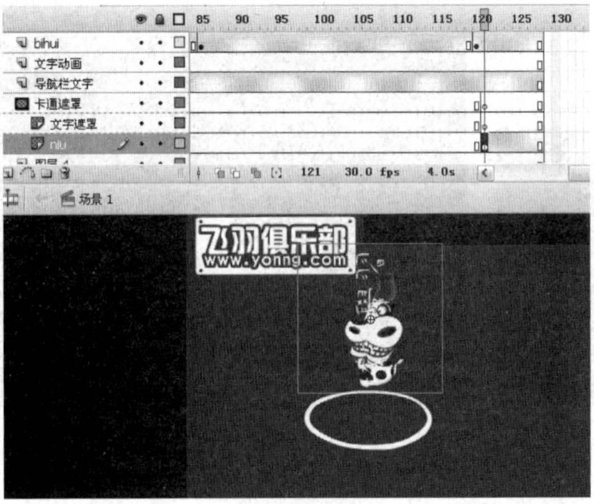

图 2-251

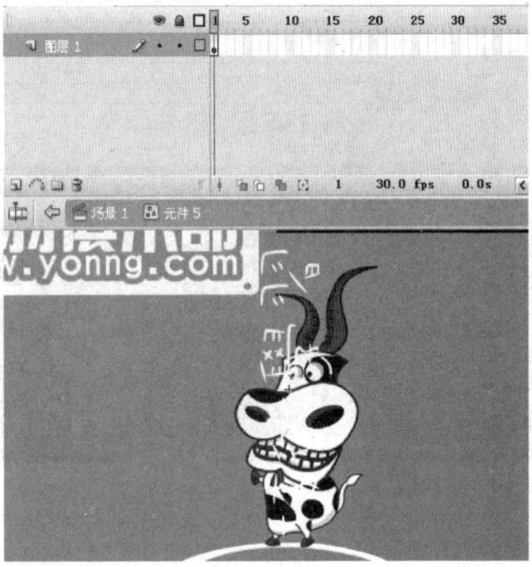

图 2-252

双击返回主场景，把实例中心点移至底部，在“时间轴”第 126 帧处创建一个关键帧，给它添加一个补间动画，并把第 126 帧上的卡通牛垂直移至底部弧线段上，如图 2-253 所示。

在第 127 帧处把实例打散，并把文字剪切到“文字遮罩”图层的“时间轴”上第 127 帧处，如图 2-254 所示。

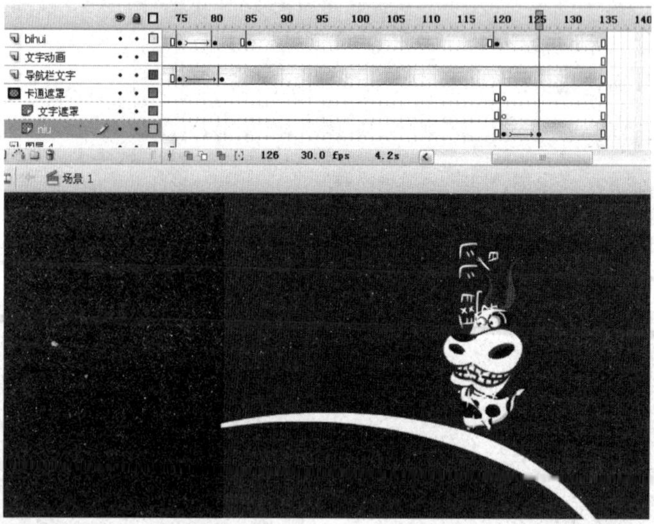

图 2-253

步骤 4 制作反弹动态效果

(1) 做一段物体下落后的反弹动画效果。在这一帧上把文字稍微翻转下落，将卡通牛沿着底部中心点挤压，并调整身体各个部分的动态姿势，如图 2-255 所示。

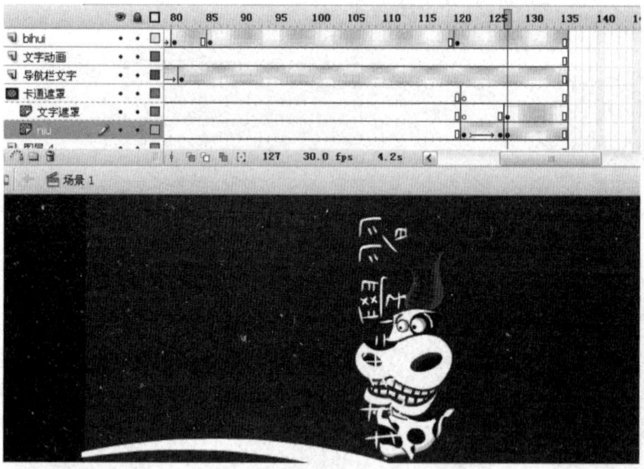

图 2-254

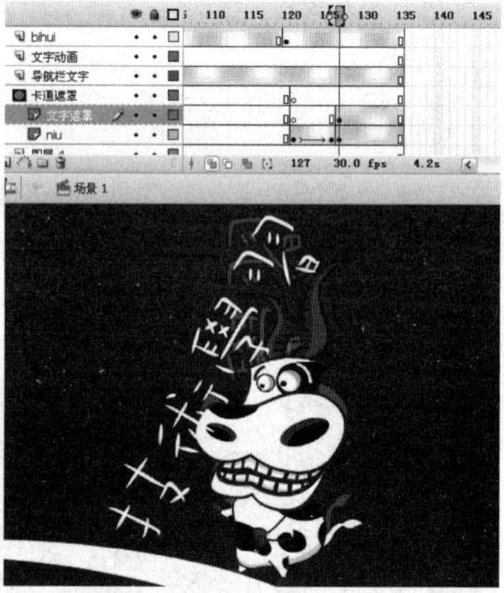

图 2-255

同时在第 128 帧处创建一个关键帧，分别对两个对象进行微调，并把“牛”向上拉伸一些，如图 2-256 所示。

此时，“牛”的眼珠开始往中间移动，身体重心下垂，右腿向下伸直。

在第 129 帧上继续调整，文字逐渐掉落至地面，如图 2-257 所示。

(2) 把 niu 图层的“时间轴”上第 129 帧的“牛”转换成影片剪辑元件，取名为“回首页”。“文字遮罩”图层的第 129 帧上的文字则继续翻转下落，如图 2-258 所示。

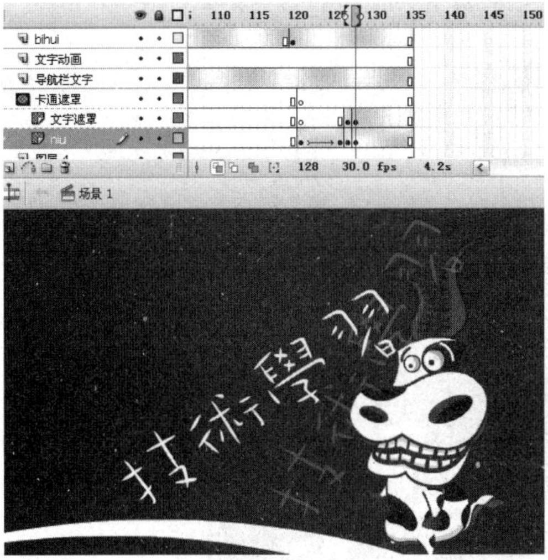

图　2-256

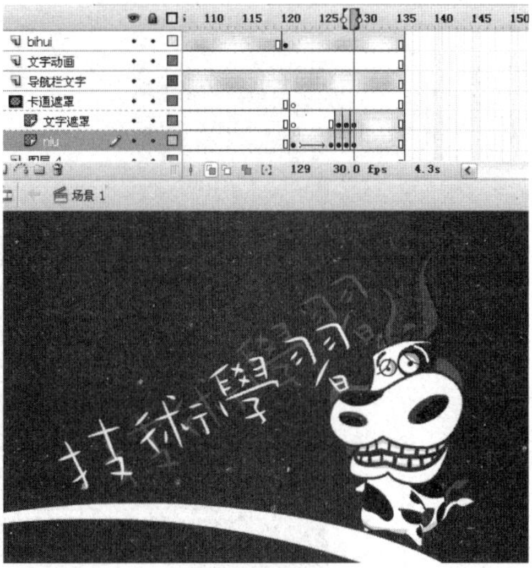

图　2-257

图　2-258

分别在“文字遮罩”图层的第 130 帧、131 帧、132 帧、133 帧、134 帧、135 帧处创建一个关键帧，让文字下落至地面，如图 2-259 所示。

步骤 5　制作跳转回首页按钮

(1) 制作 jishuxuexi. swf 子页面中返回网站首页的跳转按钮，这个按钮是以卡通牛不同的动态来表现按钮的响应状态。

回到 niu 图层“时间轴”的第 129 帧处，双击进入新建元件界面；保持第 1 帧不变，在第 2 帧处创建一个关键帧，并调整“牛”动态，如图 2-260 所示。

第 3 帧上的动态如图 2-261 所示。

图 2-259

图 2-260

图 2-261

第 4 帧上的动态如图 2-262 所示。

全选时间轴上的 4 帧关键帧,单击鼠标右键执行"复制帧"命令,把它粘贴到第 5 帧和第 8 帧处,再执行"翻转帧"命令,如图 2-263 所示。

(2) 新建一层,在舞台上绘制一个完全盖过卡通牛的矩形框,并把它转换成一个按钮,取名为"回首页按钮",如图 2-264 所示。

图　2-262

图　2-263

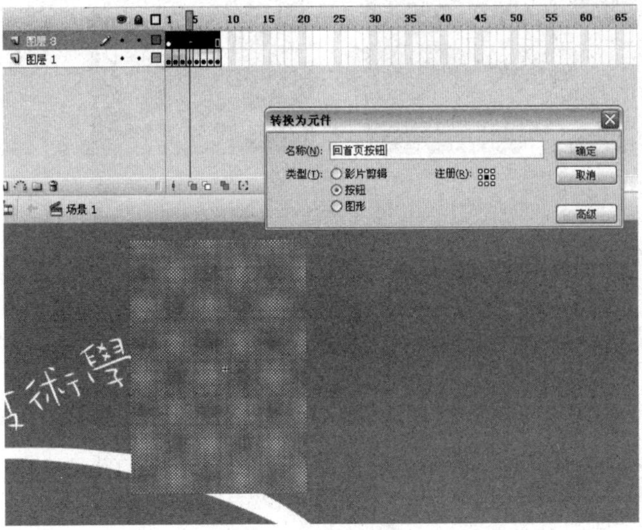

图　2-264

双击进入按钮元件界面，把前 3 个响应状态删除，只保留“点击”状态帧，如图 2-265 所示。

返回上一层元件界面，看到刚才的按钮呈蓝色，其原因前面已介绍过。

接着在蓝色按钮框中右击，打开“动作”面板，输入如下代码。

```
on (rollOver) {
    gotoAndPlay(2);
}
on (releaseOutside, rollOut) {
    gotoAndPlay(5);
}
on (release) {
```

```
    loadMovieNum("index.swf", 0);
    _level1._alpha = 0 ;
}
```

代码的意思是：当鼠标指向按钮时则跳转至第 2 帧开始播放动画；鼠标离开按钮时则跳转到第 5 帧开始播放动画；单击按钮时则加载 index.swf 的动画文件至第一层，同时设置原文件不可见。

(3) 在代码图层上新建一层；在舞台上绘制一个回首页的标识图形，如图 2-266 所示。

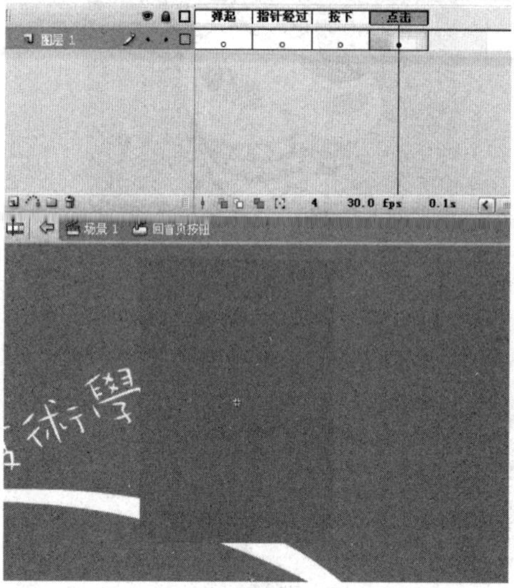

图 2-265

图 2-266

先把标识转换成一个图形元件，取名为"标识"，再把它的中心点拉到箭头顶点处，如图 2-267 所示。

在其"时间轴"的第 4 帧和第 8 帧处分别创建一个关键帧，并添加两段补间动画，如图 2-268 所示。

在第 1 帧处把标识缩小并设置其 Alpha 值为 0%，"缓动"值为 100，如图 2-269 所示。

图 2-267

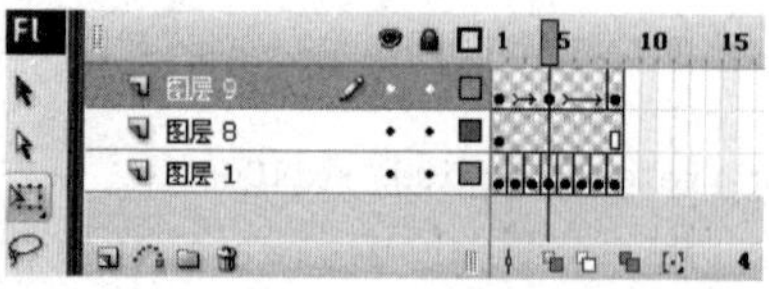

图 2-268

在第 4 帧关键帧处设置其“缓动”值为－100，把第 8 帧上的标识删除，再把第 1 帧的标识复制后粘贴过来，如图 2-270 所示。

图 2-269

图 2-270

新建一层，分别在其“时间轴”的第 1 帧和第 4 帧处输入停止代码：

```
stop();
```

至此，这一页面上的返回首页跳转按钮就制作完成了。

步骤 6 制作文字显示动画

(1) 双击返回主场景页面，在“文字动画”图层上新建一层，取名为 txt；并在其“时间轴”第 110 帧处绘制一个边角半径为 5、大小为 3 的矩形，如图 2-271 所示。

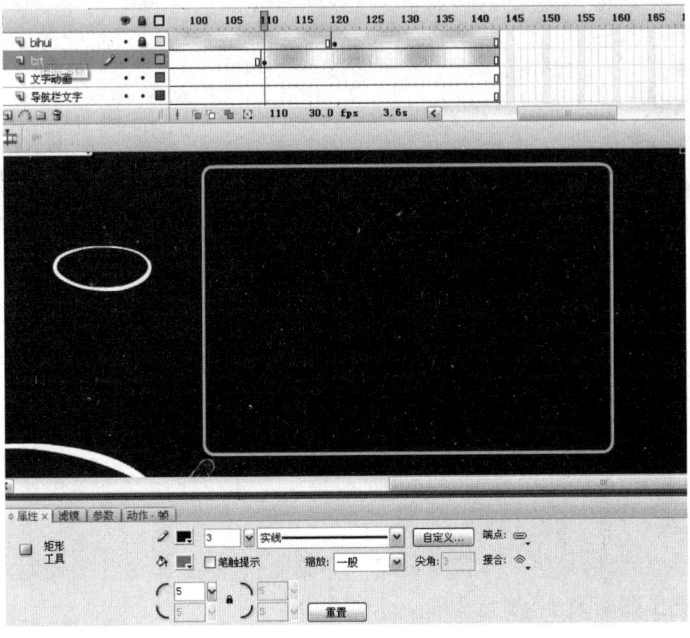
图 2-271

接着沿矩形两边的边角半径绘制一个高光，设置其为白色的透明渐变类型，如图 2-272 所示。

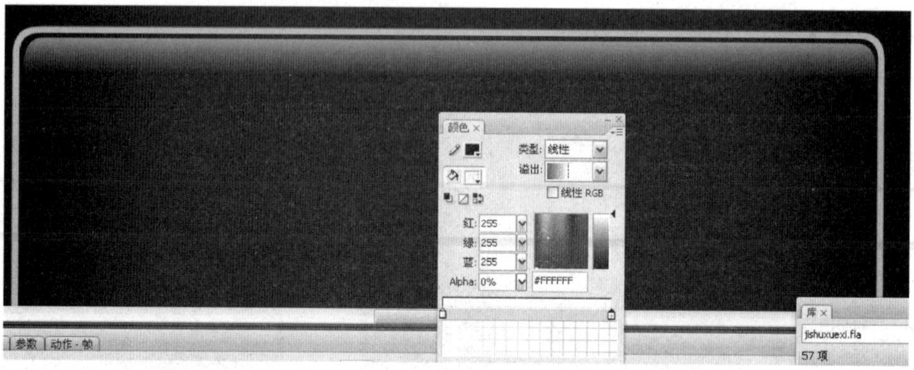

图 2-272

把它转换成一个图形元件，并取名为“页面框”。

(2) 在其“时间轴”的第 115 帧处创建一个关键帧，给它添加一段“缓动”值为 100 的补间动画；在第 110 帧处把文字框沿中心点缩小，设置 Alpha 值为 0%，如图 2-273 所示。

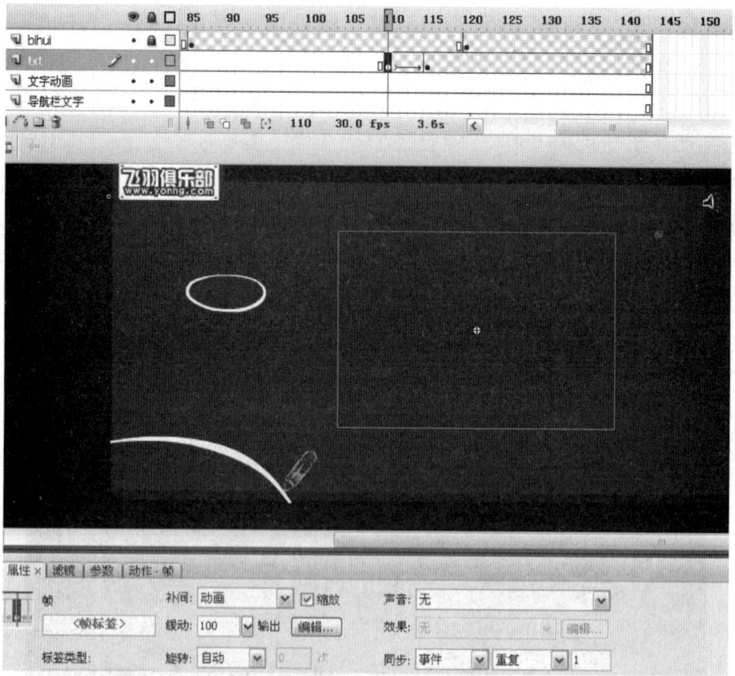

图 2-273

新建一层，取名为“分隔线”，在其“时间轴”的第 115 帧处创建一个关键帧，并在文字框内绘制 3 段虚线(分隔线)，如图 2-274 所示。

再把它们转换成元件，在第 119 帧处创建一个关键帧，给它添加补间动画，并把第 115 帧上的分隔线沿中心点压缩到最小，如图 2-275 所示。

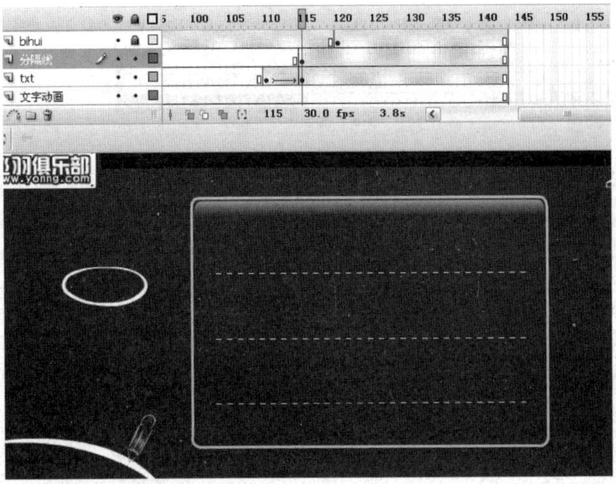

图　2-274

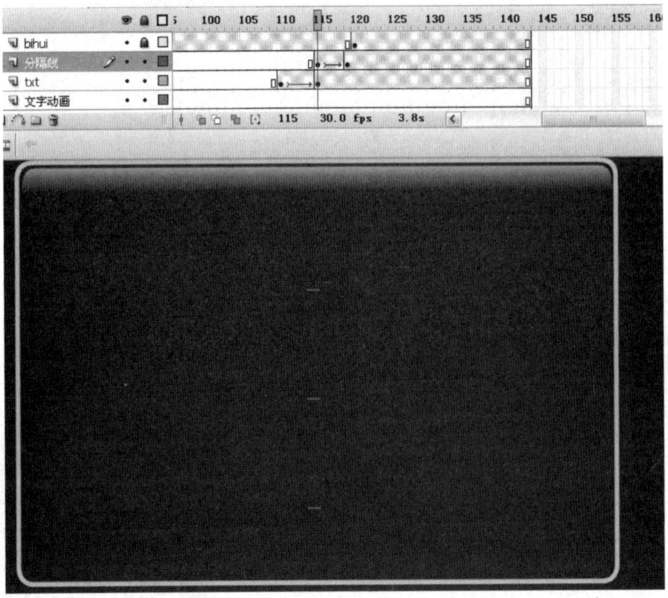

图　2-275

(3) 在“文字动画”图层“时间轴”的第 119 帧处创建一个关键帧，沿分隔线的位置在文字框内拉出 3 个动态文本框，并设置其“变量”名称依次为 txt0、txt1、txt2，如图 2-276 所示。

打开一份系统记事本，输入子页面的文字内容，并在每段文字内容前面加上 &txt0、1、2 分别等于什么，如图 2-277 所示。

将记事本保存到和网页文件同一个文件夹内，并取名为 jishuxuexi。

步骤 7　制作子页面天气显示动画

(1) 制作这个子页面的天气显示动画。这个子页面上设置的是下雪动画。由于首页上显示的是太阳，首页与每个子页面之间必须是无缝跳转方式才能达到完整的效果，所以在每个子页面的第 1 帧上将是太阳落下与新天气动画显示的轮换。

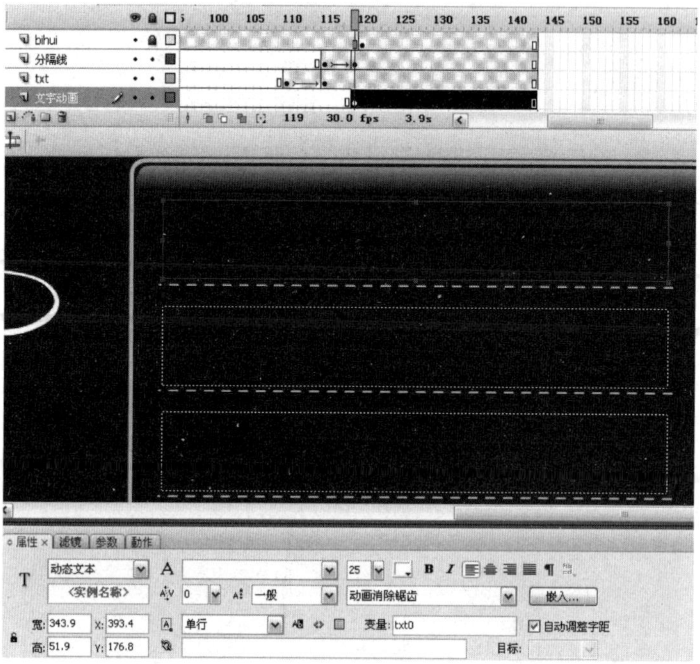

图　2-276

在 bihui 图层上新建一层，取名为“天气动画”，并把首页上的太阳动画复制后粘贴到第 1 帧相同位置，如图 2-278 所示。

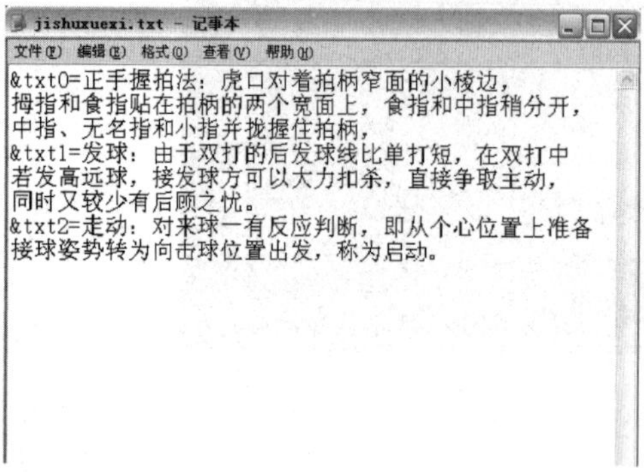

图　2-277

图　2-278

在第 5 帧上创建一个关键帧，给它添加一个补间动画，让太阳“下落”到 Logo 里，如图 2-279 所示。

(2) 在第 7 帧处创建一个空白关键帧，导入“云. png”素材到太阳升起的位置，并把它转换成一个影片剪辑元件，如图 2-280 所示。

在第 11 帧上创建一个关键帧，给它添加补间动画，并把第 7 帧上的云垂直移到 Logo 处，再分别设置第 1 帧和第 7 帧的关键帧的“缓动”属性值为 100 和－100，如图 2-281 所示。

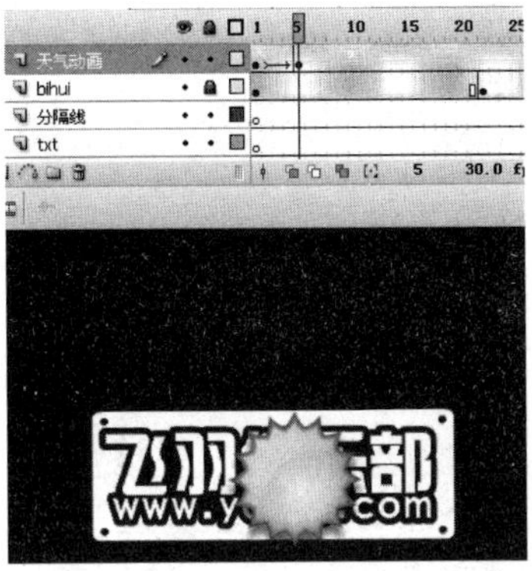

图　2-279

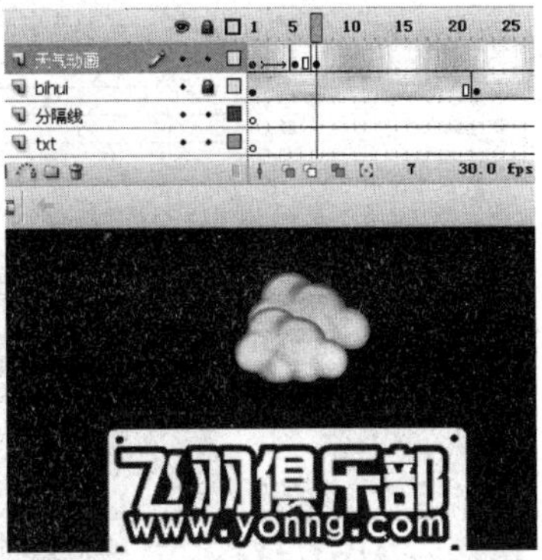

图　2-280

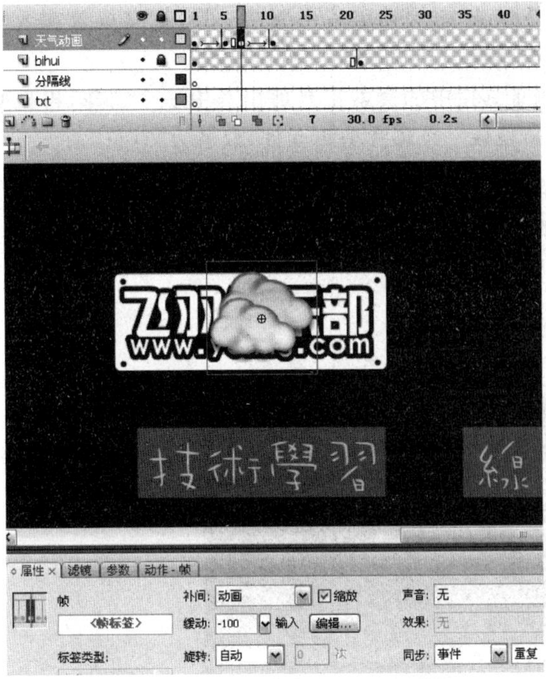

图　2-281

(3) 新建一个图层，取名为“天气遮罩”，把首页上绘制过的遮罩图形复制过来，并设置其图层属性为“遮罩层”，如图 2-282 所示。

步骤 8　制作雪花动画

(1) 制作天气动画中的下雪效果，并且让雪花下落至 Logo 处，所以这里就必须把天气图标置于遮罩层之上了。

在“天气遮罩”图层上新建一层，取名为“雪花”，接着同时在“雪花”图层和“天气动画”图层的第 12 帧上创建一个空白关键帧，并把第 11 帧上的云复制到“雪花”图层第 12 帧的相同位置，如图 2-283 所示。选中云，右击，再次把它转换成一个影片剪辑元件，取名为“下雪”。

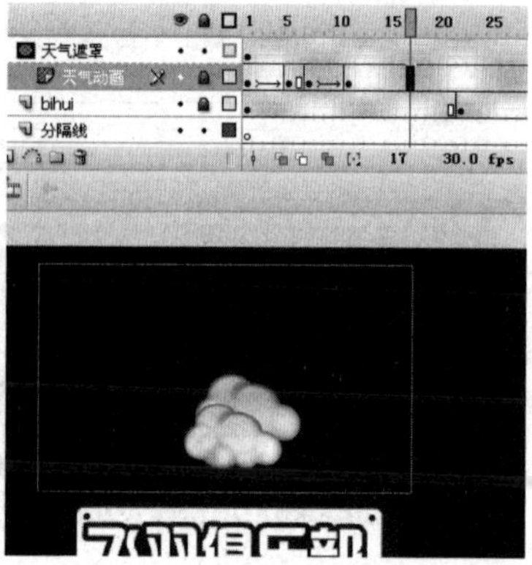

图　2-282

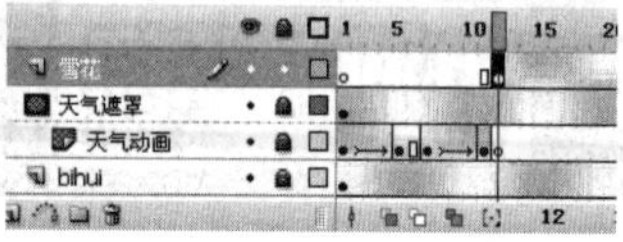

图　2-283

(2) 双击进入元件界面，把图层锁定后再新建一层，把它放置在云图层的底层，再导入“雪花.png”素材，如图 2-284 所示。

把雪花位图打散，用工具栏中的套索工具剪出其中一个雪花，再把其余的删除，如图 2-285 所示。接着把这个雪花转换成一个影片剪辑元件，取名为“雪花”。

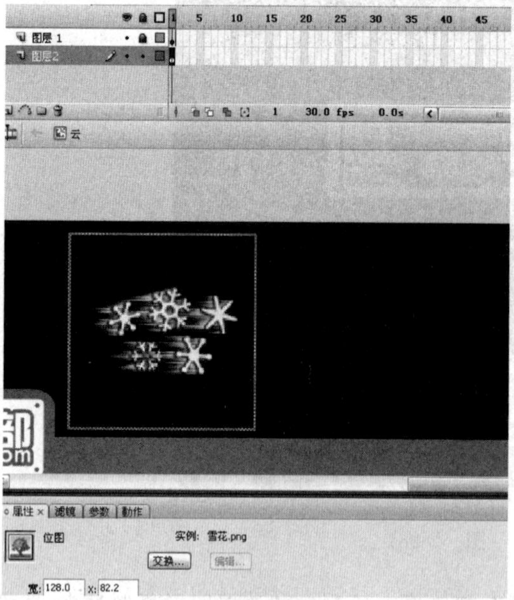

图　2-284

图　2-285

(3) 双击进入元件界面，再次把雪花转换成一个影片剪辑元件，在“时间轴”上第 95 帧处创建一个关键帧，给它添加一个顺时针旋转的补间动画，如图 2-286 所示。

双击返回上一层元件界面，把雪花放置在云的底部，再一次把它转换成一个图形元件，并取名为“雪下落”，如图 2-287 所示。

双击进入新元件界面，在“时间轴”的第 55 帧处创建一个关键帧，给它添加一个下落的补间动画，如图 2-288 所示。

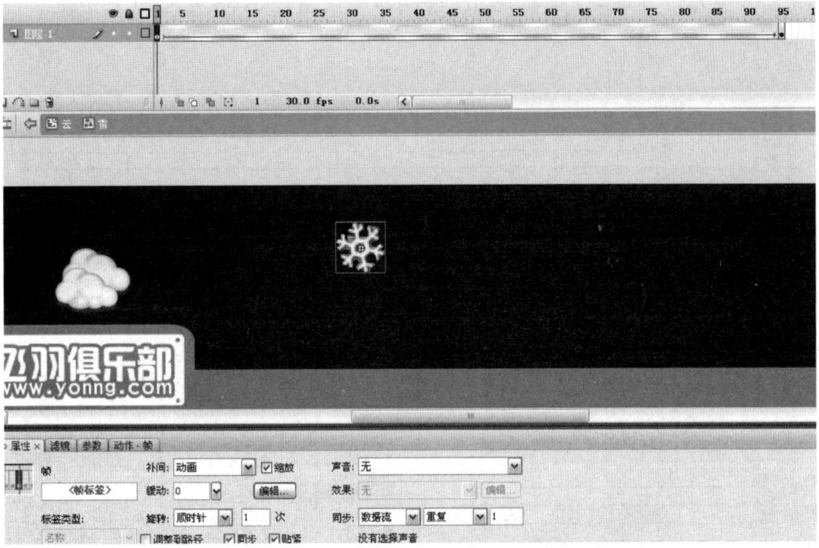

图　2-286

图　2-287

图　2-288

在第 45 帧处创建一个关键帧，并在第 55 帧处设置雪花为透明不可见，如图 2-289 所示。

图　2-289

(4) 返回上一层元件界面，分别新建 3 个图层，并设置所有图层延伸 100 帧的普通帧长度，如图 2-290 所示。

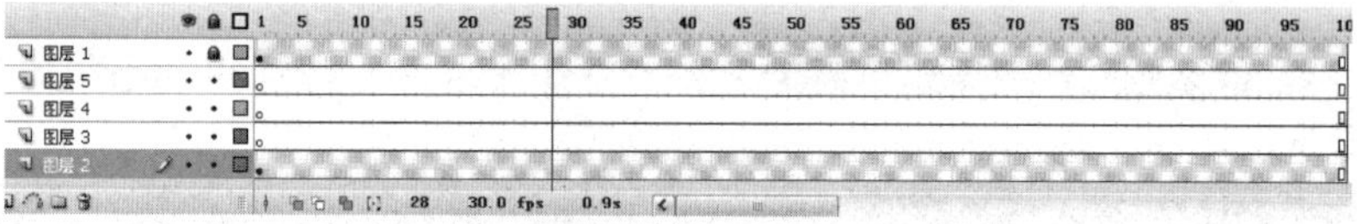

图 2-290

复制“图层 2”上的雪花下落实例，粘贴到“图层 3”的第 15 帧处，并参照“图层 2”的雪花，调整其不同的大小和相对位置，如图 2-291 所示。

在“图层 4”的第 32 帧处粘贴雪花实例，调整其大小和相对位置，如图 2-292 所示。

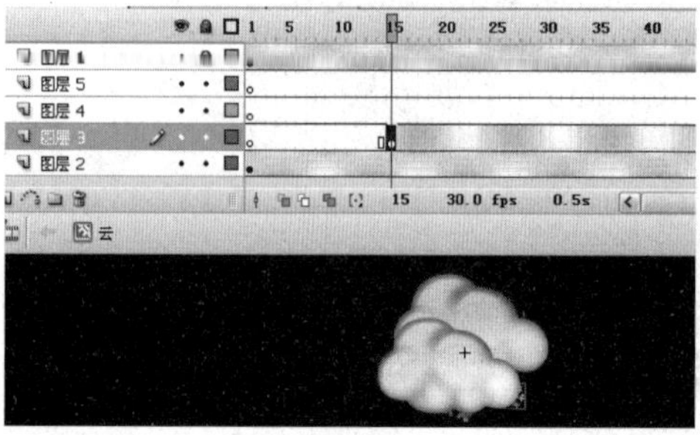

图 2-291

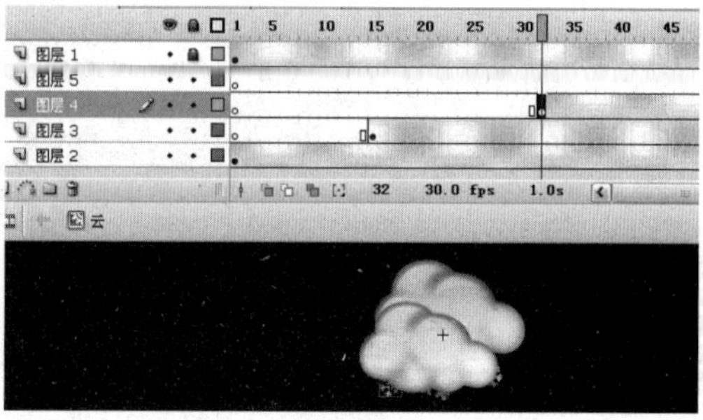

图 2-292

在“图层 5”的第 46 帧粘贴雪花实例，并调整其大小和相对位置，如图 2-293 所示。

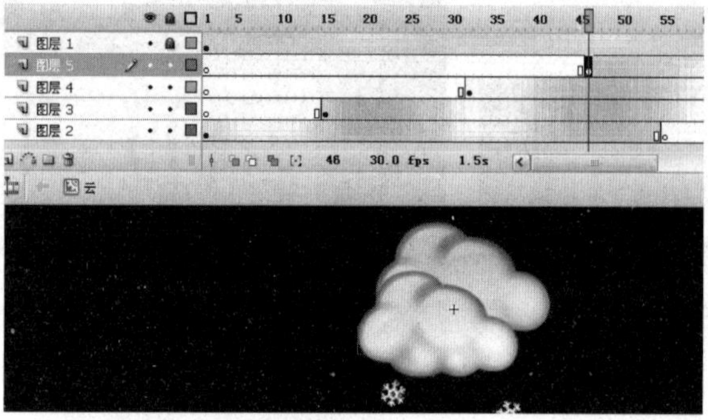

图 2-293

(5) 最后分别在“图层 2”的第 55 帧、“图层 3”的第 69 帧、“图层 4”的第 86 帧处创建一个空白关键帧。让每个图层的雪花播放一次以后就停止，直至下一轮的重复动画播放，这样做的目的是：确保在最终输出时，不出现雪花动画时间因不吻合雪花飘在半空而突然消失的现象。其效果如图 2-294 所示。

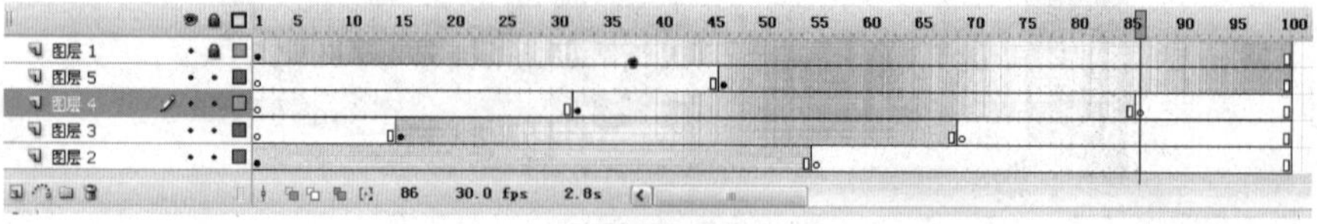

图 2-294

步骤 9　制作页面的子动画及其他

(1) 双击返回主场景，新建一个图层，取名为“子动画”；把首页上的骑摩托车动画导入进来，并调整第二种动态，如图 2-295 所示。

把它调整好大小并放置在文档框左侧，双击进入元件界面，再次把它转换成一个图形元件；接着在“时间轴”的第 35 帧上创建一个关键帧，给它添加补间动画，并把第 35 帧上的摩托车向右平移到文档框的右侧，如图 2-296 所示。

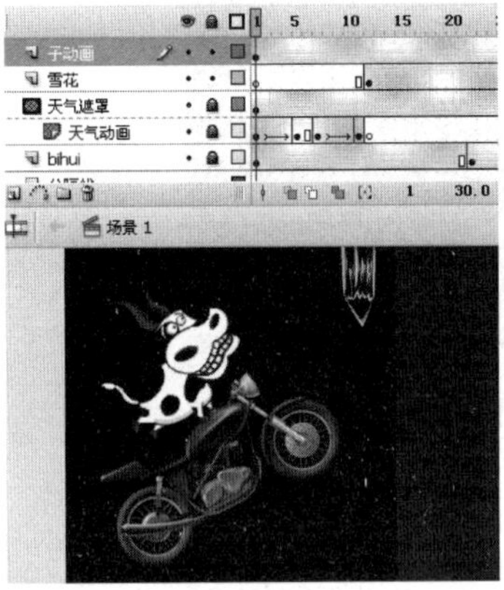

图　2-295

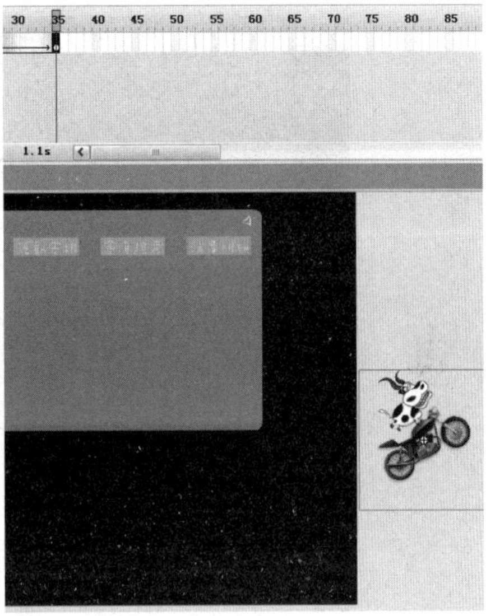

图　2-296

在“时间轴”上延伸 240 个普通帧长度，让摩托车每隔 240÷30＝8s 行驶一次；新建一层，把首页中使用过的“摩托车音效”音频素材导入进来，并设置从左到右淡出，如图 2-297 所示。

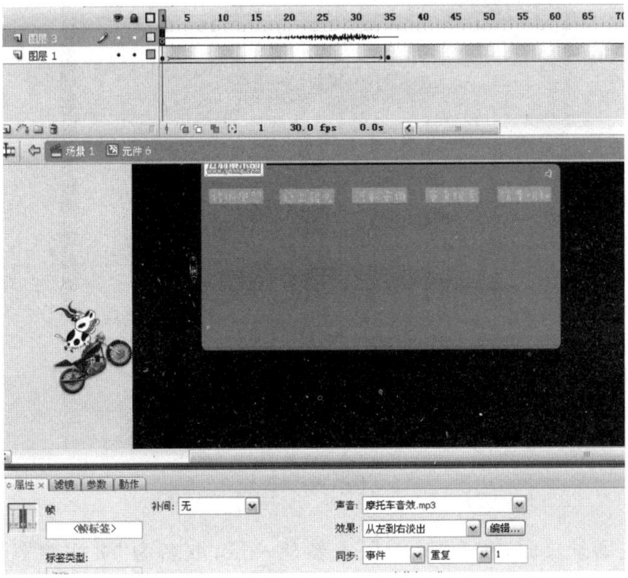

图　2-297

双击返回主场景，在主场景“时间轴”上把摩托车动画拖至第 55 帧处。

(2) 在 niu 图层“时间轴”的第 129 帧处，双击进入跳转首页元件界面；在回首页的蓝色按钮中设置“指针经过”帧上导入“回首页音. mp3”音频素材，如图 2-298 所示。

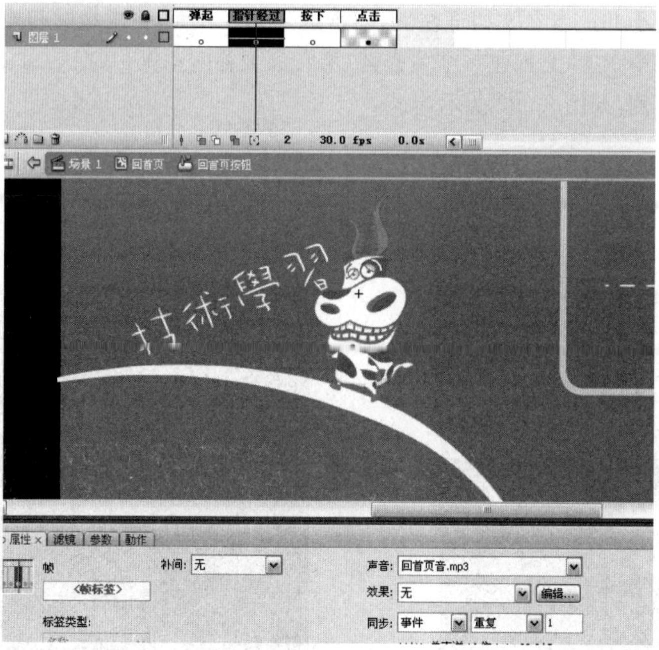

图 2-298

单击音频属性面板的“编辑”按钮，在弹出的对话框中把左右声道的音量调小，并设置为“事件”音，如图 2-299 所示。

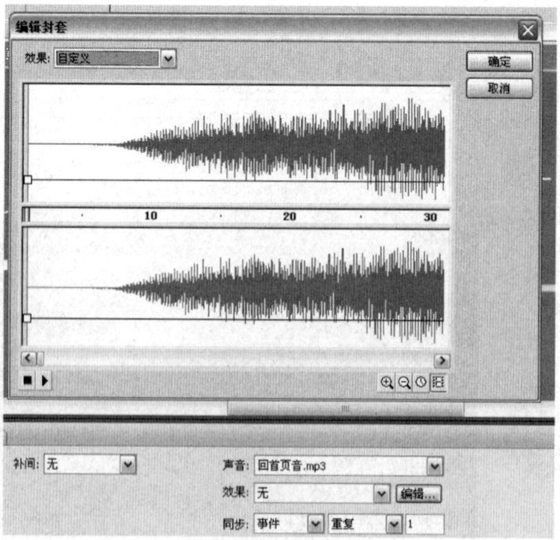

图 2-299

(3) 双击返回主场景页面，在 bihui 图层上新建一层，取名为“页面遮罩”；并把首页上的遮罩图形复制后粘贴过来，如图 2-300 所示。

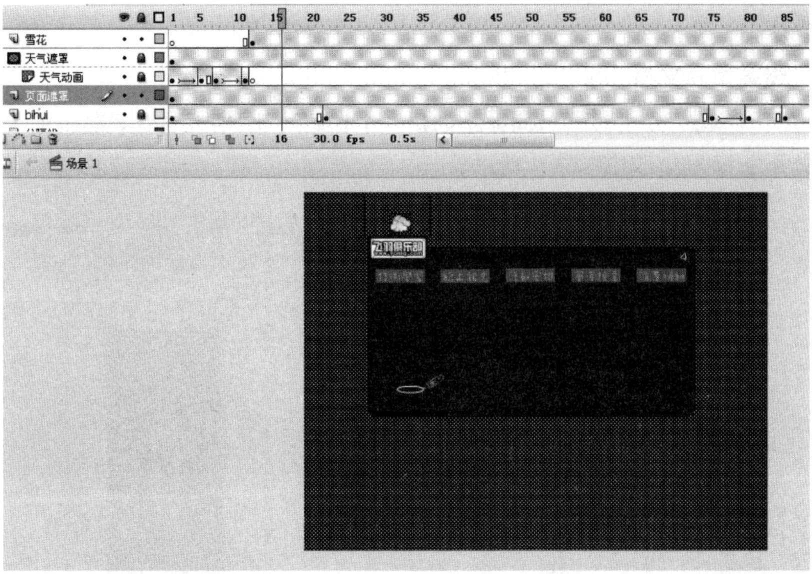

图　2-300

(4) 在“子动画”图层上新建一层，取名为 as，在其“时间轴”的第 119 帧处创建一个关键帧，打开“动作”面板，输入如下帧代码。

```
System.useCodepage = true;
loadVariables("jishuxuexi.txt", _root);
```

在最后一帧处创建一个关键帧，输入代码：

```
stop();
```

至此，关于子页面 jishuxuexi.swf 的动画就制作完成了。

项目小结

这一页面中通过卡通标识的进洞和出洞完成了转场动画。在转场的同时必须注意页面上其他元素的镜头画面调整。例如这页面中的进出洞转场，当“牛”落入洞中的时候，从逻辑上讲，它应该是直接向下掉落，镜头画面应该是向下移的；所以在下落的同时页面上的导航栏按钮就必须向上移动；深蓝色的页面框在这个时候就起到动画镜头的作用了。

2.4　实例体验　第二个页面“线上报名”制作

项目背景

这个页面的动画是通过一个套索来实现转场的，其制作原理同 3.3 节一样；由于教材内容的定位，这里就没有介绍制作报名功能的方法。

项目任务

制作“线上报名”页面动画，学会如何利用 Flash 制作报名按钮等网页常用图形。

项目分析

网站的报名功能在很多地方均常见，在 Flash 网站中则可通过各种各样富有创意的形式表现出来，这里则介绍了其中较常用到的一种动画形式。

项目实施

步骤1　设置页面文档

制作第二个子页面“线上报名”，同样是创建一个相同尺寸、帧频和背景颜色的Flash CS3文件，存盘后取名为baomin，如图2-301所示。

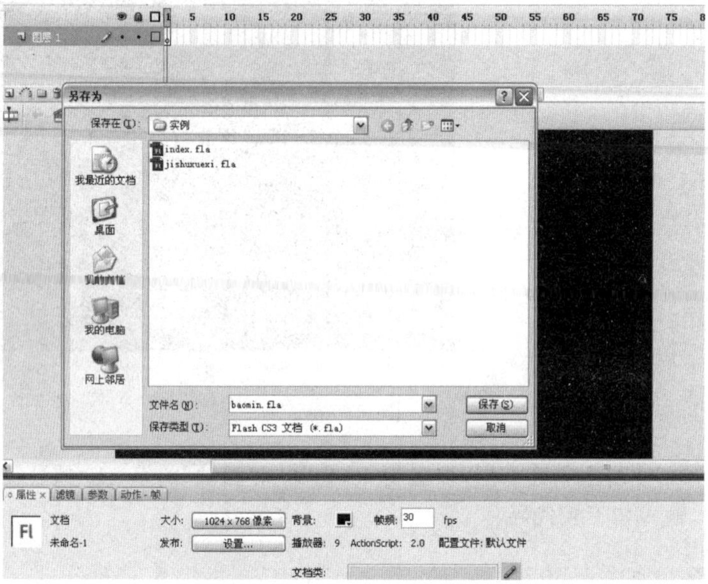

图　2-301

把刚才子页面上的页面框、Logo、喇叭和5个导航栏按钮均复制后粘贴过来，并把导航栏按钮放置在另一图层上，如图2-302所示。

步骤2　制作转场动画

(1) 新建一层，取名为bihui，并沿着“线上报名”导航栏文字画一个文字套索，把“铅笔”素材导入进来，再把它们转换成一个图形元件，如图2-303所示。

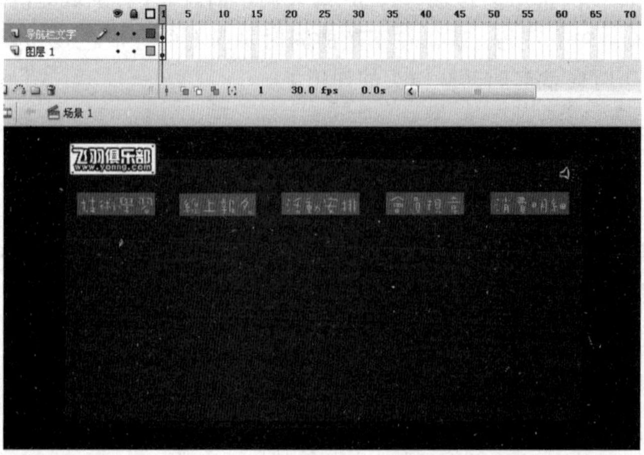

图　2-302

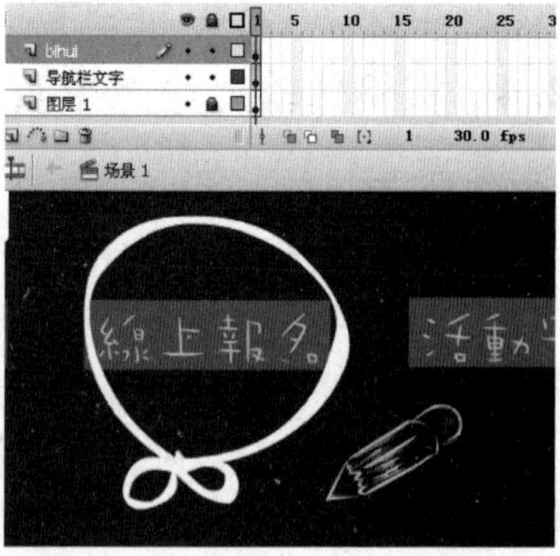

图　2-303

双击进入元件界面，这里预设铅笔呈一个8字形绘制出这个文字套索，其走势如图2-304所示。

把铅笔拖动到最后一笔节点处，沿着走势的相反方向擦除套索图形。

当铅笔擦除到第5帧时，右边的结已擦完了，如图2-305所示。

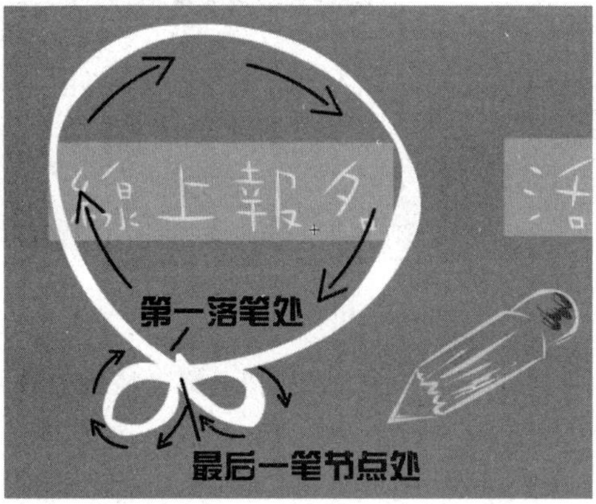

图　2-304

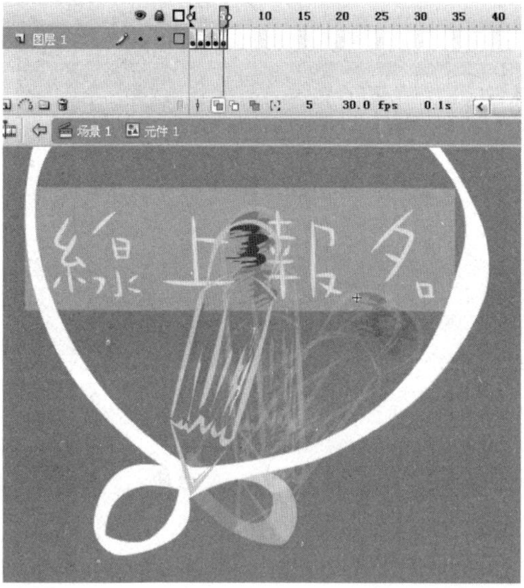

图　2-305

擦除到第10帧的时候把左边的结擦完，如图2-306所示。

擦除到第19帧的时候把套索部分擦完，如图2-307所示。

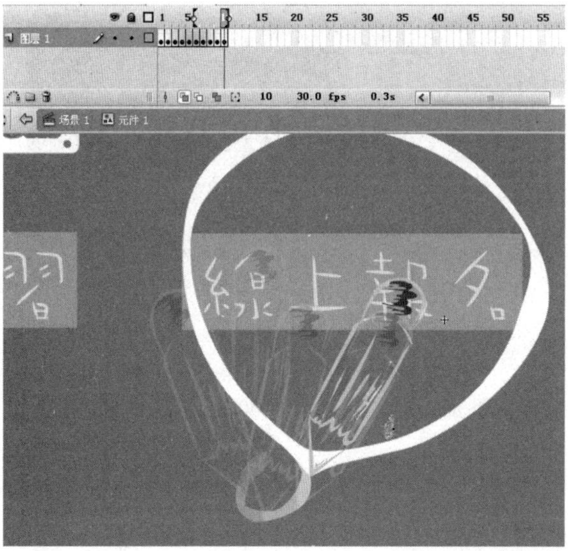

图　2-306

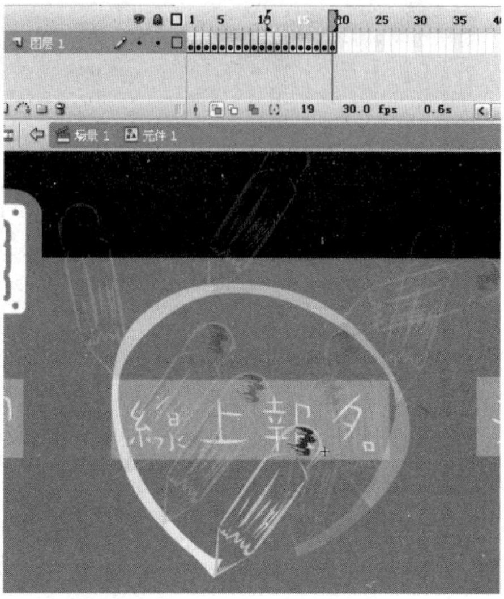

图　2-307

（2）在第25帧处创建一个普通帧，并在第20帧处创建一个关键帧；新建一层，把第20帧上的铅笔剪切到新图层的第20帧上，如图2-308所示。

在第25帧处创建一个关键帧，给它添加“缓动”值为－100的补间动画，并把第25帧上的铅笔移出页面框，如图2-309所示。

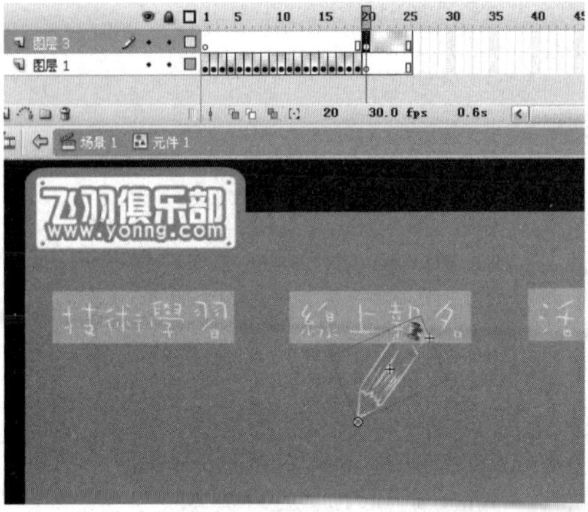

图 2-308

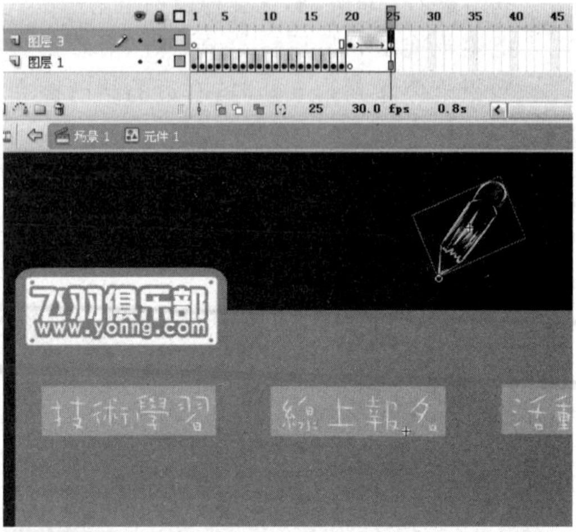

图 2-309

选中所有帧，单击鼠标右键执行“翻转帧”命令，并在“图层 3”的“时间轴”上第 7 帧处创建一个空白关键帧，如图 2-310 所示。

给两个图层均延伸 35 帧的长度，并分别在第 30 帧处创建一个关键帧，把“图层 1”上的铅笔剪切至“图层 3”的第 30 帧处，如图 2-311 所示。

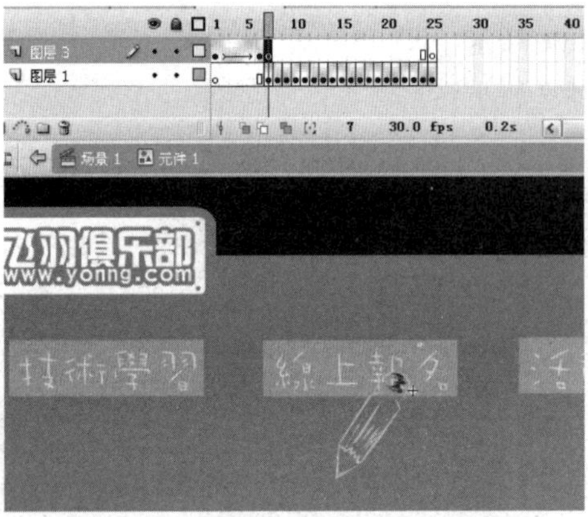

图 2-310

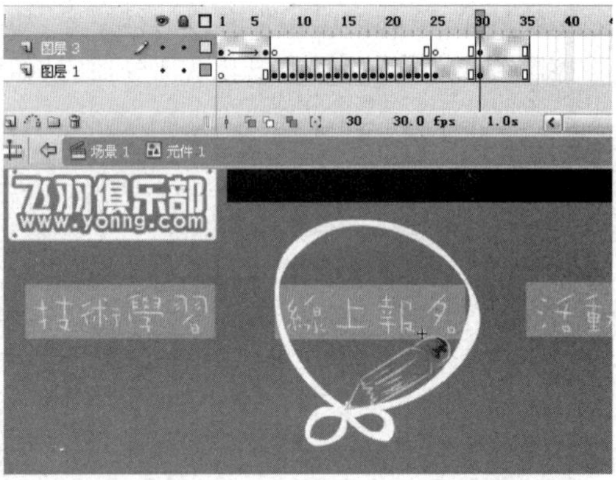

图 2-311

在“图层 3”的第 35 帧处创建一个关键帧，给它添加“缓动”值为－100 的补间动画，并把第 35 帧处的铅笔移出页面，如图 2-312 所示。

(3) 双击返回主场景，在 bihui 图层“时间轴”的第 35 帧处创建一个关键帧，把元件实例打散，删除移出页面外的铅笔，如图 2-313 所示。

新建一层，取名为 niu，在“时间轴”第 35 帧处创建一个关键帧，把首页中的“牛”跑步动画从库里拖出来放置在页面的右侧，如图 2-314 所示。

在第 90 帧处创建一个关键帧，给它添加一段补间动画，并把第 90 帧上的“牛”拖至套索处；在第 91 帧处创建一个关键帧，把实例打散，如图 2-315 所示。

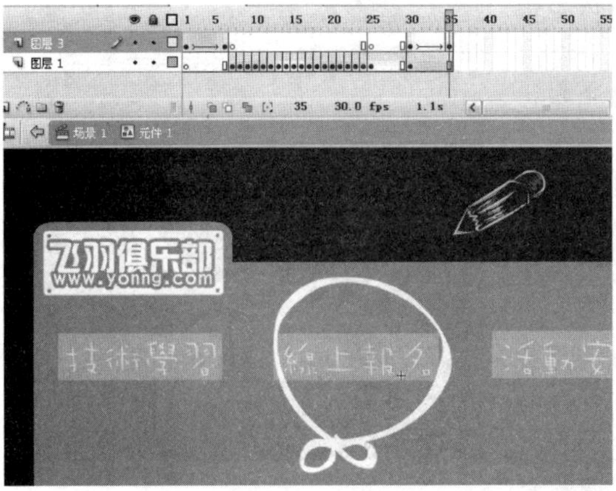

图　2-312

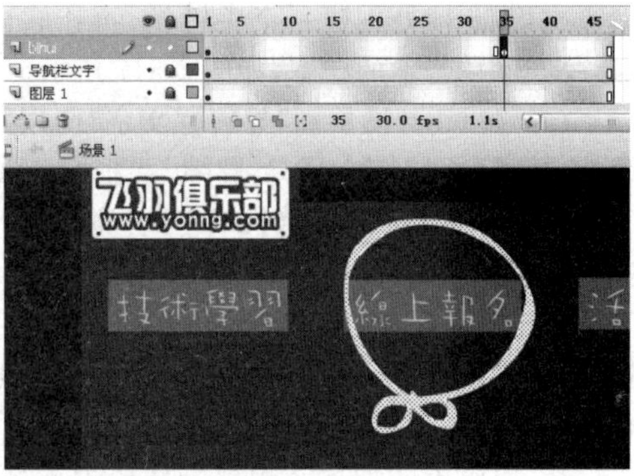

图　2-313

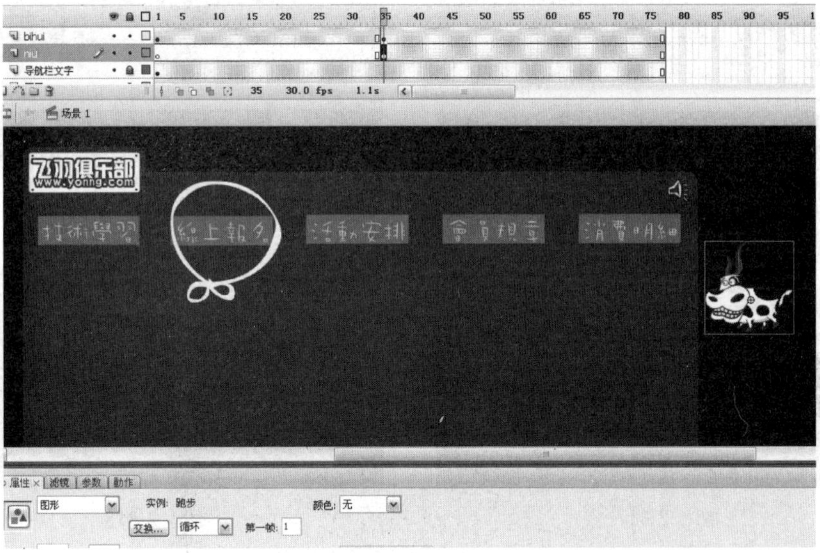

图　2-314

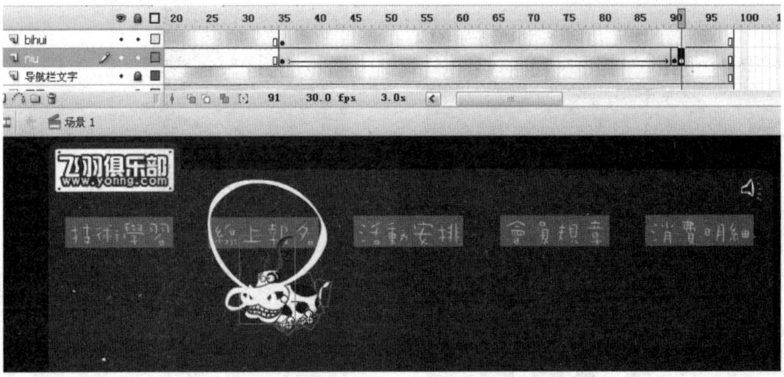

图　2-315

在第 93 帧处创建一个关键帧，调整“牛”的状态稍微向上立起，如图 2-316 所示。

在第 95 帧处创建一个关键帧，再让它向上立起一点，呈“咬”住套索的状态，如图 2-317 所示。

(4) 在 bihui 图层和“导航栏文字”图层“时间轴”的第 95 帧处分别创建一个关键帧，并把“线上报名”导航菜单和套索剪切后粘贴到 niu 图层的第 95 帧上，再转换成一个图形元件，如图 2-318 所示。

双击进入元件，新建一层，把套索和“线上报名”剪切到新图层上，并转换成一个图形元件，再把首页上的跑步动画帧复制过来，如图 2-319 所示。

在“图层 2”上每隔 2 帧就创建一个关键帧，调整套索里的文字随着跑步运动而变化，如图 2-320 所示。

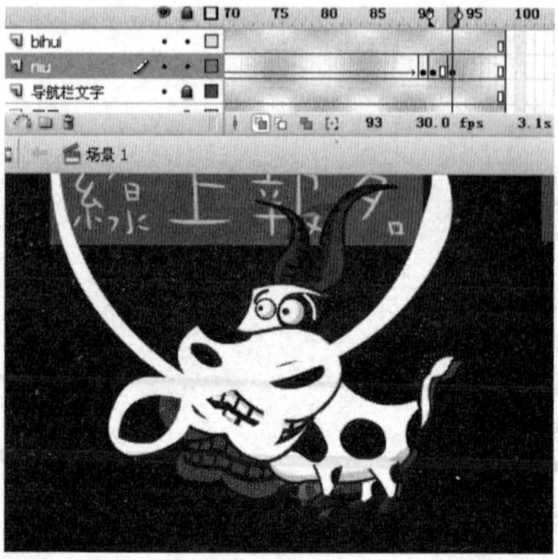

图　2-316

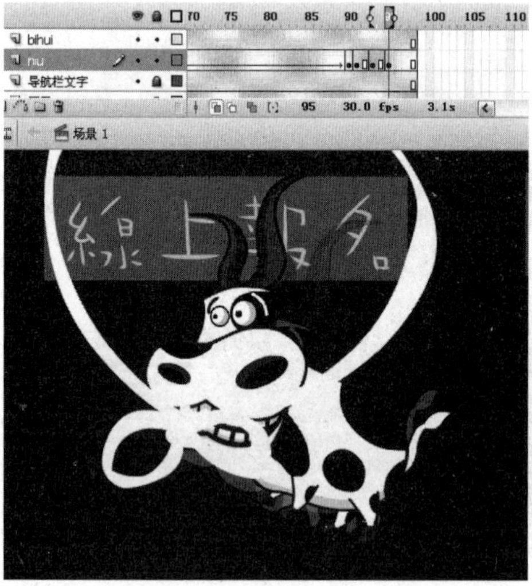

图　2-317

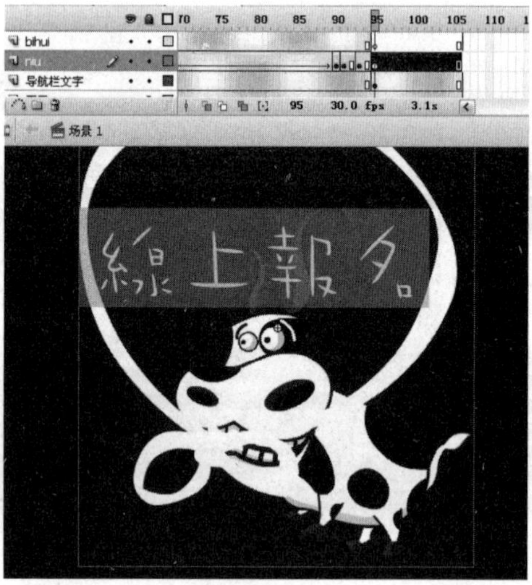

图　2-318

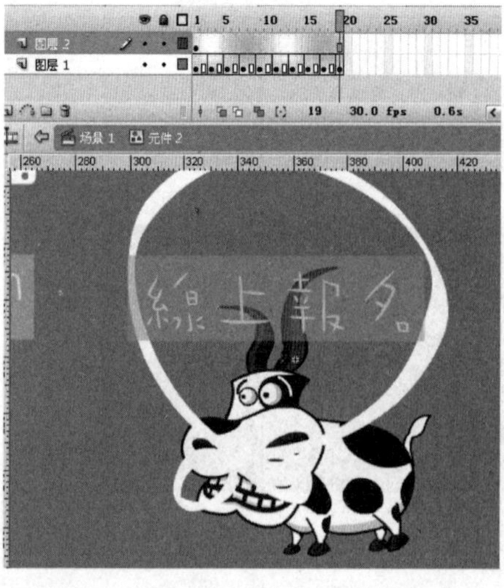

图　2-319

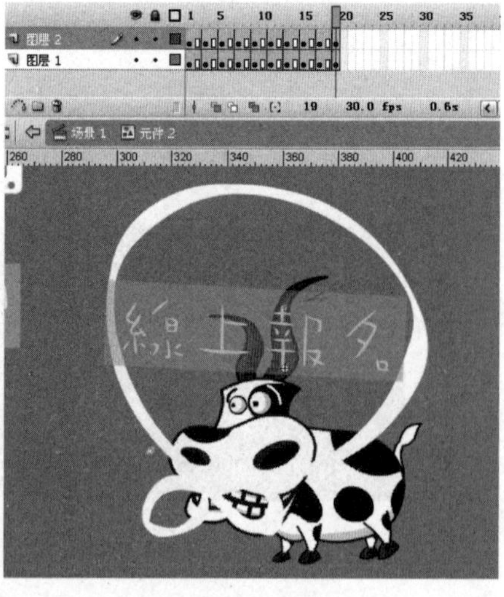

图　2-320

双击返回主场景页面，在 niu 图层“时间轴”的第 135 帧处创建一个关键帧，给它添加一个补间动画，并把“牛”向左平移出页面，如图 2-321 所示。

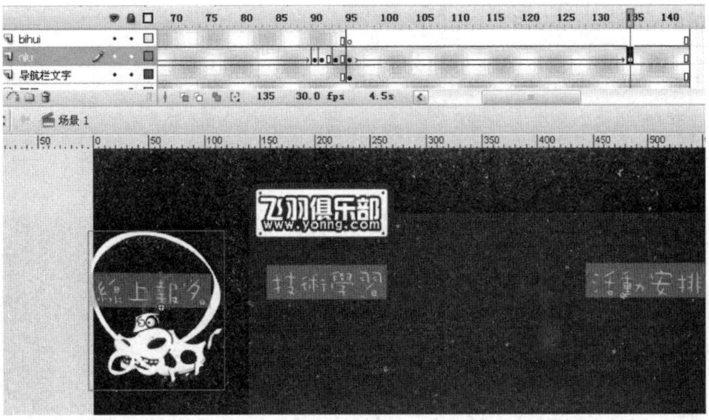

图　2-321

（5）在“导航栏文字”图层“时间轴”的第 135 帧处创建一个关键帧，把其他 4 个导航栏菜单转换成一个图形元件，如图 2-322 所示。

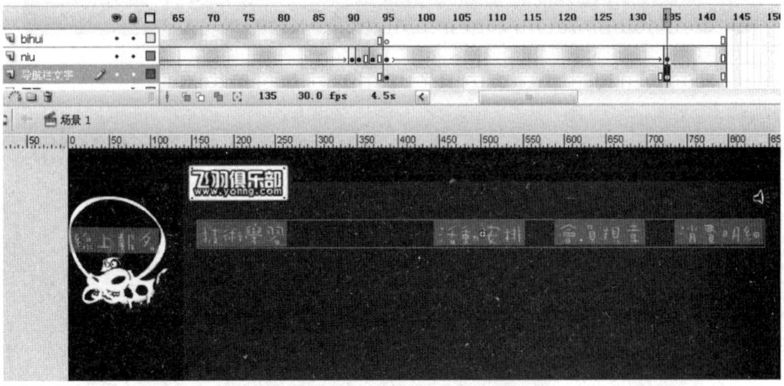

图　2-322

在第 141 帧处创建一个关键帧，给它添加“缓动”值为－100 的补间动画，并把 4 个导航栏按钮向右平移出页面，如图 2-323 所示。

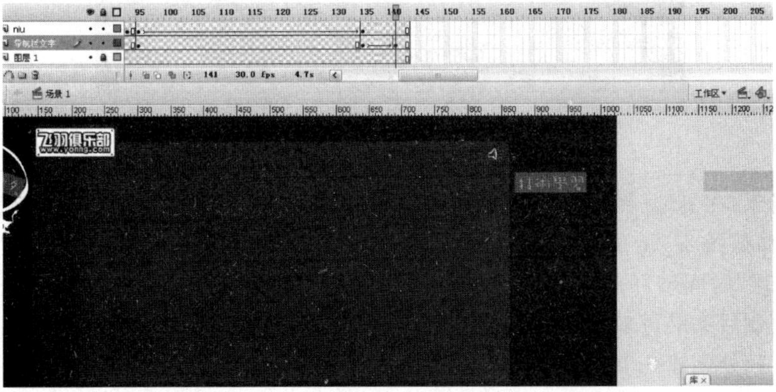

图　2-323

步骤 3　制作页面的第二场景动画

(1) 在 bihui 图层“时间轴”的第 140 帧处创建一个关键帧，并在页面的右下角绘制一个 90°的平台，再把铅笔从库里调出来，如图 2-324 所示。

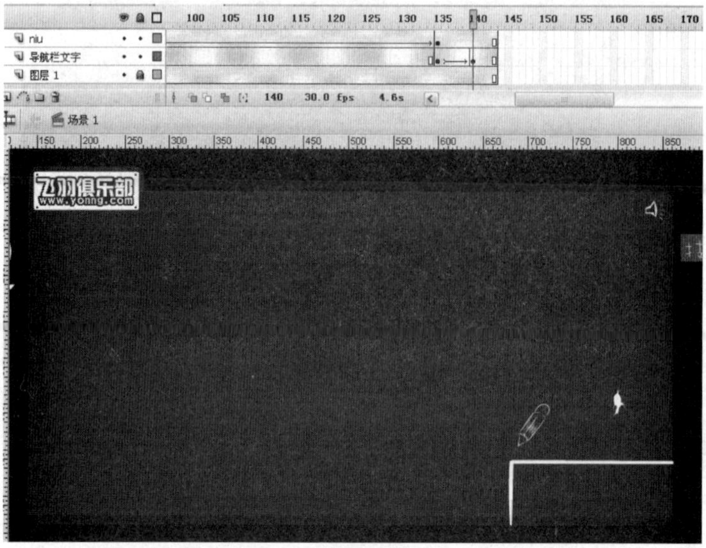

图　2-324

把它们转换成一个图形元件，用同样的擦除方法把图形擦出来，效果如图 2-325 所示。

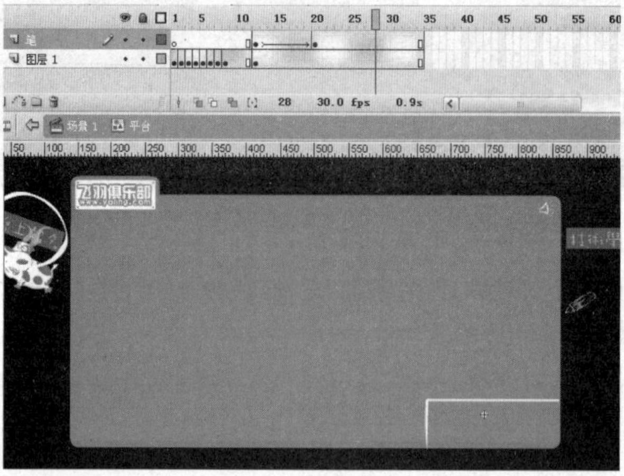

图　2-325

返回主场景，在 bihui 图层“时间轴”的第 161 帧处创建一个关键帧，把实例打散后再去除移出页面的铅笔，如图 2-326 所示。

在 niu 图层“时间轴”的第 136 帧和第 161 帧处分别创建一个空白关键帧，并把第 135 帧处的跑步动画复制后粘贴过来，放置在平台右侧，如图 2-327 所示。

在第 195 帧处创建一个关键帧，给它添加一段补间动画，并把“牛”向左平移至平台边上，如图 2-328 所示。

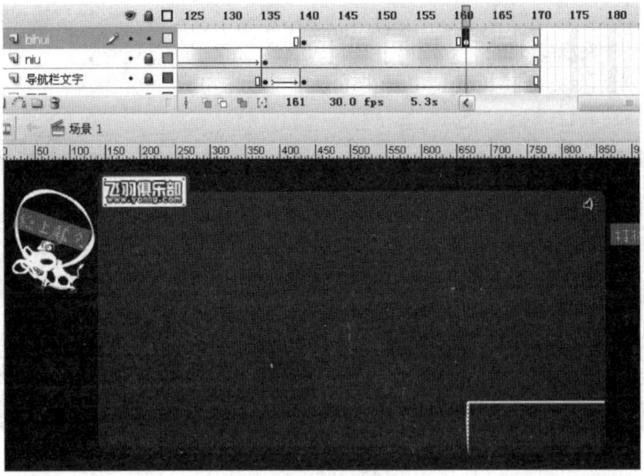

图 2-326

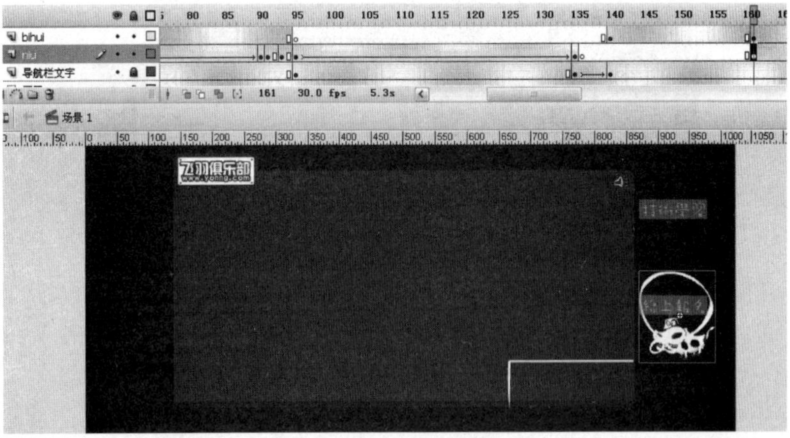

图 2-327

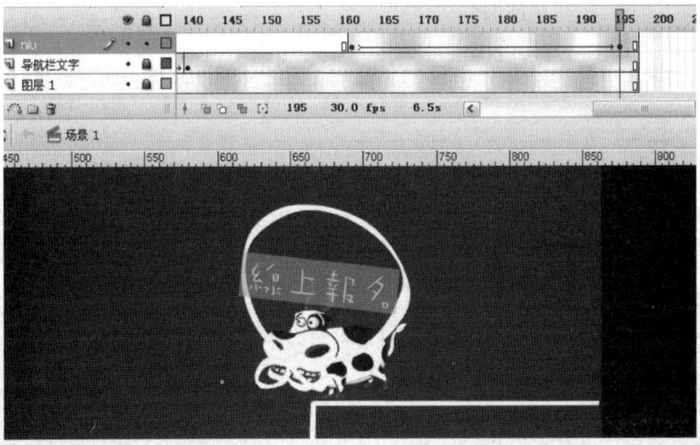

图 2-328

可以看到，现在“牛”几乎呈半空状态，还没落地。所以在第 196 帧创建一个关键帧，把它往下调整一点，如图 2-329 所示。

（2）新建一层，取名为“飘浮”；把套索和文字按钮剪切后粘贴到其“时间轴”的第 196 帧处，并转换成一个影片剪辑元件，取名为“飘浮”，如图 2-330 所示。

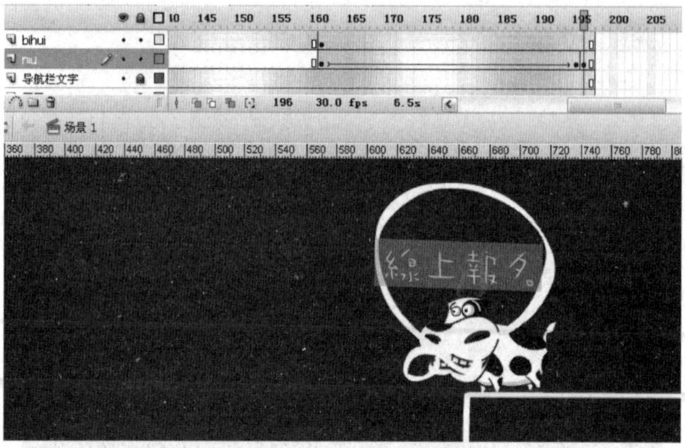

图 2-329

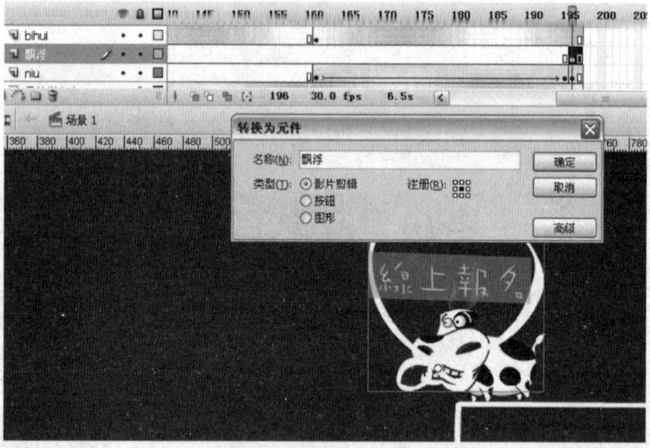

图 2-330

在这一层上新建一个引导层，并在其“时间轴”的第 196 帧处创建一个关键帧，绘制一条延伸至页面上方的曲线，如图 2-331 所示。

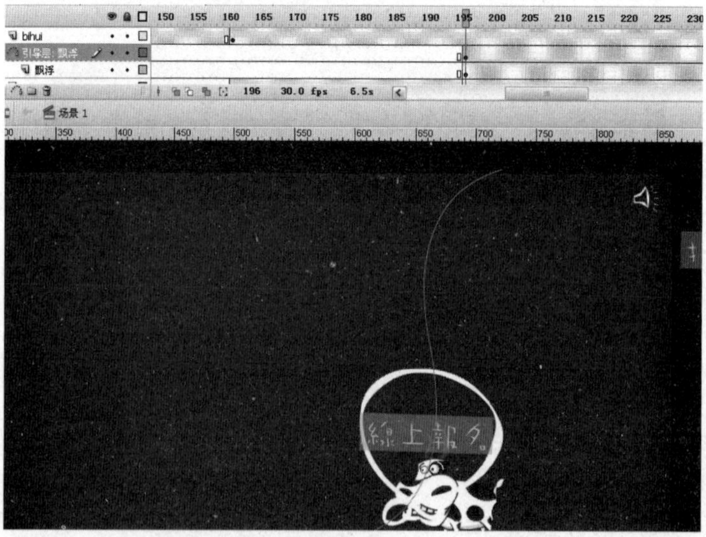

图 2-331

双击进入元件界面，再次把套索和文字转换成一个图形元件，并调整中心点在顶点处，如图 2-332 所示。

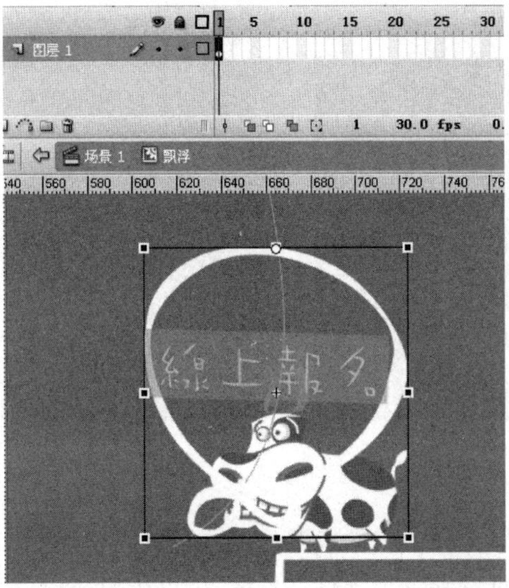

图　2-332

分别在"时间轴"第 20 帧、40 帧、60 帧、80 帧处创建一个关键帧，添加补间动画，并设置第 1 帧和第 40 帧处的关键帧"缓动"值为 100，第 20 帧、60 帧处的关键帧"缓动"值为－100，如图 2-333 所示。

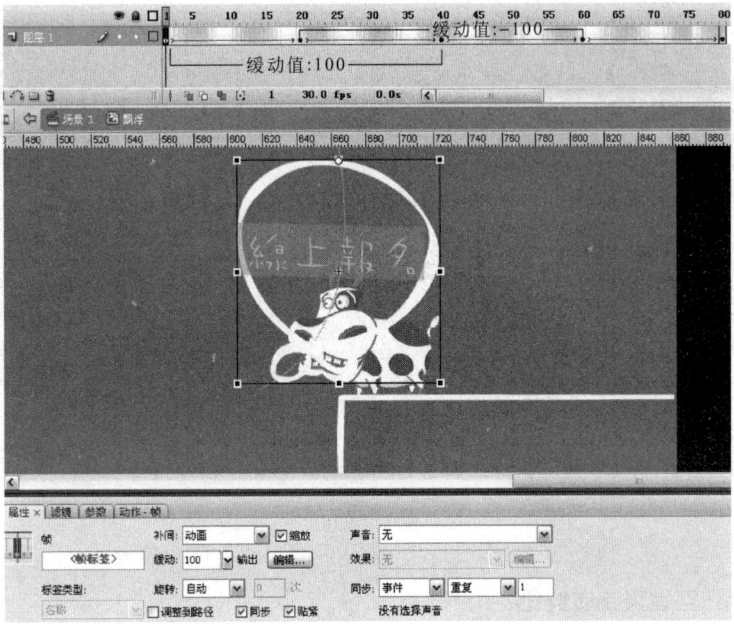

图　2-333

把第 20 帧上实例沿中心点向右转动一点，如图 2-334 所示。

在第 60 帧上同样把实例沿中心点向左转动一点，如图 2-335 所示。

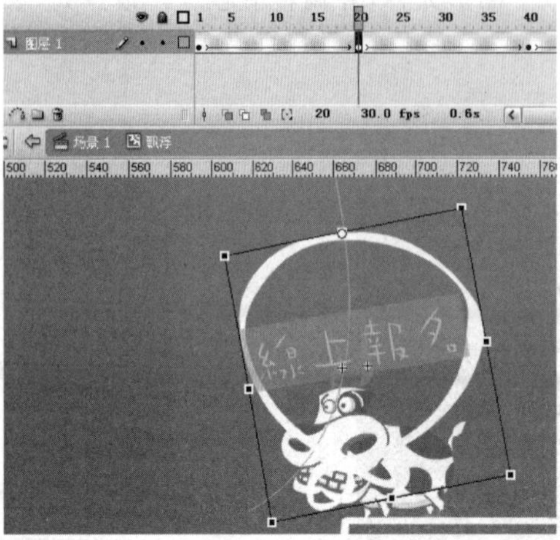

图 2-334

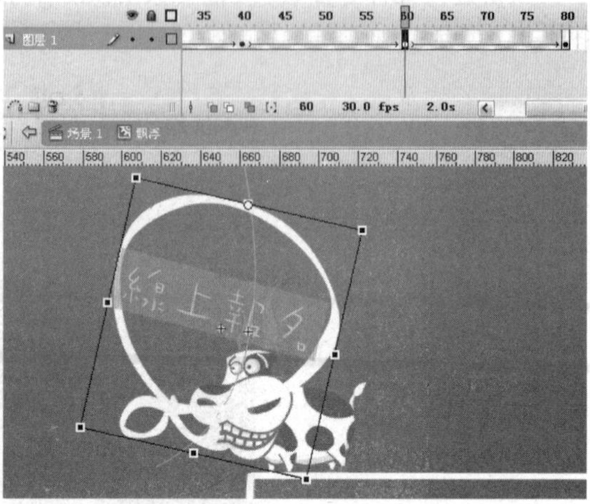

图 2-335

双击进入文字元件界面,把文字打散成图形,使其在这一段的页面动画中不可跳转。

返回主场景"时间轴",可看到由于进行过打散,菜单按钮呈白色纯文字图形状。

在"飘浮"图层"时间轴"的第 240 帧处创建一个关键帧,给它添加一段补间动画,把套索文字贴紧曲线并拖动到页面的顶点处,如图 2-336 所示。

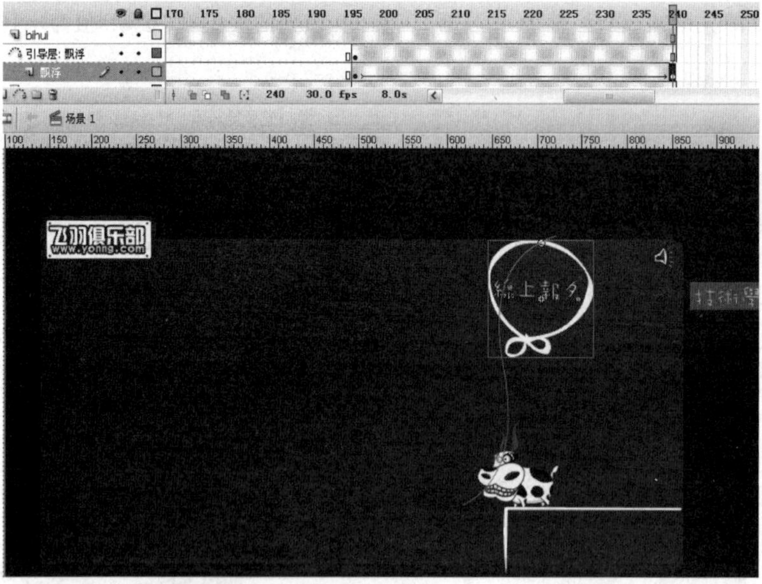

图 2-336

步骤 4　制作回首页跳转按钮

(1) 回到 niu 图层"时间轴"的第 196 帧处,单击鼠标右键把它转换成一个影片剪辑元件,并取名为"回首页",如图 2-337 所示。

双击进入元件界面,制作一段鼠标响应按钮的动画。

在图层"时间轴"的第 2 帧处创建一个关键帧,调整"牛"的动态,如图 2-338 所示。

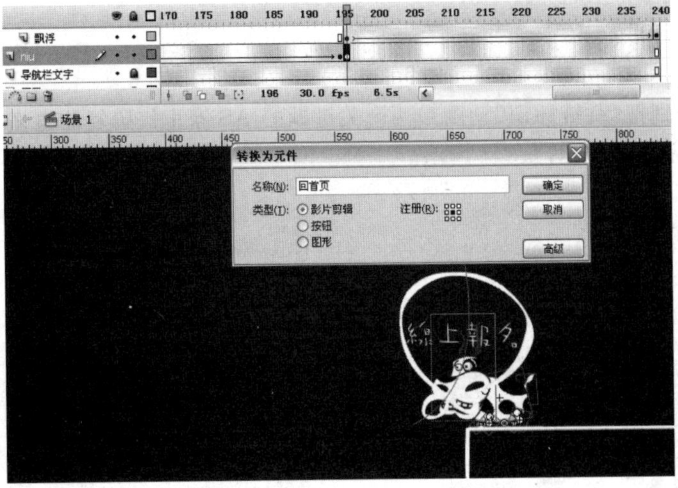

图　2-337

调整第 3 帧的动态，如图 2-339 所示。调整第 4 帧的动态，如图 2-340 所示。

图　2-338

图　2-339

选中所有帧，把它们复制后粘贴到第 5 帧的后面，并使之翻转。

(2) 新建一层，使用上一页面的相同方法制作一个透明的按钮元件。

由于同样是 4 帧作为一次动画播放，所以可直接把 jishuxuexi. swf 子页面中的按钮跳转代码复制过来，代码如下。

```
on (rollOver) {
    gotoAndPlay(2);
}
on (releaseOutside, rollOut) {
    gotoAndPlay(5);
}
on (release) {
```

```
    loadMovieNum("index.swf", 0);
    _level1._alpha = 0 ;
}
```

新建两层，分别把“跳转标识”动画和两个关键帧的 AS 停止代码复制过来。至此，回首页的跳转按钮就制作完成了，如图 2-341 所示。

图　2-340

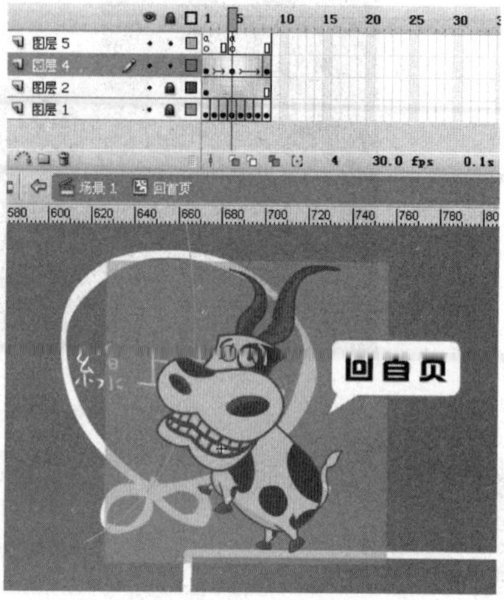

图　2-341

步骤 5　制作报名文本框

(1) 返回主场景页面，新建一层，取名为 txt，并在其“时间轴”的第 175 帧处创建一个关键帧，把上一页面中的文本显示框调过来，如图 2-342 所示。

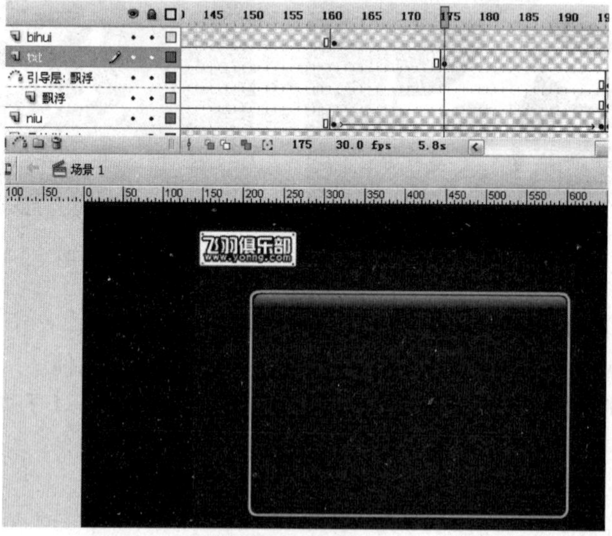

图　2-342

调整好文本框在页面上的位置和大小，在“时间轴”的第 180 帧处创建一个关键帧，给它添加一段淡入补间动画，如图 2-343 所示。

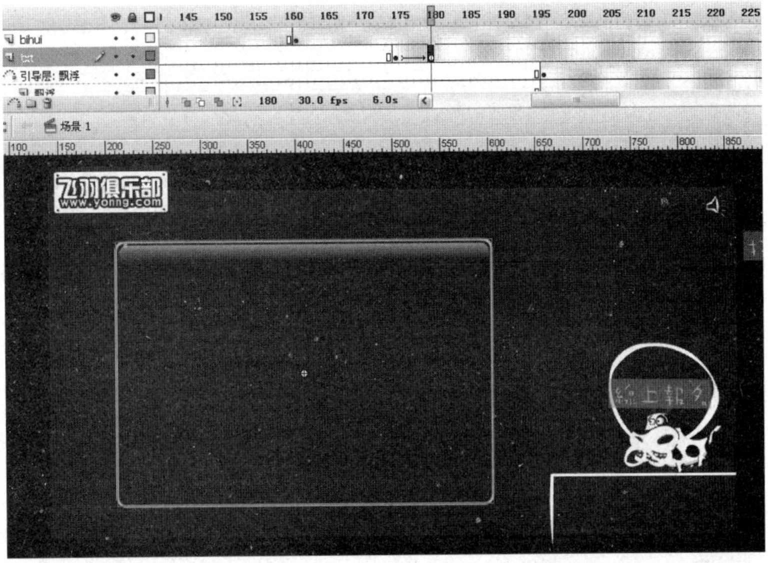

图　2-343

(2) 新建一层，取名为“文本框”，在其“时间轴”的第 180 帧处创建一个关键帧，并在文本显示框内绘制报名信息：“昵称”、QQ、“邮箱”以及 3 个文本输入框和一个“报名”确定钮，如图 2-344 所示。

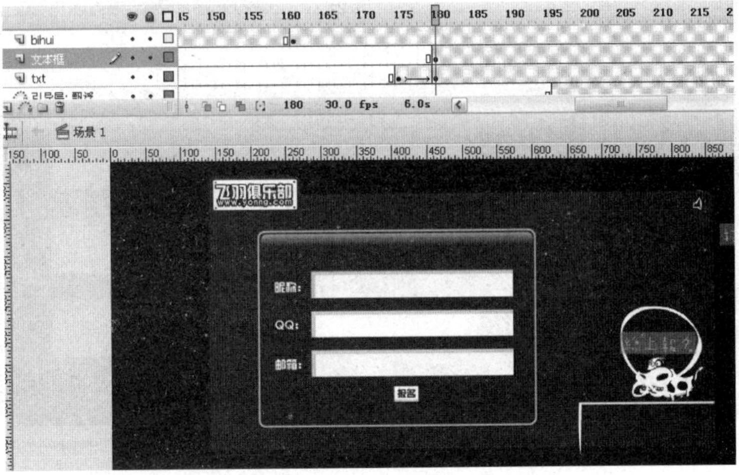

图　2-344

这里的信息文字就不需要使用外部调用的记事本了，直接用“汉真广标”字体输入，3 段报名信息的文字用白色，“报名”确定按钮上的文字则使用和背景色相同的深蓝色。

全选报名信息对象，把它们转换成一个图形元件，并在第 183 帧处创建一个关键帧，给它添加淡入的补间动画，再把第 180 帧上的实例收缩一点即可，如图 2-345 所示。

(3) 基于教程方向的定位，为了测试效果美观，这里将调用一段虚拟报名信息。

新建一层，取名为“文本”，在其“时间轴”的第 183 帧处创建一个关键帧，并在文本框内拉 3 段动态文本，设置其“变量”属性为：txt0、txt1、txt2，如图 2-346 所示。

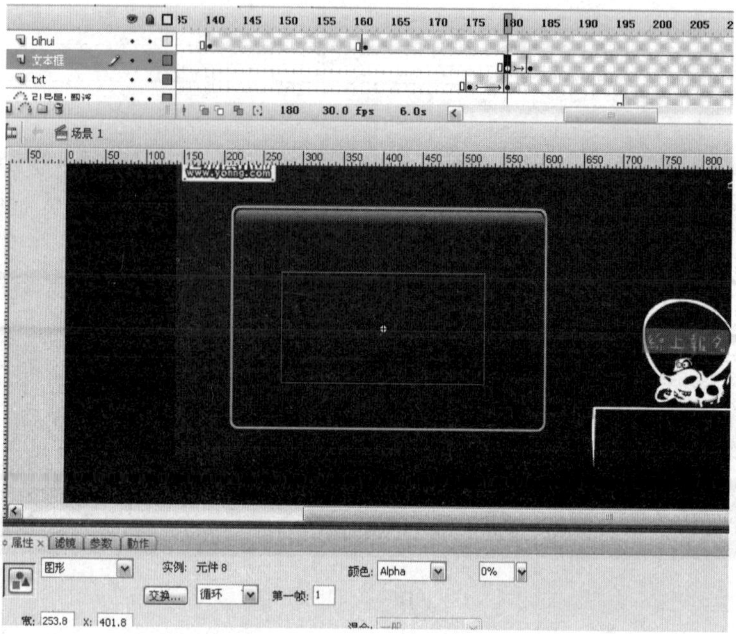

图 2-345

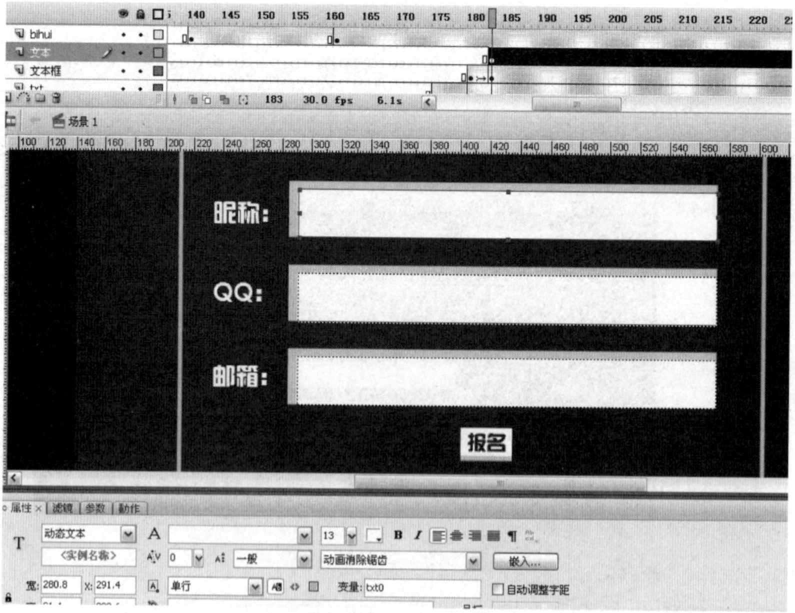

图 2-346

打开系统记事本,输入 3 段报名文字信息,再存盘,取名为 baoming,如图 2-347 所示。

步骤 6 制作网页天气动画

(1) 制作这一页面的天气显示动画。

在 bihui 图层上新建一层,取名为"天气动画",在第 1 帧处把子页面(jishuxuexi. swf)第 1 帧的太阳下落动画复制到相同位置,如图 2-348 所示。

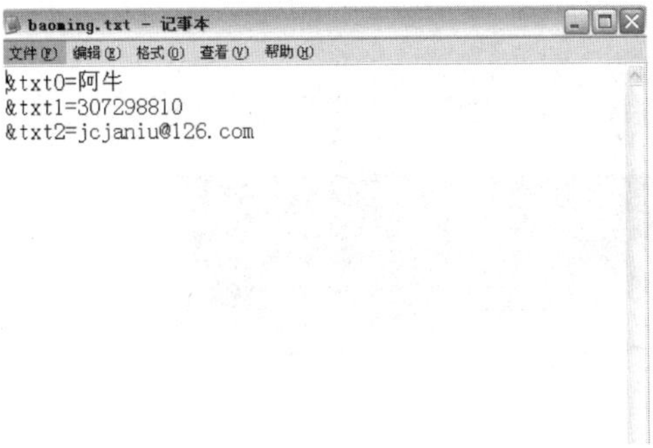

图　2-347

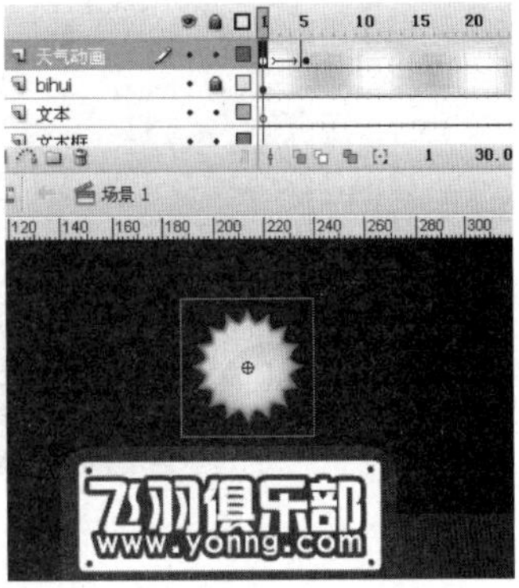

图　2-348

在第 7 帧处创建一个关键帧，导入“多云.png”素材到 logo 上方，如图 2-349 所示。

先把它转换成一个图形元件，在第 12 帧处创建一个关键帧，给它添加一段补间动画，并把第 7 帧上的云垂直下移至 Logo 处，再分别给两段天气交替的补间动画添加－100 和 100 的“缓动”值，如图 2-350 所示。

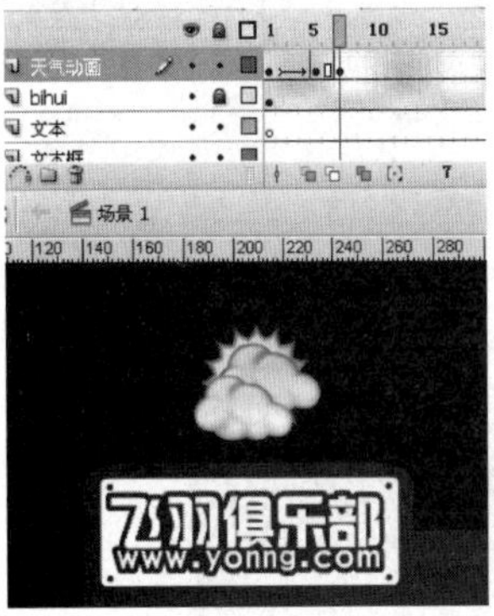

图　2-349

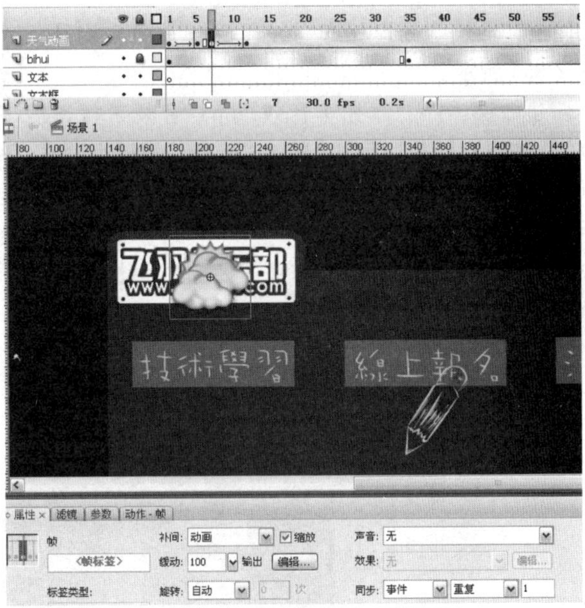

图　2-350

在第 13 帧处创建一个关键帧，把它转换成一个影片剪辑元件，取名为“多云”。

(2) 让云在 Logo 上方飘动起来；双击进入元件界面，分别在“时间轴”的第 30 帧和第 60 帧处创建一个关键帧，给它添加两段补间动画，并把第 30 帧上的云向右平移一点，其效果如图 2-351 所示。

步骤 7　制作页面遮罩及其他

(1) 双击返回主场景，在“天气动画”图层上新建一层，取名为“天气遮罩”，并复制上一页面中使用过的遮罩图形到相同位置，再设置其为遮罩图层。

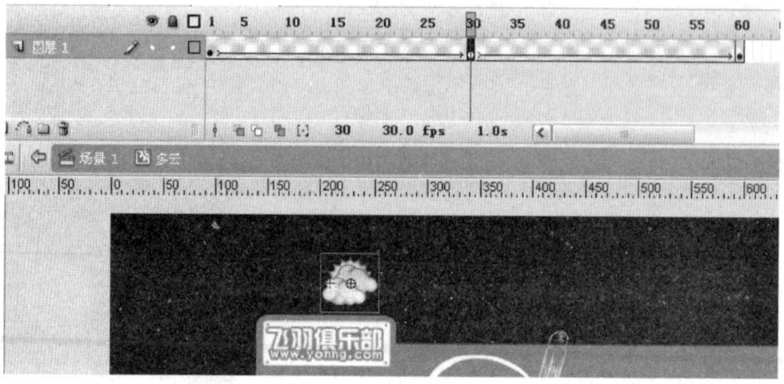

图 2-351

制作摩托车行驶的页面子动画。在天气图层上新建一层，取名为“子动画”，并把上一页面中使用的摩托车素材调出来放置在页面右侧，把它转换成影片剪辑后再调整其动态，如图 2-352 所示。

图 2-352

把它调整好大小后放置在页面的右侧，在“时间轴”的第 35 帧处创建一个关键帧，给它添加补间动画，并把第 35 帧上的摩托车向左平移到页面左侧外，如图 2-353 所示。

新建一层，导入“摩托车音效.mp3”音频素材，设置其“从右到左淡出”播放，“同步”属性为“事件”，并把其左右最高峰值的音量调小一些，如图 2-354 所示。

在“时间轴”上拉伸 270 个普通帧的时间长度，设置摩托车每 270÷30＝9s 从页面中行驶一次。

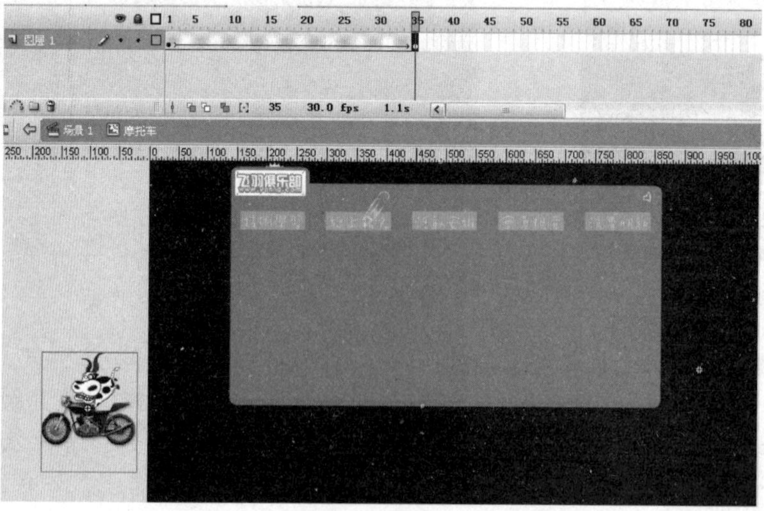

图 2-353

双击返回主场景，把第 1 帧上的摩托车在“时间轴”上往后延伸至第 105 帧处开始播放，如图 2-355 所示。

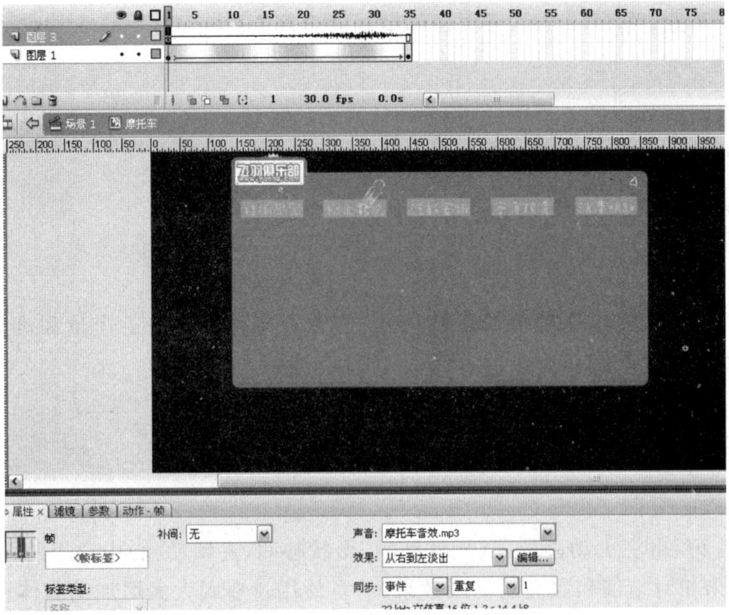

图 2-354

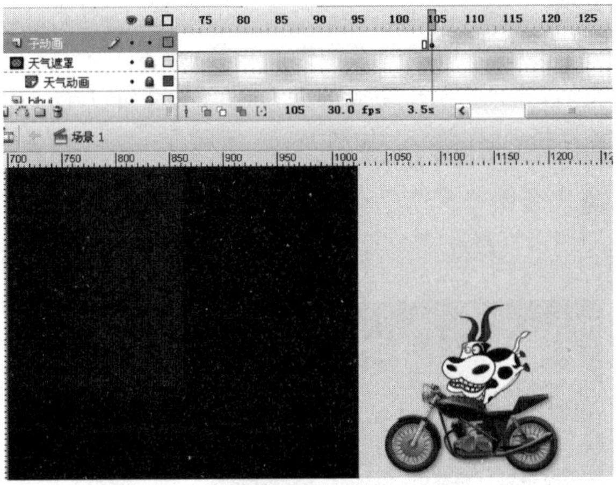

图 2-355

再回到 niu 图层"时间轴"的第 196 帧处，使用上一页面的相同方法给其蓝色的按钮区域添加"回首页音.mp3"点击音效。这样，此子页面上的音效就全部制作完成了。

(2) 双击回到主场景，新建一层并取名为 AS，并在其"时间轴"的第 183 帧处创建一个关键帧，输入如下代码。

```
System.useCodepage = true;
loadVariables("baomin.txt", _root);
```

在最后一帧处创建一个关键帧，输入代码：

```
stop();
```

(3) 最后一步，在主场景"天气动画"图层下面新建一层，取名为"页面遮罩"，并把上一页面中绘制好的遮罩图形复制后粘贴过来；按 Ctrl+Enter 组合键对动画进行测试，不足的地方再进一步调整完善。至此,关于 baomin 子页面的动画就全部制作完成了。

项目小结

这一页面中同样是通过笔绘形式进行两个场景的拼接,只不过这次是向左侧移动,所以在转场的同时导航文字必须从相反方向向右侧运动才符合逻辑。

2.5 实例体验 第三个页面“活动安排”制作

项目背景

在这一个页面当中将出现较多的逐帧动画,这无疑会大大增加工作量和难度,不过只要熟练地掌握了前面讲解过的制作方法,相信一切都没有问题。

项目任务

制作页面“活动安排”动画,并熟练掌握逐帧动画的规律和方法。

项目分析

逐帧动画是 Flash 三大动画形式(元件补间、形状补间、逐帧动画)中常用的一种精细动画制作方式,可制作出相对精细和漂亮的动画效果,一旦使用过多则大大增加动画体积。

项目实施

步骤 1 设置页面文档

制作子页面“活动安排”动画。前期的工作仍然一样,设置 1024 像素×768 像素的尺寸、黑色背景和 30fps 帧频的文档,并且把制作完成的深蓝色网页页面、Logo、喇叭和导航栏菜单复制到相同位置,存盘重命名为 huodonganpai,如图 2-356 所示。

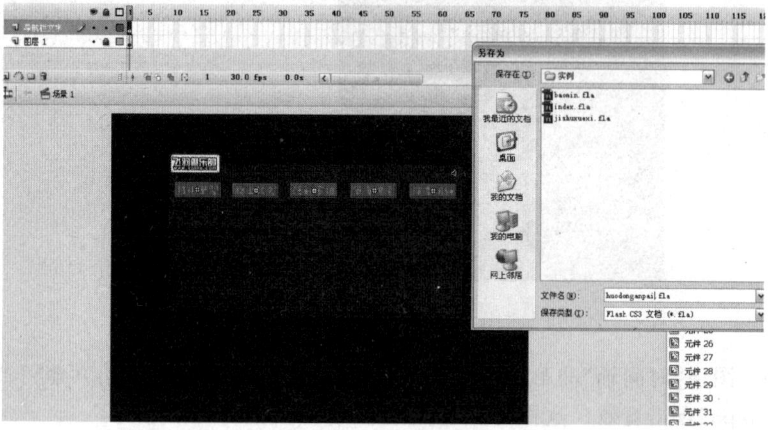

图 2-356

步骤 2 制作第一段转场动画

(1) 新建一层,取名为 bihui,在页面上绘制一段横线,再从其他页面中调入铅笔素材,并把它们转换成一个图形元件,如图 2-357 所示。

双击进入元件界面,把线段转换成一个图形元件,并把中心点调整至左侧顶点处;新建一层,把铅笔剪切至新图层,如图 2-358 所示。

分别在两个图层的第 25 帧上创建一个关键帧,把第 1 帧上的线段沿着中心点挤压到页面左侧,铅笔则直接平移过去,再给它们添加两段补间动画,如图 2-359 所示。

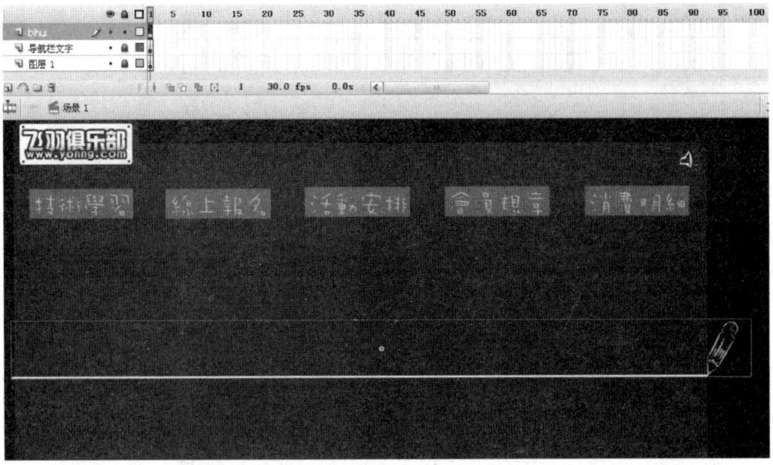

图　2-357

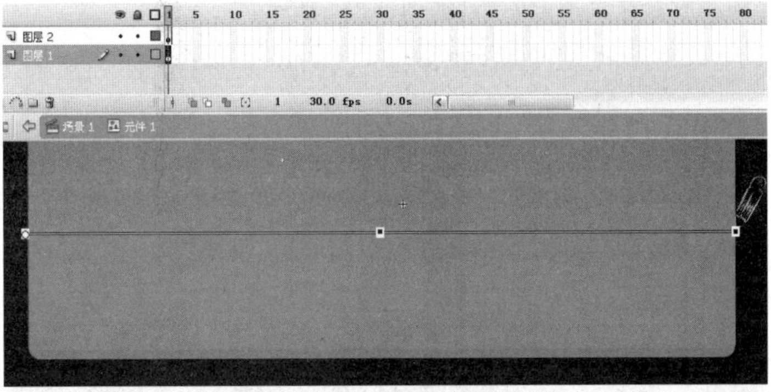

图　2-358

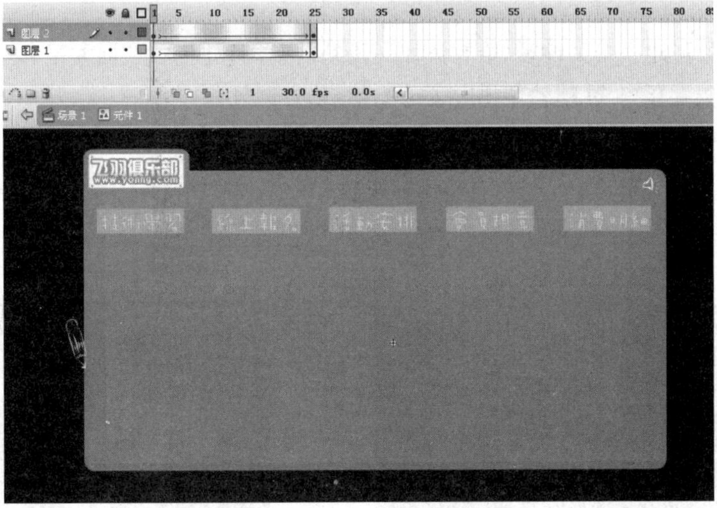

图　2-359

双击返回主场景，在 bihui 图层"时间轴"的第 25 帧处创建一个关键帧，把刚才的实例打散，并删除已经移出页面的铅笔，如图 2-360 所示。

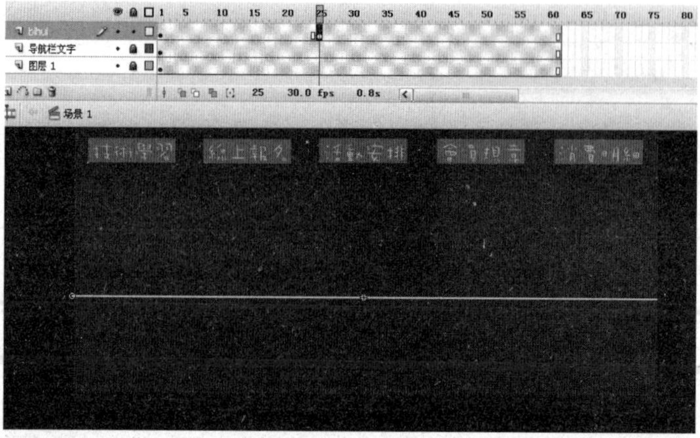

图　2-360

(2) 新建一层，取名为 niu；在"时间轴"的第 25 帧处把前一页面中使用过的"跑步"从库中调出来，调整好大小并放置在页面的右侧，如图 2-361 所示。

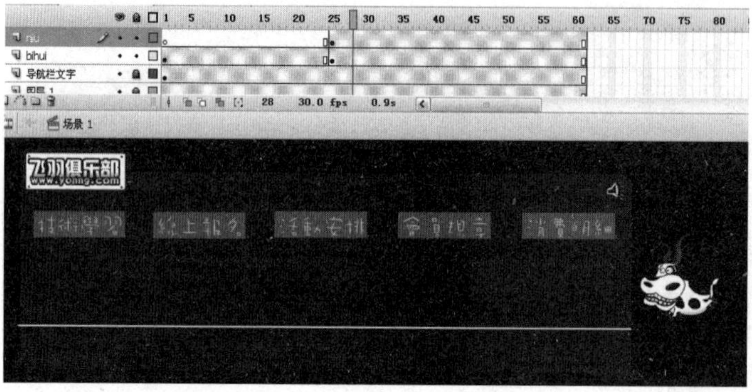

图　2-361

在第 45 帧处创建一个关键帧，给它添加一段补间动画，并把"牛"向左平移至"消费明细"导航菜单栏底部，接着在第 46 帧处创建一个关键帧，把实例打散，如图 2-362 所示。

把打散后的对象向上拖动一点，并微调身体运动姿态，如图 2-363 所示。

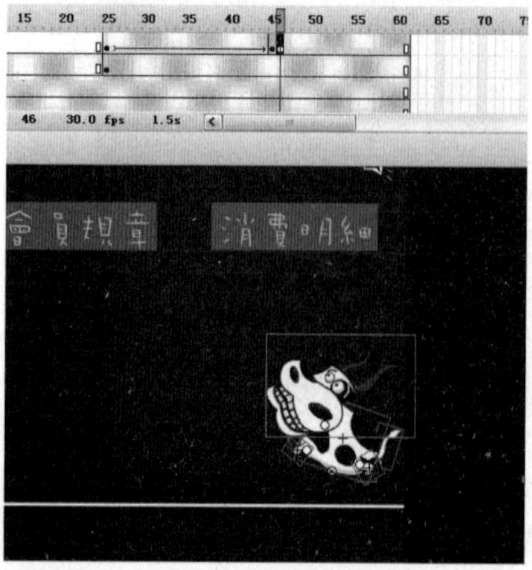

图　2-362

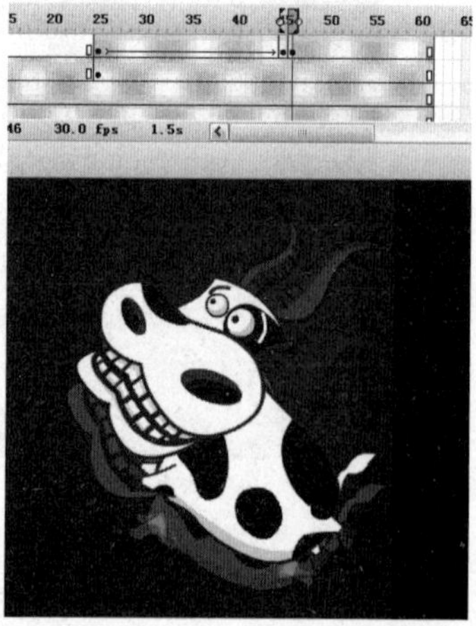

图　2-363

在第 47 帧处继续向上拖动对象，并调整运动姿态，如图 2-364 所示。

在第 48 帧处继续上升，如图 2-365 所示。

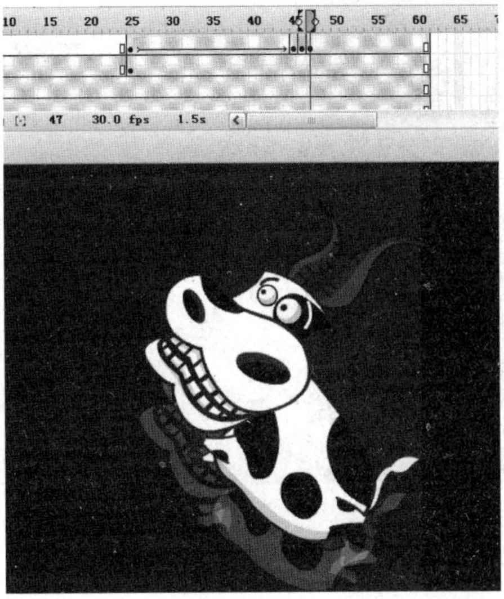

图 2-364

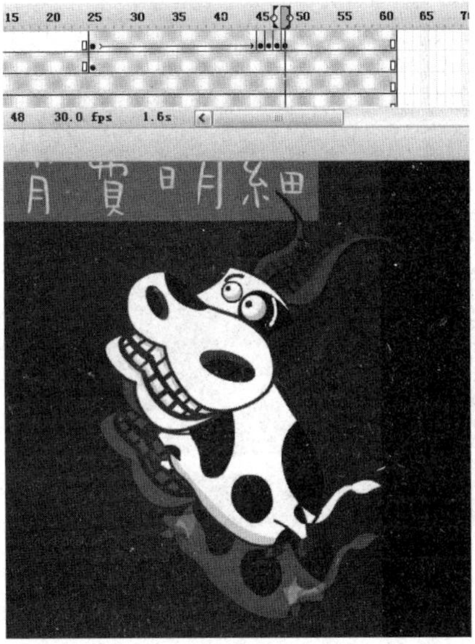

图 2-365

在第 49 帧处设置“牛”的头顶已经触碰到导航菜单文字，如图 2-366 所示。

从第 50 帧开始是下落的过程，运动姿态：头朝下，眼睛下视；身体重心开始翻转，四只脚随着下移。如图 2-367 所示。

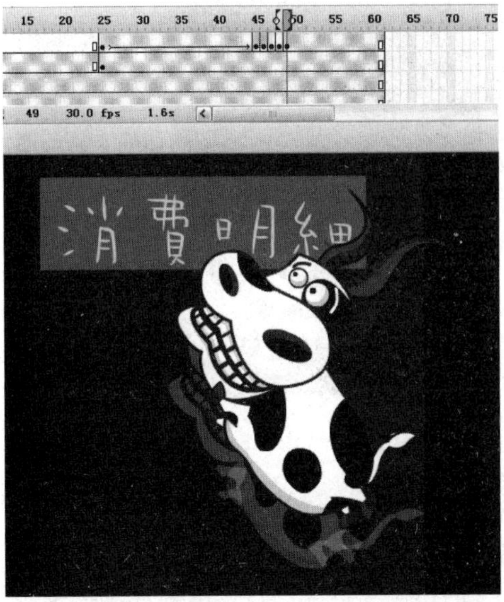

图 2-366

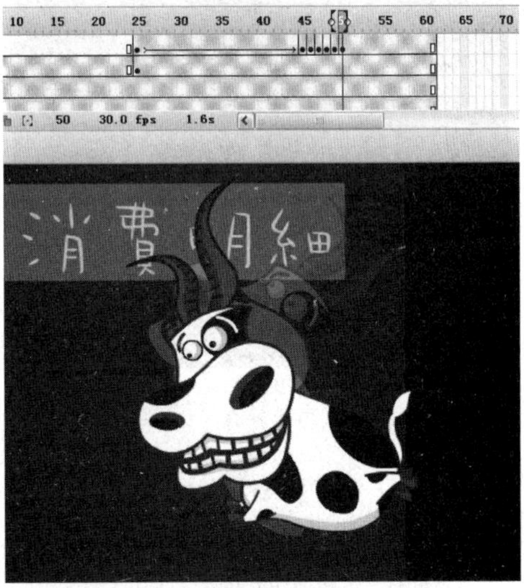

图 2-367

第 51 帧上继续下落，身体的节奏跟着调整，如图 2-368 所示。

第 52 帧处继续调整下落姿态，如图 2-369 所示。

图 2-368

图 2-369

在第 53 帧继续调整，如图 2-370 所示。

第 54 帧的动态如图 2-371 所示。

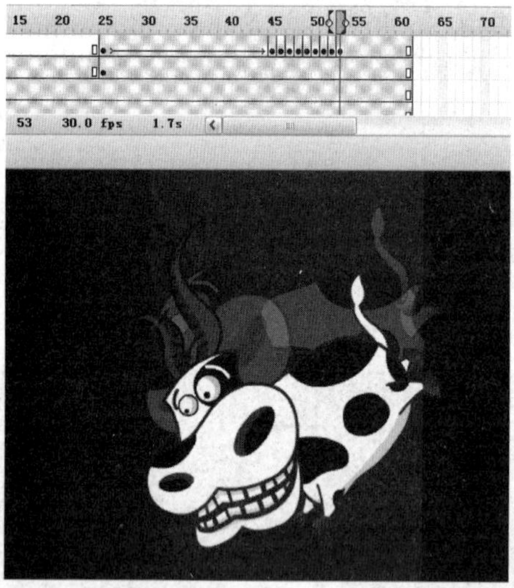

图 2-370

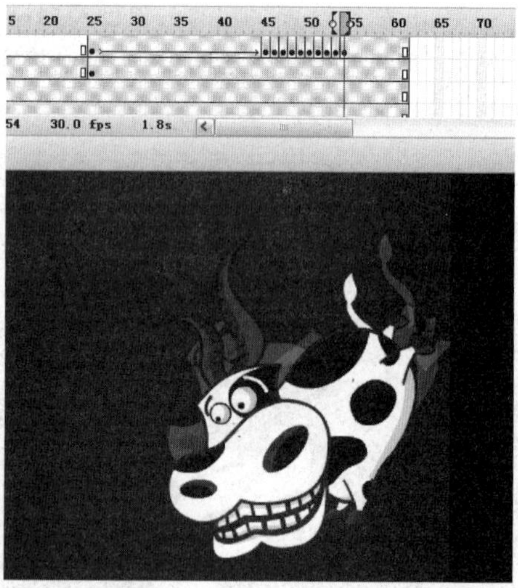

图 2-371

第 55 帧上“牛”将要接触地面，注意调整准备着地时的动态，如图 2-372 所示。

第 56 帧时“牛”的两只前脚已接触地面，后半身呈继续下落动态，如图 2-373 所示。

(3) 在第 57 帧处创建一个空白关键帧，把第 25 帧上的实例复制过来，在第 80 帧处创建一个关键帧，给它添加一个补间动画，并把第 80 帧上的实例向左平移至“会员规章”导航菜单栏底部，如图 2-374 所示。

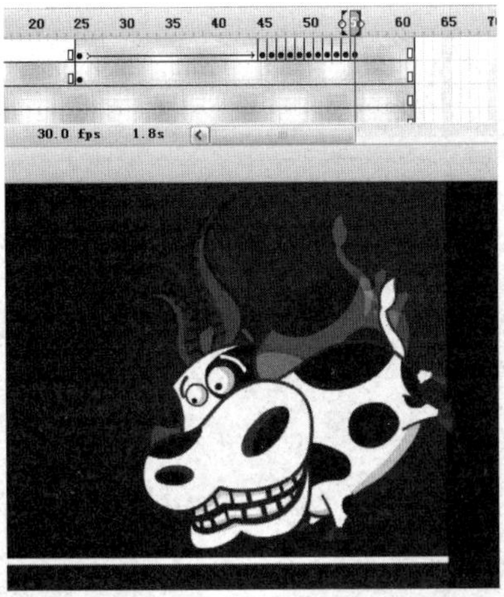

图　2-372

图　2-373

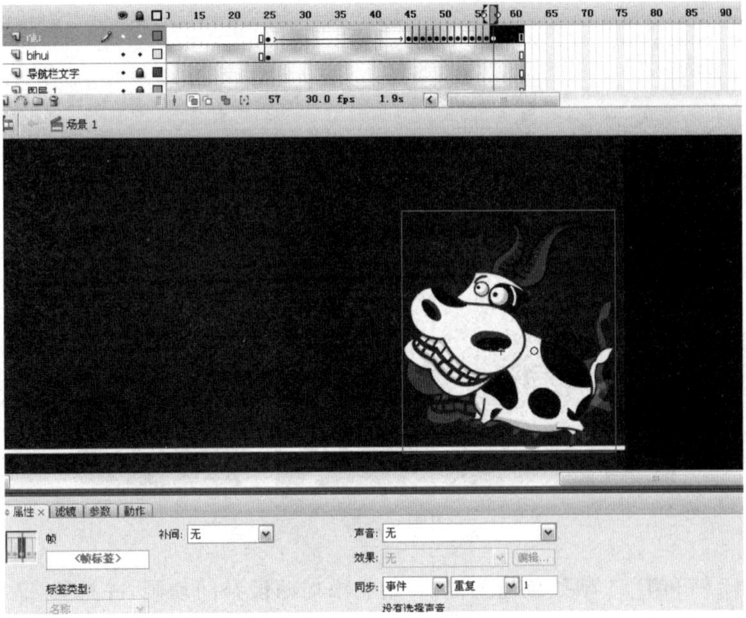

图　2-374

在第 81 帧处创建一个空白关键帧，把前面制作的跳跃逐帧动画复制过来，并调整好位置，如图 2-375 所示。

在第 91 帧处创建一个空白关键帧，把第 80 帧上的跑步动画复制过来；在第 120 帧处创建一个关键帧，给它添加一段补间动画，并把第 120 帧上的实例向左平移至“动作安排”导航菜单栏底部，如图 2-376 所示。

(4) 这一段的跑步动画就制作完成了，接下来制作在这 3 段的跑步过程中 3 个导航菜单文字的响应动画。

在“导航栏文字”图层上新建一层，取名为“文字响应”，在其“时间轴”的第 43 帧(也就是和牛角第一次触碰的时候)上创建一个关键帧，把下一图层中的“消费明细”菜单剪切到相同位置，如图 2-377 所示。

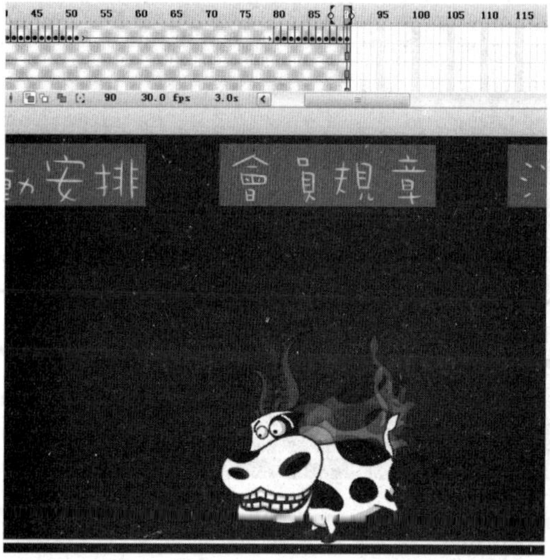

图 2-375

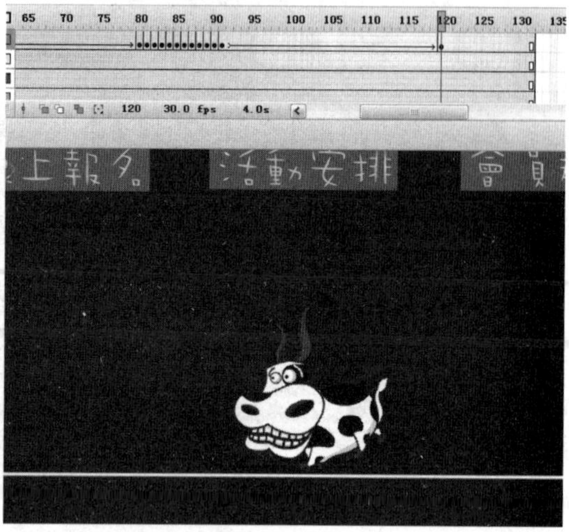

图 2-376

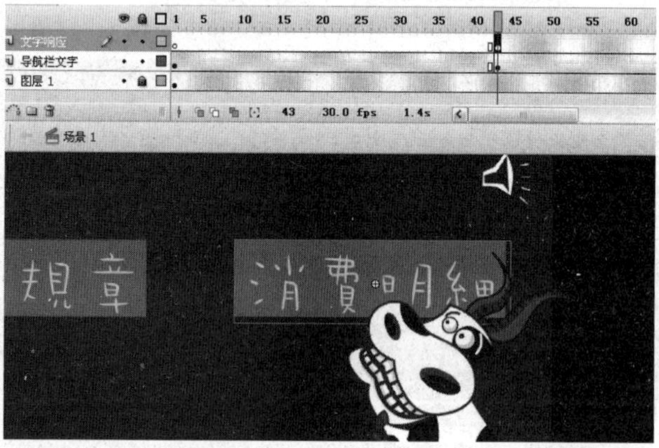

图 2-377

分别在第 47 帧和第 51 帧处创建关键帧，给它添加两段补间动画，并把第 47 帧上的文字向上垂直移动一些，如图 2-378 所示。

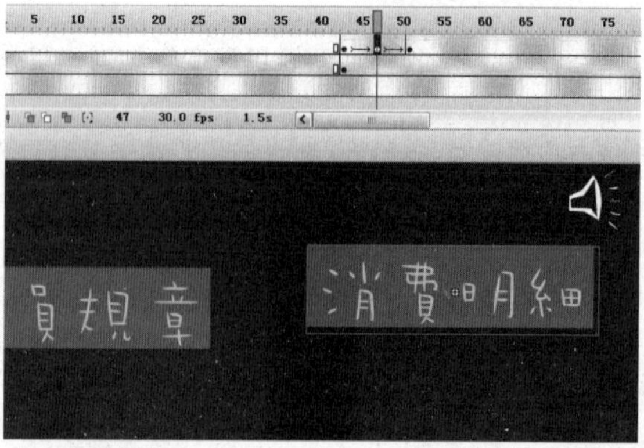

图 2-378

分别在两个导航文字图层的第 52 帧处创建一个关键帧，把“文字响应”图层中的菜单文字剪切到“导航栏文字”图层的相同位置，如图 2-379 所示。

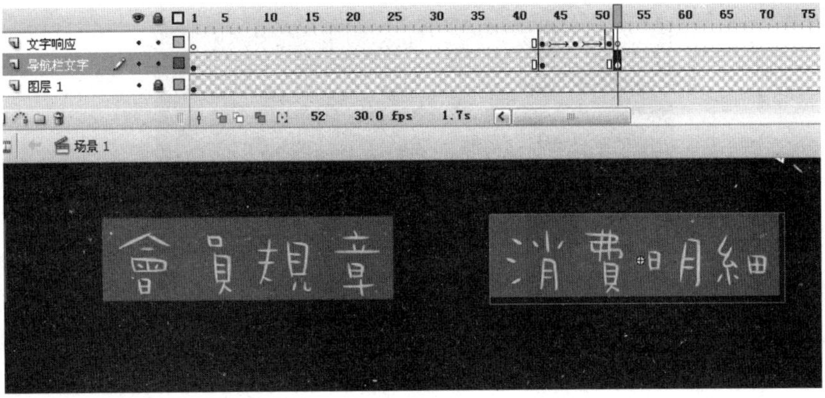

图　2-379

回到“文字响应”图层，在其“时间轴”的第 84 帧处创建一个关键帧，按上述方法制作一个文字响应的跳跃动画，如图 2-380 所示。

(5) 在第 123 帧处创建一个关键帧，把“活动安排”菜单文字剪切到新图层上，将实例打散两次成为图形文字，并调整和牛角接触后的动态，如图 2-381 所示。

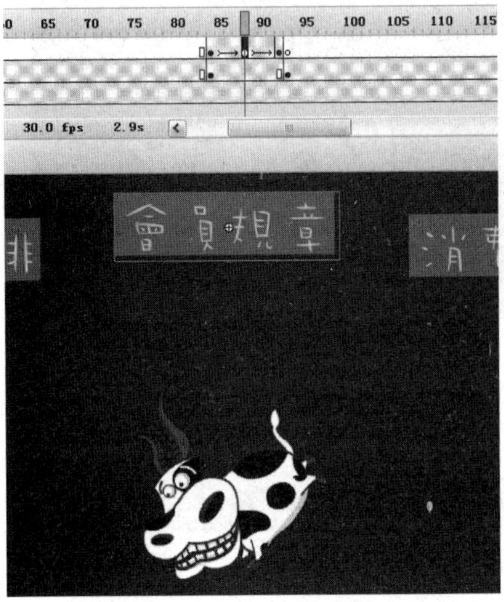

图　2-380

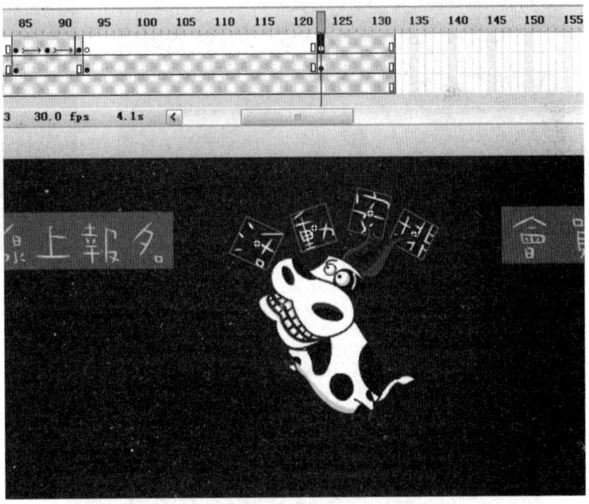

图　2-381

在第 124 帧上继续调整文字动态，如图 2-382 所示。

第 125 帧上的文字动态如图 2-383 所示。

第 126 帧的文字动态如图 2-384 所示。

第 127 帧的文字动态如图 2-385 所示。

第 128 帧的文字动态如图 2-386 所示。

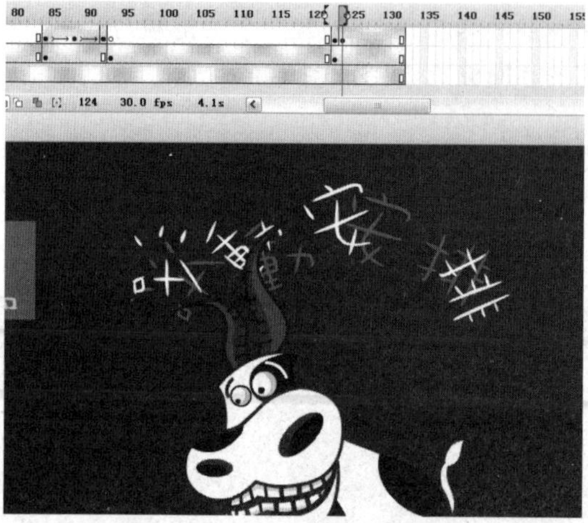

图 2-382

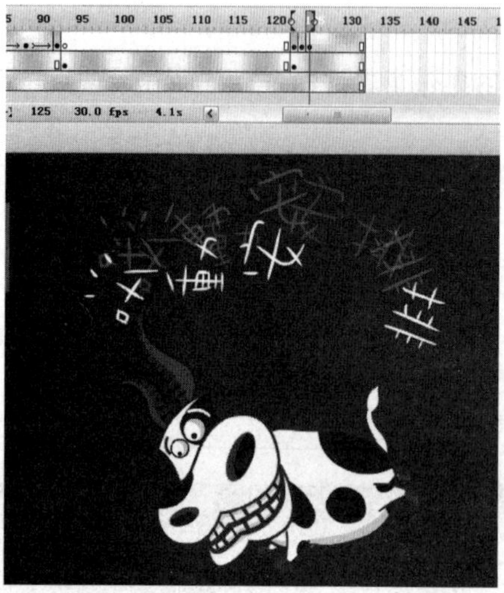

图 2-383

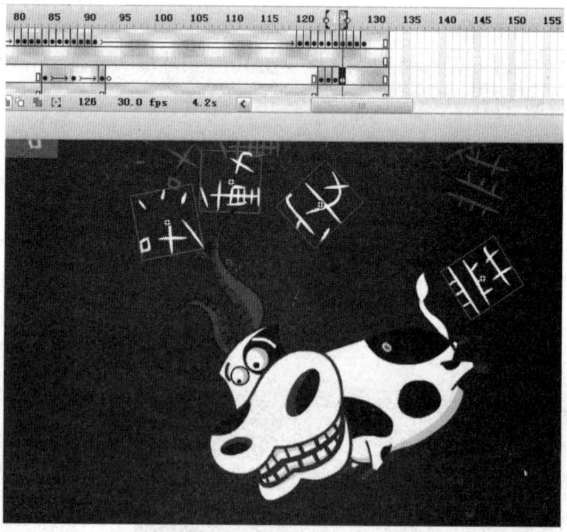

图 2-384

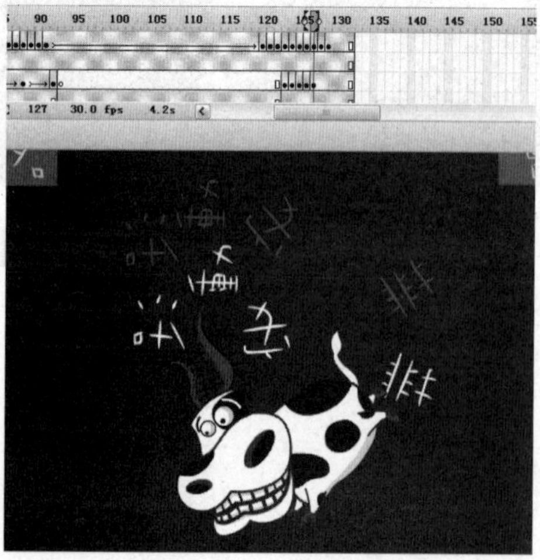

图 2-385

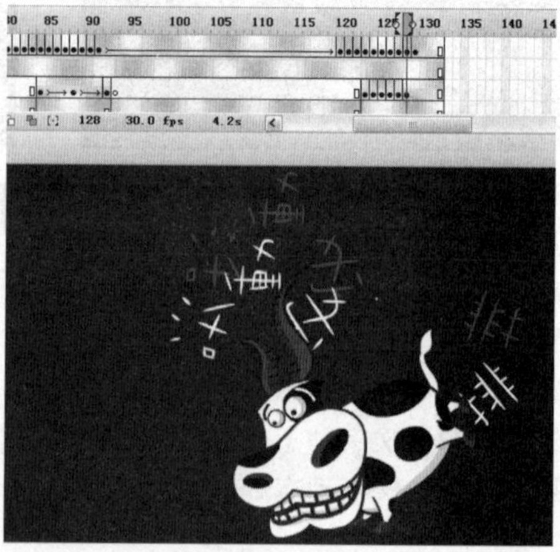

图 2-386

第 129 帧处文字已经打在“牛”身上，如图 2-387 所示。

第 130 帧处“牛”开始随着文字下落而分解，如图 2-388 所示。

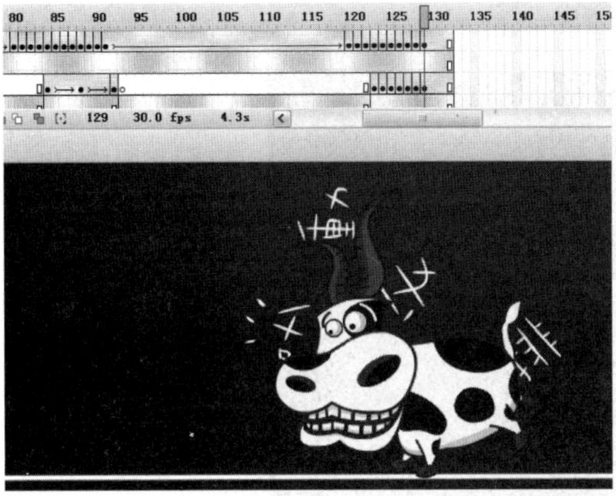

图　2-387

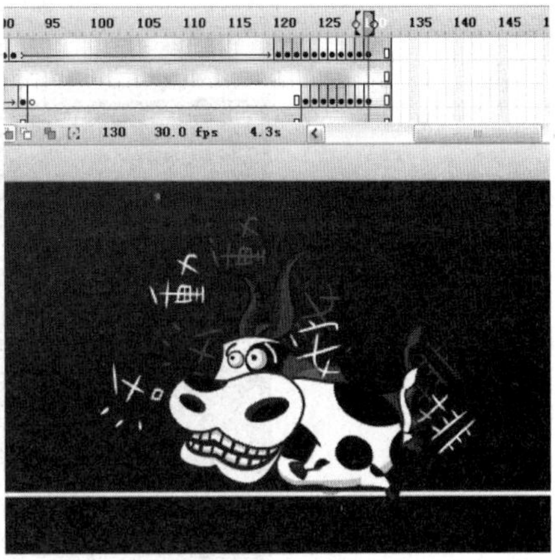

图　2-388

第 131 帧处完全分解开来，如图 2-389 所示。

把“文字响应”图层上打散后的文字剪切至 niu 图层，并转换成一个图形元件，如图 2-390 所示。

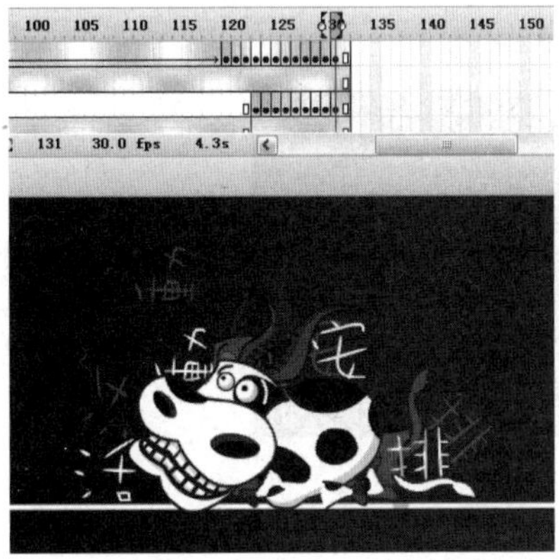

图　2-389

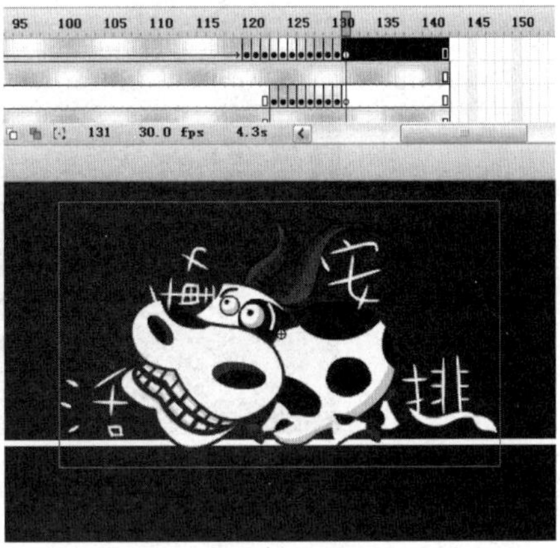

图　2-390

步骤 3　制作第二段转场动画

(1) 新建一层，取名为 bi，在其“时间轴”的第 135 帧处创建一个关键帧，从库中调出铅笔实例放置在页面的右侧，如图 2-391 所示。

在第 140 帧处创建一个关键帧，给它添加“缓动”值为 100 的补间动画，并在第 140 帧处将铅笔拖动至页面横线的右侧部分，如图 2-392 所示。

(2) 先把横线实例打散，在 bi 图层“时间轴”的第 143 帧、144 帧、145 帧、146 帧处分别创建一个关键帧，并把第 143 帧、145 帧处的铅笔向下拖动到横线下端，在第 145 帧处把横线擦除一些，如图 2-393 所示。

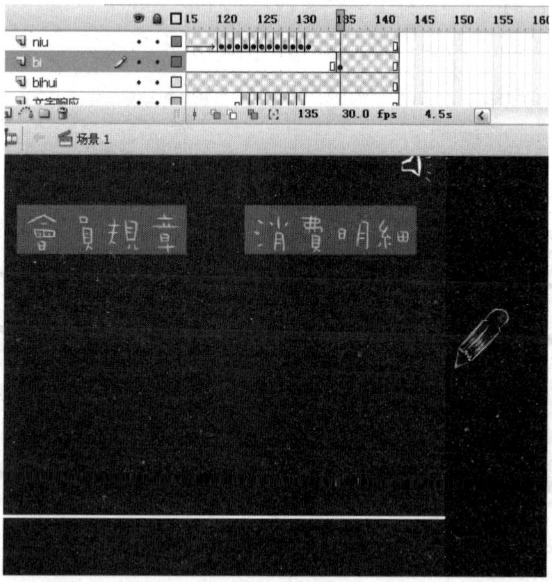

图 2-391

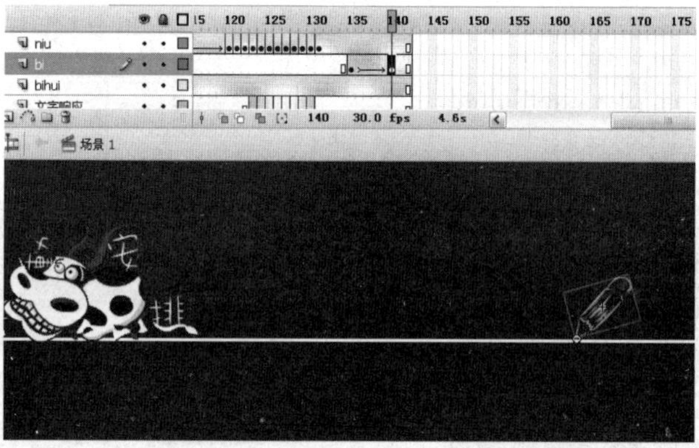

图 2-392

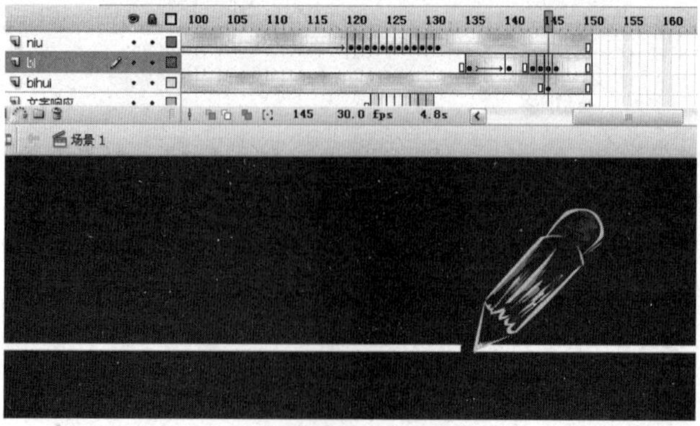

图 2-393

在第 150 帧和第 155 帧之间创建两个关键帧，给它添加“缓动”值为－100 的补间动画，把铅笔移出页面。

在“文字响应”图层“时间轴”的第 145 帧处创建一个空白关键帧，把横线被切断的左侧部分剪切过来粘贴到相同位置，并转换成一个图形元件，如图 2-394 所示。

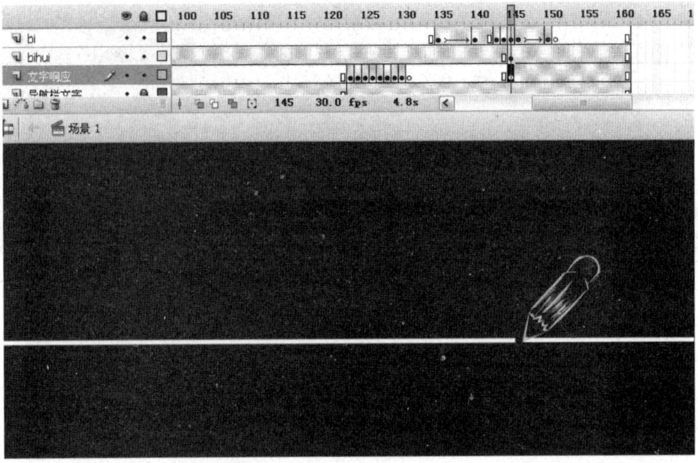

图 2-394

(3) 把新建的横线实例中心点拖至最左侧的顶端，在第 160 帧处创建一个关键帧，给它添加一个“缓动”值为－100 的补间动画，并把横线沿着中心点向下倾斜一定幅度，如图 2-395 所示。

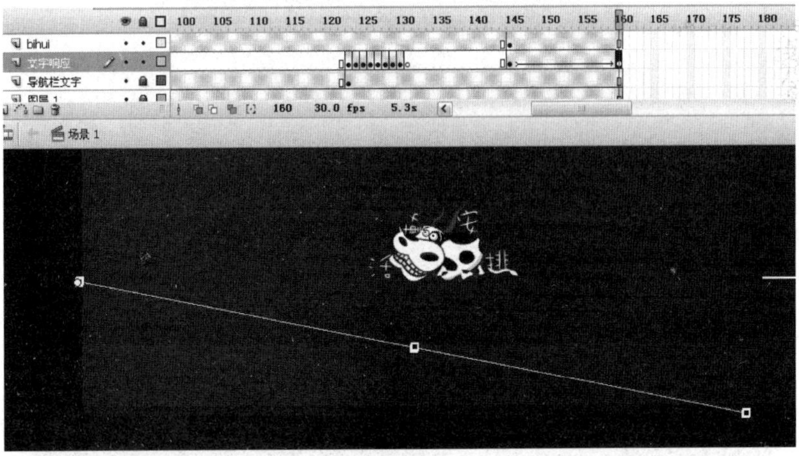

图 2-395

在 niu 图层“时间轴”的第 145 帧和第 160 帧处分别创建一个关键帧，给它添加“缓动”值为－100 的补间动画，把分解后的“牛”和文字实例贴紧横线位置倾斜下来，如图 2-396 所示。

在第 165 帧和第 185 帧之间创建两个关键帧，给它添加“缓动”值为－100 的补间动画，把实例贴着横线移出页面，如图 2-397 所示。

(4) 分别在 bihui 图层“时间轴”的第 185 帧和第 190 帧处创建一个关键帧，给它添加一个形状动画，把横线的右侧小半截向上垂直移出页面，如图 2-398 所示。

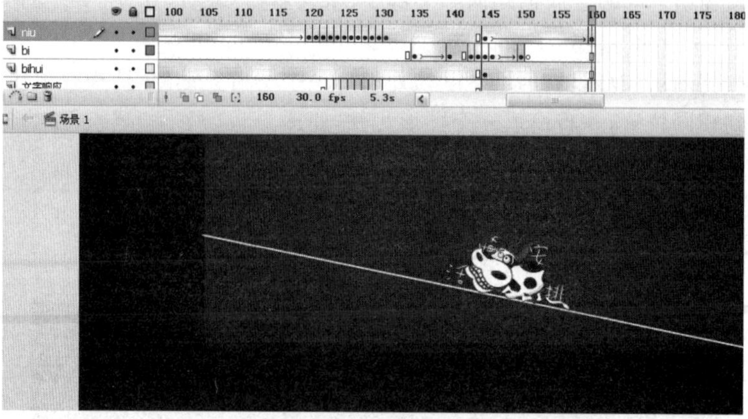

图 2-396

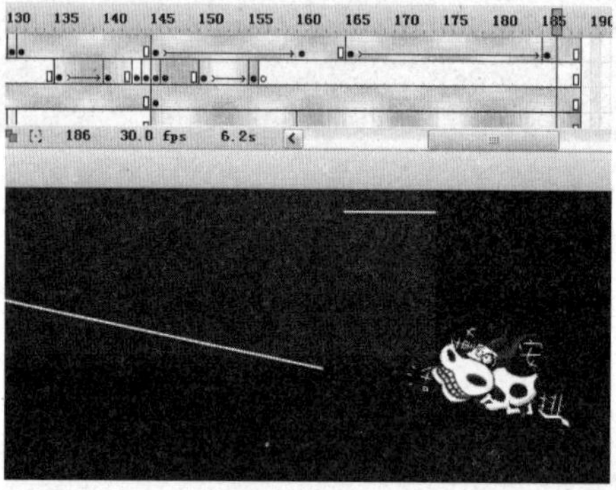

图 2-397

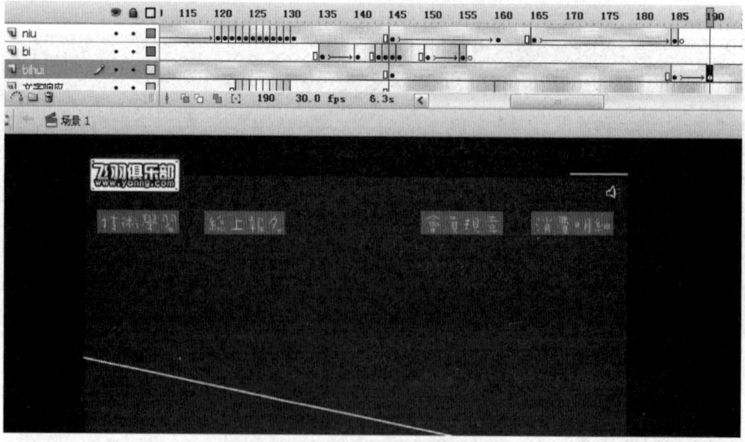

图 2-398

同样，分别在“文字响应”图层“时间轴”的第 185 帧和第 190 帧创建一个关键帧，由于左侧的线段刚才已转换成了元件，所以这里给它添加一个补间动画，把线段沿着倾斜的角度从左上角移出页面，如图 2-399 所示。

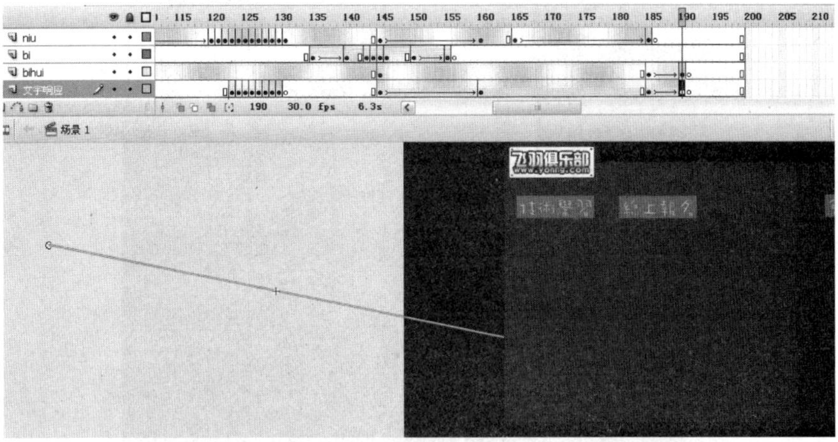

图 2-399

(5) 在“导航栏文字”图层“时间轴”的第 185 帧上创建一个关键帧，把其余 4 个导航菜单全选后转换成一个图形元件。在第 190 帧处创建一个关键帧，给它添加补间动画，并把元件实例向上垂直移出页面，如图 2-400 所示。

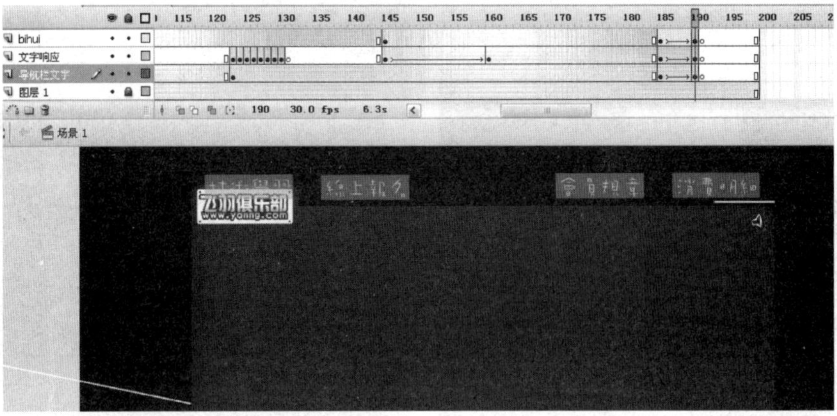

图 2-400

步骤 4 第二场景动画制作

(1) 制作转场的动画。在 bihui 图层“时间轴”的第 191 帧处创建一个关键帧，在页面的左下角用笔刷工具绘制一个瓶子，并把铅笔从库里调出来，如图 2-401 所示。

选中这两个对象，把它转换成一个图形元件，利用上述的擦除法制作出铅笔在页面画出瓶子的动画效果，如图 2-402 所示。

可以看出，“图层 1”的关键帧即瓶子的擦除过程，“图层 2”则是铅笔移动时的补间运动。

在最后一帧中铅笔并没有直接移出页面，而是停在了瓶子的左上方。因为接着将用铅笔绘制一条导线，让“牛”顺着导线掉进瓶子里。

(2) 双击回到主场景，在 bihui 图层“时间轴”的第 226 帧处创建一个关键帧，把实例打散，并把铅笔剪切至 bi 图层的同一时间帧处，如图 2-403 所示。

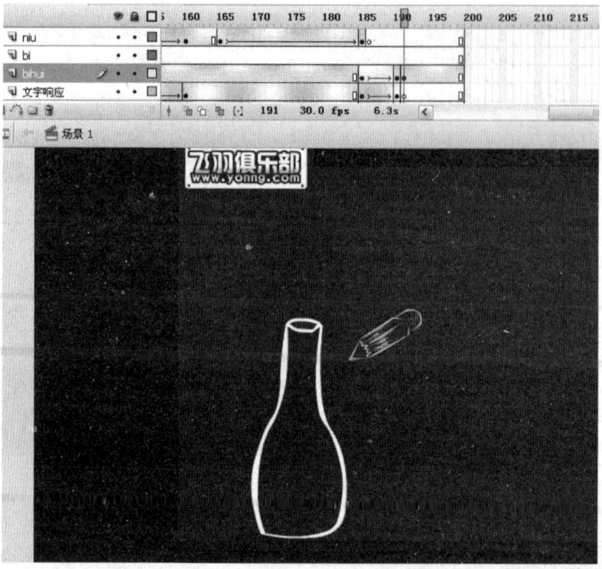

图 2-401

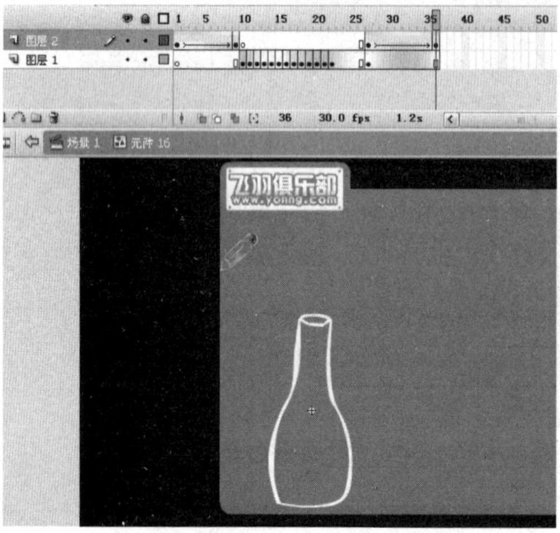

图 2-402

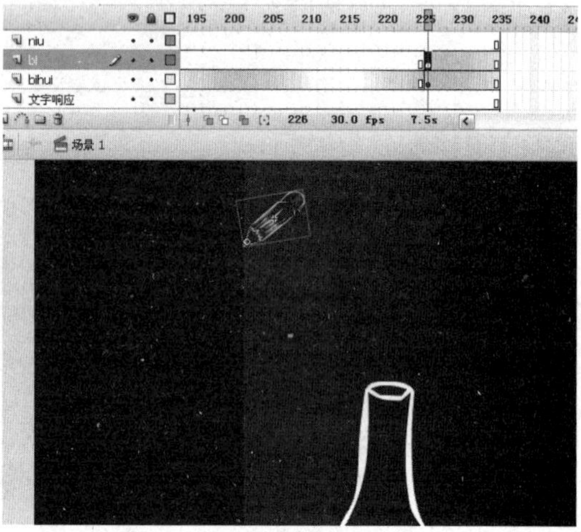

图 2-403

在同一帧上绘制一个导线，并把它们转换成一个图形元件，如图 2-404 所示。

双击进入元件界面，把铅笔和导线分为两层，分别利用补间动画和形状动画制作出铅笔绘制导线的动画效果，如图 2-405 所示。

分别在铅笔和导线图层的第 25 帧处创建一个关键帧和一个普通帧，给铅笔图层添加一段“缓动”值为－100 的补间动画，并把铅笔移出页面，如图 2-406 所示。

双击返回主场景，在 bi 图层“时间轴”的第 250 帧处创建一个关键帧，把实例打散后再把移出页面的铅笔删除。

(3) 在 niu 图层“时间轴”的第 250 帧处创建一个关键帧，把第 185 帧处已分解开的卡通实例复制过来并放置在紧贴着导线的左上角，再调整好比瓶口略小一些的尺寸大小，如图 2-407 所示。

在第 256 帧处创建一个关键帧，给它添加一个补间动画，并把实例沿着导线拖下来，如图 2-408 所示。

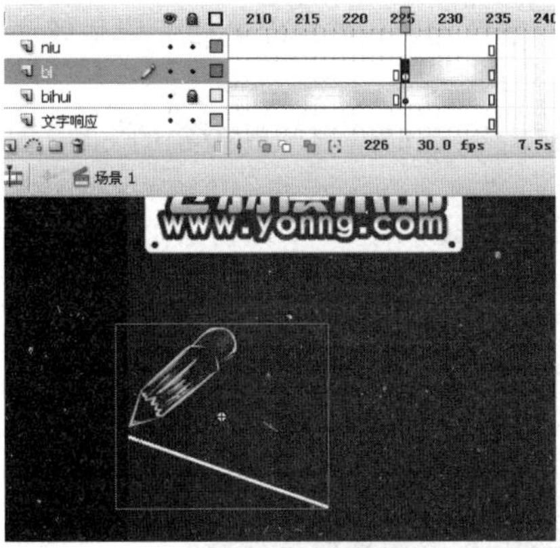

图　2-404

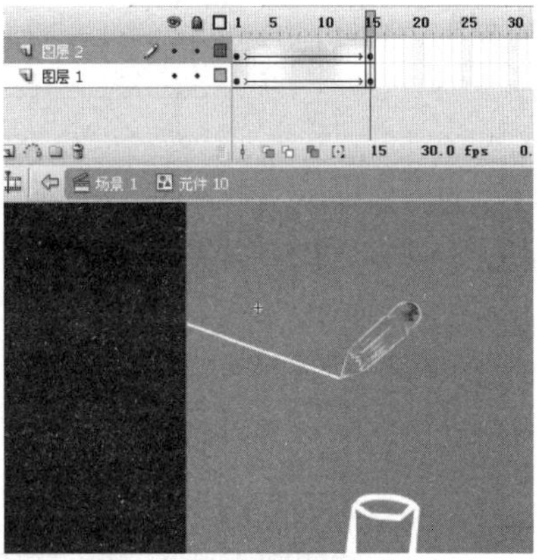

图　2-405

图　2-406

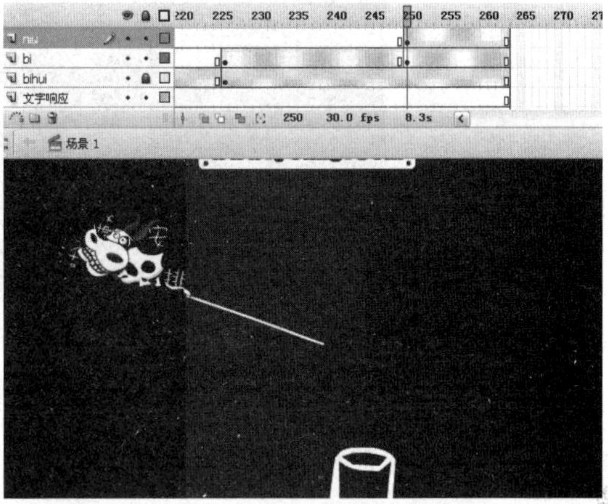

图　2-407

步骤 5　制作“牛”进瓶子动画

(1) 在第 257 帧处创建一个关键帧，把实例打散，开始制作一段“牛”下落的逐帧动画，并且让“牛”身体所有部分全落入瓶中，4 个文字则落入瓶的右下角。

调整第 257 帧上已打散的对象，让每个单独的对象随着下落而逐帧改变其动态，如图 2-409 所示。

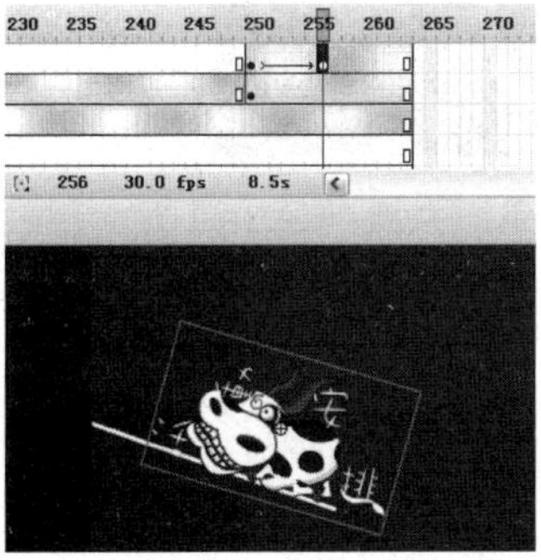

图　2-408

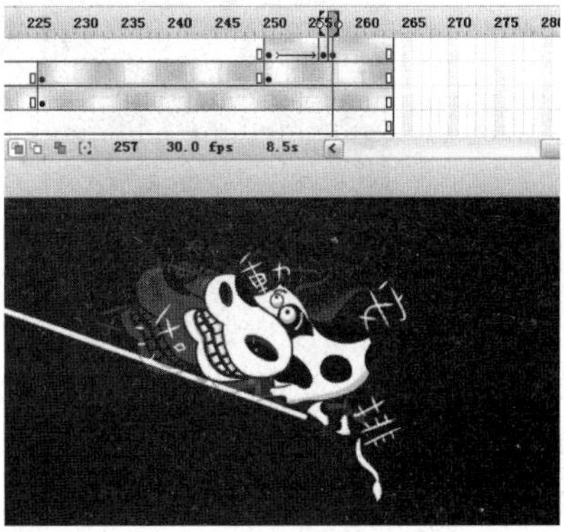

图　2-409

由于动画的延续性，这里就不再介绍其逐帧的动态变化，只选了其中几个调整较大的关键帧来说。

(2) 当“牛”下落至第260帧的时候，已经接近瓶口了；此时发现原先设定的bihui图层中的瓶子处于卡通对象的下一层；为了让“牛”具有真实的下落进瓶的效果，可把bihui图层调整至niu图层上方，并且在接下去的进瓶逐帧动画中一定要注意不能让“牛”身体的各个部件露在瓶身外。在这一帧上的动态如图2-410所示。

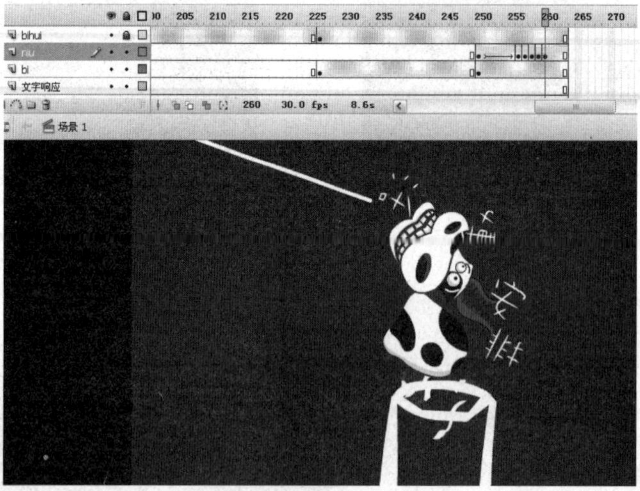

图 2-410

当下落至第270帧时大部分的“牛”身体部件快接近瓶底了；外面的文字则是第一个“排”字落至地面，所以把它的中心点拖至文字下方，再挤压，做一个文字的反弹效果，如图2-411所示。

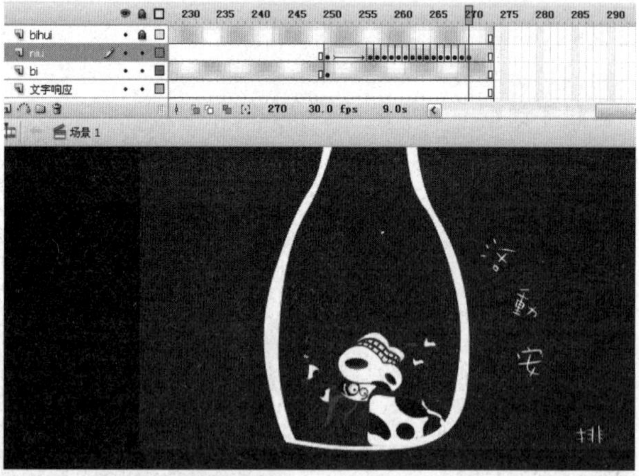

图 2-411

这里为什么不给卡通牛也做下落反弹呢？因为在处理动画效果之前必须预先考虑到动画对象是什么，其反映在真实世界中的物理现象又是怎样的；简单地说，可以做一个篮球的自由下落反弹，却不可能让一只铅球在地面上反弹几次；这是很直观的物理学应用，所以在这段下落动画制作中也得考虑到这一点。

(3) 继续制作逐帧动画。在第271帧处“排”字开始第一次向上回弹，其他对象则继续保持下落，如图 2-412 所示。

第 272 帧上“牛”已经完成落至瓶底了，“排”字也完成了反弹过程，此时“安”字开始第一次挤压反弹，其他两个文字继续保持下落，如图 2-413 所示。

这一段逐帧动画就制作完成了，记得多调整前后帧之间的变化关系，切不可脱节。

在 bi 图层“时间轴”的第 276 帧上创建一个关键帧，把铅笔调出来并把铅笔和导线图形转换成一个图形元件。

双击进入元件界面，把铅笔和导线分成两层，在铅笔图层的第 1 帧和第 5 帧上创建一段补间动画，让铅笔由页面外移至导线最下端，如图 2-414 所示。

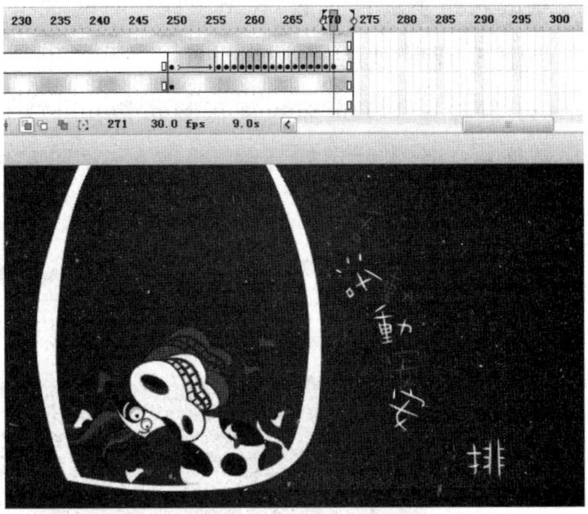

图 2-412

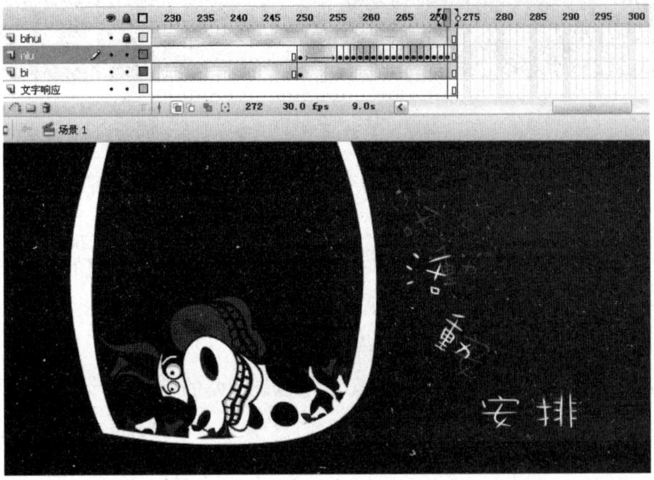

图 2-413

分别在两个图层的第 10 帧和第 15 帧处创建一个关键帧，添加补间动画和形状动画，并把两者均移出页面，如图 2-415 所示。

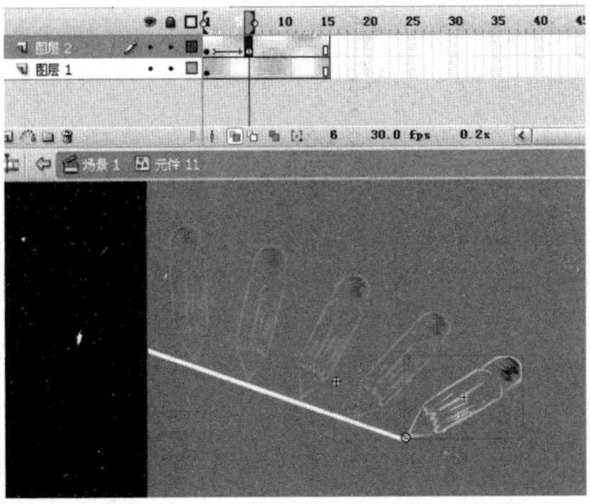

图 2-414

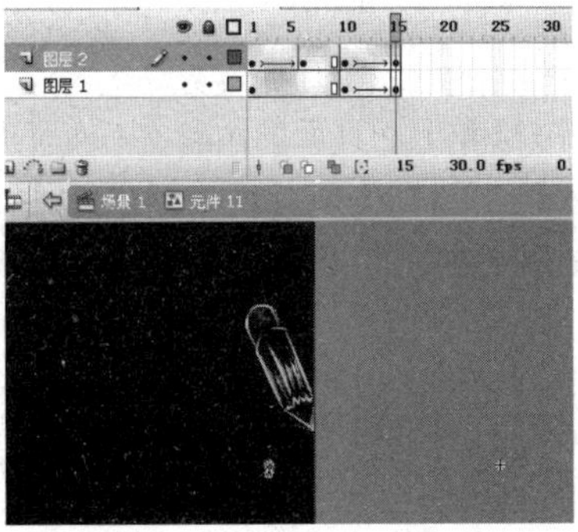

图 2-415

双击返回主场景页面，在 bi 图层“时间轴”的第 290 帧处创建一个空白关键帧。

步骤 6　制作回首页按钮动画

(1) 制作这个子页面的首页跳转按钮。选中 niu 图层“时间轴”的第 276 帧上瓶内的“牛”，把它转换成一个影片剪辑元件，并取名为“回首页”，如图 2-416 所示。

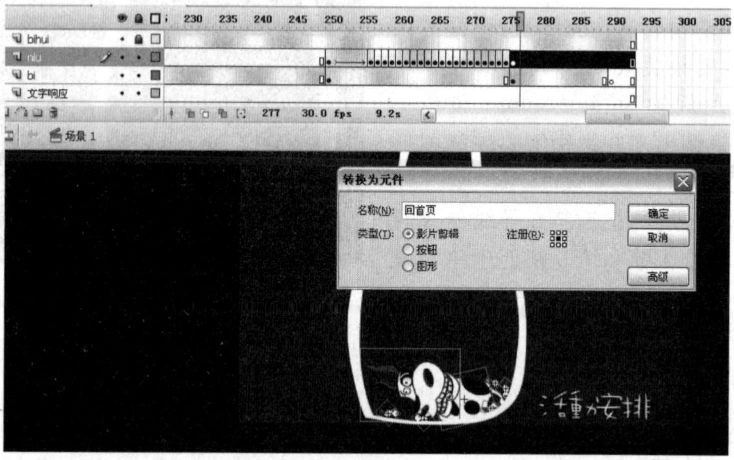

图　2-416

每个页面的跳转按钮制作方法均相同，所以这里就把大致的情况介绍一下，详细步骤可参照前面的实例。

双击进入元件界面，先制作一段 5 帧的“牛”响应鼠标动作，这 5 帧的逐帧动画使“牛”从分解的状态逐渐拼接在一起直立起来，如图 2-417 所示。

把这 5 帧关键帧复制后粘贴到第 6 帧的后面，并翻转。

(2) 新建一层，按前面的方法制作一个“蓝色”跳转首页的响应按钮，并输入如下代码。

```
on (rollOver) {
    gotoAndPlay(2);
}
on (releaseOutside, rollOut) {
    gotoAndPlay(6);
}
on (release) {
    loadMovieNum("index.swf", 0);
    _level1._alpha = 0 ;
}
```

这一段和上一页面的跳转有一处不同，这里设置的是鼠标响应后动画跳转至第 6 帧开始播放。

新建一层，制作回首页的标识元件，并设置其从第 5 帧开始跳转播放，如图 2-418 所示。

最后再建一层，分别在第 1 帧和第 5 帧处输入代码：

```
stop();
```

这样，首页的跳转按钮动画就制作完成了。

(3) 双击返回主场景，新建一层，取名为 txt，在其“时间轴”的第 210 帧处创建一个空白关键帧；把之前页面中使用的文本框实例调出来，调整好大小并放置在页面偏右侧，如图 2-419 所示。

图　2-417

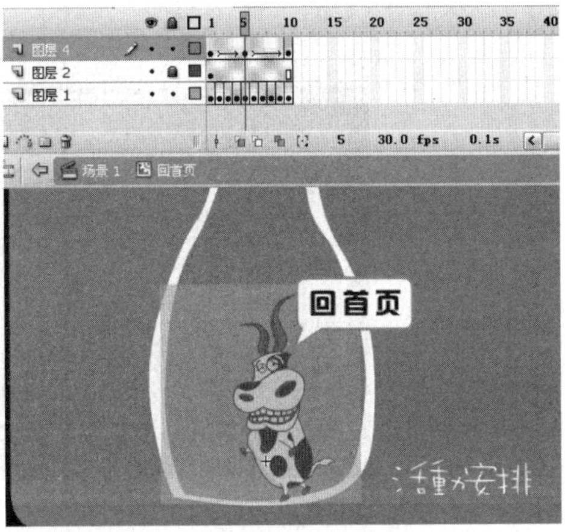

图　2-418

在第 215 帧处创建一个关键帧，给它添加“缓动”值为 100 的淡入补间动画。

新建一层，取名为“分隔线”，在其“时间轴”的第 215 帧处创建一个关键帧，并在文本显示框内绘制 5 段文字分隔线，如图 2-420 所示。

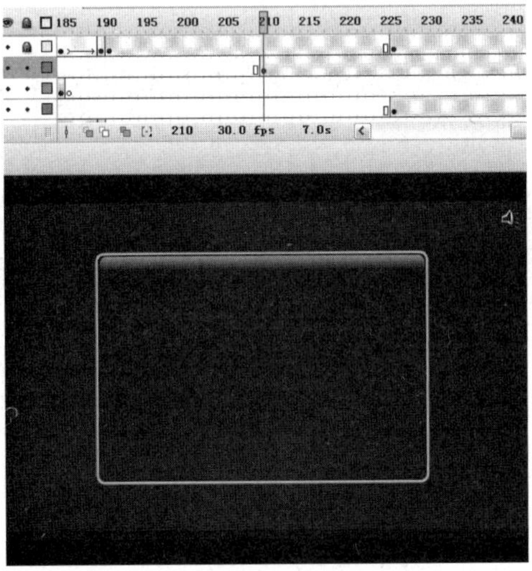

图　2-419

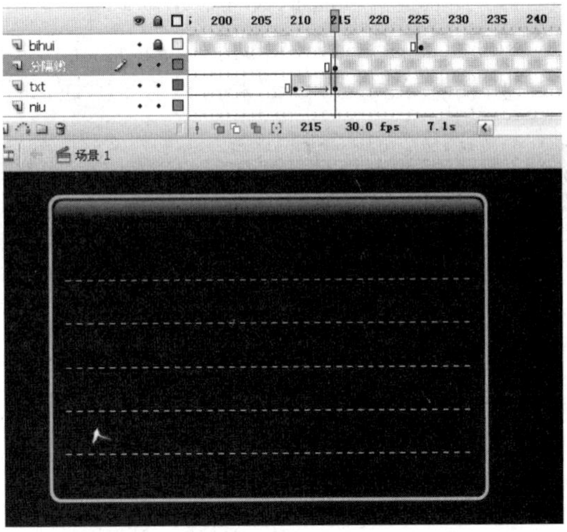

图　2-420

全选分隔线，把它们转换成一个图形元件，在第 220 帧处创建一个关键帧，给它添加“缓动”值为 100 的淡入补间动画。

新建一层，取名为“文本”，在其“时间轴”的第 220 帧处创建一个关键帧，并在分隔线上拉出 5 个动态文本，设置其“变量”名为 txt0、txt1、txt2、txt3、txt4，如图 2-421 所示。

(4) 打开系统记事本，在文档上输入页面文字信息，并保存名为 huodonganpai，如图 2-422 所示。

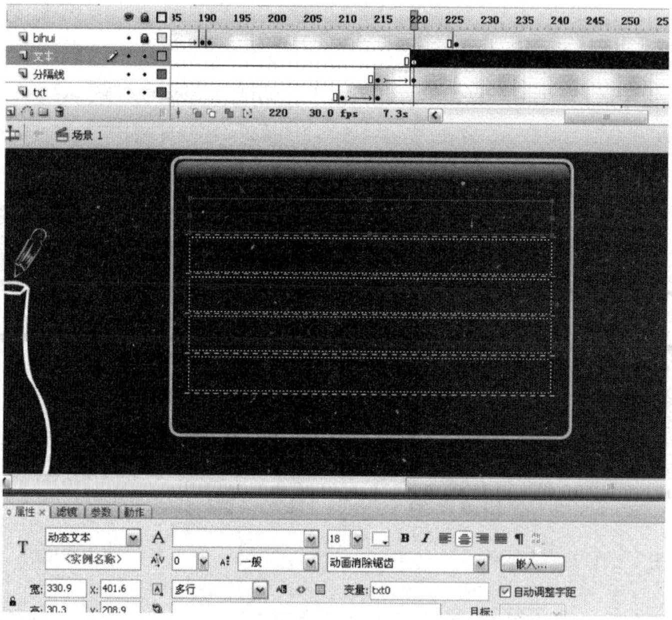

图　2-421

步骤 7　制作天气显示动画

(1) 制作这一页面的天气显示动画。

新建一层,取名为"天气动画",先把另一子页面天气动画中的第一段太阳下落补间动画复制过来,接着导入"云.png"素材到第 8 帧处,如图 2-423 所示。

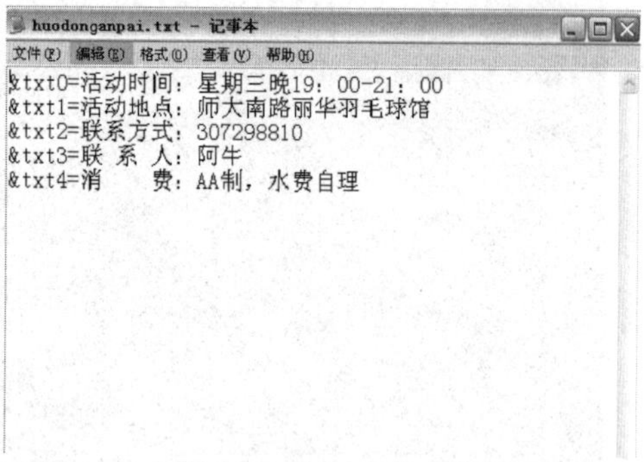

图　2-422

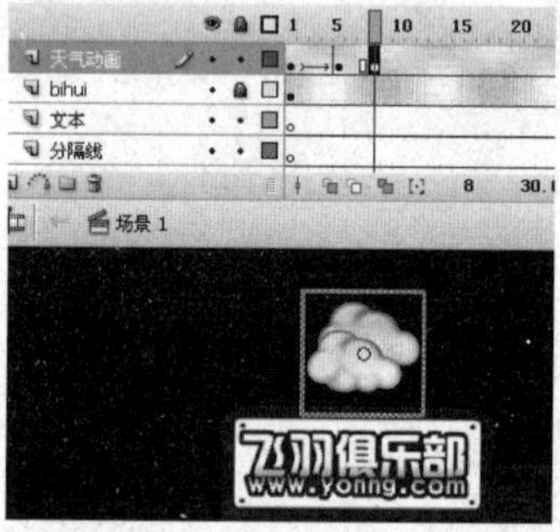

图　2-423

在第 12 帧处创建一个关键帧,按前面介绍过的方法制作这一段不同天气的交替补间动画。

接着在这一图层上新建一层,取名为"天气遮罩",把前面用过的遮罩图形复制过来,并设置其图层属性为"遮罩"。

(2) 制作闪电动画,并且让闪电每出现一次 Logo 也将跟着闪一下。

在"天气遮罩"图层上新建一层,取名为"闪电",在"天气动画"图层和新建图层"时间轴"的第 13 帧处各创建一个关键帧,并把天气图层中的实例剪切至新图层的相同位置,如图 2-424 所示。

选择新图层上的实例,将它转换成一个影片剪辑元件,并取名为"闪电"。

双击进入元件界面；新建一层，把它拖至“图层 1”下面，并导入“闪电. png”素材，如图 2-425 所示。

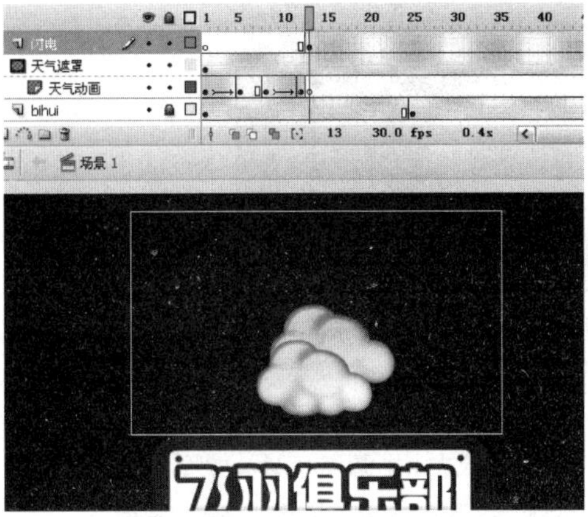

图　2-424

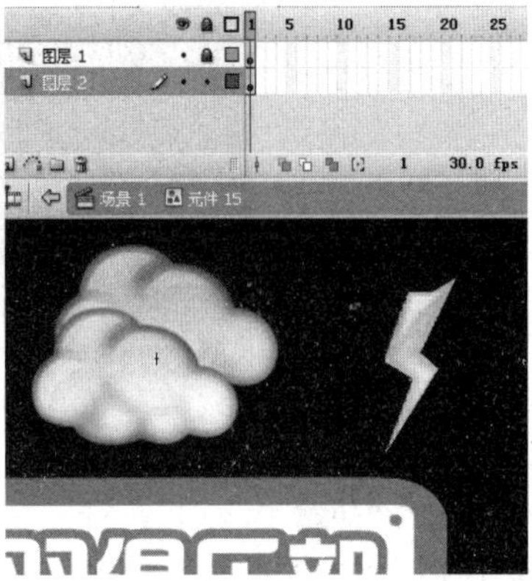

图　2-425

保持闪电素材选中状态，将其转换为一个图形元件。这里要特别注意，不能使其作为影片剪辑元件来用；因为在元件嵌套的动画中，只有图形元件才可随着“时间轴”的播放过程进行即时调试。

(3) 双击进入图形元件界面，分别在“时间轴”的第 3 帧、4 帧、5 帧、7 帧、9 帧、10 帧、13 帧上创建一个关键帧，再把第 3 帧、5 帧、9 帧、13 帧处的闪电素材删除；最后延伸“时间轴”长度到第 26 帧，如图 2-426 所示。

这里关键帧顺序的删减也有一定规律，抛开利用代码设计随机性的动画不说，在手动制作具有一定随机性动画时必须注意“时间轴”上的关键帧调整。

(4) 制作整个天气动画中闪电出现的时间动画，首先双击返回上一层元件菜单。

把闪电调整好大小后放置在云的下面；在两个图层“时间轴”上拉伸 42 帧的长度，并在“图层 1”下新建两个图层，如图 2-427 所示。

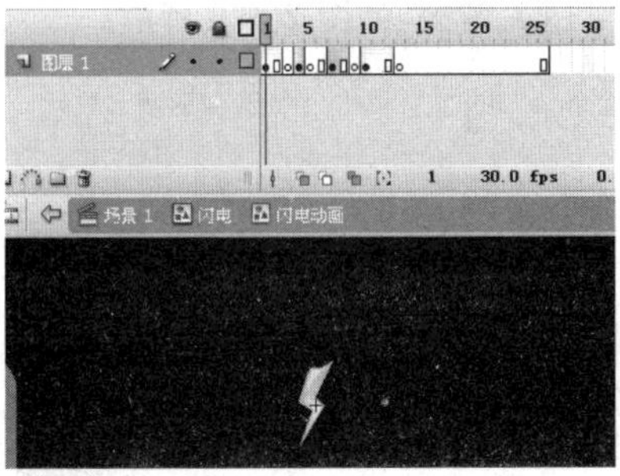

图　2-426

图　2-427

分别在“图层 2”的第 26 帧、“图层 3”的第 15 帧和“图层 4”的第 33 帧处创建一个空白关键帧。在“图层 2”的第 26 帧上复制两个闪电实例放置左右两侧，如图 2-428 所示。

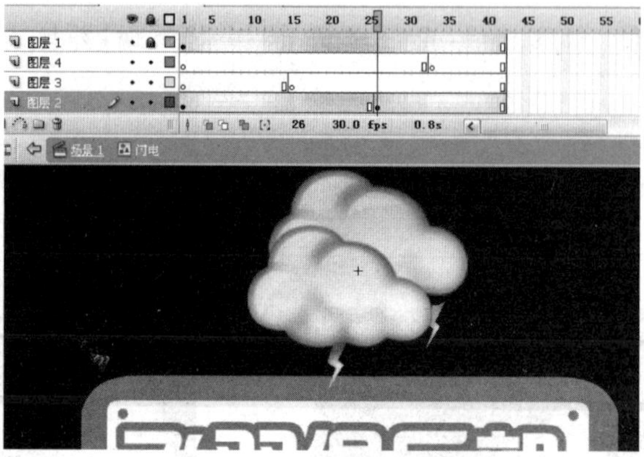

图 2-428

在“图层 3”的第 15 帧上复制一个闪电放在云的正下方，并调整大小，如图 2-429 所示。

在“图层 4”的第 33 帧上复制一个闪电放在左侧，并调整大小，如图 2-430 所示。

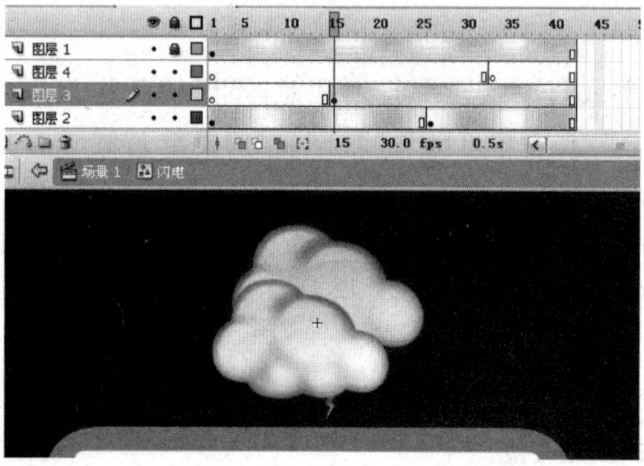

图 2-429

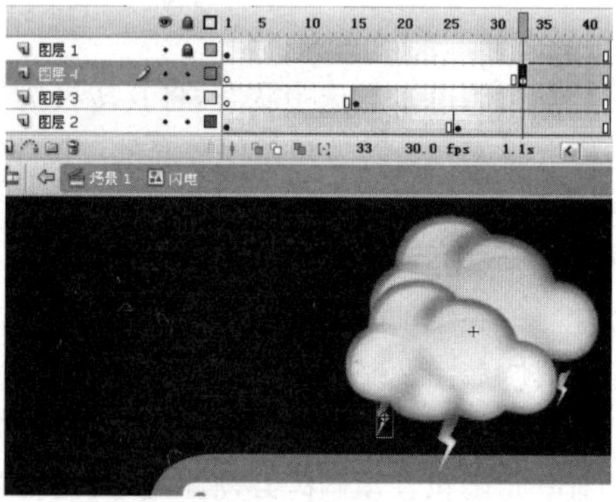

图 2-430

新建一层，把它放置在最底部；沿着页面上的 Logo 框绘制一个白色的矩形，转换成一个图形元件，并设置其 Alpha 值为 40%，如图 2-431 所示。

(5) 通过即时的动画播放测试，分别在这一层的第 1 帧、4 帧、7 帧、10 帧、15 帧、18 帧、21 帧、24 帧、29 帧、32 帧、35 帧、40 帧处创建一个关键帧，接着分别在第 3 帧、5 帧、9 帧、13 帧、17 帧、19 帧、23 帧、28 帧、30 帧、34 帧、38 帧处创建一个空白关键帧，如图 2-432 所示。

图 2-431

图 2-432

关于这段闪电的动画就制作完成了，在调整闪电的时间帧时要多留意前后的搭配和出现时间的顺序。

步骤 8 制作页面子动画及其他

(1) 双击返回主场景，新建一层，取名为"子动画"；把前面使用过的摩托车调出来，放置在页面的左侧，并调整其姿态，如图 2-433 所示。

把它转换成一个影片剪辑元件，按照之前页面中的方法制作一段从左向右行驶的摩托车动画，并设置其每 10s(300 帧)行驶过一次，如图 2-434 所示。

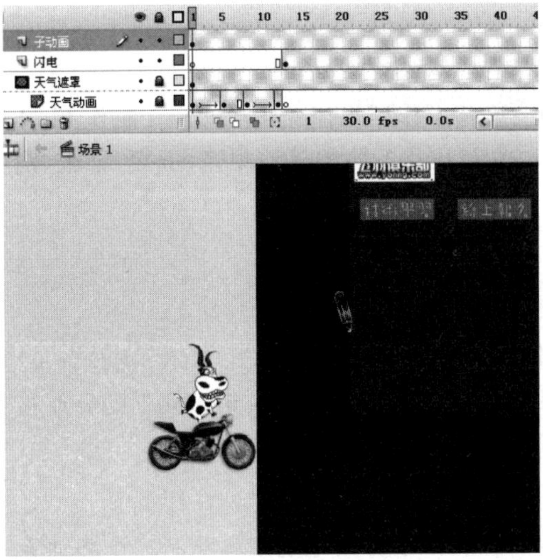

图 2-433

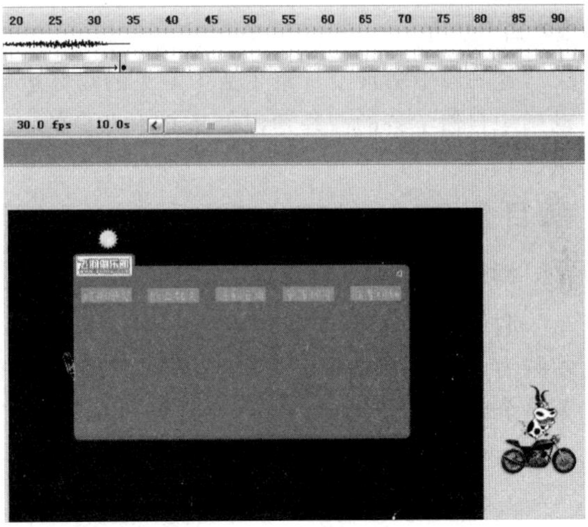

图 2-434

回到主场景"时间轴"，把这段动画往后延伸至第 120 帧处开始播放。

(2) 按照之前页面的方法给"回首页"按钮添加点击音效。

之后再新建一层，取名为 as，并在其"时间轴"的第 220 帧处创建一个关键帧，输入如下读取文本代码。

```
System.useCodepage = true;
loadVariables("huodonganpai.txt", _root);
```

在最后一帧处创建一个关键帧，输入代码：

```
stop();
```

最后在 bihui 图层上新建一层，取名为"页面遮罩"，把之前页面中使用的遮罩图形复制过来。这样，关于子页面"活动安排"的动画就全部制作完成了。

项目小结

这一页面中的逐帧动画相对多一些，在原实例中还有一段当"牛"进了瓶子以后发生倾斜的逐帧动画，在那段动画中涉及了重心力在动画里的应用。考虑到网站的主题性，所以把那一段删除了。

在制作逐帧动画的时候要注意实际生活中的各种物理规律。自然界中的万物都必定是遵循相对应的规律，只要掌握了这些知识，在 Flash 动画制作中自然就可以举一反三、加以应用。

2.6 实例体验 第四个页面“会员规章”制作

项目背景

这一页面中的转场动画将会由一块石头来触发，并且在制作中第一次出现两个笔绘对象相互产生作用的动画效果。

项目任务

利用上述所学的 Flash 网站知识设计制作“会员规章”动画，并掌握物体反映在实际中的运动规律。

项目分析

这一段中将涉及日常生活中常见的物体运动的一些基本作用规律变化形态。在制作 Flash 动画中自然学科的一些知识也是必不可少的，比如物体上升及下落的运动规律、下雨、下雪、刮风、闪电等。

项目实施

步骤 1 页面文档设置

制作子页面“会员规章”动画。新建一个 1024 像素×768 像素的 Flash CS3 文件，黑色背景，帧频为 30fps；再把每个页面上共同使用的深蓝色页面背景、Logo、喇叭以及第 1 帧上的导航栏菜单全部复制过来，最后保存文件名为 huiyuanguizhang。

步骤 2 转场动画制作

(1) 制作页面动画。首先新建一层，取名为 bihui，在页面下方用笔刷工具绘制一个类似天平秤的图形，把之前页面当中的铅笔调过来，将天平秤和铅笔转换成一个图形元件，取名为“天平秤”，如图 2-435 所示。

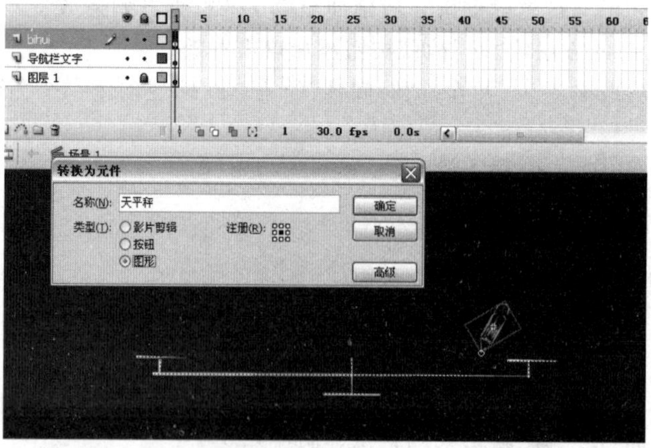

图 2-435

(2) 双击进入元件界面，按照前面介绍过的擦除法把这段笔绘天平秤动画擦出来。这一段的擦除有些复杂，需要的补间动画较多，其铅笔的走势如图 2-436 所示。

在擦除的过程当中要注意走势的不同走向，配合着补间运动的路线一步步按走势图顺序来。其最终的效果如图 2-437 所示。

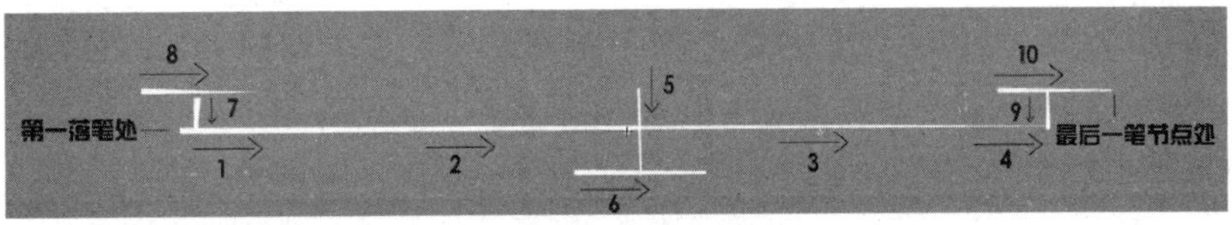

图　2-436

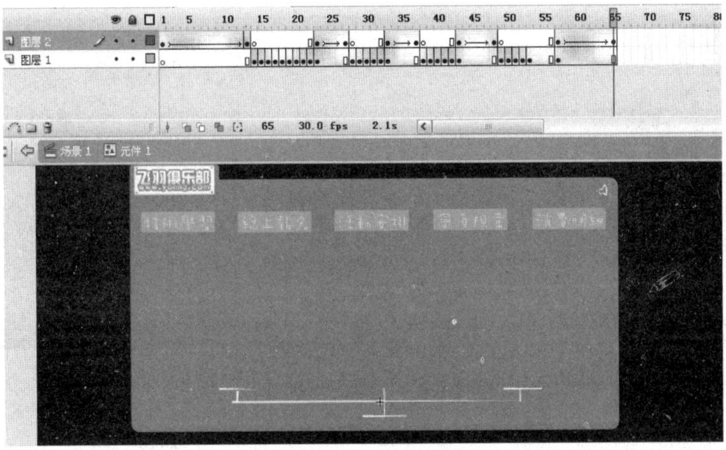

图　2-437

可以看出，"图层 2"即铅笔的补间动画路线帧，包括页面出入共分了 5 次补间运动、4 段逐帧擦除；其过程相对来说稍显烦琐，但只要掌握了它的制作原理和使用技巧就可以很轻松、高效率地完成。

双击返回主场景，在同一图层"时间轴"的第 65 帧处创建一个关键帧，并把这段擦除动画打散，删除移出页面的铅笔。

(3) 此时新建 3 个图层，分别取名为 zuo、you、zhou。在第 65 帧处创建 3 个关键帧，把 bihui 图层中已打散的天平两边的左右托盘和中间的转轴分别剪切下来，粘贴到相对应名称的图层关键帧中；并把 3 个关键帧对象均转换成图形元件，如图 2-438 所示。

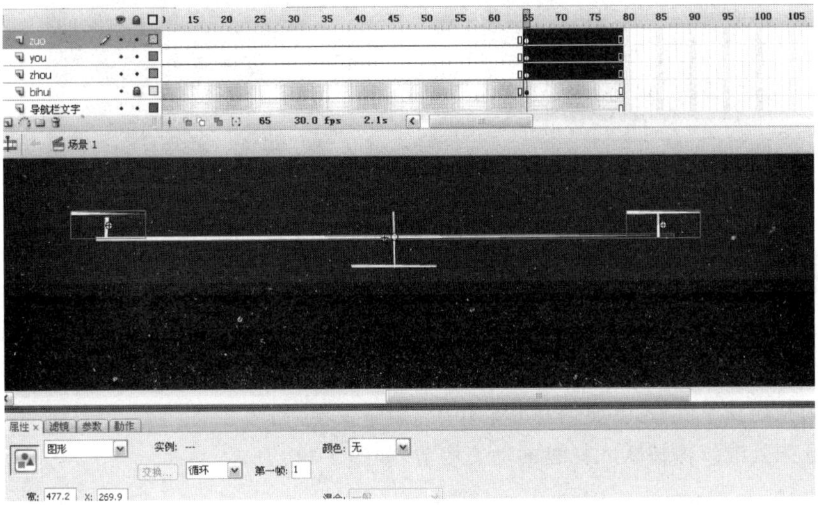

图　2-438

新建一层,取名为 niu,在其"时间轴"的第 65 帧处创建一个关键帧,把之前页面中的"跑步"动画从库中调出来放置在页面的右侧;在第 85 帧处创建一个关键帧,给它添加一段补间动画,让"牛"从右侧跑到天平秤的右托盘下,如图 2-439 所示。

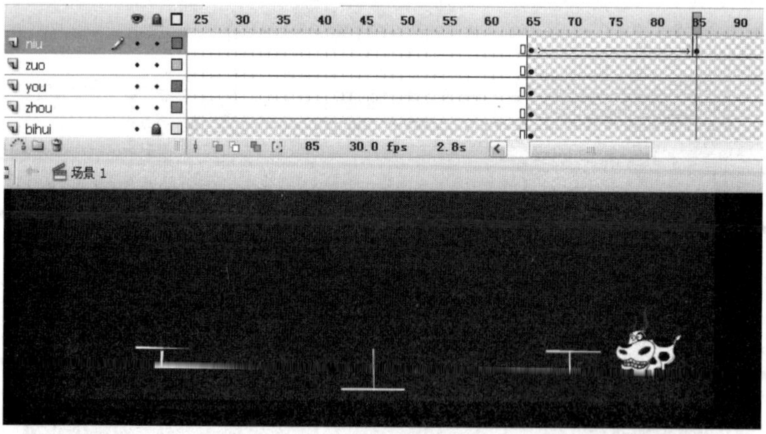

图 2-439

在第 86 帧处把实例打散,调整其姿态向左上角的托盘跳跃,如图 2-440 所示。

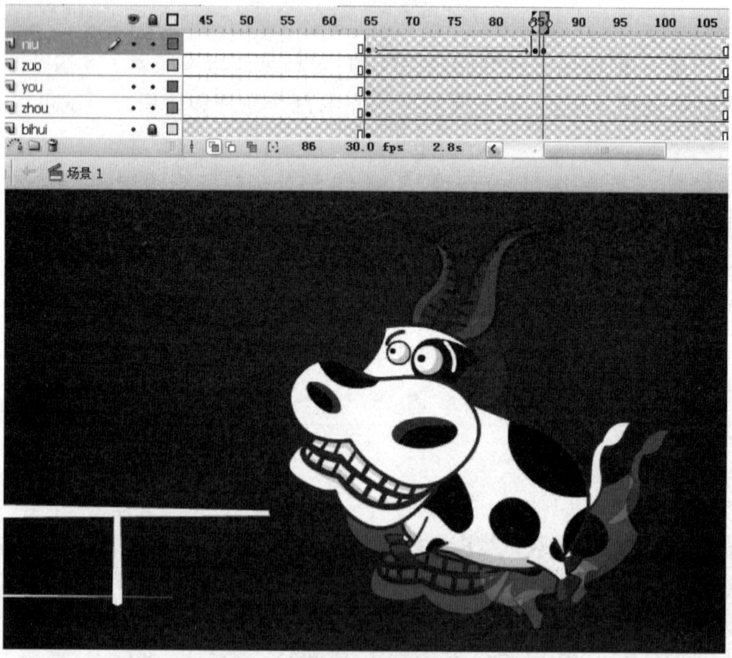

图 2-440

在第 87 帧上继续保持向上跳跃的动态姿势,如图 2-441 所示。
第 88 帧开始跃上托盘,并且身体重心下移,眼睛下视,如图 2-442 所示。
在第 89 帧处继续保持跃入托盘的动态姿势,如图 2-443 所示。

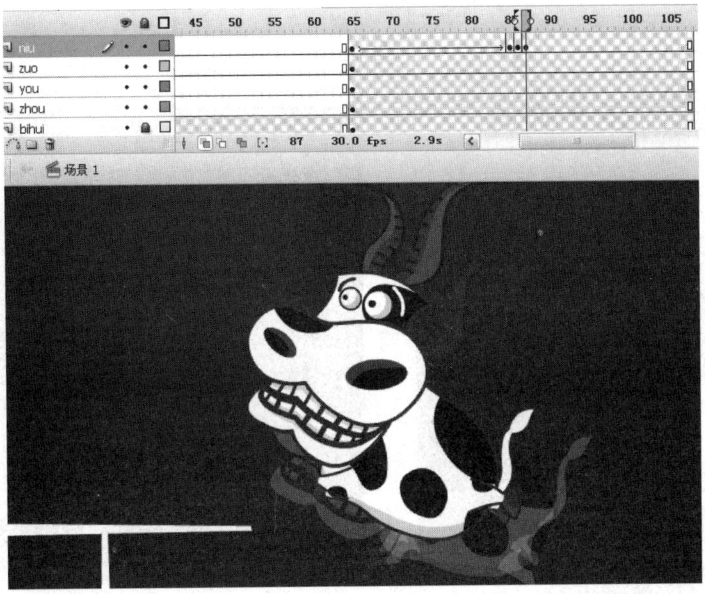

图　2-441

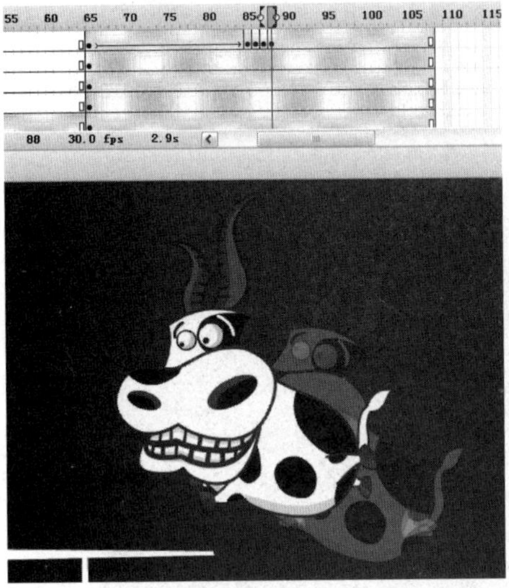

图　2-442

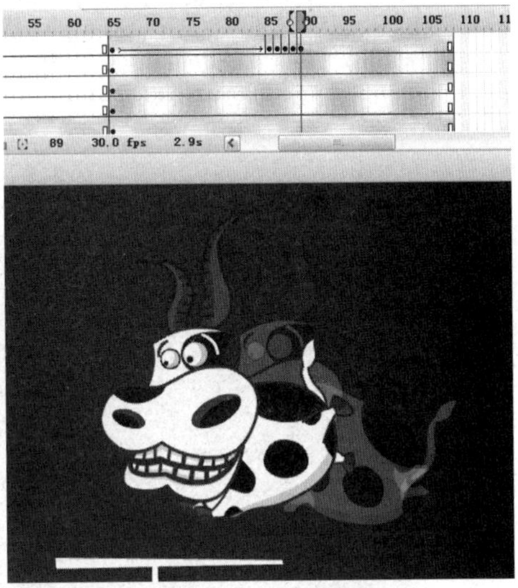

图　2-443

第 90 帧时“牛”身体的前半部分已经登上托盘，如图 2-444 所示。

第 91 帧时已完全站在了托盘上，并且把头抬高，眼睛注视“会员规章”导航菜单，如图 2-445 所示。

(4) 新建一层，取名为 bi，在其“时间轴”的第 70 帧处创建一个关键帧，并在天平秤左托盘正上方绘制一块石头，把铅笔调出来，再把它们转换成一个图形元件，如图 2-446 所示。

双击进入元件界面，同样使用擦除法制作一段铅笔绘制石头的动画，其效果如图 2-447 所示。

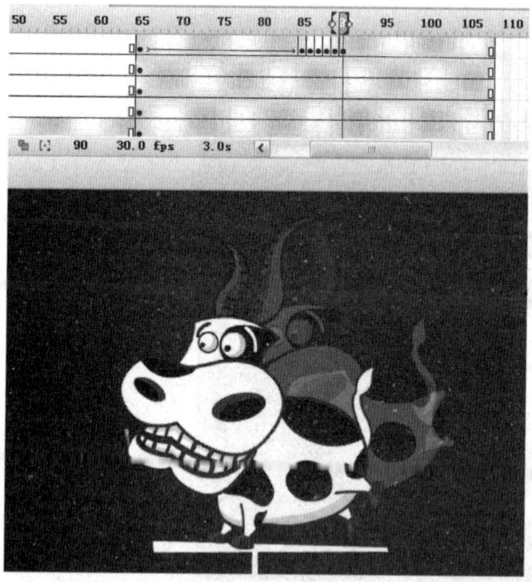

图 2-444

图 2-445

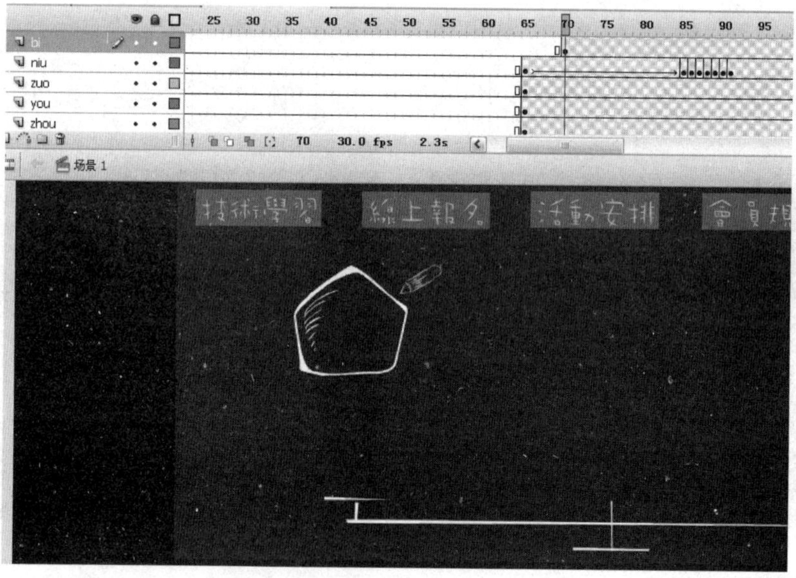

图 2-446

回到主场景,在 bi 图层“时间轴”的第 127 帧处创建一个关键帧,把实例打散并删除移出页面的铅笔。此时发现绘制石头全过程共花了 58 帧的时间,而“牛”很早就站在托盘上了,所以为了协调动画节奏,可把“牛”跑进页面和跳跃的动画过程稍微地延长一些,如图 2-448 所示。

这里把跑步进页面的那段补间动画适当地延长了,而跳跃的逐帧则改为两帧一组的动作,由于文件设置的是 30fps,所以这里设置成两帧一组的逐帧区别也不大。

(5) 把第 127 帧上的石头转换成一个图形元件,取名为“石头下落”。

在第 135 帧处创建一个关键帧,给它添加“缓动”值为－100 的补间动画,让石头自由下落至

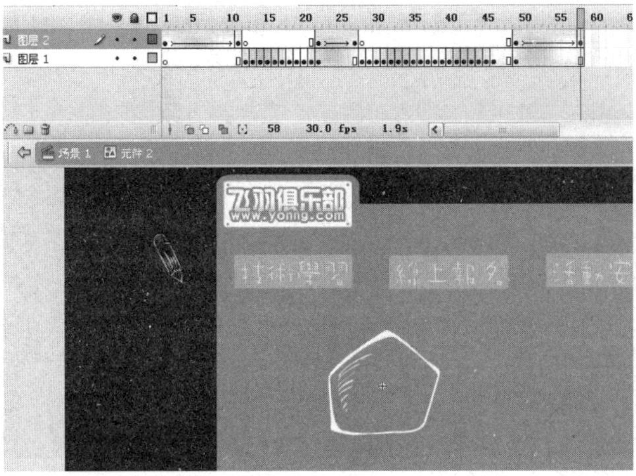

图　2-447

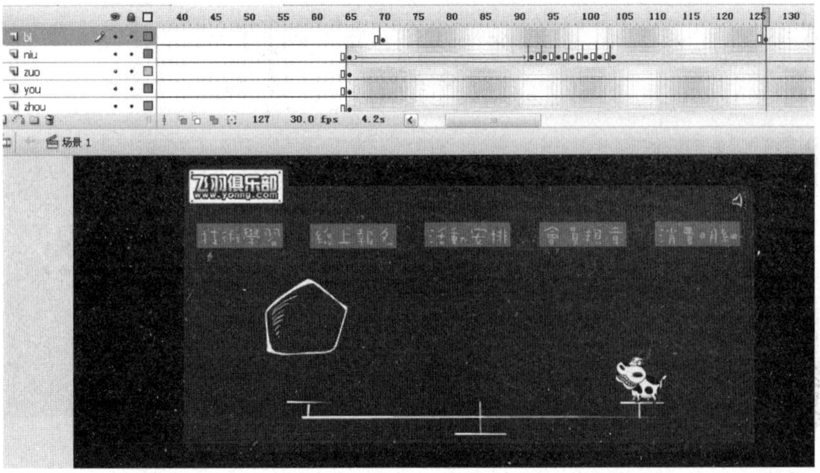

图　2-448

左侧托盘上，如图 2-449 所示。

分别在 niu、zuo、you、zhou 图层“时间轴”的第 135 帧处创建一个关键帧，并把 niu 图层上的卡通对象转换成一个图形元件，如图 2-450 所示。

分别在 bi、zuo、you、zhou 图层“时间轴”的第 137 帧处创建一个关键帧，给它添加 3 段补间动画，让天平秤随着左侧石头下落而翘起，如图 2-451 所示。

(6) 选择 niu 图层中已转换成图形元件的“牛”实例，双击进入元件界面，给它制作一段向上弹起飞往“会员规章”菜单的动画。

前面几帧身体向上弹起的动态使用逐帧来表现，保持第 1 帧不变，在第 2 帧处创建一个关键帧，把“牛”向上抬一些，并调整其动态姿势，如图 2-452 所示。

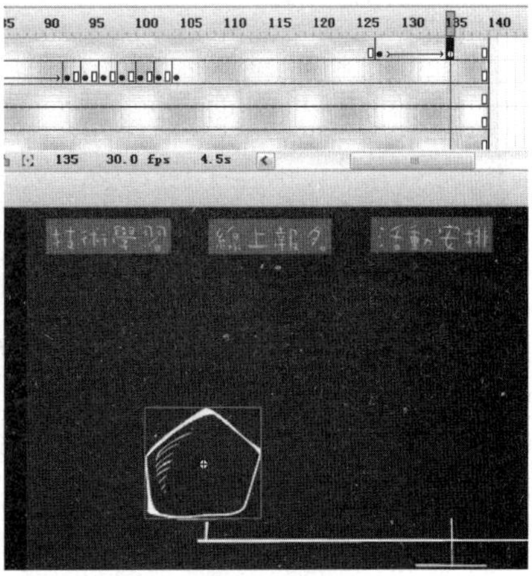

图　2-449

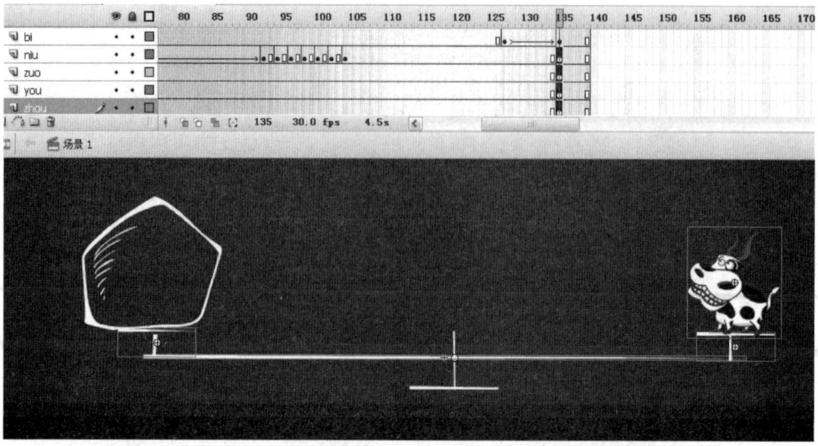

图 2-450

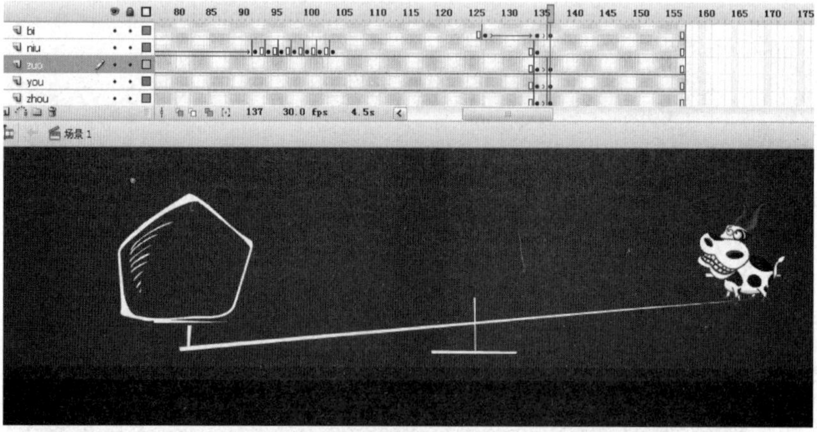

图 2-451

在第3帧处继续向上调整,并注意菜单文字的方向,如图2-453所示。

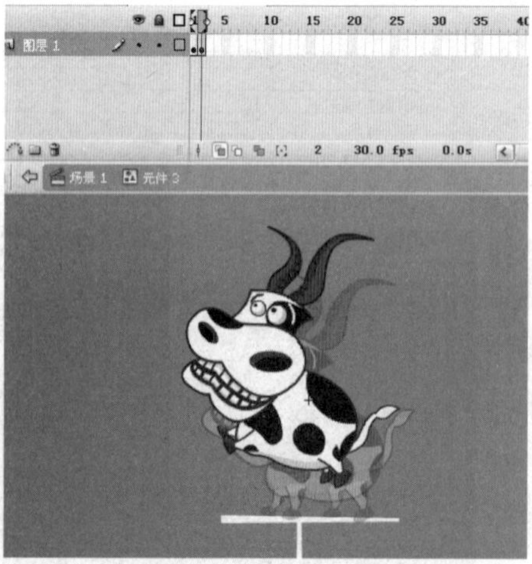

图 2-452

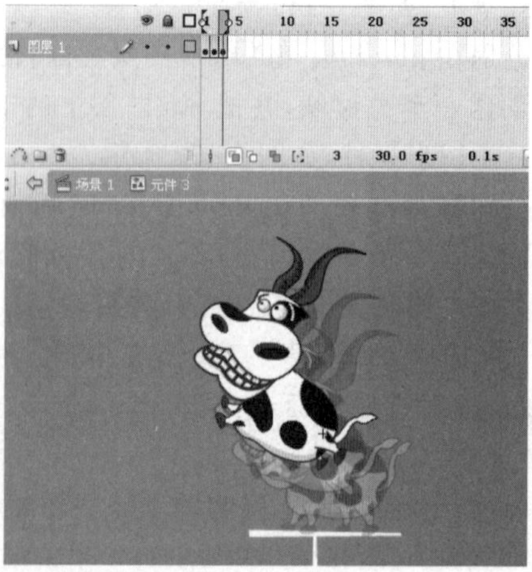

图 2-453

可以看出此时已完全腾空了，在第 4 帧处可保持这一动态，直接使用补间动画让它飞上去就行。

在第 4 帧处把卡通牛转换成一个图形元件，然后在第 10 帧处创建一个关键帧，给它添加一段补间动画，让“牛”在第 10 帧处顺着菜单文字飞出页面，如图 2-454 所示。

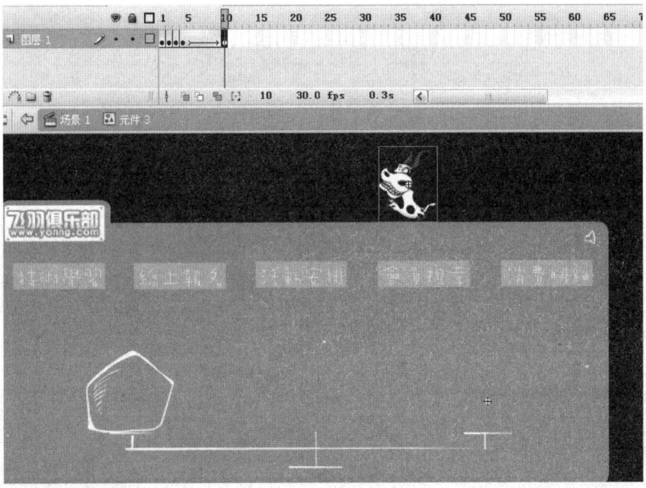

图　2-454

双击回到主场景，在 niu 图层“时间轴”的第 145 帧处创建一个空白关键帧。

(7) 为加强石头下落的逼真效果，在 bi 图层“时间轴”的第 138 帧、139 帧、140 帧、141 帧处分别创建一个关键帧，让它沿着石头的重心部分反弹几帧，这就是为什么在绘制石头的时候把底部留成一定倾斜状，如图 2-455 所示。

这里的反弹和上述的文字反弹有所不同，文字在反弹过程中呈向上弹跳的动态；而石头毕竟属于稍沉重的物体，所以让它沿着倾斜的重心向下抖动几下。

在 bi 图层上新建一层，取名为“文字响应”，接着分别在“导航栏文字”图层和新建图层“时间轴”的第 142 帧处创建一个关键帧。把导航栏中的“会员规章”剪切至“文字响应”图层的关键帧上，并打散再重新转换成一个图形元件，如图 2-456 所示。

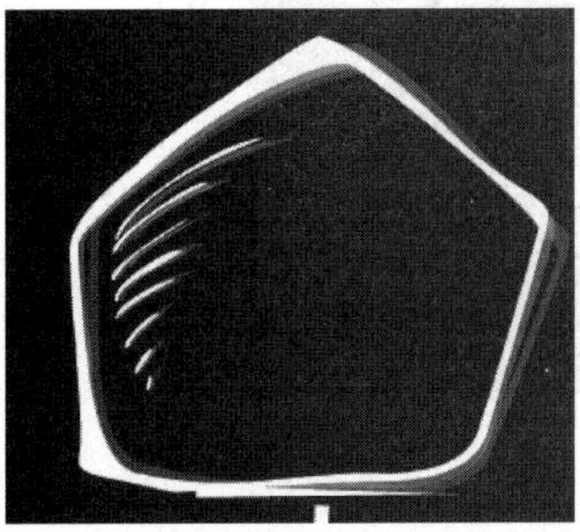

图　2-455

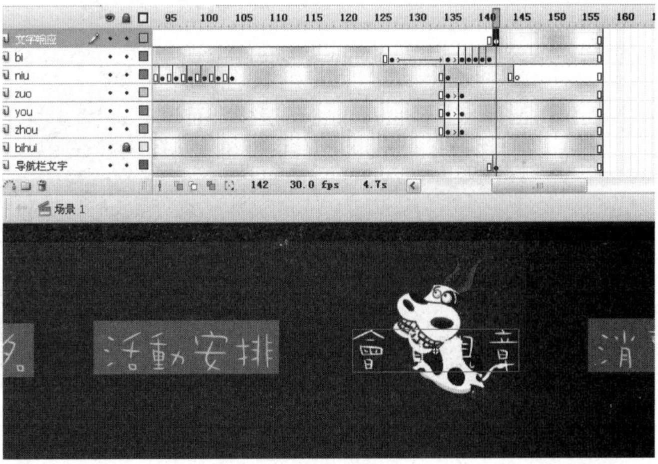

图　2-456

可以看到,一旦菜单按钮打散,蓝色的区域块也消失了,这是删除了按钮层的缘故。

(8) 在第 144 帧处创建一个关键帧,给它添加一段补间动画,让文字随着“牛”的飞出而一起拖出页面;在第 145 帧处创建一个空白关键帧,如图 2-457 所示。

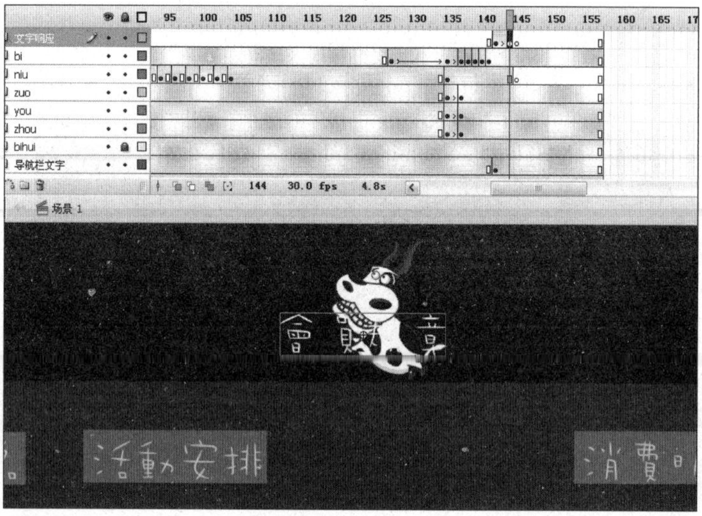

图 2-457

随着“牛”带着文字飞出页面,场景也得跟着转换。

分别在 bi、zuo、you、zhou、bihui、“导航栏文字”图层“时间轴”的第 145 帧处创建一个关键帧。把上述几个图层中的元素全部剪切到一个图层上,并转换成一个图形元件,再把集合在元件内的 4 个导航栏菜单打散成图形,如图 2-458 所示。

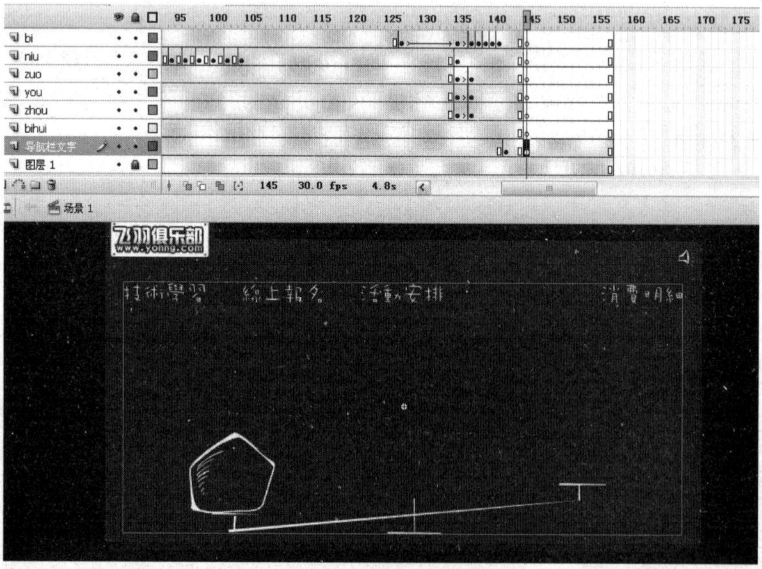

图 2-458

在第 155 帧处创建一个关键帧,给它们添加“缓动”值为 −100 的补间动画,把它们向下垂直移出页面。在第 156 帧处创建一个空白关键帧,如图 2-459 所示。

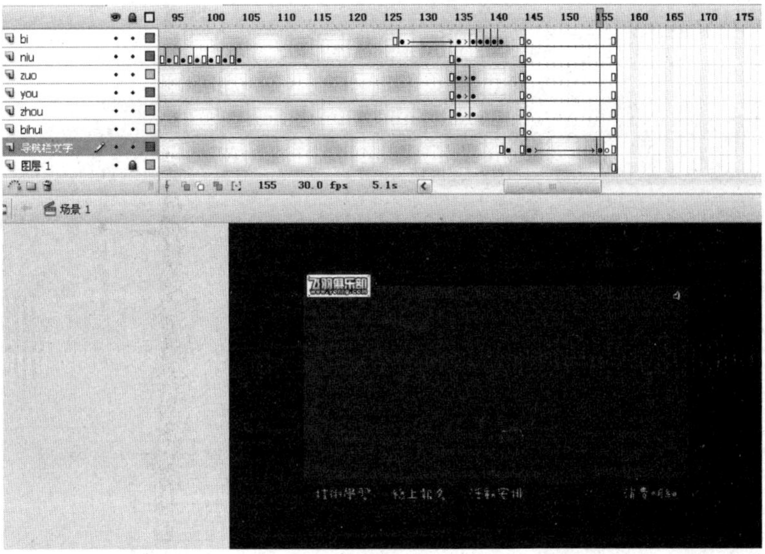

图　2-459

步骤 3　第二场景动画制作

(1) 制作第二场景画面，在 bihui 图层“时间轴”的第 156 帧处创建一个关键帧，并在页面下半部分绘制一些云层状的图形，再导入铅笔，将它们转换成一个图形元件，取名为“云层”，如图 2-460 所示。

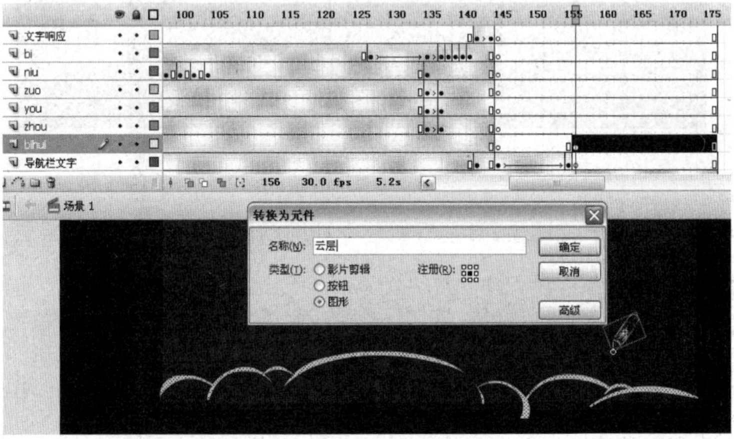

图　2-460

双击进入元件界面，利用擦除法把云层擦出来。这段的铅笔走势很简单，就是从左至右地逐段擦除就可以。最终效果如图 2-461 所示。

双击返回主场景页面，在 bihui 图层“时间轴”的第 203 帧处创建一个关键帧，把云层实例打散，并删除移出页面的铅笔。

(2) 在 niu 图层“时间轴”的第 203 帧处创建一个关键帧；把前面从天平秤中弹出来的“牛”和移出页面的菜单文字实例一起复制过来，调整好大小并放置在页面的右下角，并转换成一个图形元件，如图 2-462 所示。

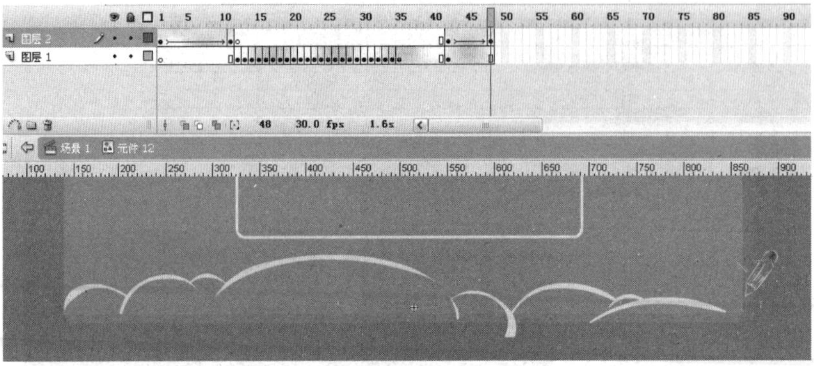

图 2-461

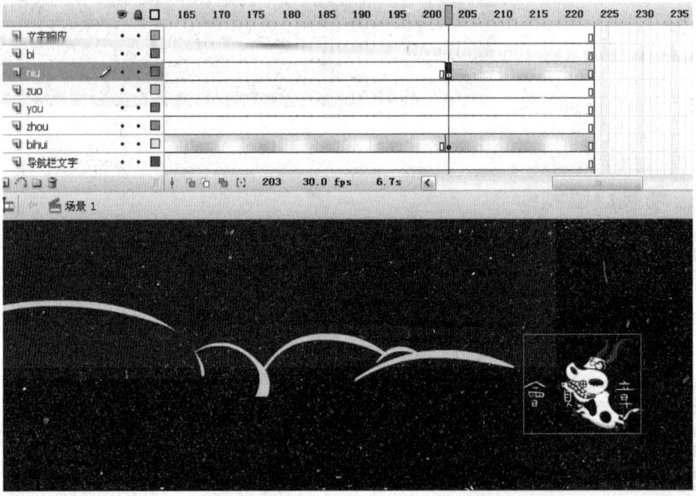

图 2-462

在第 208 帧处创建一个关键帧，给它添加一个补间动画，并把实例拖至云层上方，如图 2-463 所示。

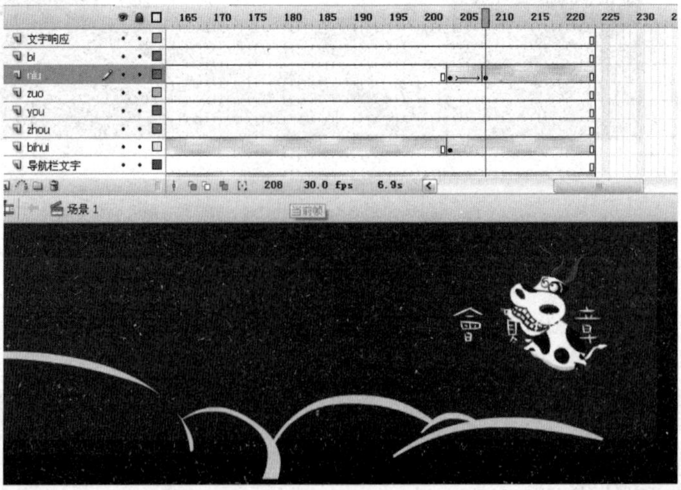

图 2-463

在第 209 帧处创建一个关键帧，把实例打散并调整其动态为向云层处跳跃，如图 2-464 所示。

调整第 210 帧关键帧，此时“牛”的身体已呈接触云层面的趋势，并且眼睛向下注视，如图 2-465 所示。

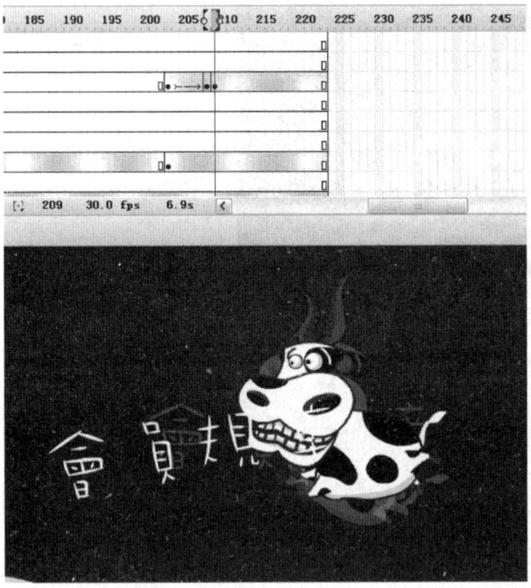

图 2-464

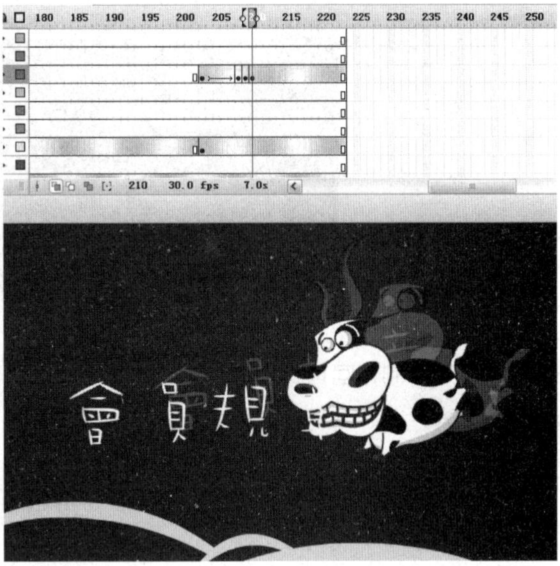

图 2-465

在第 211 帧处继续调整下落动态，如图 2-466 所示。

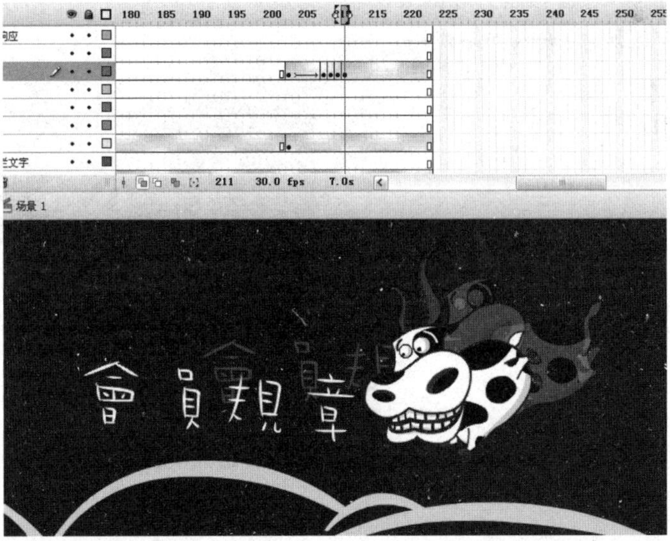

图 2-466

第 212 帧处“牛”和文字已落在云层上，如图 2-467 所示。

此时再给文字制作几帧反弹动画，参照前面介绍过的原理和方法，这里就不复述了。

图 2-467

步骤 4　制作回首页按钮

(1) 制作这一页面中返回首页跳转按钮,原理和之前页面一样,利用影片剪辑元件作为跳转按钮。

在同一图层的第 213 帧("牛"落下云层的第 1 帧处)把"牛"转换成一个影片剪辑元件,并取名为"回首页"。

先制作一段鼠标响应的动画,这里制作一段 4 帧的动作,如图 2-468 所示。

图 2-468

仍然是把这 4 帧复制后粘贴至第 5 帧的后面,再翻转过来;新建一层,参照之前的方法制作蓝色的按钮响应区域,并输入如下代码。

```
on (rollOver) {
gotoAndPlay(2);
}
on (releaseOutside, rollOut) {
gotoAndPlay(5);
}
on (release) {
loadMovieNum("index.swf", 0);
_level1._alpha = 0 ;
}
```

代码一样,只是把跳转帧数改到了第 5 帧。

(2) 新建一层,把之前页面上的跳转标识动画复制过来;再新建一层,分别在第 1 帧和第 4 帧处添加代码:

```
stop();
```

如图 2-469 所示。

步骤 5　制作页面文本信息

(1) 制作页面的文字信息;双击返回主场景,新建一层,取名为 txt,并在其"时间轴"的第 165 帧处创建一个关键帧;把之前页面中的文本显示框调出来,放置在页面中间,如图 2-470 所示。

图　2-469

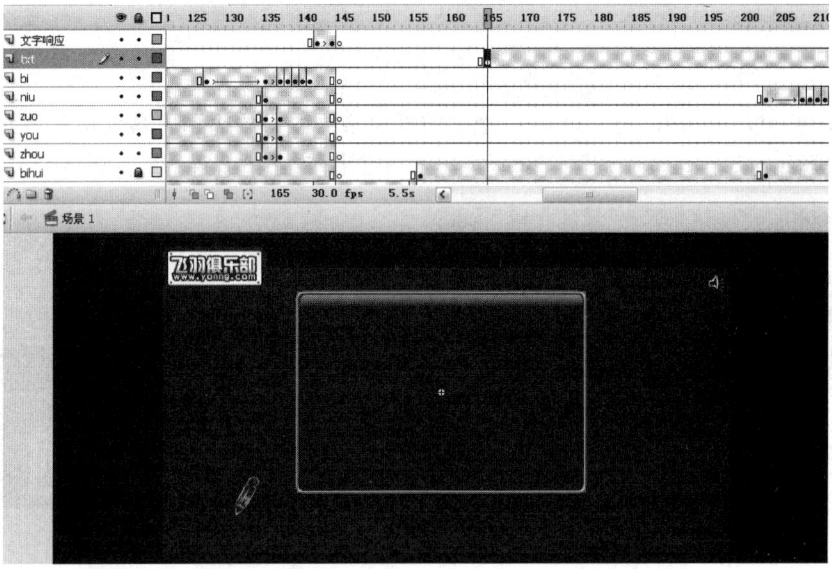

图　2-470

在第 170 帧处创建一个关键帧，给它添加“缓动”值为 100 的淡入补间动画。

这一个页面的文字内容是一整段的规章条款，所以不需要绘制分隔线，只要在“文字响应”图层“时间轴”的第 170 帧处创建一个空白关键帧，从文本显示框内拉一个大小合适的动态文本就可以，其效果和变量设置如图 2-471 所示。

(2) 打开系统记事本，输入会员规章的文字内容，并保存名为 huiyuanguizhang，如图 2-472 所示。

步骤 6　制作页面天气显示动画

(1) 制作这一页面上的天气显示动画。可参照之前页面中的制作方法，不同的是这一页面是一段下雨的天气效果。

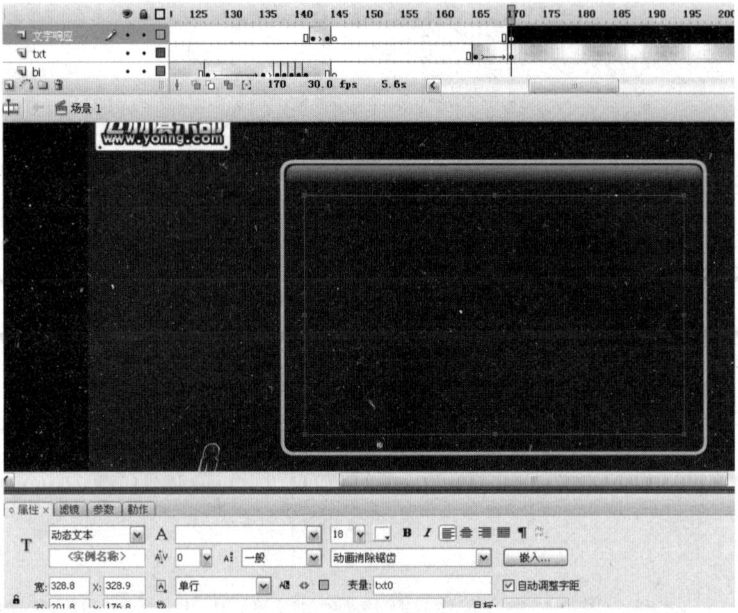

图 2-471

首先新建一层，取名为“天气动画”。把之前页面第一段中的太阳下落动画复制过来；在第7帧处把页面 huodonganpai 中的“云.png”实例复制过来，放置在 Logo 处，如图 2-473 所示。

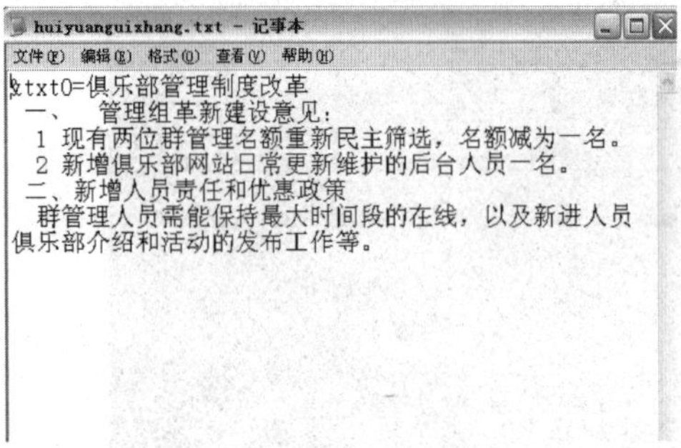

图 2-472

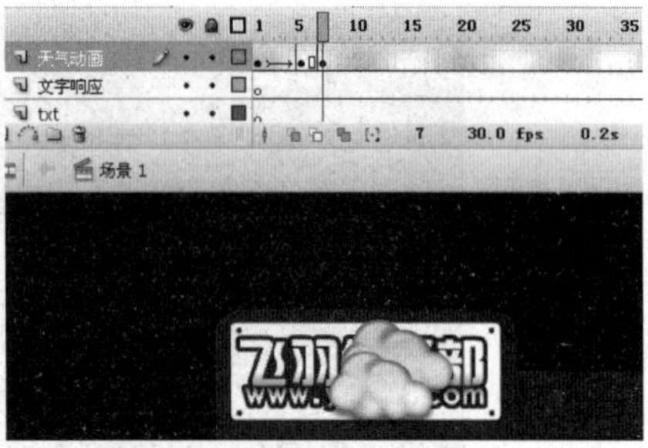

图 2-473

在第10帧处创建一个关键帧，按照前面介绍过的方法制作一段天气交替的补间动画。

(2) 新建一层，再制作一个相同的“天气遮罩”图层，如图 2-474 所示。

在遮罩层上新建一层，取名为“下雨”。分别在新建图层和天气图层的“时间轴”上第11帧处创建一个关键帧，并把云层实例剪切至新图层的相同位置，如图 2-475 所示。

把云层实例再转换成一个影片剪辑元件，并双击进入元件界面。新建一层，导入“雨点.png”素材到云层的下方，如图 2-476 所示。

这段下雨的动画同样也是利用了如闪电动画中的不规则“时间轴”顺序播放制作的，不同的是这里使用补间动画来表现单个雨点下落过程。

(3) 选中“雨点”，把它转换成一个图形元件。进入元件界面后再进行一次转换元件，给它制作一段20帧的雨点下落淡出补间动画，并延长到第25帧的普通帧，如图 2-477 所示。

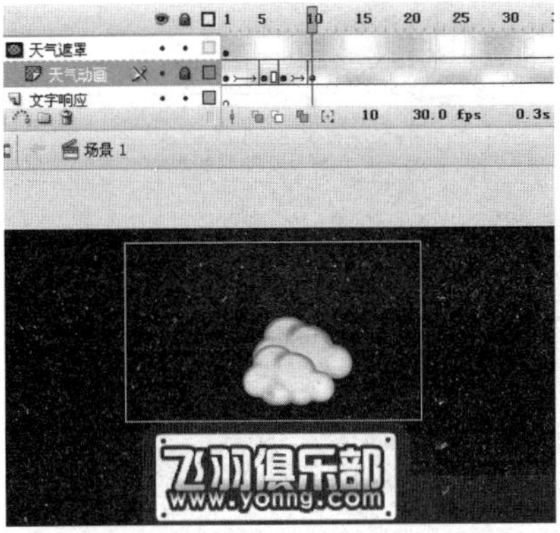

图 2-474

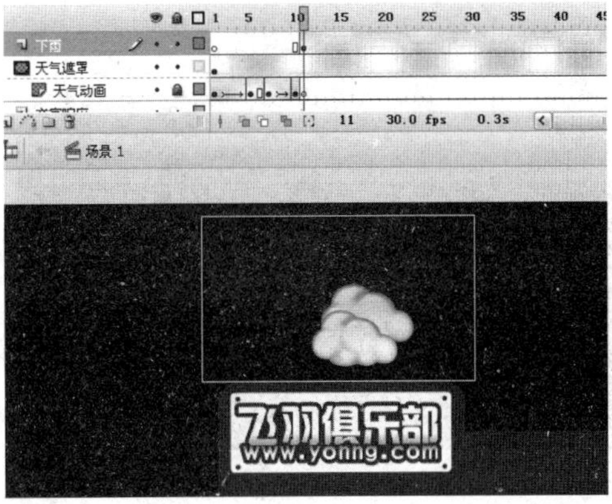

图 2-475

图 2-476

图 2-477

双击返回上一层元件界面，在“时间轴”上延伸 40 帧的普通帧；新建两个图层，分别在其图层的第 10 帧和第 20 帧处创建一个空白关键帧，如图 2-478 所示。

在“图层 2”的第 1 帧处复制 3 个雨点，调整为不同大小，并放置在不同位置，如图 2-479 所示。

在“图层 3”的第 10 帧处复制 3 个雨点，调整为不同大小，并放置在不同位置，如图 2-480 所示。

同样，在“图层 4”的第 20 帧处复制 3 个雨点，按照上述步骤调整好大小和位置，如图 2-481 所示。

3 个图层的动画制作完成了，经过测试可以发现动画有一些生硬，每播放到最后一帧即第

图 2-478

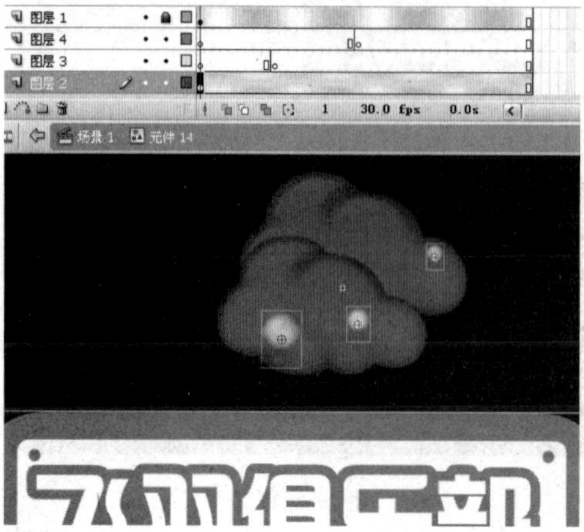

图 2-479

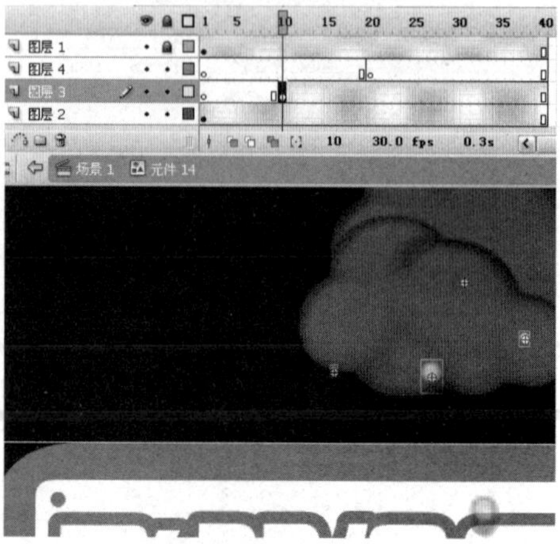

图 2-480

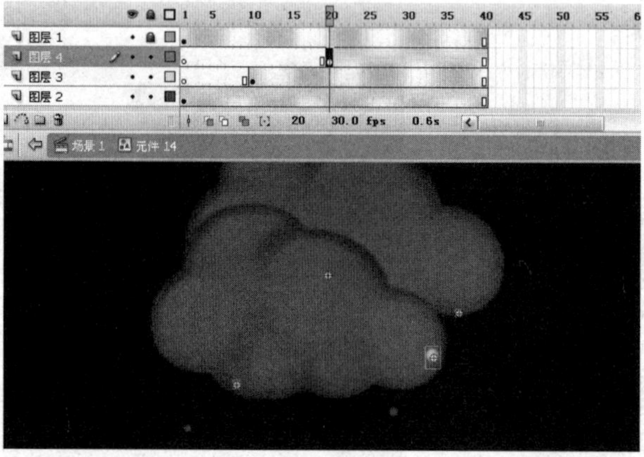

图 2-481

40 帧将要跳转回第 1 帧的时候发生了顿帧；这时可通过一个简单地跳转语句来实现不间断连续性的下落效果。

此时新建一层，在最后一帧处创建一个关键帧，并添加如下代码。

```
gotoAndPlay(10);
```

即动画每播放至最后一帧的同时就跳转到第 10 帧继续开始播放，第 10 帧是中间帧；当然，这里并不是固定只允许跳转至第 10 帧；只要效果好，在代码处均可设置中间的任意一帧，这就需要制作者通过测试不断地调整和完善了。

关于这一页面中的天气显示动画就制作完成了，接下来的是子动画，音效，as 控制和遮罩层的制作，由于都是雷同于前面的工作，所以这里就只有大致地介绍。

步骤 7　制作页面子动画及其他

(1) 先制作网页的子动画——摩托车行驶。

双击返回主场景，新建一层，取名为“子动画”；把前面用过的摩托车行驶的实例导入进来，放置在页面的左侧，并再一次调整其不同的动态效果，如图 2-482 所示。

制作从左至右的补间行驶动画，并设置它每隔 360÷30=12s 从页面中行驶过一次，如图 2-483 所示。

双击返回主场景页面，把行驶动画拖至“时间轴”的第 140 帧处开始播放，并给 niu 图层“时间轴”的第 217 帧上的首页跳转动画按钮添加“回首页音.mp3”音效。

（2）返回首页，在“天气动画”图层下面新建一层，取名为“页面遮罩”，把之前页面中用过的遮罩图形复制过来。

最后再新建一层，取名为 as，分别在其“时间轴”的第 170 帧和最后一帧处创建一个关键帧；在第 170 帧处输入如下调整外部文本代码。

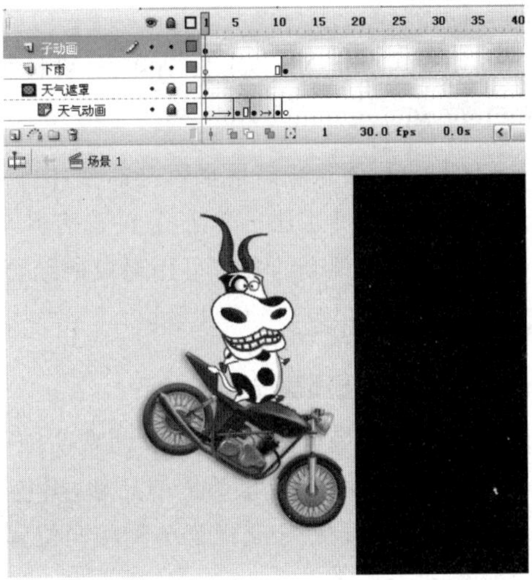

图　2-482

```
System.useCodepage = true;
loadVariables("huiyuanguizhang.txt", _root);
```

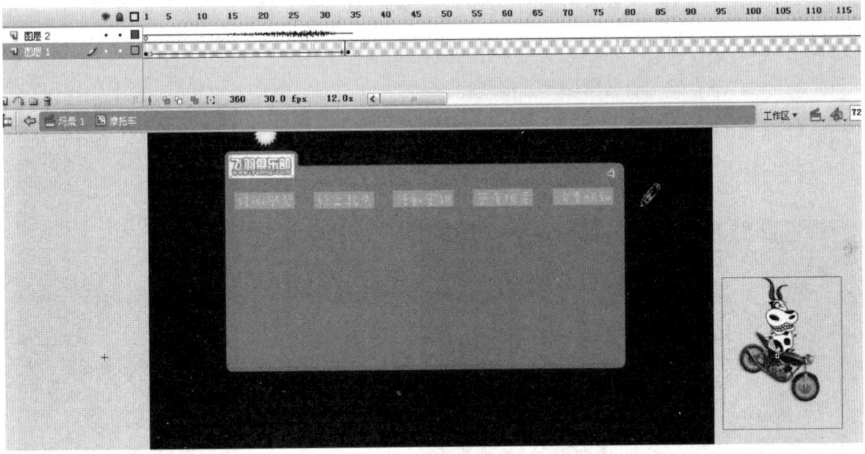

图　2-483

在最后一帧处输入代码：

```
stop();
```

至此，关于子页面 huiyuanguizhang 的动画就全部制作完成了。

项目小结

这一页面中涉及了类似石头这样的物体做自由下落时的规律和文字等其他一些物体的不同之处，这些只要在生活中多注意观察即可领会贯通。

2.7　实例体验　第五个页面“消费明细”制作

项目背景

同样，在这一页面中仍使用一些简单有效的逐帧转场动画来丰富页面视觉效果。

项目任务

利用上述所学的Flash网站知识,设计制作最后一个页面“消费明细”。

项目分析

Flash动画擦除法是很早就开始使用并一直流传至今的一种动画方法,在这个网站前后也使用到了不少此类手法;可见,它的确有其自身的优异性所在。它最早用在模拟字体的书写上,后来演变发展到现今的各个可用对象的结合使用,这都能显示一些逼真的效果。

项目实施

步骤1 设置页面文档

制作网站的最后一个子页面“消费明细”。前期的准备工作仍是一样,新建Flash CS3文件,设置1024像素×768像素的文档尺寸,黑色背景和30fps的帧频;接着复制网页页面、Logo、喇叭和第1帧上的5个导航栏菜单到相同位置,最后将文件命名为xiaofeimingxi。

步骤2 制作转场动画

(1) 新建一层,取名为bihui,在页面的右侧绘制一长条形的单边攀梯,并把铅笔从其他页面中调过来,如图2-484所示。

双击进入元件界面,按照前面使用过的擦除法把梯子擦除。铅笔在梯子上的走势如图2-485所示。

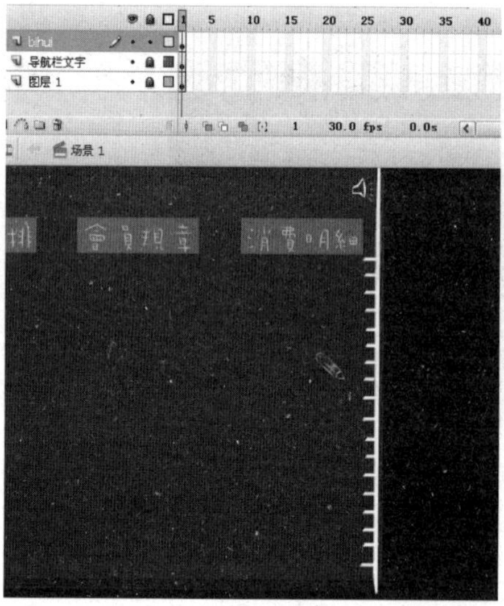

图 2-484

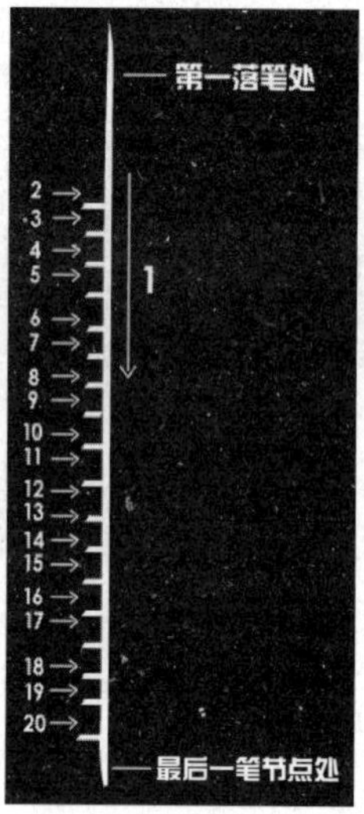

图 2-485

根据设计的走向方位,把梯子擦除。最终效果如图2-486所示。

可以看出,“图层1”的逐帧是擦除的动画帧,“图层2”的两段补间动画则是铅笔的走向调整。

(2) 双击返回主场景页面,在bihui图层“时间轴”的第66帧处创建一个关键帧,把实例打散并删除移出页面的铅笔。

新建一层,取名为niu,在其“时间轴”的第66帧处创建一个关键帧,从其他页面中导入卡通牛实例并调整其动态为攀爬的姿势,如图2-487所示。

把它转换成一个图形元件,制作向上爬的逐帧动态。

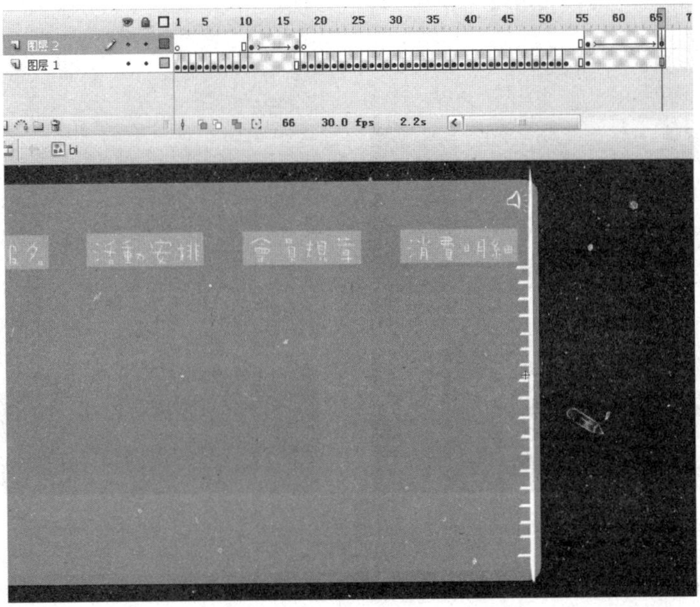

图　2-486

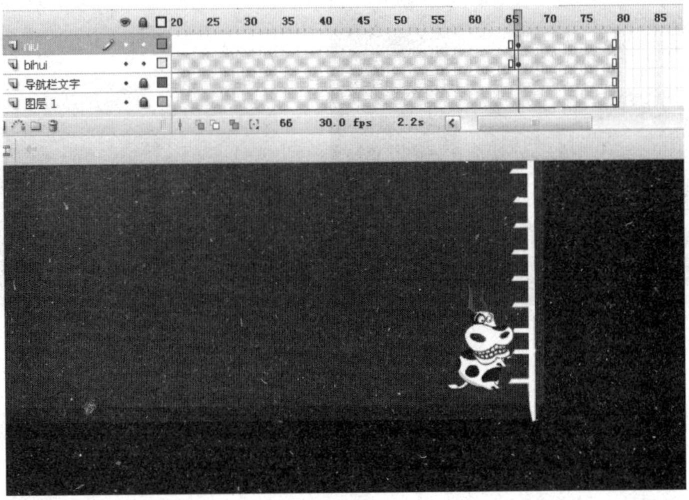

图　2-487

(3) 由于是向上爬，所以运行速度不可能像在平地上跑步那样快，所以这里给它设置为每两帧一次运动的逐帧动画。

首先是第 1 帧，预先把它放置在页面下面靠近梯子的位置，如图 2-488 所示。

隔开一帧，在第 3 帧处创建一个关键帧，调整其动态，此时已开始接近梯子，如图 2-489 所示。

在第 5 帧处创建一个关键帧，调整其动态，此时开始进入最底部页面，如图 2-490 所示。

在第 7 帧处继续调整其动态，此时接触梯子、开始攀爬，如图 2-491 所示。

以此类推，在第 21 帧处已攀爬至 1/3，如图 2-492 所示。

在第 37 帧处已攀爬至一半，如图 2-493 所示。

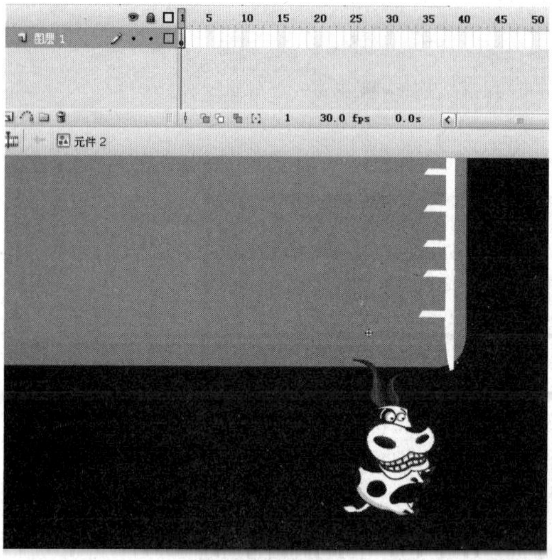

图 2-488

图 2-489

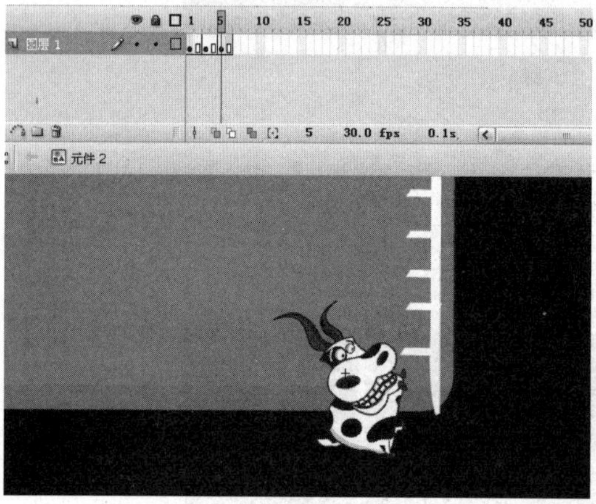

图 2-490

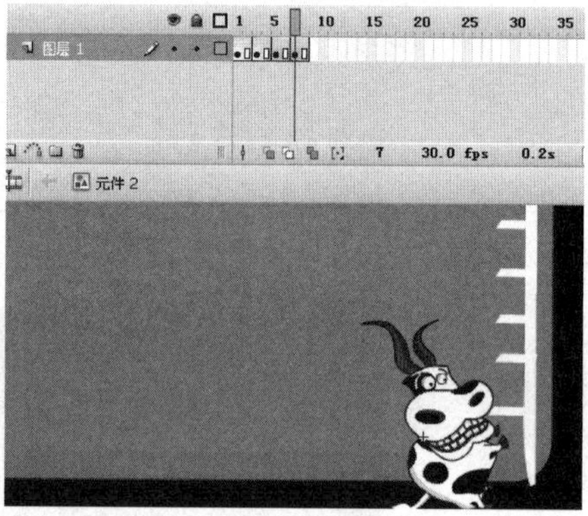

图 2-491

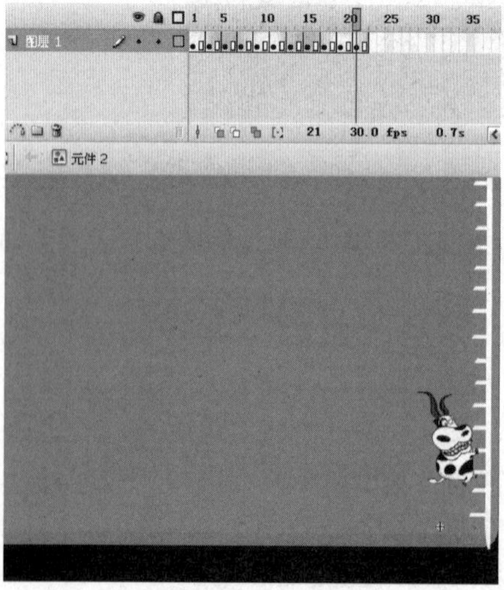

图 2-492

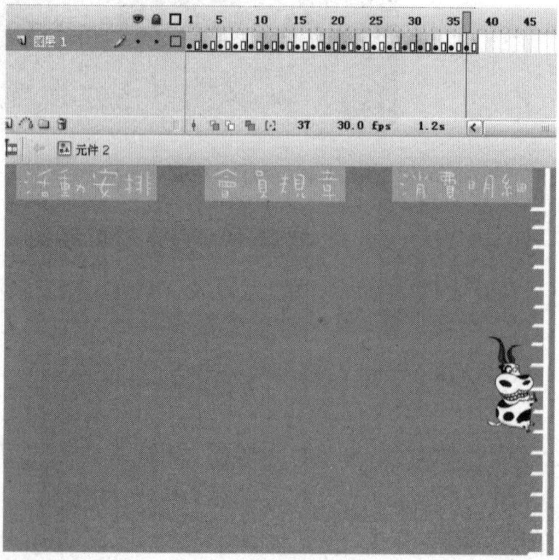

图 2-493

在第 69 帧处已爬到了菜单文字处，此时调整其静止时的动态，眼睛注视着文字方向，身体呈准备伸手的姿势，如图 2-494 所示。

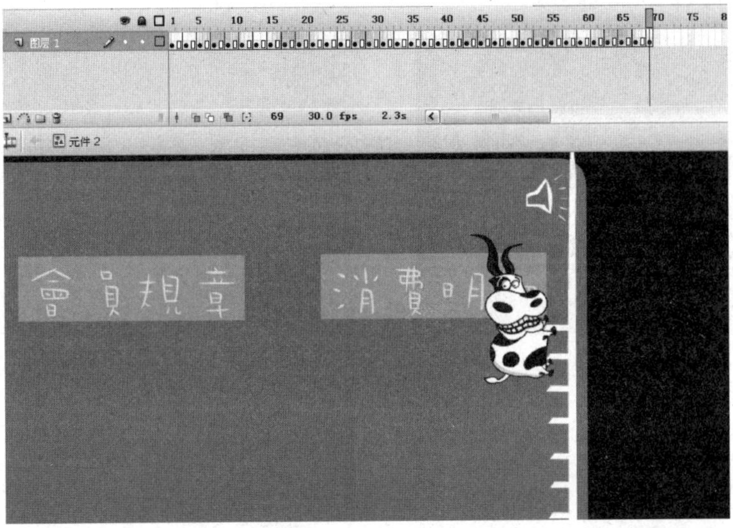

图　2-494

(4) 此时做一个时间停顿，保持“牛”静止状态；在第 81 帧处创建一个关键帧，把它向上移动一些，如图 2-495 所示。

伸手前的几帧仍然保持缓慢效果，隔开一帧，在第 83 帧处创建一个关键帧，继续把它往上调整一些，如图 2-496 所示。

图　2-495

图　2-496

隔开一帧，在第 85 帧处创建一个关键帧，此时继续向上移一些，并伸出一只脚来，如图 2-497 所示。

在第 86 帧处继续伸脚，并调整身体慢慢离开梯子时的动态，如图 2-498 所示。

在第 87 帧处脚已经够得着文字，如图 2-499 所示。

在第 88 帧处手开始回缩，身体也往回缩，如图 2-500 所示。

图 2-497

图 2-498

图 2-499

图 2-500

第 89 帧处再往回缩一些，如图 2-501 所示。

图 2-501

在第 90 帧处已完全回到梯子上，手也缩回原处，如图 2-502 所示。

第 91 帧处最后再缩回一帧，这一段动画即制作完成，如图 2-503 所示。

图　2-502

图　2-503

在制作这段动画的时候要注意每一个阶梯的动态调整和身体各部位在攀爬时的运动关系，不能造成手脚的脱节。所以制作完之后一定要反复测试，直到调整到最满意的效果。

双击返回主场景页面，在 niu 图层“时间轴”的第 156 帧处创建一个关键帧，并把刚才的攀爬动画实例打散，如图 2-504 所示。

(5) 在 niu 图层上新建一层，取名为“文字响应”；并在新建图层和“导航栏文字”图层“时间轴”的第 152 帧处分别创建一个关键帧，把“消费明细”导航菜单剪切到新图层上并打散成文字图形，如图 2-505 所示。

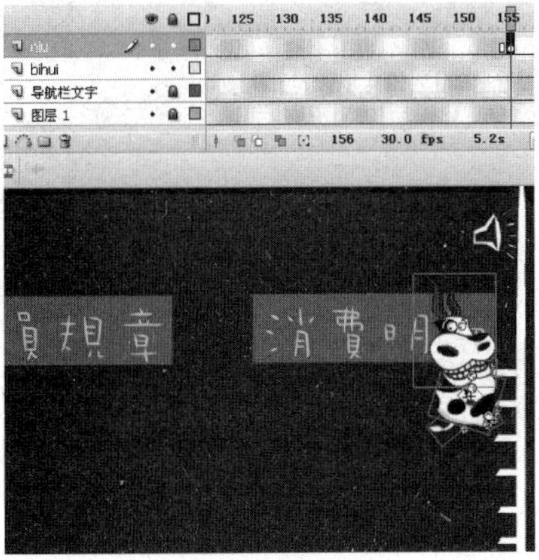

图　2-504

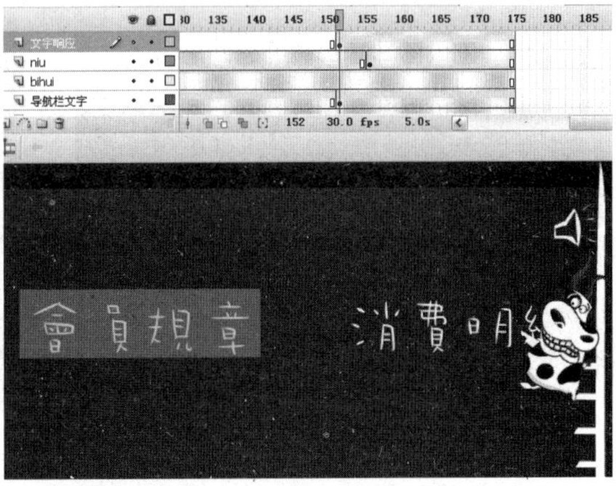

图　2-505

选中文字图形，把它转换成一个图形元件，并在第 156 帧处创建一个关键帧，给它添加一个补间动画，让文字顺着手的动态变化移动，营造用手拖下了菜单文字的动画效果，如图 2-506 所示。

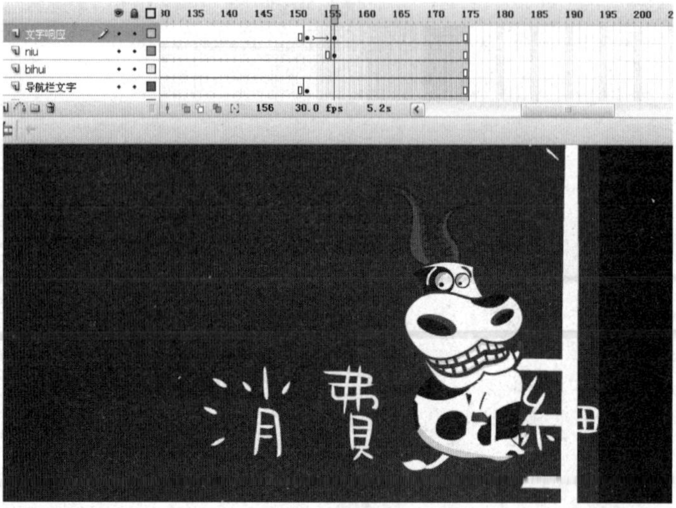

图 2-506

(6) 分别在"文字响应"、niu、bihui 图层"时间轴"的第 163 帧处创建一个关键帧，把文字、"牛"和梯子剪切到一个图层中并转换成一个图形元件，如图 2-507 所示。

把转换后的实例中心点移至梯子最下端的顶点上，在第 190 帧处创建一个关键帧，给它添加"缓动"值为－100 的补间动画，并把梯子沿着中心点转动到页面下方，如图 2-508 所示。

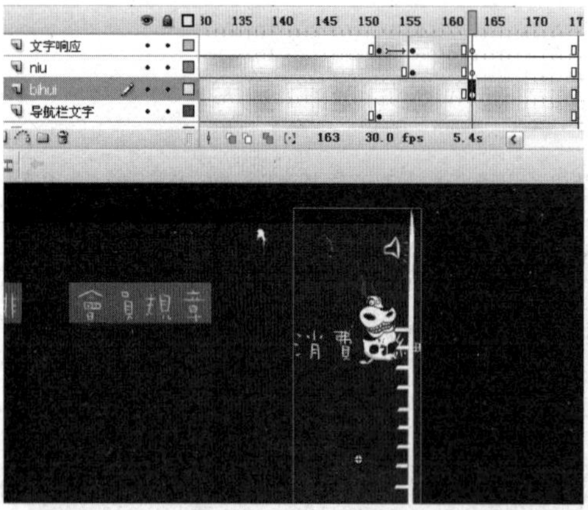

图 2-507

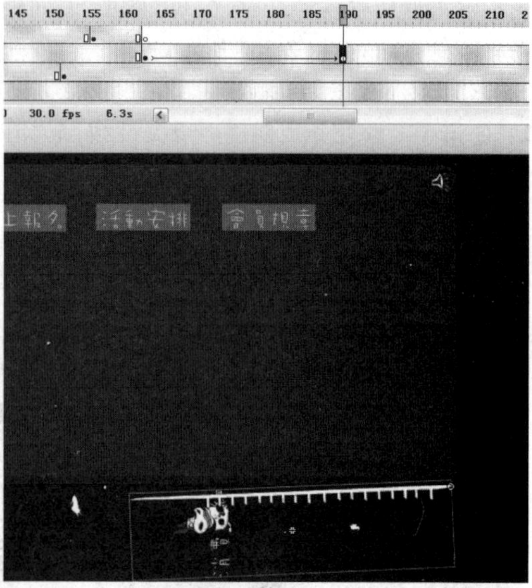

图 2-508

(7) 在"导航栏文字"图层"时间轴"的第 190 帧处创建一个关键帧，把其余 4 个导航菜单转换成一个图形元件，并把它们全部打散成文字图形。在第 196 帧处创建一个关键帧，给它添加"缓动"值为－100 的补间动画，把文字向上垂直移到页面外部；最后在第 197 帧处创建一个空白关键帧，如图 2-509 所示。

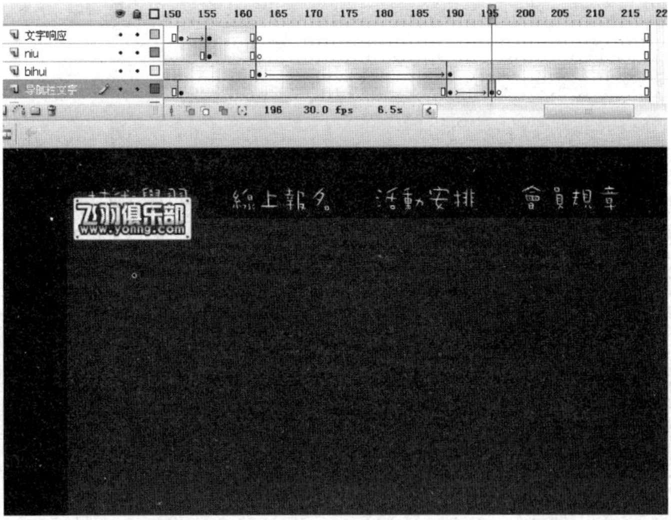

图　2-509

步骤 3　制作第二场景动画

(1) 在 bihui 图层"时间轴"的第 197 帧处创建一个关键帧，在页面中绘制一个简易的小车图形，把铅笔从库里调出来并把它们转换成一个图形元件，如图 2-510 所示。

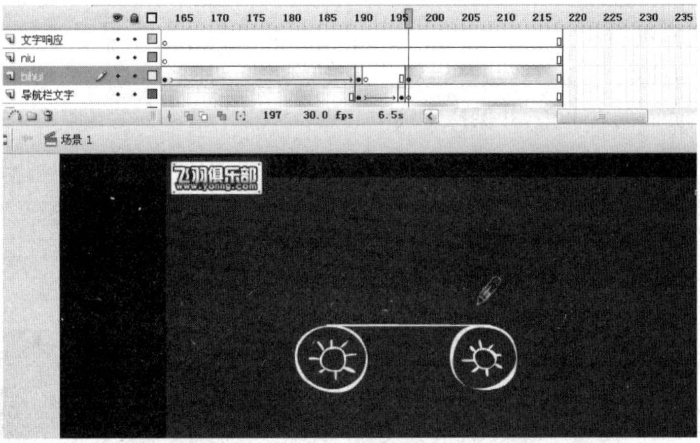

图　2-510

双击进入元件界面，利用擦除法制作笔绘小车的动画。铅笔走势如图 2-511 所示。

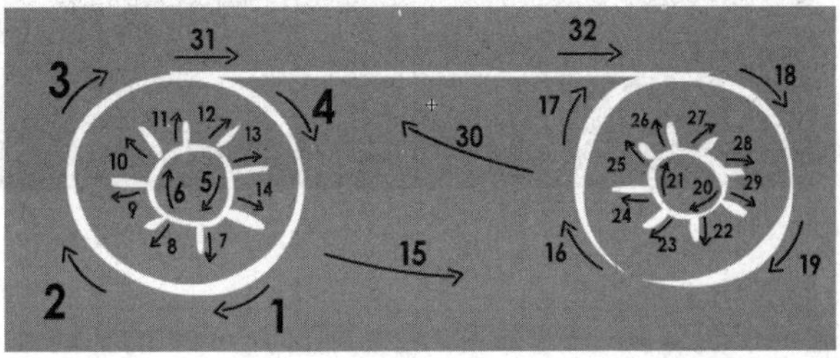

图　2-511

根据铅笔走向顺序，在元件内擦除小车。最终效果如图 2-512 所示。

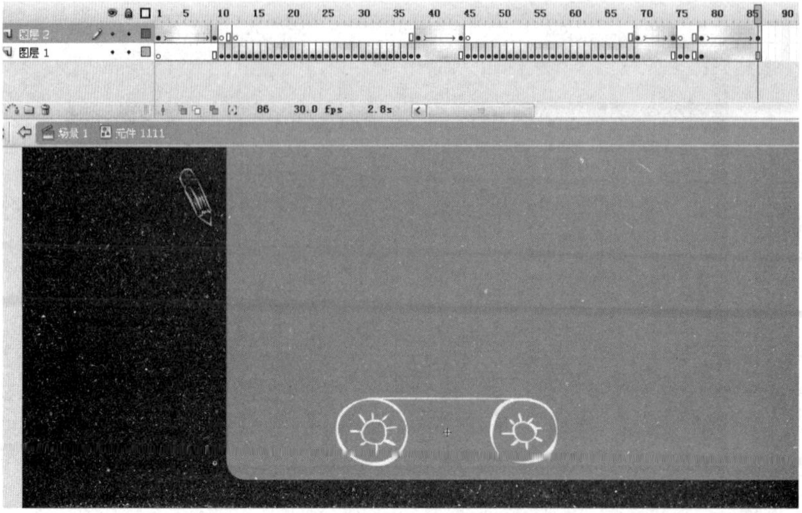

图 2-512

可以看出，“图层 1”上的逐帧是小车的擦除过程，“图层 2”上的几个补间则是铅笔的运动补间。

(2) 双击返回主场景，在 bihui 图层“时间轴”的第 282 帧处创建一个关键帧，把擦除动画实例打散，并删除移出页面的铅笔。

在 niu 图层“时间轴”的第 282 帧处创建一个关键帧；把前面组合成的梯子、“牛”和文字实例复制过来，放置在页面的右上角，并保持实例中心点位于梯子最下方的顶点处，如图 2-513 所示。

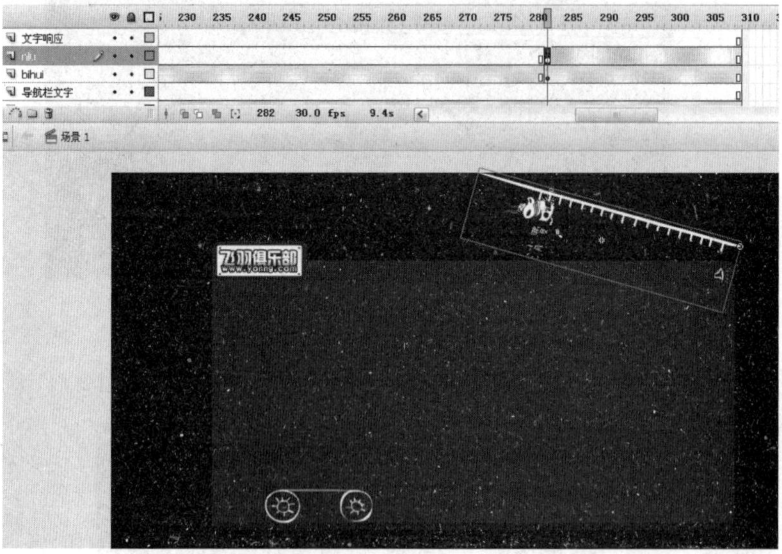

图 2-513

在第 310 帧处创建一个关键帧，给它添加“缓动”值为－100 的补间动画，并把第 310 帧上的梯子沿着中心点转动到页面半中间，如图 2-514 所示。

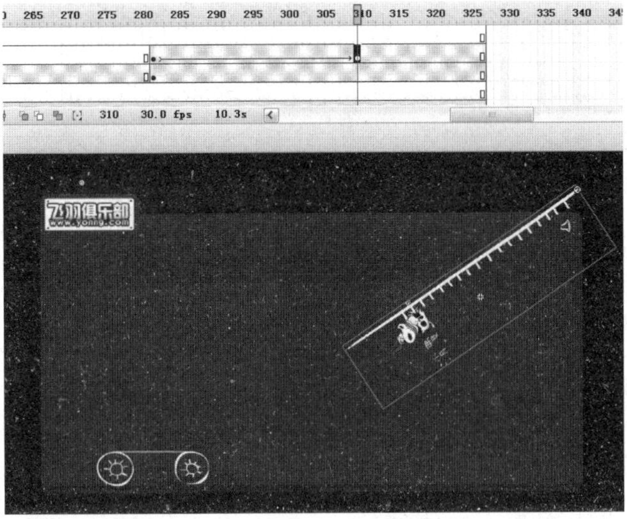

图　2-514

分别在 niu 图层和“文字响应”图层“时间轴”的第 311 帧处创建一个关键帧，把实例打散，再把“牛”和文字剪切到“文字响应”图层上，如图 2-515 所示。

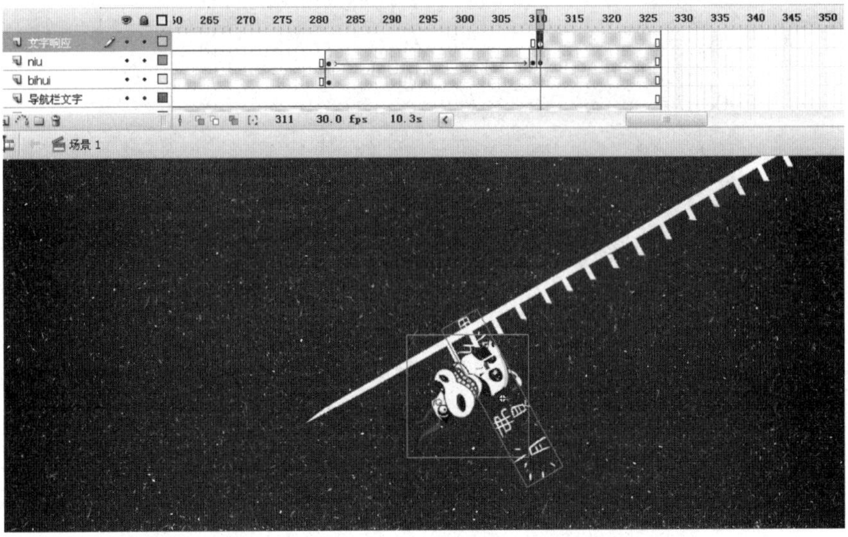

图　2-515

把剩下的梯子对象转换成一个图形元件，调整其中心点到梯子最下方的顶点上；并在第 327 帧处创建一个关键帧，给它添加“缓动”值为 100 的补间动画，让梯子从页面当中继续转动直到页面外；最后在第 328 帧处创建一个空白关键帧，如图 2-516 所示。

(3) 回到 bihui 图层“时间轴”的第 282 帧处，把打散后的小车再一次转换成一个图形元件，让两个车轮滚动起来。

双击进入元件界面，分别把左轮、右轮和车轴分散到图层，并把两个轮子分别转换成单独的图形元件，如图 2-517 所示。

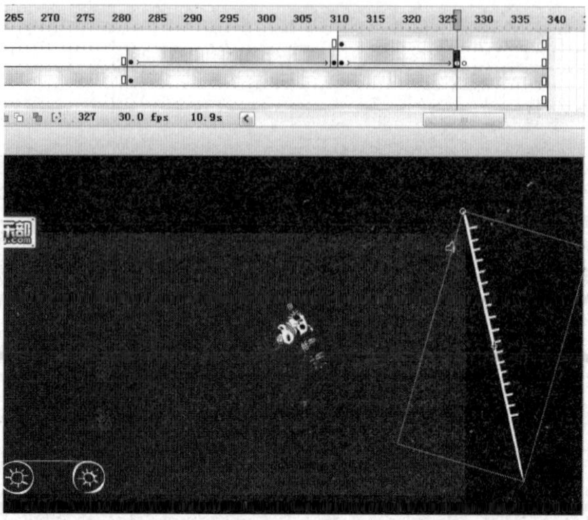

图 2-516

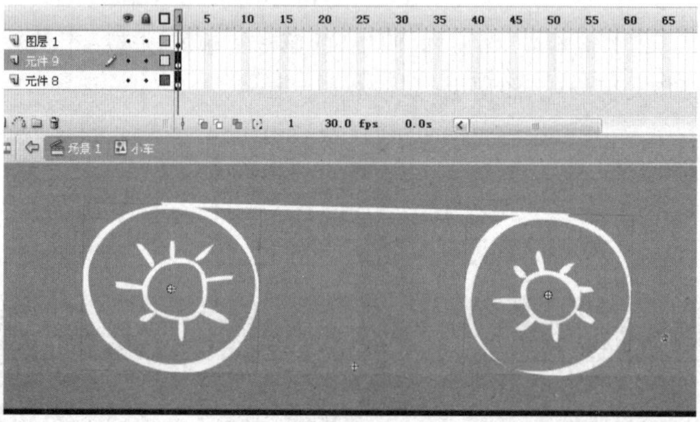

图 2-517

在"时间轴"上延伸3个图层28个普通帧的时间长度，制作两段车轮的顺时针旋转，并在车轴图层上利用形状动画制作跟随车轮滚动的车轴动态，如图 2-518 所示。

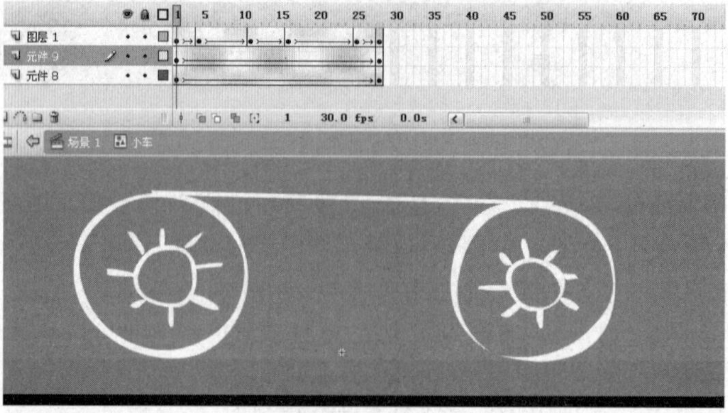

图 2-518

制作车轴跟随车轮变动的原因也是为了使其具有一定真实程度的小车行驶效果，毕竟这是个相对“抽象”性的小车原型，从整个网站的动画风格来看，这种形态的小车图形比放置一辆真实的小车会更加适合。

步骤 4　两种动画形式的结合

(1) 双击返回主场景页面，分别在 bihui 图层“时间轴”的第 300 帧和第 316 帧处创建一个关键帧，给它添加“缓动”值为 100 的补间动画，并把小车行驶至页面右下角，如图 2-519 所示。

在第 317 帧处创建一个关键帧，并把小车实例打散，使其停止车轮滚动。

(2) 在“文字响应”图层“时间轴”的第 311 帧处，调整好“牛”抱着文字，准备让其在空中翻滚几次，下落至小车车轴面上。

在第 313 帧处创建一个关键帧，调整“牛”和文字向下落，并把“牛”水平翻转过来，如图 2-520 所示。

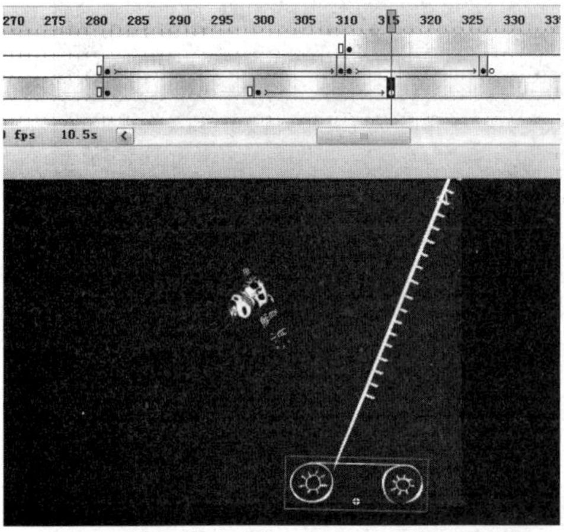

图　2-519

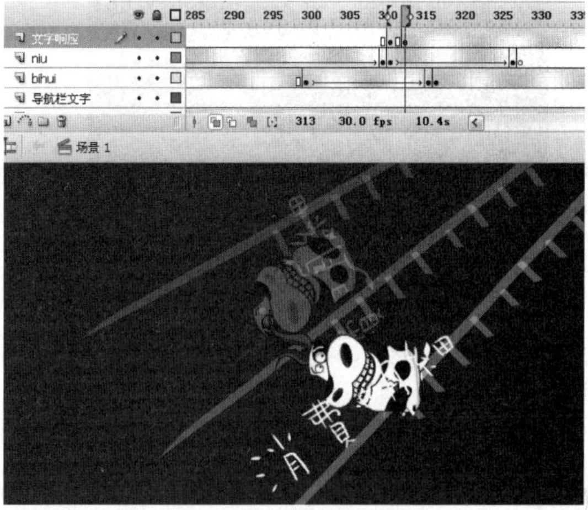

图　2-520

在第 315 帧处创建一个关键帧，继续调整其下落的动态，如图 2-521 所示。

在第 317 帧处创建一个关键帧，继续调整其下落动态，如图 2-522 所示。

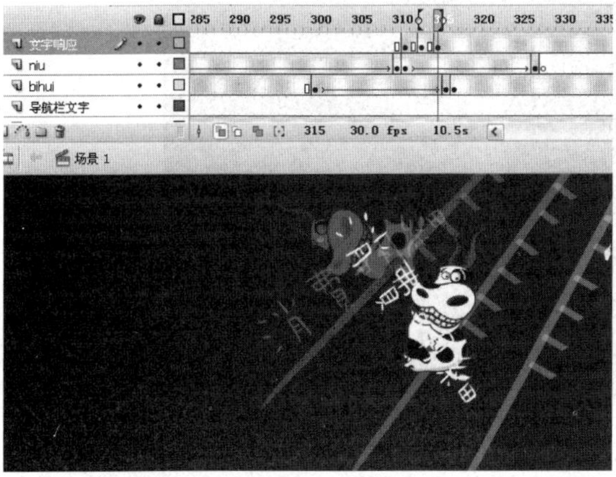

图　2-521

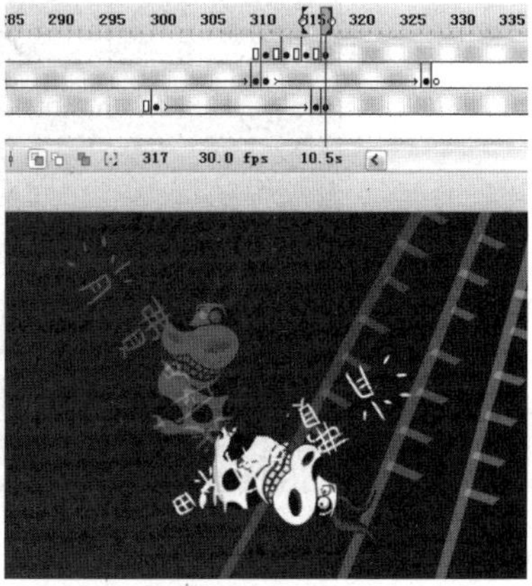

图　2-522

调整第 319 帧处的下落动态，此时“牛”和文字快接触到小车，如图 2-523 所示。

在第 321 帧时已经落到了车面上，此时“牛”应该是保持一个半坐着的姿态，如图 2-524 所示。

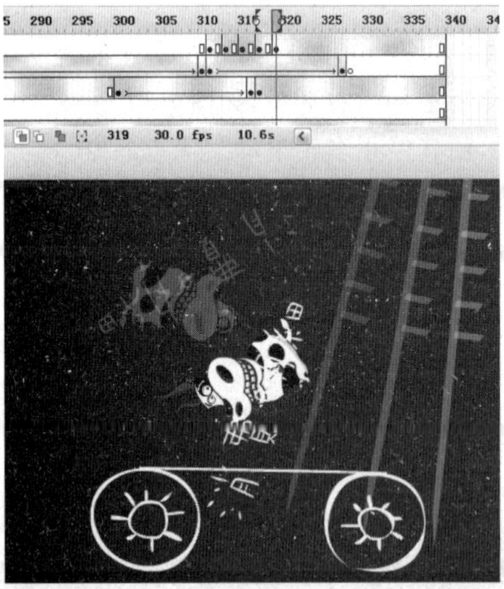

图　2-523

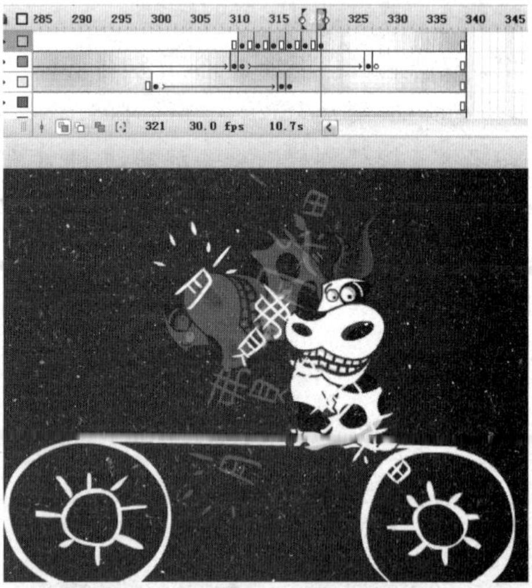

图　2-524

(3) 制作几帧反弹动画，刚才在制作小车行驶动画的时候看到了，车轴部分是柔软的，有一定的弹性，可跟随车轮的滚动而上下弹动；所以在这里可以用文字下落时的那种反弹动态应用到这一段中。

先制作车轴的弹性动态，在“牛”下落至车轴上的第 1 帧处(第 321 帧)选中车轴所在图层；在这一帧上创建一个关键帧，并调整车轴向下弯曲，如图 2-525 所示。

图　2-525

由于车轴下弯了，所以在这一帧上的“牛”也必然紧贴着下落一些。

设置第一次往上反弹过程：隔开一帧，在第 323 帧处创建一个关键帧，把“牛”向上移动一些，并调整其身体动态，同时也把车轴向上抬一些，如图 2-526 所示。

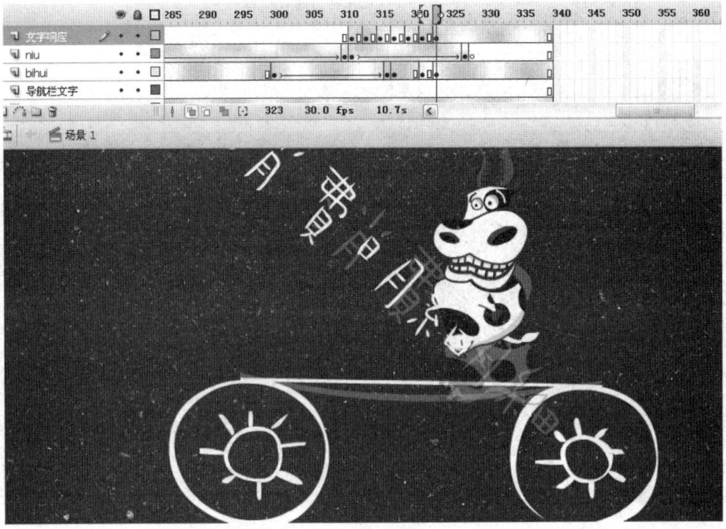

图　2-526

接着是往下落，分别在两个图层的第 324 帧处创建一个关键帧，调整两个对象下落的反弹动态，并把文字慢慢地脱离“牛”而掉落在车轴的左侧，如图 2-527 所示。

图　2-527

在第 329 帧处创建一个关键帧，此时的反弹过程已经结束，车轴也恢复原样，并让“牛”站在车轴上，最后再让文字做几帧反弹，如图 2-528 所示。

步骤 5　制作回首页按钮

(1) 制作回首页按钮。在第 329 帧处把“牛”转换成影片剪辑元件，利用前面介绍过的方法通过影片剪辑制作按钮响应动态。

图 2-528

双击进入元件界面，制作一段 4 帧的鼠标响应动作，如图 2-529 所示。

复制这 4 帧，把它们粘贴到第 5 帧之后，并翻转帧。

(2) 新建一层，按照前面介绍过的方法制作蓝色的按钮响应区域，如图 2-530 所示。

图 2-529

图 2-530

在响应区上输入如下代码。

```
on (rollOver) {
  gotoAndPlay(2);
}
on (releaseOutside, rollOut) {
  gotoAndPlay(5);
```

```
}
on (release) {
  loadMovieNum("index.swf", 0);
  _level1._alpha = 0 ;
}
```

(3) 新建一层，把前面使用过的回首页标识复制过来，制作一个 5 帧的标识补间动画。

新建一层，分别在第 1 帧和第 4 帧处输入代码：stop();。最终效果如图 2-531 所示。

图　2-531

步骤 6　制作页面文本信息

(1) 双击返回主场景，新建一层，取名为 txt，在其“时间轴”的第 215 帧处创建一个关键帧，把其他页面上的文本显示框实例导入进来。

在第 220 帧处创建一个关键帧，给它添加“缓动”值为 100 的淡入补间动画；新建一层，在其“时间轴”的第 220 帧处创建一个关键帧，在文本显示框内拉出一个动态文本，并设置其“变量”名为 txt0，如图 2-532 所示。

图　2-532

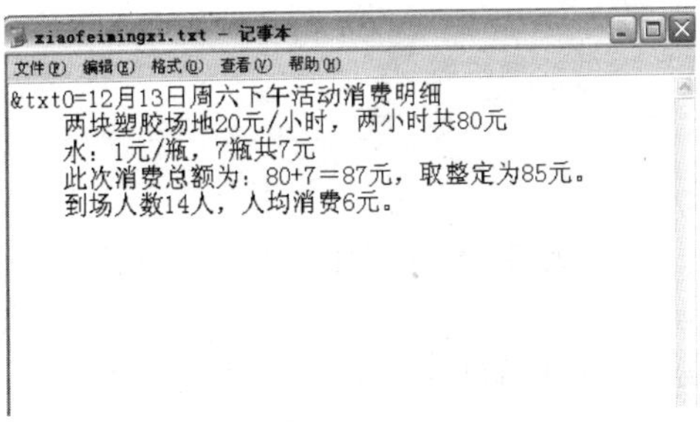

图　2-533

(2) 打开系统记事本，输入网页文字信息内容，并保存名为 xiaofeimingxi，如图 2-533 所示。

步骤 7　制作页面天气动画

(1) 制作最后一个页面的天气显示动画，这一页面设置的是阴天。

双击返回主场景页面，新建一层，取名为“天气动画”，并把其他页面“天气动画”第一段太阳下落的补间动画复制过来，并在第 7 帧处创建一个空白关键帧，导入“阴.png”图片素材，如图 2-534 所示。

先把它转换成一个图形元件，在第 11 帧处创建一个关键帧，按照前面介绍过的方法制作一段天气交替的补间动画，再制作一层“天气遮罩”，如图 2-535 所示。

图 2-534

图 2-535

加一些阴云，使其更具效果。

(2) 在“天气动画”图层“时间轴”的第 12 帧处创建一个关键帧，把实例转换成一个影片剪辑元件，取名为“阴天”，如图 2-536 所示。

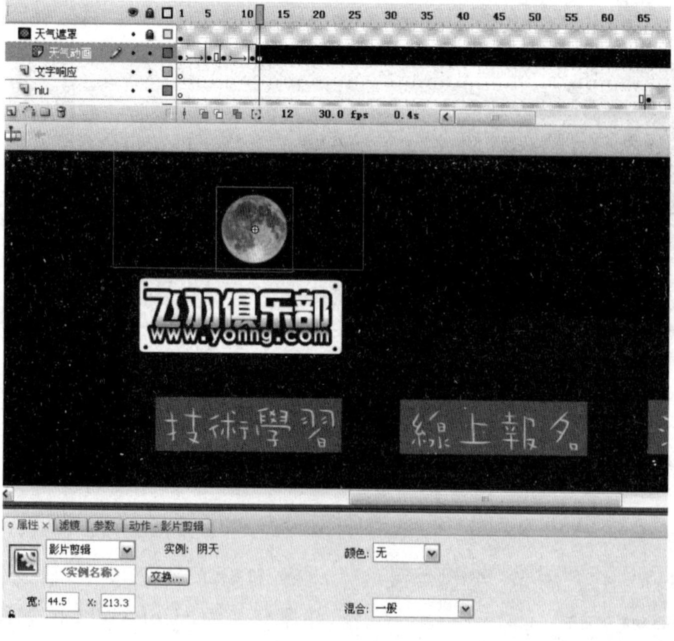

图 2-536

双击进入元件界面，再把阴天素材转换成一个影片剪辑元件，给它制作一段 210 帧的顺时针旋转补间动画，如图 2-537 所示。

返回上一层元件界面，在“时间轴”上延伸 120 个普通帧的时间长度；新建一层，导入“阴云.png”图片素材，如图 2-538 所示。

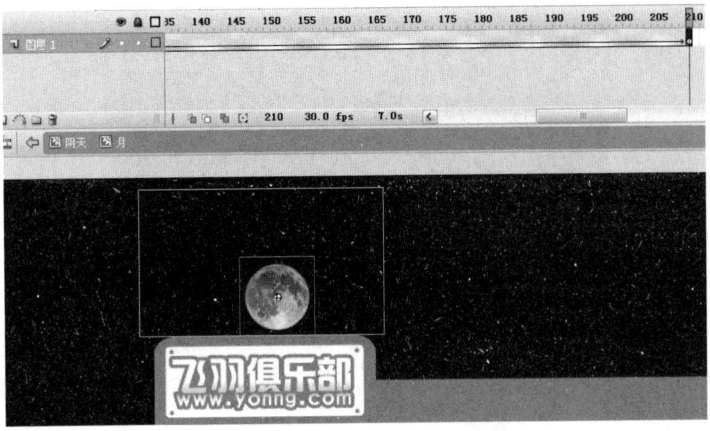

图 2-537

(3) 把它转换成一个图形元件，在其“时间轴”的第 90 帧处创建一个关键帧，给它添加一段补间动画，并移至右侧；接着在第 45 帧处创建一个关键帧，再把头尾两帧设置 Alpha 值为 0%；注意，这个顺序一定不能错，否则最终在播放的时候将产生由第 1 帧到第 45 帧、第 45 帧到第 90 帧这两段补间动画速率不同的现象，如图 2-539 所示。

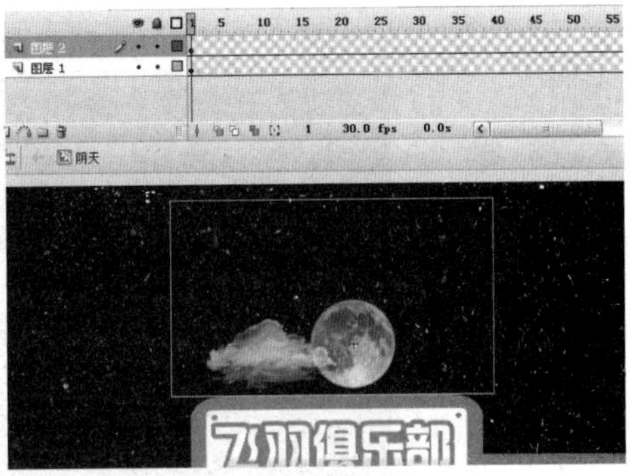

图 2-538

新建一层，分别在其“时间轴”的第 15 帧和第 115 帧处创建一个关键帧，把阴云实例复制过来，并把它适当缩小一些，第 15 帧处放置在右侧，第 115 帧处放置在左侧；给它制作一段和“图层 2”完全相反的补间动画，最后在第 60 帧处创建一个关键帧，再设置头尾两帧 Alpha 值为 0%，如图 2-540 所示。

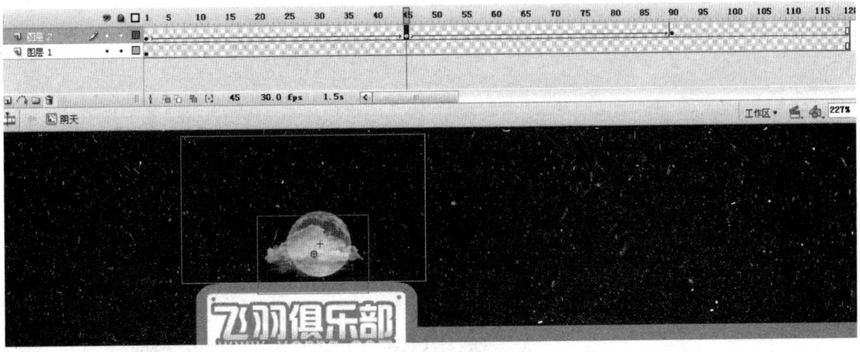

图 2-539

这一页面的天气显示动画就制作完成了，接下来是子动画、音效、代码等扫尾工作。

步骤 8 制作子动画及其他

(1) 双击返回主场景页面，新建一层，取名为“子动画”，把前面的摩托车动画导入，并调整其动态，放置在页面的右侧，如图 2-541 所示。

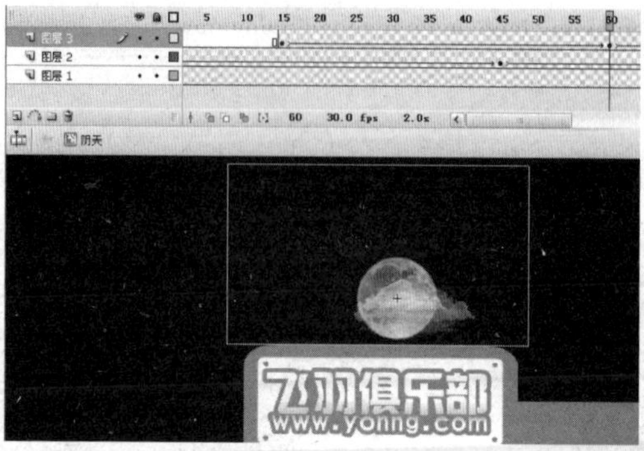

图　2-540

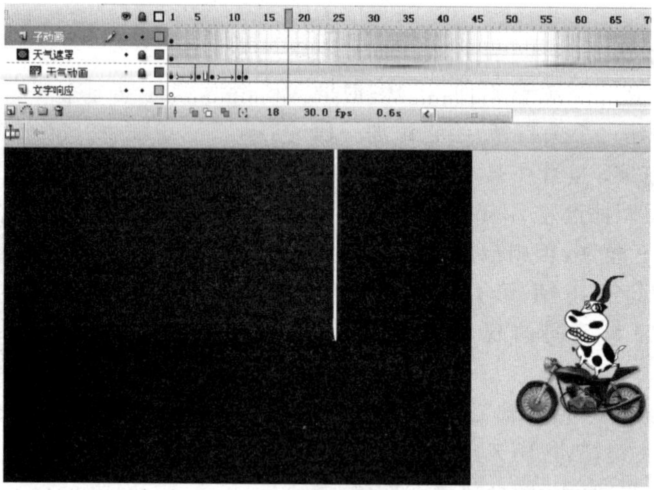

图　2-541

把它转换成一个影片剪辑元件，按照前面介绍过的方法制作每 360÷30=12s 从页面驶过一次的摩托车动画，如图 2-542 所示。

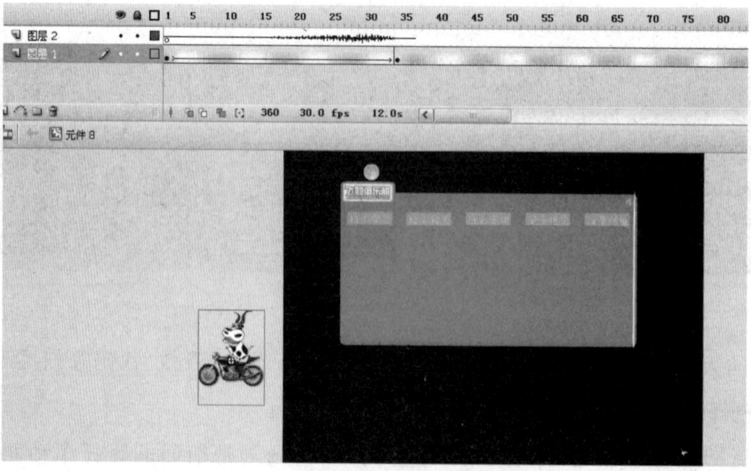

图　2-542

返回主场景页面，把动画拖至第 120 帧开始播放。

(2) 制作音效。给最后剩余的“文字响应”图层“时间轴”的第 329 帧上的跳转按钮添加“回首页音.mp3”音频素材。

(3) 在“天气动画”图层下面新建一层，把其他页面中的页面遮罩图形复制过来，如图 2-543 所示。

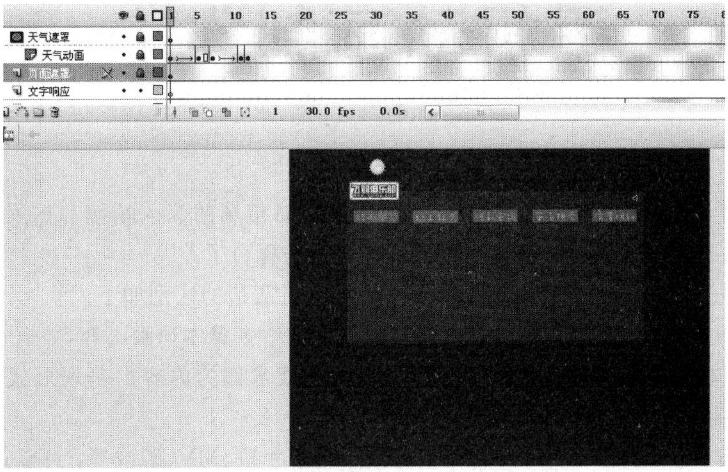

图　2-543

(4) 最后再新建一层，取名为 as，分别在其“时间轴”的第 220 帧和最后一帧上创建一个关键帧。在第 200 帧处输入如下代码。

```
System.useCodepage = true;
loadVariables("xiaofeimingxi.txt",_root);
```

在最后一帧处输入代码：

```
stop();
```

至此，这个俱乐部的 Flash 网站就全部制作完成了。

项目小结

这一页面的制作过程中需要注意一点：在第二场景的梯子转动至页面后，“牛”从这里下落至行驶过来的小车上这一段动画；由于这里同时包含了 3 段不同动画帧和形式的出现，所以要控制好每段动画的“时间轴”长度。例如当梯子在页面上方开始转动时就要让小车先在原地滚动起来，然后再顺着“牛”下落的时候向右移过去，能够让“牛”正好落在车轴面上。

这是时间方面的掌握，还有一个基本的物理现象就是梯子的转动。在这一段动画当中梯子共进行了两次的补间运动：第一次是载着“牛”和文字的，第二次是空梯子自行运动的。所以当牛一离开梯子下落的同时，由于重力减轻，梯子就应该以更快的速度转动过去。

项目三

《好消息，坏消息》Flash手机动画制作

随着3G时代的到来，Flash手机动画将全面展开对市场的深入挖掘和扩展，在偌大的商业动漫市场中，这一块硕大的蛋糕越来越吸引众多商家的胃口了。

从概念上分析，手机动画业务和以往GIF格式手机彩信的区别如下。

(1) 从形式上讲，它是采用交互式矢量图形技术制作多媒体动画内容，并通过移动互联网提供下载、播放等功能的一种服务。由于采用矢量图形技术作为内容的呈现形式，所以需要在手机终端使用专用的播放器进行显示/播放。

(2) 从内容上讲，手机动画可具有完整的故事情节片段、MV、游戏等；可以选取其中任意一帧作为手机待机图片，同时将音乐设为铃声；可以说手机动画涵盖了所有的WAP业务。

3.1 教学活动 手机动画分析与认识

项目背景

在这个项目学习中，将介绍以郭德纲相声中部分经典段子为原型素材制作的Flash手机动画系列。这个系列共有3个动画，分别是“修井”、“猜鸡蛋”和“好消息，坏消息”，这里只选取其中一个来解说。

手机动画毕竟不同于传统的网络Flash动画，它有较强的平台限定性和特定的制作要求。例如，网络使用的Flash帧频一般为24帧，电视使用的Flash一般为25帧或更高；而Flash手机动画则一般为4～6帧，并且大小也限定在100～160KB。所以，在实际工作当中要注意这点。

项目任务

学习和了解手机动画在3G时代中将起到的重要作用和市场潜力，规范技术要求，设计制作一个以郭德纲相声为主题的手机动画实例。

项目分析

在制作这个项目的时候，必须把Flash手机动画的风格特点融合在这个实例当中并将它表现出来；内容必须有一定的时尚代表性，带一些幽默、风趣轻松的效果。这里选择郭德纲《我要幸福》中一个很有意思的段子，其内容如下。

> 有一个好消息，有一个坏消息，你听哪个？坏消息是什么？咱们迷路了，这地儿我不认识，而且我估计我们以后得靠吃牛粪过日子了！好消息呢？牛粪有的是！

在这个项目中将涉及相声中最基本的一个名词：逗哏和捧哏。指的是传统相声中一唱一和的两个人物角色名称；站在左边的是逗哏，右边的是捧哏。

项目实施

在制作动画之前，必须先了解相关的技术规范文档，这里将 Flash 手机动画的制作规范要求介绍如下。

(1) Flash 屏幕大小设置为 128 像素×100 像素，播放速度设置成 4～6 帧每秒(fps)，播放时间不少于 30s。不要制作细微的密集的动画效果，如下雪、下雨等效果。图形大小须根据屏幕大小可显示区域制作，去掉不会显示出来的部分，复杂的矢量图可以改用位图表示，发布动画前把 group 打散(减少节点数)，可以用直线的地方就不要用弧线，方形的节点数比圆形少得多。

(2) 相同的图形(组合图形)不要用复制的方式，而是把图形(组合图形)变成库中的图符，重复调用。尽可能多地使用实线，少使用一些特殊的线条类型，例如虚线、点线等。

(3) 不要做颜色渐变效果以及整屏的背景移动效果。

(4) 不要使用遮罩/MASK 功能(遮挡层/ClipDepth)。不要打散图形并对其使用变形效果(可变形图形/MorphShape)。不要使用过大的图形，建议图形占屏幕的 1/2 左右，背景除外。避免对位图进行动画处理，而用之作为背景或者静态元素，每一帧中的总对象数不要超过 50 个。(包括 MovieClip 中包含的对象个数，如一个 MovieClip 中包含有 30 个对象，那么只包含这个 MovieClip 的帧的总对象数是 30 个)。这里的对象是指 library 里面的 symbol。每一帧的层数最多不要超过 10 层。

(5) SWF 文件大小限制在 100KB 以下(不包括音乐等音频信息)；如果用 Flash 6.0，压缩储存 SWF 文件限制在 80KB 以下(不包括音乐等音频信息)。

(6) 可以为 SWF 配上合适的 MIDI 背景音乐，包括单音以及多和弦的 MIDI，不要超过 16 和弦(Flash 里面不能用 MIDI，选定认为合适的 MIDI 即可)。对白或说明文字使用字幕方式，不要做汉字的动画特效，不要不属于系统自带的字体，字幕无须占用显示的尺寸，可以放到屏幕任何一个位置(手机处理的时候会去掉原字幕，然后由动画播放时会在最后一行自动显示原字幕内容)。

(7) 只支持简单的，如 Button 跳转的 Action Script(Stop、goto And Play、goto And Stop)。建议利用实例属性的颜色特效菜单对一个图符制作出的多个不同颜色的实例加以应用。即在 effect 菜单中选择 advanced 效果。

(8) 建议尽量在主场景里面直接做动画；将动画中不动与变动的元素制作到不同的图层中。将不经常移动和变更的对象放置在比较低的层次，用这些低层次构造背景；将经常移动或变更的对象放置在比较高的层次，用这些高层次构造前景。达到背景不要经常变动(每一个背景使用的时间比较长)的效果。

(9) 建议使用 Modify/Curves/Optimize 命令，可以最大限度地减少用于描述图形轮廓的单个线条的数目，即节点的数目。

(10) 建议 Flash 制作造型设计简洁、特点突出，讲究风格小巧、精致、便于记忆、人物画面饱满(因为屏幕较小，这样才能看清楚)，人物对话可统一写在屏幕的下方，背景场面较小，追求场面简明、突出，动作有力，通过有趣的故事情节、对话和背景音乐(MIDI)吸引用户。

看上去要求非常多、复杂，其实只要熟悉了以后就会将上述的要求转化成制作习惯，慢慢融入手机动画的实际工作当中。

项目小结

Flash 手机动画目前的应用模式有很多，Flash Player 已成为世界范围内个人电脑终端机安装最多的播放器了，这将是越来越多的企业商家市场扩展所在，所以在这一块的学习和认知上显得尤为重要。

3.2 实例体验 动画人物的绘制

项目背景

手机动画有较强的技术限制性，其重要的一点在于影片的优化上。在人物制作这一块同样也是要注意，尽可能用简洁的造型来表现丰富的卡通人物；建议通过色彩构成来弥补造型结构的简洁以达到两者的平衡。

项目任务

以技术规范为方向设计逗哏和捧哏两个卡通演员，并把握好两者协调、统一的风格。

项目分析

由于目前手机动画受部分技术的限制，在制作 Flash 彩信的时候文件尺寸大小显得尤为重要，这里介绍的是怎样利用尽可能小的对象制作出相对精细的 Flash 动画。

项目实施

步骤 1 设置影片

制作郭德纲相声语录手机动画之《好消息，坏消息》。

打开 Flash CS3 软件，新建一个 Flash AS 2.0 文件；根据手机动画的规范要求设置页面尺寸为 128 像素×100 像素，“帧频”为 6fps，“背景”色为纯红色，并保存名为“好消息，坏消息”，如图 3-1 所示。

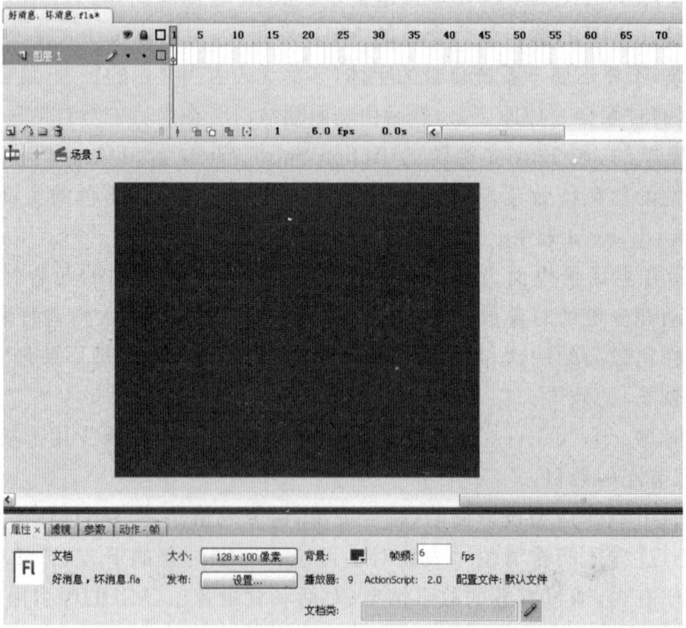

图 3-1

为了方便接下来的动画调整，可以在页面四边添加 4 条参考线。

步骤 2 头部轮廓勾线

绘制两个主角形象(逗哏和捧哏)；为增加幽默效果，这里不按照真人相声似的穿套长衫，而是选用很早以前的那种蓝色中山装和中山帽。

首先在舞台用工具栏中的线段工具勾画出大致的人物脸部轮廓，如图 3-2 所示。

进一步把线条组织起来，使其轮廓明确、圆润，如图 3-3 所示。

图 3-2

图 3-3

步骤3 上色

(1) 先在脸部填上大色块：脸部皮肤填上土黄色(＃F3C68F)，这个色值介于红色和黄色之间，属于中灰度的黄，可代表年轻人红润的皮肤。头发和眼镜部分原本应该是黑色的，但在手机屏幕小尺寸内，如果看到的是一团黑色跳动，将会让整个动画变得死气沉沉，所以这里选用接近黑的灰调(＃333333)。

对于镜片部分，在真实的造型中眼镜镜片应该不是白色就是深色的，并带有高亮反光效果；但同上所述，小尺寸的手机动画只能用大面积的色块和对比度强、纯度高的色调来表现。所以，这里直接用了纯度较高的天蓝色来作为镜片色，并且让两只眼睛直接在镜片上表现出来。

牙齿部分暂预留白色就行了，其效果如图 3-4 所示。

(2) 把线条转换成填充色，全选线条后执行“修改”→“形状”→“将线条转换成填充”菜单命令，将线条转换成可调整内部结构的色块对象，如图 3-5 所示。

图 3-4

图 3-5

(3) 此时每个黑色部分的形状大小均一致，这样会导致整个卡通形象显得呆板、不够生动；所以，需要逐一调整黑色块，如图 3-6 所示。

经过调整，每段线条之间有一定的粗细、大小对比。在接下去的绘制工作当中亦可边做边改，以至完善。

(4) 制作头部的暗面色块，此时的光源是从偏右面打过来的，所以在头部每个部分的右侧勾出暗面轮廓，如图 3-7 所示。

图　3-6

图　3-7

进一步调整轮廓勾线的形状,使其完整,如图 3-8 所示。

在头发暗面部分选用更深一些的灰色(#1C1C1C),反光面则是稍微淡一些的灰色(#262626);脸部的暗面是较灰度的红色(#CCA480);镜片处则是用较纯的蓝色(#62BAEE)来体现其不同的质感,其效果如图 3-9 所示。

图　3-8

图　3-9

步骤 4　制作动画元件

(1) 将面部计划制作动画的部分转换成元件。由于是手机动画,所以在制作过程中不能有太大范围的动画动作,这里就仅仅把眼睛和嘴巴分别转换成一个图形元件。

首先选中其中一只眼睛,右击,把它转换成一个图形元件,取名为"眼睛",并在眼珠中间添加一个白色的眼白,如图 3-10 所示。

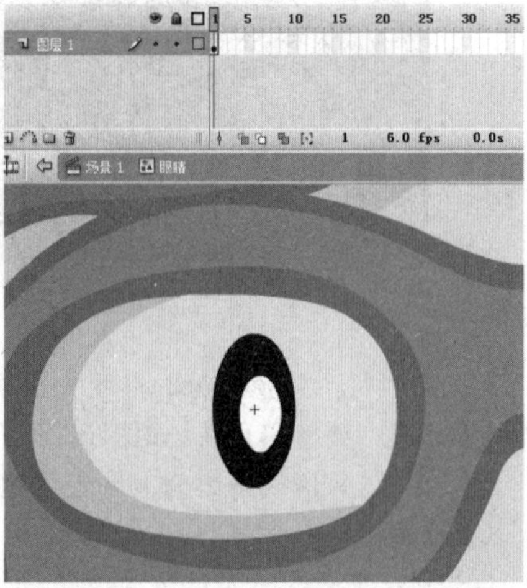

图　3-10

双击返回主场景,复制一个眼白放置在另一边镜片内,如图 3-11 所示。

(2) 选中嘴巴,进一步调整其嘴部图形后再将其转换成图形元件,取名为"嘴",如图 3-12 所示。

制作嘴部张嘴说话的动画。考虑到这是只有 6fps 帧频的动画,嘴部运动过快将会出现动画时间不

图 3-11

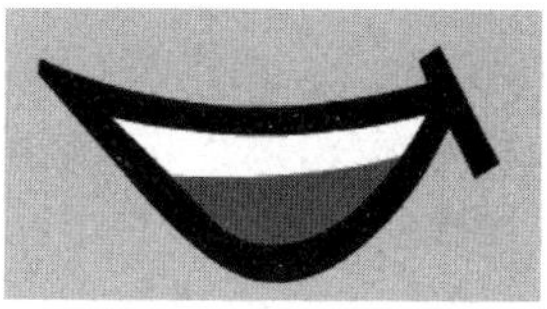

图 3-12

协调的问题，所以这里设置两帧为一个运动状态。

双击进入元件界面，在同一图层上创建 6 个普通帧长度，并分别在第 3 帧和第 5 帧处创建一个关键帧，如图 3-13 所示。

嘴部动画使用 3 种时间顺序的动态来表现：闭合、开口、张大。前面绘制的状态可以放置在开口时间上。所以现在选中第 1 帧的嘴，把它剪切到第 3 帧处；打开洋葱皮效果，在第 1 帧上绘制一个闭合的嘴形，如图 3-14 所示。

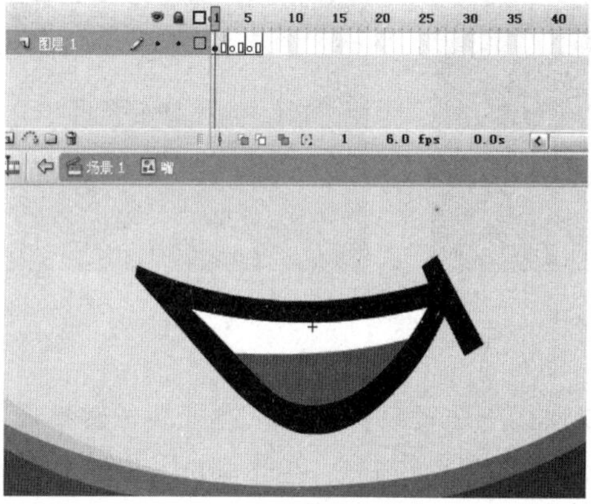

图 3-13

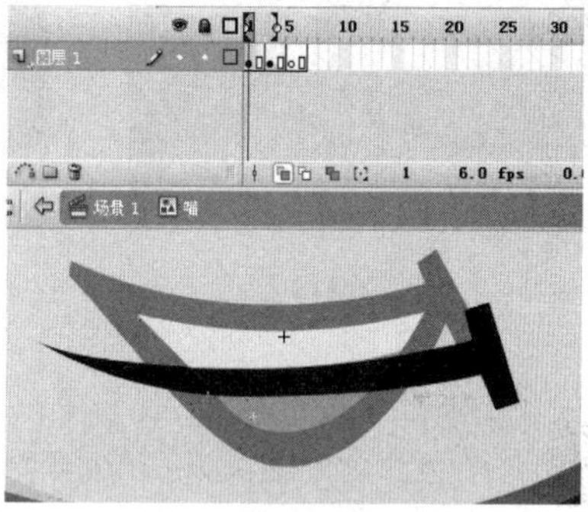

图 3-14

在第 5 帧处绘制张大口的嘴形，注意调整和第 3 帧处嘴形的位置关系，如图 3-15 所示。

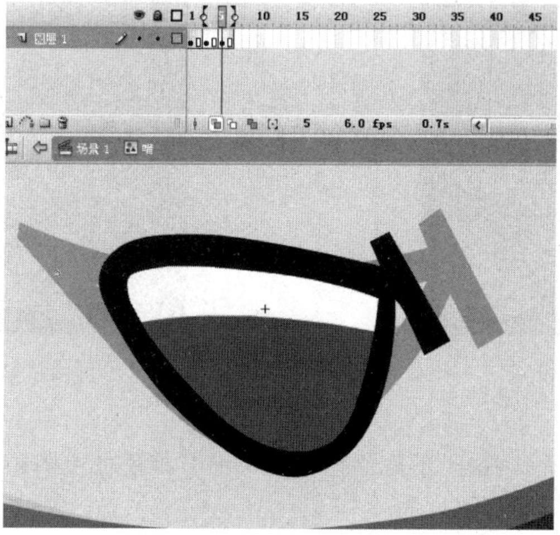

图 3-15

嘴形动画到此就制作完成了，注意再次测试动画效果，做到及时修改完善。

步骤5　绘制身体部分

(1) 绘制身体部分。同样是先用线段工具勾出轮廓，如图3-16所示。

进一步细化轮廓线，调整好准确的身体线条，如图3-17所示。

在组织轮廓线的时候一定要注意身体的透视关系。对口相声是由一左一右两个人来说的；其中逗哏的站左边，捧哏的站右边。那么现在画的逗哏人物透视关系就应该是侧向着右边方向。

(2) 先把线条设置为黑色，再填充上基本色块。这里衣服和裤子选用中山蓝(♯099CCD)，上身的口袋处用浅一些的蓝；手部的颜色使用和脸部相同的灰红色，如图3-18所示。

图　3-16

图　3-17

图　3-18

(3) 分别把两只手和脚转换为单独的元件，以便接下来的动画需要。再把线条转换成填充色，协调每个色块之间的关系，方法可参照前面介绍过的菜单栏命令，其效果如图3-19所示。

最后再给它填上阴影色，方法参照上述步骤，如图3-20所示。

图　3-19

图　3-20

由于文档尺寸过小，所以，这里不需要把每一个细节都添加上阴影色，只要大面积地加上就行了，并且注意光源的方向和脸部一致。

关于逗哏演员的卡通形象就制作完成了，把它转换成元件，存入库中以便随时调用。

步骤 6　捧哏演员的绘制

(1) 制作捧哏演员的卡通形象，参照上述介绍的方法步骤。

首先在舞台上勾出轮廓线条。由于两人着装相同，所以，这里只需把前面绘制过的中山装复制过来，局部处理即可，如图 3-21 所示。

组织线条，使其准确描绘出头部形状，如图 3-22 所示。

(2) 填充基本色块。帽子仍然是配套的中山蓝色，由于这里没有了头发的大面积深色，所以可选用白色的大镜头和深灰色（#3C3C3C）的镜框架来搭配；脸部则用灰色的红（#FFCD9C），胡须楂子用青色（#C2C2C2），如图 3-23 所示。

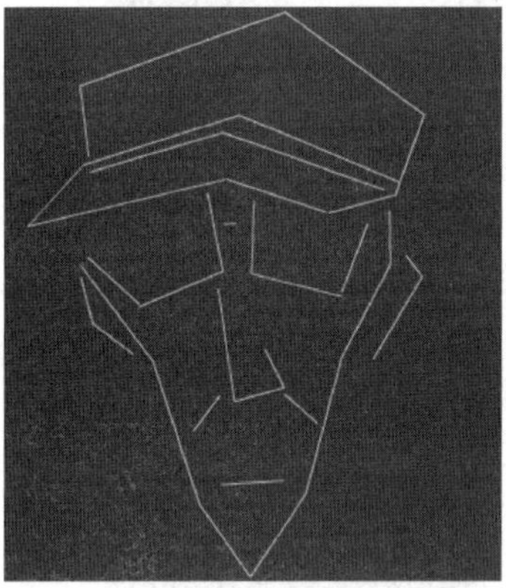
图 3-21

图 3-22

图 3-23

选中所有线条，利用菜单栏命令把它们转换成填充色，并逐一地进行细节调整，如图 3-24 所示。

(3) 制作这位主角的嘴形说话动作。同样是先把它转换成一个图形元件，新建 6 个普通帧，并分别在第 3 帧和第 5 帧处创建一个关键帧，用 3 种嘴形来表现说话动作。

刚才绘制头部时嘴形可作为闭合状态来用，如图 3-25 所示。

图 3-24

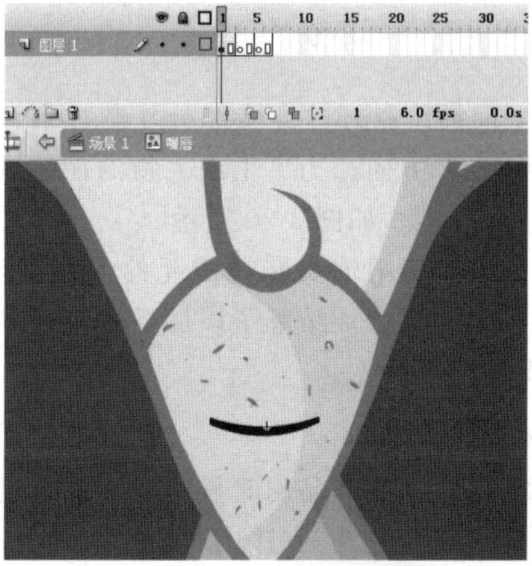

图 3-25

打开洋葱皮效果，在第 3 帧处绘制一个微张开口的嘴形，如图 3-26 所示。

在第 5 帧处绘制张大的嘴形，如图 3-27 所示。

图　3-26

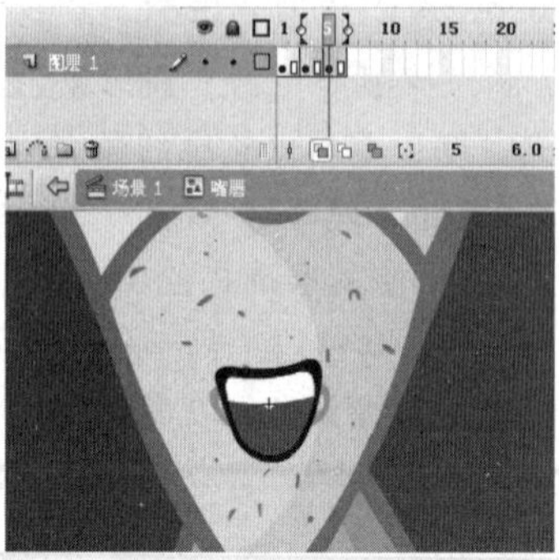

图　3-27

这一段人物嘴形动画就制作完成了，并注意调整嘴形的动态。

(4) 给头部添加阴影色，先把每个部分的暗面部分勾出来，如图 3-28 所示。

给暗面填色。这里帽子的暗面选用和前面相同的深蓝色(＃0A7396)；镜片处选用中性的灰色(＃B2B2B2)；脸部选用暗的中红色(＃CCA480)；胡楂部分则用淡灰色(＃ACACAC)来表现。最后再画上一些胡楂，如图 3-29 所示。

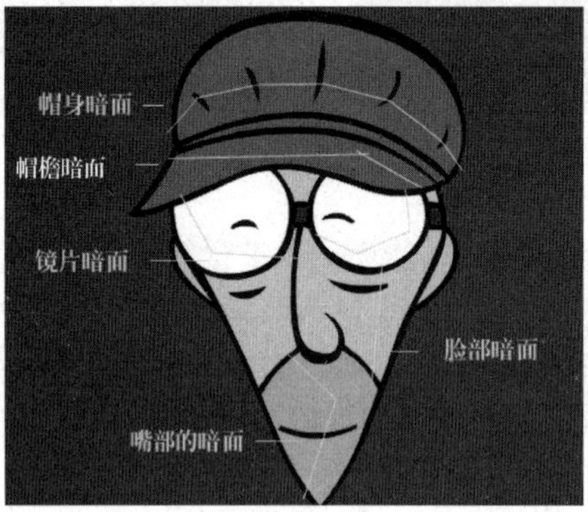

图　3-28

图　3-29

(5) 把前面绘制好的身体部分复制过来，水平调整方向后再处理衣着的光源方向。为了主次人物的简单区分，可把衣服口袋中插着的钢笔去除，如图 3-30 所示。

把制作好的捧哏演员转换成元件保存到库里，这样，两个主角人物就绘制完成了。结束了以后要多观察，注意两人在衣着风格、色彩上的协调统一。

项目小结

在制作手机动画产品的时候一定要注意色彩的把握，也许有些同学适应了调灰色调，有些则习惯于大色块的跳跃。

而在这里要注意的有两点。

(1) 把握绝对的大色块调子，特别是在背景的处理上。由于画面尺寸小，背景上的东西一多就容易花眼；如果只有一些较小或不那么重要的背景元素，干脆就弃之不用，直接填上一个纯

图　3-30

色块。

(2) 不选用灰调子，并重复使用相同的色块。首先来说画面尺寸较小，灰蒙蒙一片必然导致画面不清晰、效果不佳；其次，由于其播放终端是不同品牌的手机机型，它们之间对彩色均有不同的解析效果。为尽可能地保持最接近的终端效果就必须在贯穿全片的彩色上做文章。

3.3 实例体验 第一个场景画面制作

项目背景

在这一节中将介绍第1帧的跳转页面的制作和第一个动画场景的制作。为尊重原型，在第一个场景中将绘制传统相声中常见的书桌(亦称场面桌)和逗哏演员使用的醒木；画面中所使用到的元素不多，尽可能保持简洁的效果。

项目任务

根据技术规范要求，设计制作跳转画面和第一个场景画面。

项目分析

手机屏幕相对很小，这就决定了在制作背景画面的时候必须尽可能地保持在大块对象明确的前提下再进一步考虑能够细化的部分。

项目实施

步骤1 绘制跳转画面背景

(1) 制作正片。首先制作跳转页面，并且在每个系列动画的页面上均包含一个动画名称和一个跳转按钮。

回到主场景"时间轴"，先在舞台上绘制一个黄色的边框图形，如图3-31所示。

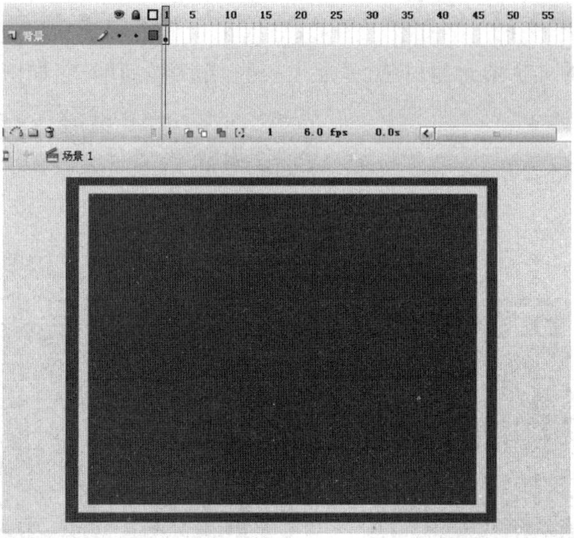

图 3-31

在边框图形内添加并列排在画面四边的黄色小球，如图3-32所示。

沿小球的内部四边再绘制细一些的边框图形，如图3-33所示。

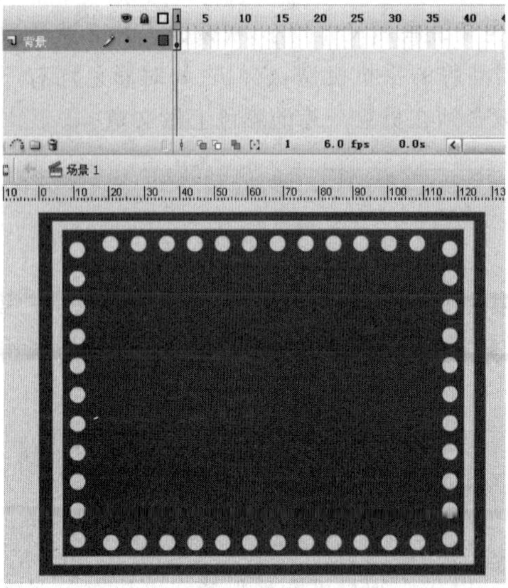

图 3-32

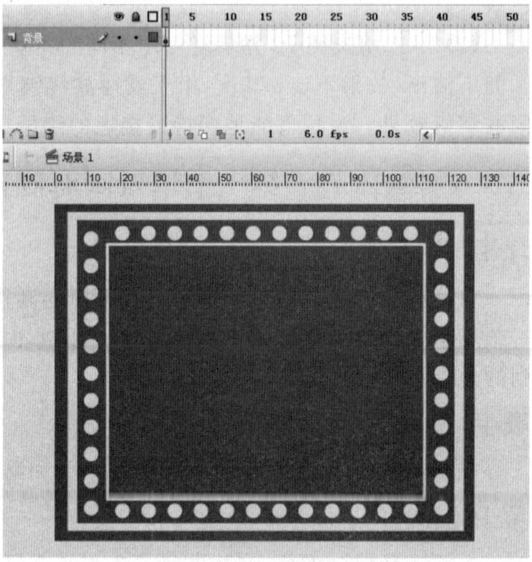

图 3-33

至此,跳转页面的背景边框就绘制完成了。这是以中国传统艺术相声为主题的 Flash 手机动画,而用于表现传统风格的纹样有很多,可以用云纹,也可以用雷纹,只要效果达到,设计怎样的背景都是可以的。

(2) 输入文字"郭德纲相声语录一"。

打开字体"属性"面板,设置字体为"方正古隶简体",纯黑色,并居中对齐,如图 3-34 所示。

选中文字,右击,把它转换成按钮元件,并取名为"按钮"。

双击进入元件界面,先把文字打散成图形,分别在 4 个按钮状态帧上创建一个关键帧。把"指针经过"状态帧上的文字填充为白色,并放大一些,作为按钮响应,如图 3-35 所示。

图 3-34

图 3-35

在“点击”状态帧上沿着文字四边绘制一个矩形框，作为按钮响应的范围，如图 3-36 所示。

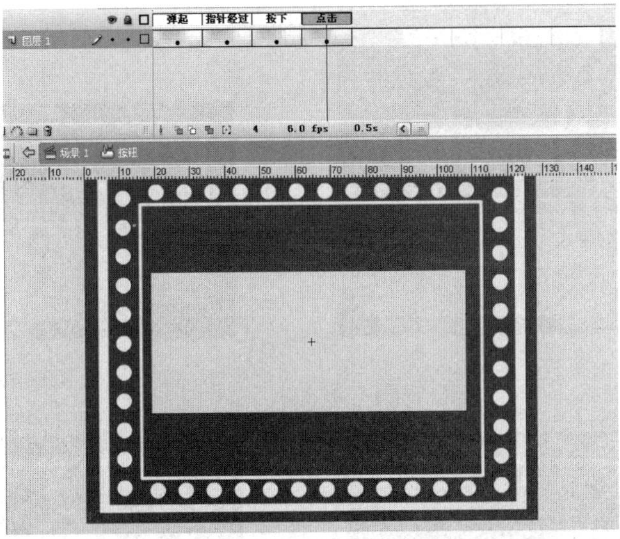

图 3-36

双击返回主场景，在“时间轴”第 1 帧处输入代码：

```
stop();
```

选择舞台中的按钮，输入如下代码。

```
on (release) {
  gotoAndPlay(2);
}
```

这段代码的意思很简单，即单击按钮后跳转到第 2 帧开始播放。至此，第一张的跳转页面就制作完成了。

步骤 2 绘制第一段动画背景

(1) 制作第一段对话场景内容。这一句是由逗哏说的：有一个好消息，有一个坏消息。

首先绘制页面背景，为保持整体手机动画的风格，大部分色调组合尽量使用纯色的红、黄、蓝来表现。

在刚才的跳转按钮图层“时间轴”的第 2 帧处创建一个空白关键帧，在舞台上绘制一个黄色线条的空心圆，如图 3-37 所示。

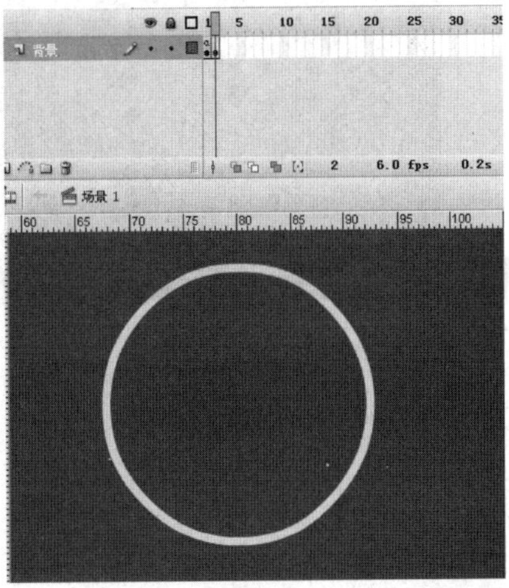

图 3-37

选中圆框图形，把它复制并粘贴到相同位置；此时保持新粘贴的圆框为选中状态，按 Ctrl＋Alt＋S 组合键打开“缩放和旋转”对话框，并设置 80％的缩放，如图 3-38 所示。

利用同样的方法选中第二圆框，复制后粘贴到相同位置，设置新圆框“缩放”大小为 75％，如图 3-39 所示。

同样，复制第三层圆框，并设置“缩放”大小为 65％，如图 3-40 所示。

复制第四层圆框，设置“缩放”大小为55％，如图3-41所示。

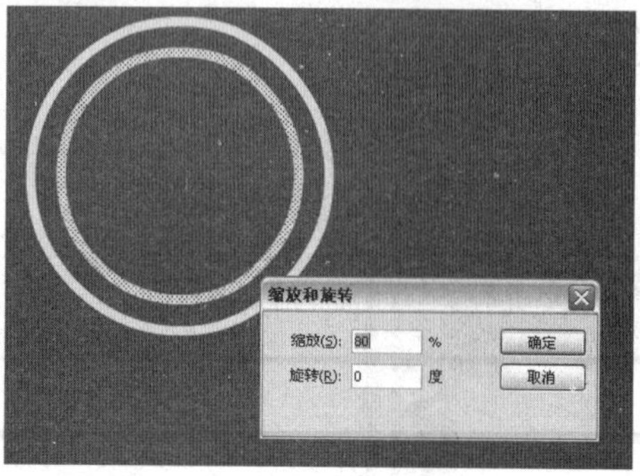

图　3-38

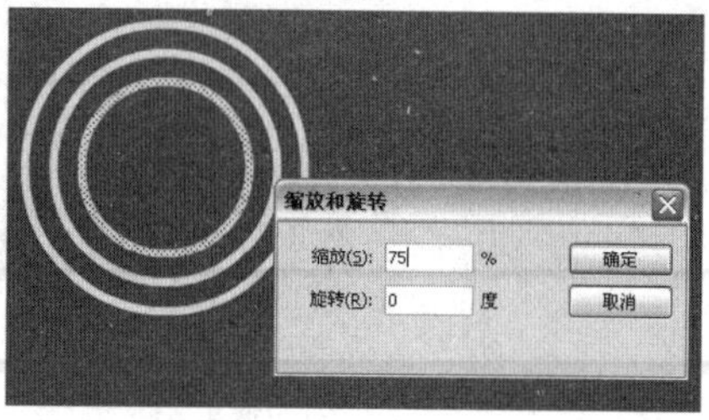

图　3-39

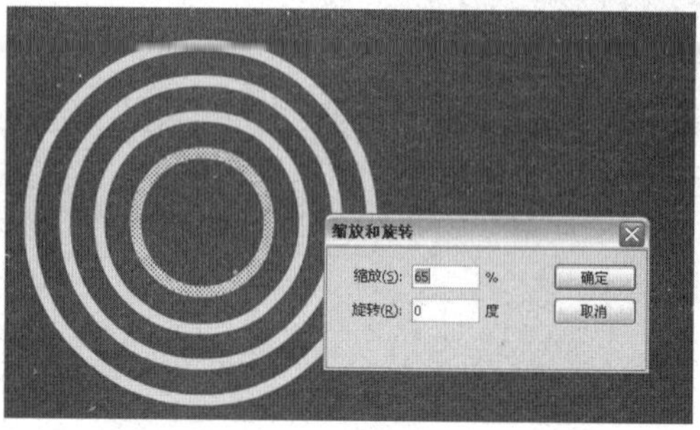

图　3-40

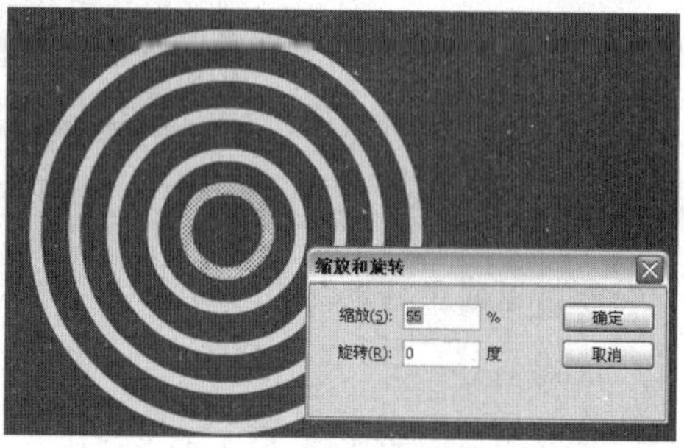

图　3-41

在每层的圆框内填充和背景色相同的纯红色，如图3-42所示。

选中所有圆框，利用菜单命令把所有的线条转换成填充色，并沿着圆心删除上半部分图形，如图3-43所示。

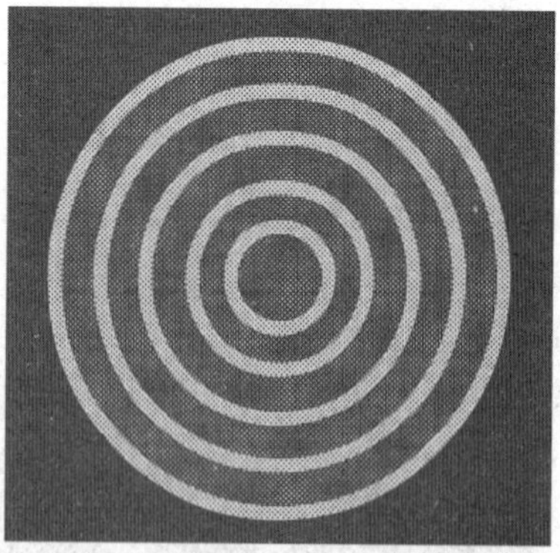

图　3-42

图　3-43

把它转换成一个图形元件，调整大小后放置在页面的左上角，如图3-44所示。

分别复制若干个半圆实例，把它们按一定的间隔空间并列排在页面的最上方，如图3-45所示。

复制一层半圆，缩放80％后分别放置在第一层每两个半圆之间，并将第二层半圆置于底层，如图3-46所示。

图 3-44

图 3-45

在第二层上复制一层半圆，将其缩小80%后放置在第二层每两个半圆之间，并将第三层置于底层，如图3-47所示。

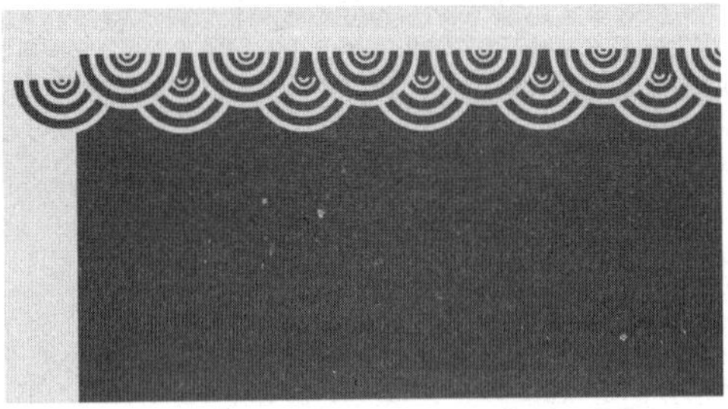

图 3-46

图 3-47

三层的半圆都复制完后再进一步处理每层之间圆的关系。

先将第二层半圆实例全部打散后群组起来，把靠近每个半圆中心的两段线条和左右两端延伸出去的部分删除，如图3-48所示。

图 3-48

最后再沿着页面边缘在最底层绘制一个盖过第二层中心部分的纯黄色块，如图3-49所示。

(2) 绘制一张捧哏演员使用的桌子(亦称场面桌)。

新建一层，取名为“桌子”，在舞台的右下角绘制一个黄色块、橙色边的矩形，如图3-50所示。

桌子并不高，只有一个桌面的高度；这是因为在全片中，两位演员的大部分镜头均以上半身的局部画面出现，所以根据比例大小设计了这样的桌子。

制作简易的桌布效果，先选中所有线条，执行菜单栏命令把线条转换成填充色；在矩形的左侧边缘处拉伸一个向下的弧度，如图3-51所示。

在黄色块上绘制几笔橙色的布纹，如图3-52所示。

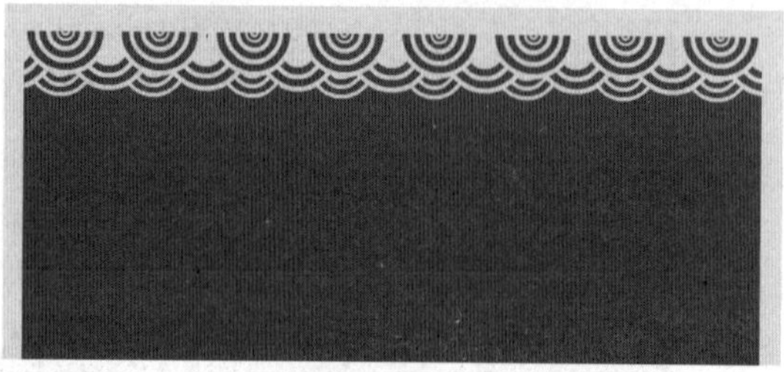
图 3-49

图 3-50

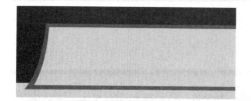

图 3-51

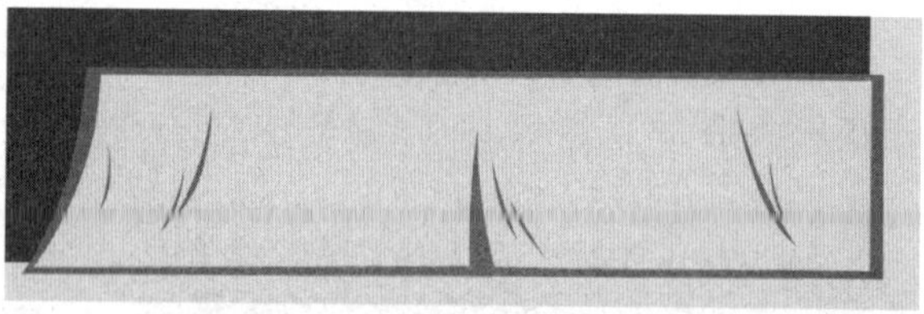
图 3-52

在布纹边添加几道桌布的暗面部分,如图 3-53 所示。

(3) 在桌面上绘制一块惊堂木(亦称醒木,在相声中起到制造某种表演气氛的作用)。

图形很简单,为了效果显著,直接绘制一个橙色线条、白色色块的矩形即可,如图 3-54 所示。

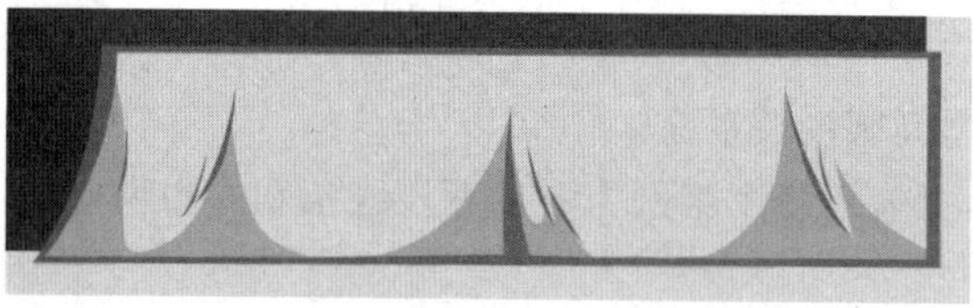
图 3-53

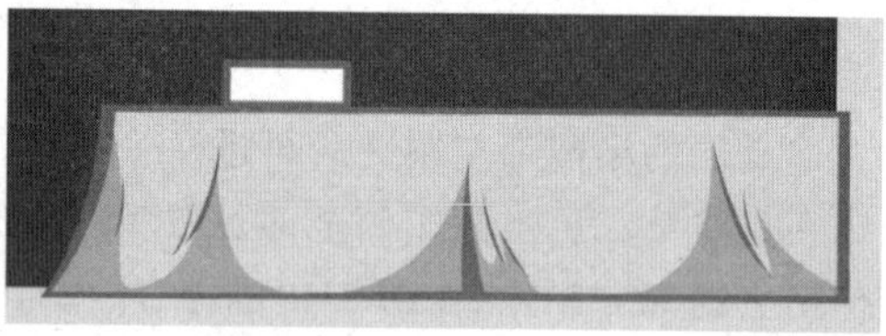
图 3-54

(4) 绘制表演时使用到的麦克风。

先绘制一个麦克风的矩形底座,为保持风格统一,这里同样设置橙色线条和白色色块,如图 3-55 所示。

在底座上绘制一个矩形立杆,如图 3-56 所示。

最后在立杆上绘制出麦克风的形状,如图 3-57 所示。

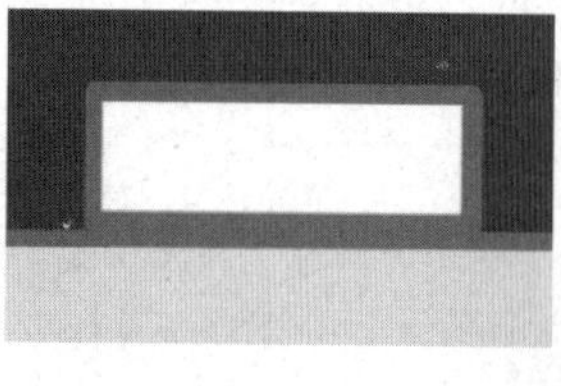
图 3-55

图 3-56

图 3-57

这样，简易的舞台背景就绘制完成了。最终效果如图 3-58 所示。

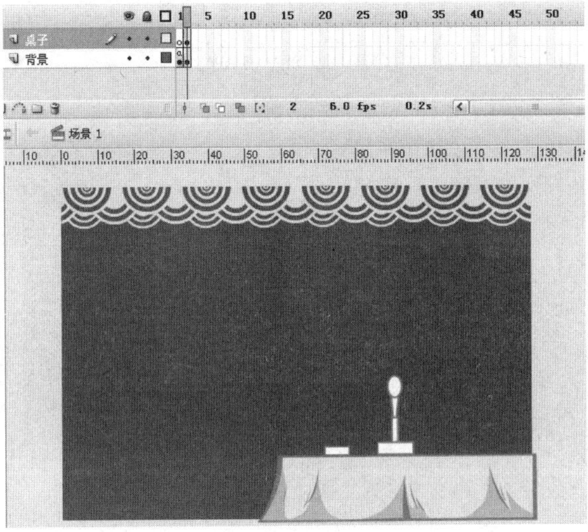

图 3-58

步骤 3 动画制作

(1) 制作第一个场景的动画部分。在"桌子"图层下新建两层，分别取名为"逗"和"捧"。在其"时间轴"的第 2 帧处创建一个关键帧，并从库中调出两个绘制好的演员，放置在相对应的图层上，如图 3-59 所示。

在最上层新建一层，取名为"字幕"，在第 2 帧处创建一个关键帧，同时在舞台正下方绘制一个灰色边框、白色透明底的矩形作为字幕显示框，如图 3-60 所示。

图 3-59

图 3-60

保持第 1 帧的静止状态，在"逗"图层"时间轴"的第 10 帧处创建一个关键帧，把实例打散后重新转换成一个图形元件，取名为"逗哏动作"，如图 3-61 所示。

图 3-61

双击进入元件界面，在第 9 帧处创建一个关键帧，把右侧手删除，再重新绘制出一个抬手的姿势，如图 3-62 所示。

组织线条，使其完整，如图 3-63 所示。

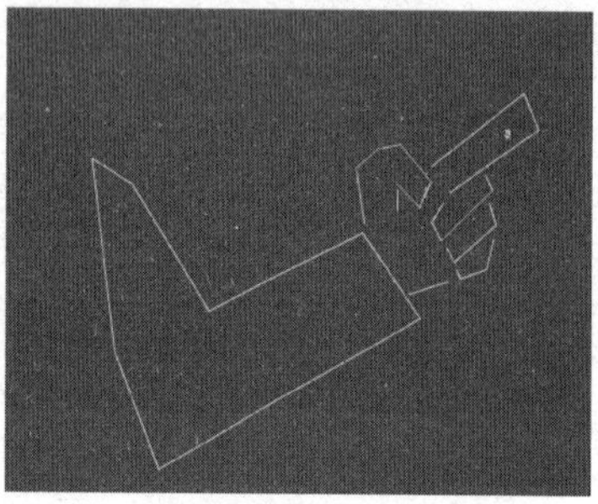

图 3-62

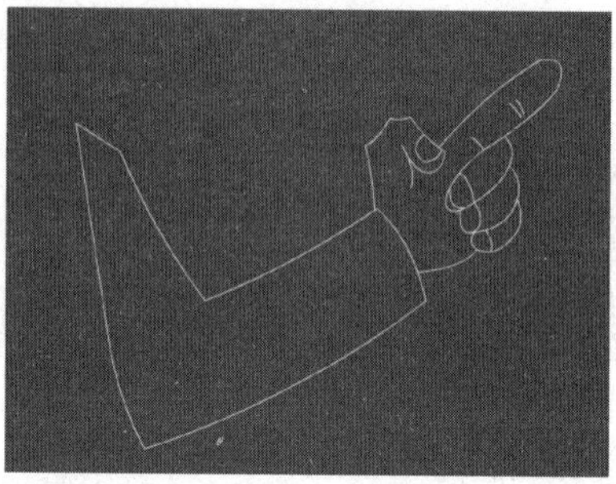

图 3-63

填充大色块。衣袖部分仍然是同样的蓝，手部肤色可从脸部上选取，如图 3-64 所示。

同样把线条加粗后执行菜单栏命令把线条转换成填充，并调整色块之间的关系结构，如图 3-65 所示。

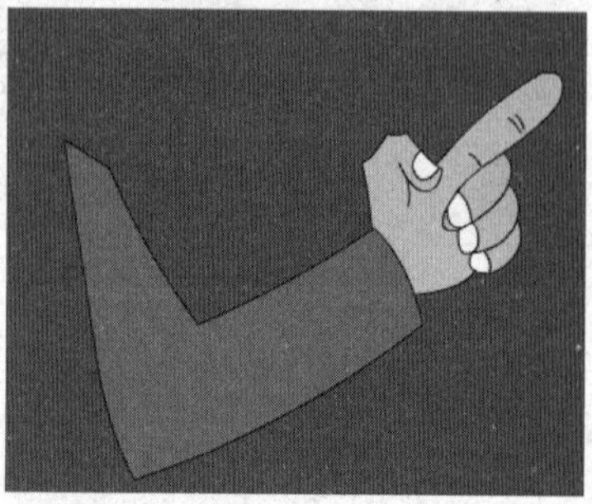

图 3-64

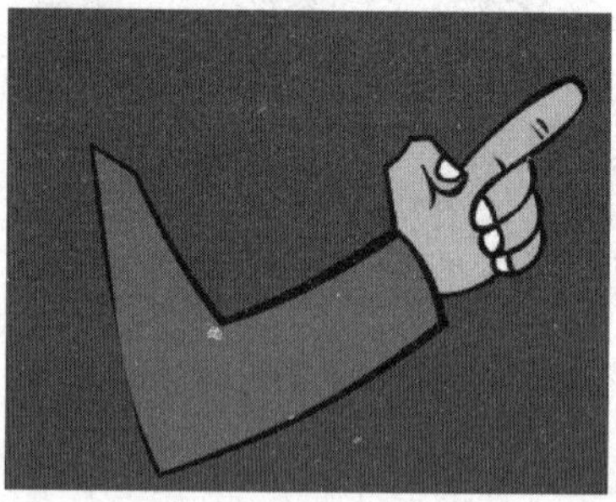

图 3-65

再添加手部的暗面色，这里选用深棕色(＃84674F)，并在袖口处绘制 3 个圆作为衣服的袖扣，如图 3-66 所示。

把它调整好大小，放置在删除的右手位置上，并调整身体其他部位随着手部运动而发生的动态变化，如图 3-67 所示。

图 3-66

图 3-67

选中演员，把它转换成一个图形元件；双击进入元件界面，在“时间轴”上添加 6 帧的普通帧，由于嘴形动作完成一次所占的时间为 6 帧，所以，这里必须设置出一次说话所需的时间，如图 3-68 所示。

(2) 双击返回上一层元件界面，在“时间轴”第 18 帧处创建一个关键帧，调整右手再向上摆动一些，身体跟着运动，如图 3-69 所示。

图 3-68

图 3-69

在第 20 帧处创建一个空白关键帧，把第 9 帧上的图形实例复制过来粘贴到相同的位置，如图 3-70 所示。

(3) 制作捧哏演员在不说话时的动作。

双击返回主场景，先在“捧”图层“时间轴”的第 10 帧处创建一个关键帧，把它转换成一个图形元件。

双击进入元件界面，把头部和身体部分的中心点分别拖至它们正下方，如图 3-71 所示。

图 3-70

图 3-71

在第 5 帧处创建一个关键帧，把头部沿着中心点向右转动一些，身体向左转动一些，如图 3-72 所示。

在第 13 帧处创建一个关键帧，把头部和身体分别向相反方向转动一些，如图 3-73 所示。

图 3-72

图 3-73

在第 18 帧处创建一个关键帧，把头部和身体分别向相反方向转动并延伸至第 23 帧的普通帧，如图 3-74 所示。

这一段的演员说话动作就制作完成了，由于帧频相对来说很慢，所以在处理“时间轴”关键帧播放的时候多注意调整帧与帧之间的时间差。

(4) 双击返回主场景，把“字幕”图层“时间轴”的第 2 帧上的关键帧拖至第 10 帧处，在半透明的矩形框内输入台词“有一个好消息，有一个坏消息”；并打开字体“属性”面板，设置字体为“华康简标题宋”，颜色为纯红色，如图 3-75 所示。

图 3-74

图 3-75

项目小结

第一段是全片风格、色彩的定位，包括两个演员之间动作的协调和配合；这里还要注意的是，在每秒只有 6 帧的帧频情况下该怎么制作协调的动作效果；原则上可尽量使用补间动画，而且它也能最大限度地优化文件大小，但在保持一定的动画效果上还是必须用部分的逐帧来表现；从文件优化上考虑，可把每个场景中的台词文字打散成图形。

3.4 实例体验 特写画面的切换

项目背景

这一段将制作如下两段台词内容。

逗：你想听哪个？

捧：坏消息是什么？

其中第一段将使用特写画面，然后再切换至第二画面。

项目任务

结合第一场景的动画和内容，设计制作两段动画。

项目分析

镜头语言在手机动画中相对使用得不多，即便使用了也仅仅是简单的画面直接跳转；还可使用“闪白”切换效果，尽可能不出现如大背景画面的平移、缩放等，这些都能造成因手机动画最终体积过大而必须反复修改。

项目实施

步骤 1　制作特写画面演员

(1) 制作相声的第二段台词内容；分别在“字幕”和“逗”图层“时间轴”的第 30 帧处创建一个关键帧，在“桌子”和“捧”图层的第 30 帧处创建一个空白关键帧，如图 3-76 所示。

(2) 在第 30 帧处输入新台词“你想听哪个?”，并在舞台上把剩下的逗哏演员实例打散，调整眼睛向下看，再作为局部特写将其放大一些，如图 3-77 所示。

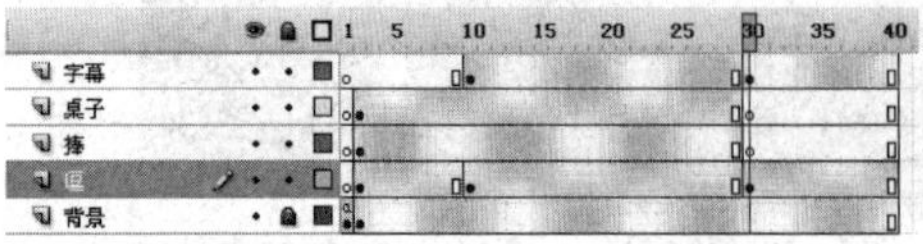

图　3-76

图　3-77

在第 36 帧处创建一个关键帧，把左手删除，再把右手剪切过来，并勾出暗面色，如图 3-78 所示。

给它添加和衣服相同的深蓝色(＃06769B)，并将最初绘制的右手从库中调出来放置在空缺的右手位置，调整眼睛向左看，再调整身体的动态，如图 3-79 所示。

图　3-78

图　3-79

步骤 2　制作切换画面

(1) 分别在 4 个图层的第 45 帧处创建一个关键帧，把第 2 帧上的两位演员和桌子复制到对应图层第 45 帧的相同位置，并修改字幕台词为“坏消息是什么?”，如图 3-80 所示。

(2) 逐个调整人物动态，首先是处理此时不说话的逗哏演员。

选中人物对象，把它转换成一个图形元件，取名为“逗 静止动作”。

双击进入元件界面，先调整嘴形为闭合状态，如图 3-81 所示。

图 3-80

在第 5 帧处创建一个关键帧，把头部和身体部分的中心点分别拖至它们的正下方，再把头部沿中心点向左转动，身体向右转动，如图 3-82 所示。

图 3-81

图 3-82

在第 7 帧处创建一个关键帧，把它们沿相反方向调整，如图 3-83 所示。

在第 13 帧处创建一个关键帧，沿相反方向调整一些，并延伸至第 16 帧的普通帧长度，如图 3-84 所示。

这样，通过几个不规则的关键帧动态排列，可让演员在不说话的时间内不会完全静止，保持一定的动态循环。

图 3-83

图 3-84

(3) 双击返回主场景,制作捧哏演员的说话动画。

首先选中头部的嘴形图形,把它替换成前面制作好的捧哏演员嘴形动作,并将头部转换成一个图形元件,再给元件添加 6 个帧的嘴部运动时间,如图 3-85 所示。

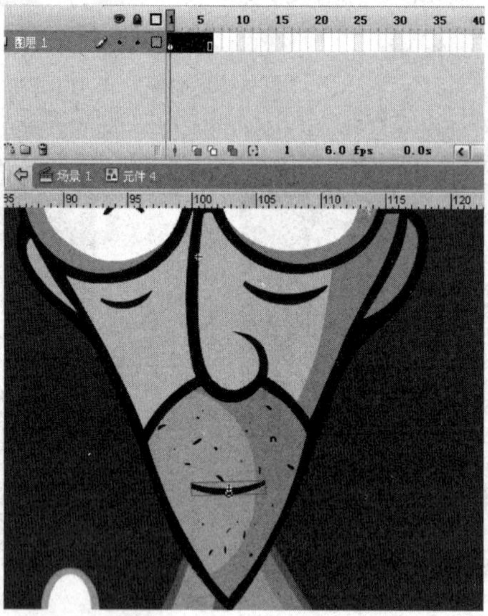

图 3-85

双击返回主场景,在"捧"图层"时间轴"的第 45 帧处将头部和身体的中心点分别拖至它们的正下方;在第 50 帧处创建一个关键帧;把头部沿着中心点向左转动一些,身体向右转动一些,如图 3-86 所示。

在第 60 帧处创建一个关键帧,调整头部和身体向相反方向转动,如图 3-87 所示。

图 3-86

图 3-87

项目小结

这一节中涉及第一次的场景切换和一个特写的人物动作画面。关于场景切换的方式有很多种，可以淡入淡出，可以做镜头移动和缩放，但这些均能造成动画文件的体积增大，所以，在手机动画中采取直接删减关键帧的办法切换新画面。

对于特写画面的表现，许多网络动画中有采用抽象元素来表现的，如用循环的旋转色环、闪光等；也有采用具象形式来说明的，如截取部分影片中的元素作为水印效果放置在背景中；在手机动画中，由于平台的限制性，只能做一些简单的背景变化，或者保持静态，这个并不影响最终的动画效果。

3.5 实例体验 外景画面的制作

项目背景

这一段将制作两段台词内容。

咱们迷路了！这地儿我不认识

而且我估计我们以后……得靠吃牛粪过日子了！

项目任务

根据技术文档要求设计外景画面以及上述两段台词内容的动画制作。

项目分析

在处理手机动画全片画面关系的时候可适当偏向用一些色彩强烈、明亮的画面色调，这样在最终端的手机屏幕上显示的时候能达到较好的视觉效果，当然，这一前提是必须保证大的基调不变。

项目实施

步骤 1 绘制外景画面

制作第二段场景动画；在主场景选中所有图层，并在“时间轴”的第 65 帧处创建 5 个空白关键帧，如图 3-88 所示。

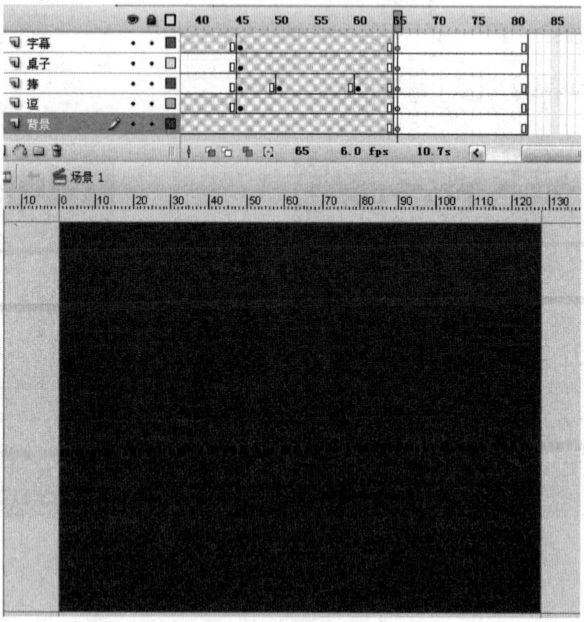

图 3-88

选择“背景”图层，在舞台中绘制一个 128 像素×100 像素的纯黄色矩形，如图 3-89 所示。

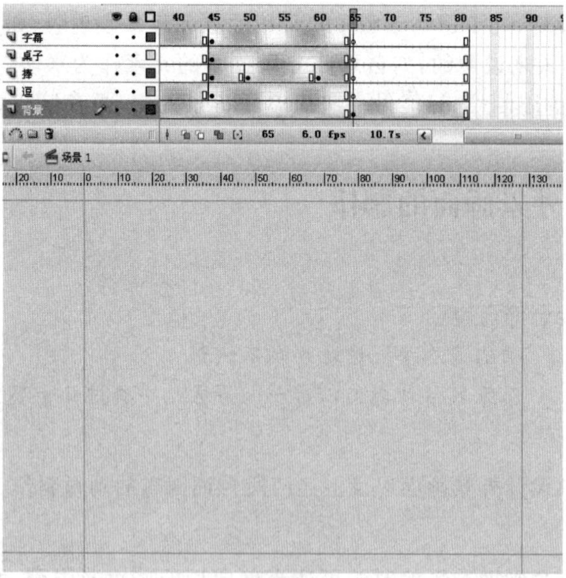

图 3-89

在舞台下方勾画出远景的房屋轮廓，如图 3-90 所示。

进一步调整房屋线条，形成完整图形，如图 3-91 所示。

全选房屋，给它填充墨绿色(＃316415)，并把多余出页面外的部分删除，如图 3-92 所示。

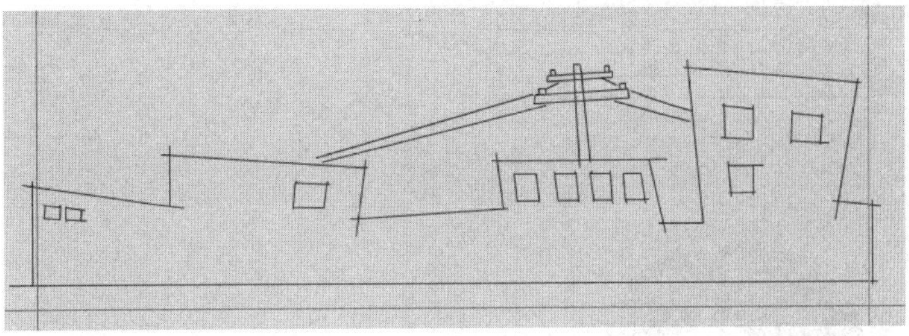

图 3-90

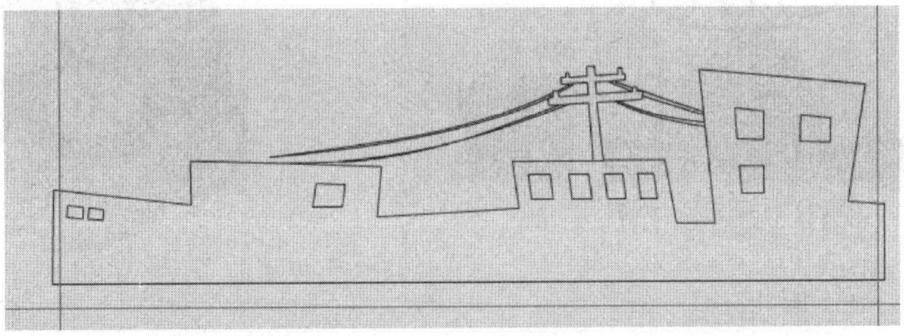

图 3-91

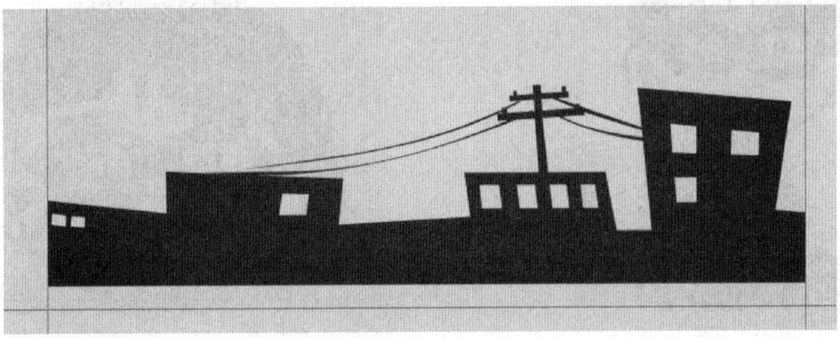

图 3-92

步骤 2 修改人物动态

(1) 在“时间轴”第 65 帧处把字幕内容改为“咱们迷路了!”。

把“逗”图层“时间轴”的第 10 帧处逗哏说话实例复制过来，调整好大小，放置在画面的正中央，如图 3-93 所示。

把实例打散，保留嘴部的动作实例，并调整其动态为正视前方。

(2) 把眼睛方向移至镜片中间，注意眼白部分的处理，如图 3-94 所示。

处理每个暗面部分的色块，使其表现的光源是正方向，同时调整身体部分为从左向右透视关系，如图 3-95 所示。

将头部转换成一个图形元件，并设置其 6 帧的嘴形动作时间，再将其中心点拖至下巴位置，如图 3-96 所示。

在第 70 帧处创建一个关键帧，将头部沿着中心点向左转动一些，如图 3-97 所示。

在第 75 帧处创建一个关键帧，将头部沿中心点向右转动一些，如图 3-98 所示。

图 3-93

图 3-94

图 3-95

图 3-96

图 3-97

图 3-98

(3) 分别在“字幕”图层和“逗”图层“时间轴”的第 80 帧处创建一个关键帧；修改字幕内容为“这地儿我不认识”。

调整人物的动态为右手抬起，两眼侧视，如图 3-99 所示。

图 3-99

制作这一帧上抬手的姿势时可把前面第一个场景中绘制过的手复制过来，修改眼睛的侧视动态就必须先把刚才转换成元件的头部实例打散后再调整眼睛部分。

在第 85 帧处创建一个关键帧，继续调整其说话动态，如图 3-100 所示。

在第 87 帧处创建一个空白关键帧，把第 80 帧处的人物动态复制到相同位置，如图 3-101 所示。

图 3-100

图 3-101

同时选中第 85 帧和第 87 帧两个关键帧，将它们复制到第 89 帧处，如图 3-102 所示。

(4) 分别在“字幕”图层和“逗”图层“时间轴”的第 95 帧处创建一个关键帧，把字幕内容改为“而且我估计我们以后……”。

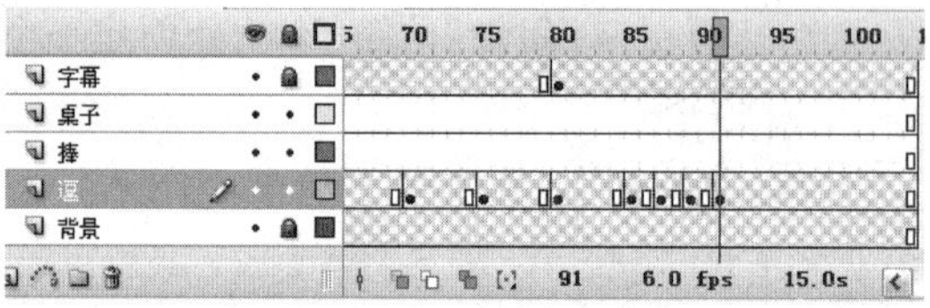

图 3-102

将“逗”图层“时间轴”的第 95 帧上的对象替换为第 65 帧上的正面人物姿势，如图 3-103 所示。

图 3-103

在同一图层的第 100 帧处创建一个空白关键帧，把第 70 帧上的人物动态复制过来，如图 3-104 所示。

图 3-104

在第 108 帧处创建一个空白关键帧，把第 95 帧上的人物动态复制过来，如图 3-105 所示。

图 3-105

步骤 3 新场景绘制

(1) 分别在“字幕”图层、“逗”图层和“背景”图层“时间轴”的第 112 帧处创建一个关键帧，把字幕内容改为“得靠吃牛粪过日子了！”。

删除背景图形，把“逗”图层第 112 帧上的逗哏演员替换为第 80 帧上的动态形象，并调整其大小，倾斜地放置在页面的左上角，如图 3-106 所示。

在“背景”图层第 112 帧上绘制和页面同等大小(128 像素×100 像素)的黄色矩形，在其正下方绘制几条大小粗细不一的紫红色块(#FF0033)，如图 3-107 所示。

图 3-106

图 3-107

(2) 在“桌子”图层“时间轴”的第112帧处创建一个关键帧，把左边的演员剪切过去，在“逗”图层的第112帧处绘制一个Q版的“粪便”形状，如图3-108所示。

右击，把它转换成一个图形元件，取名为“粪便”。

双击进入元件界面，把“粪便”转换为一个图形元件，调整好大小，并放置在页面的右侧，如图3-109所示。

图 3-108

图 3-109

在第4帧处创建一个关键帧，给它添加一段补间动画，把实例向左平移至舞台的偏右侧位置，如图3-110所示。

分别在第7帧和第10帧处创建一个关键帧，给它添加一段补间动画，并把第10帧上的实例向左平移至舞台的左侧，如图3-111所示。

图 3-110

图 3-111

步骤4　人物动态调整

双击返回主场景，将左侧的逗哏演员转换成一个图形元件。

双击进入元件界面，在第 5 帧处创建一个关键帧，将头部沿中心点向右转动，右手向上弯曲些，如图 3-112 所示。

图 3-112

在第 10 帧处创建一个关键帧，将头部和右手向相反方向调整，如图 3-113 所示。

在第 15 帧处创建一个关键帧，继续将头部和右手向相反方向调整，并延伸至第 20 帧的普通帧，如图 3-114 所示。

图 3-113

图 3-114

项目小结

在这两个新场景背景画面的绘制上同样必须注意整体色调的统一。在第一幅房屋远景图中使用了墨绿色，它是能与黄色和蓝色中和的，而且颜色较深，能够把画面背景压下去，将人物衬托出来。

在表现新场景中人物的光源上也要注意不同方位的光线来源在物体表面投下的光影位置。

3.6 实例体验　高潮部分动画制作以及音频制作

项目背景

这一节是彩信的高潮内容部分，也是结束部分，这里有如下两段台词内容。

捧：那好消息呢？

逗：牛粪有的是！

在动画结束后即是主、副背景音乐的串接。

项目任务

结合全片设计制作最后一段动画以及音频制作。

项目分析

Flash 手机动画一般以一则笑话、一段电影、电视台词或一段流行语等作为承载信息，这就决定了它时间短、可读性强等特点。所以，一个手机动画的高潮部分是全片的看点，在这一部分动画和画面表达中必须着重处理和细化。

项目实施

步骤 1　调整人物动态

(1) 分别在 5 个图层的第 158 帧处创建一个关键帧；在"字幕"图层上把字幕框删除，在"桌子"图层和"背景"图层上把主场景"时间轴"第 2 帧上的桌子对象复制过来，将"捧"图层"时间轴"第 10 帧处的实例复制过来并将捧哏演员对象打散；在"逗"图层将第 45 帧 上的实例复制过来，如图 3-115 所示。

将"捧"图层第 158 帧处打散后的对象重新转换成一个图形元件。

(2) 双击进入元件界面，新建一层，将头部剪切至新图层上，并调整脸部表情，将其转换成一个图形元件，如图 3-116 所示。

图　3-115

图　3-116

在第 5 帧处创建一个关键帧，给它添加一段补间动画，在第 5 帧处将头部向下移动一些，如图 3-117 所示。

双击返回主场景，在“捧”图层“时间轴”第 162 帧处创建一个关键帧，并把实例打散，如图 3-118 所示。

图 3-117

图 3-118

(3) 在同一图层的第 170 帧处创建一个关键帧，并调整其动态。

先将头部删除，从“时间轴”第 45 帧处复制头部实例过来。

再把左手部分删除，并用线段工具勾画出一个伸出手的动态轮廓，如图 3-119 所示。

调整线条，使其完整，如图 3-120 所示。

填充大色块；衣袖部分选用整件衣服上使用的中山蓝，中间伸出来一点白色的衬衫袖口，手部则选用脸部皮肤上的颜色，如图 3-121 所示。

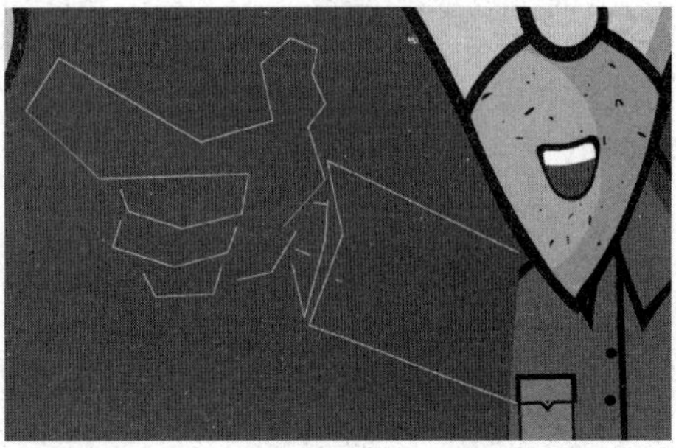

图 3-119

图 3-120

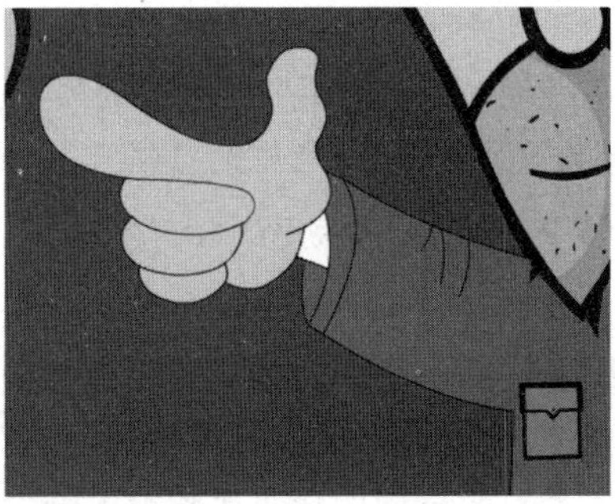

图 3-121

全选线条，把它们变粗后执行菜单栏命令，将线条转换成填充色，并细致调整色块之间的关系，如图 3-122 所示。

最后给它添加暗面色,色值均从相对应的部分选取。其最终效果如图 3-123 所示。

图 3-122

图 3-123

在"时间轴"的第 175 帧处创建一个关键帧,调整说话的动态,如图 3-124 所示。

在第 180 帧处创建一个关键帧,继续调整不同的说话动态,如图 3-125 所示。

图 3-124

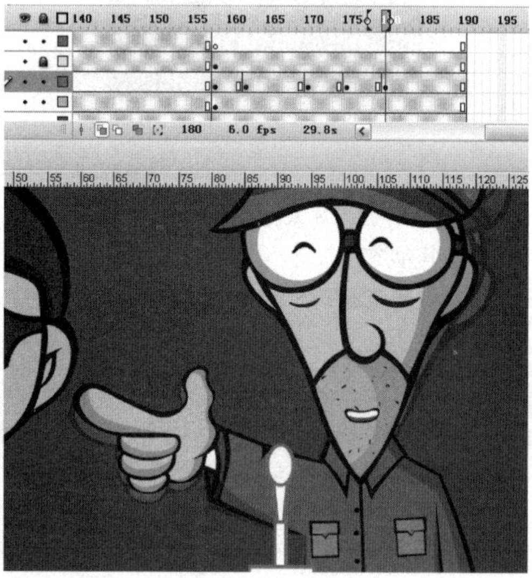

图 3-125

(4) 回到"字幕"图层"时间轴"的第 170 帧处,将前面使用过的字幕显示框和台词信息复制过来,修改文字内容为"那好消息呢?",如图 3-126 所示。

步骤 2　制作场景动画

(1) 制作最后一个场景画面。分别在"字幕"图层和"捧"图层"时间轴"的第 185 帧处创建一个关键帧,先将字幕内容修改为"牛粪有的是!",再将捧哏演员对象替换为其"时间轴"第 10 帧上的实例并打散,如图 3-127 所示。

(2) 将打散后的实例再次转换成一个图形元件;双击进入元件界面,调整第 1 帧处捧哏演员动态呈倒背着双手、吃惊的面部表情,如图 3-128 所示。

在第 2 帧处创建一个关键帧,双腿收缩,上半身部分跟着运动,如图 3-129 所示。

在第 3 帧处将前腿向前迈,后腿向后收,上半身保持运动状态,如图 3-130 所示。

图 3-126

图 3-127

图 3-128

图 3-129

图 3-130

在第 4 帧两条腿同时开始往回收，上半身保持运动状态，如图 3-131 所示。

第 5 帧处后腿往前迈，前腿向后收，上半身保持运动状态，如图 3-132 所示。

双击返回主场景，将其调整好大小并放置在画面的右侧，这一段的人物行走动画就制作完成了。

(3) 分别在“桌子”图层、“逗”图层和“背景”图层的第 185 帧处创建一个关键帧，并将这一帧上的桌子和背景图形删除。

在“背景”图层上绘制一个和画面大小相同的黄色矩形，并在矩形上方绘制橘红色的背景图案，如图 3-133 所示。

将刚才绘制的“粪便”实例复制 3 个过来，调整好大小，放置在背景画面中，如图 3-134 所示。

(4) 将“背景”图层锁定，在“捧”图层上将其“时间轴”的第 112 帧处的元件实例复制过来，并调整好大小，如图 3-135 所示。

图　3-131

图　3-132

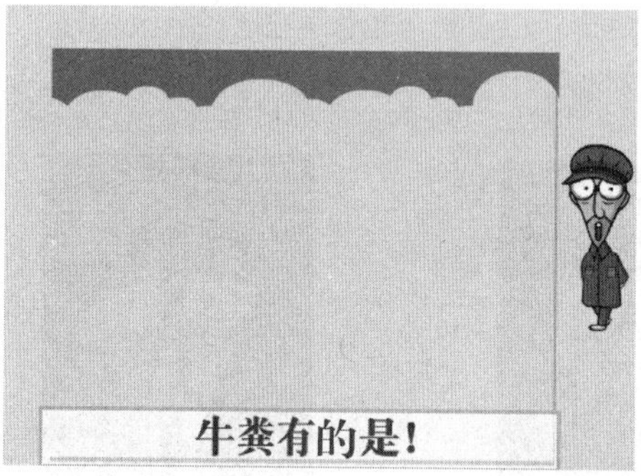

图　3-133

图　3-134

图　3-135

在“捧”图层“时间轴”的第205帧处创建一个关键帧，给它添加一段补间动画，并将第205帧上的捧哏演员实例向左平移至画面右侧，如图3-136所示。

图 3-136

分别在“捧”图层和“逗”图层“时间轴”的第206帧处创建一个关键帧，把两段实例打散，并调整逗哏演员的脸部表情，如图3-137所示。

图 3-137

在“字幕”图层“时间轴”的第206帧处创建一个空白关键帧，将字幕删除。这样全片的动画部分就全制作完了。在整片的动画完成之后一定要多测试，及时调整以达到最佳的视觉效果。

步骤3 返回背景页面制作

制作返回背景。

分别在“桌子”图层、“捧”图层、“逗”图层和“背景”图层“时间轴”的第220帧处创建一个空白关键帧；在“背景”图层上绘制两条黑色边框，并放置在画面的上下两边，如图 3-138 所示。

输入文字“再看一次?”，并设置字体和开头一样的“方正古隶简体”，颜色为黄色，加粗；调整好大小后放置在背景画面的正中间，如图 3-139 所示。

图　3-138

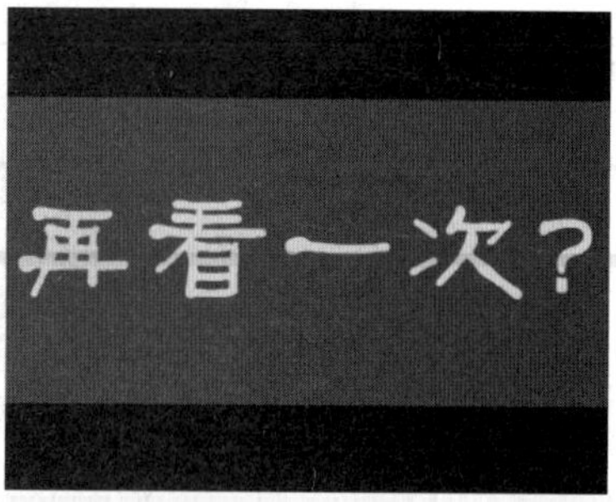

图　3-139

右击，将它打散后转换成一个按钮元件。

双击进入元件界面，分别在 4 个按钮状态帧上创建一个关键帧，将“指针经过”关键帧上的文字图形放大并填充为白色，如图 3-140 所示。

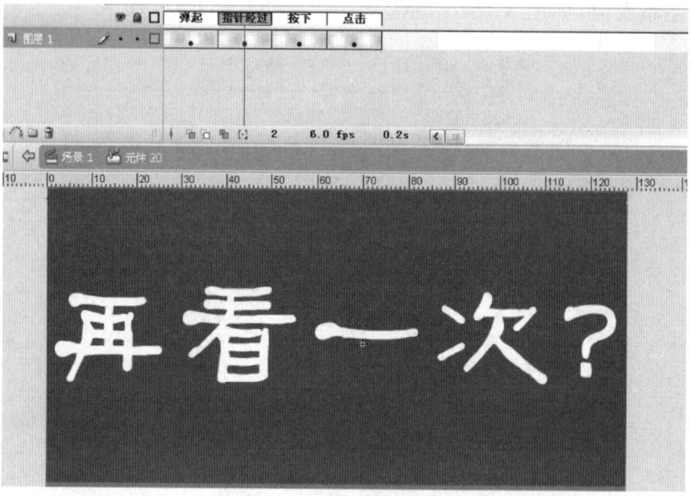

图　3-140

在“点击”关键帧处沿文字大小绘制一个矩形框，如图 3-141 所示。

双击返回主场景，在“时间轴”的第 220 帧上输入代码：

```
stop();
```

选择画面中刚才制作好的按钮实例，给它添加如下跳转代码。

```
on (release) {
  gotoAndPlay(1);
}
```

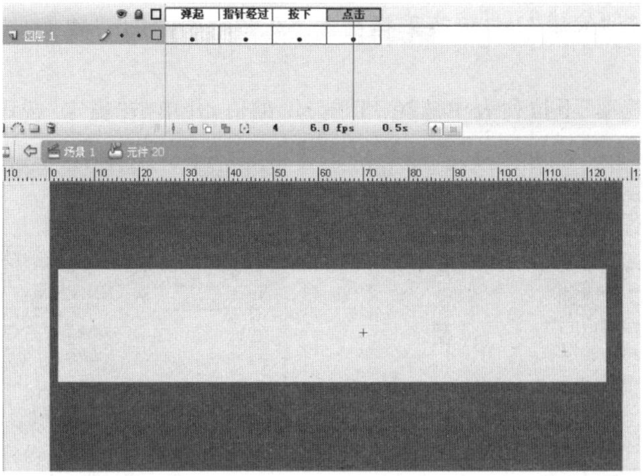

图 3-141

步骤 4 音频制作

(1) 给这段彩信添加音效。

图 3-142

新建一层，命名为“音效”；导入“背景音.mp3”素材，此时可发现导入的过程中提示导入错误，如图 3-142 所示。

这种现象在相当多的 Flash 动画制作中出现过，很多不了解的人可能发现问题无法解决，只得另外去搜索其他能够正常导入的音乐。实际上这种现象的原因在于音乐素材本身的采样率上。

什么是音频采样率？采样率是指每秒音频采样的次数，单位是赫兹(Hz)，也就是次数。采样率越高，音乐的音质就越好。这就和位图如 JPG、PNG 等一些常见格式的图片一样，像素越高的图片效果越好。

但 Flash 限制 16000Hz 以下的采样率音频文件才能正确导入软件，所以这里就必须使用音频编辑软件——Adobe Audition 来降低音乐采样率了。

打开 Adobe Audition 1.5 简体中文版，导入“背景音.mp3”音频素材，如图 3-143 所示。

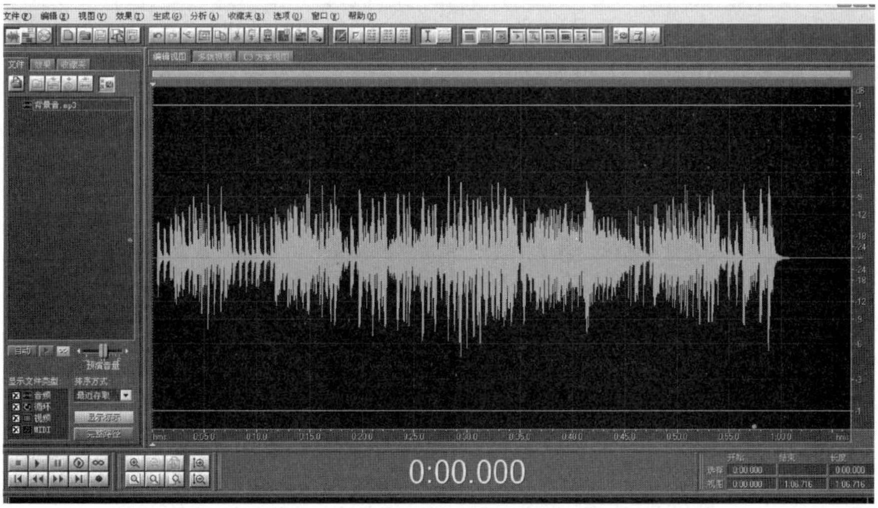

图 3-143

按 F11 键，或执行“编辑”→“转换采样类型”菜单命令，打开“转换样本类型”对话框，如图 3-144 所示。

在左侧的“采样速率”下拉列表中选择 11025Hz 的值，并单击“确定”按钮，如图 3-145 所示。

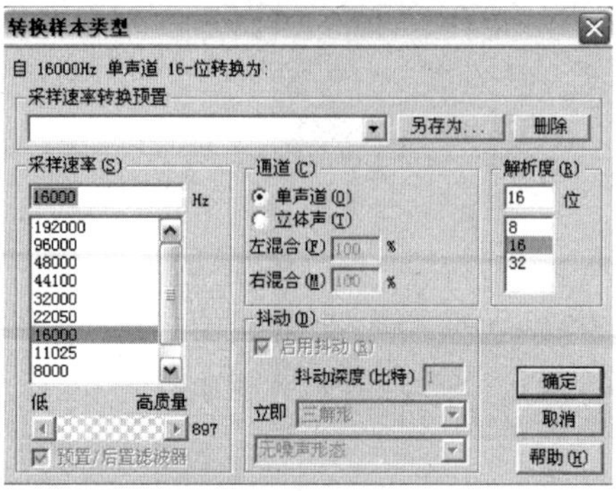

图 3-144

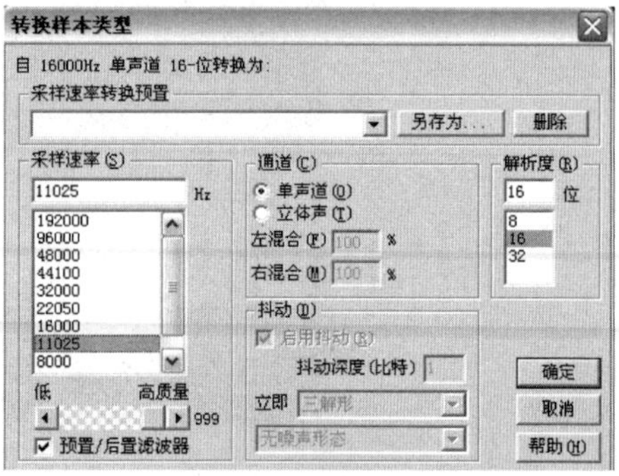

图 3-145

将设置好的音乐保存，在弹出的保存压缩格式提示框中单击“确定”按钮，如图 3-146 所示。

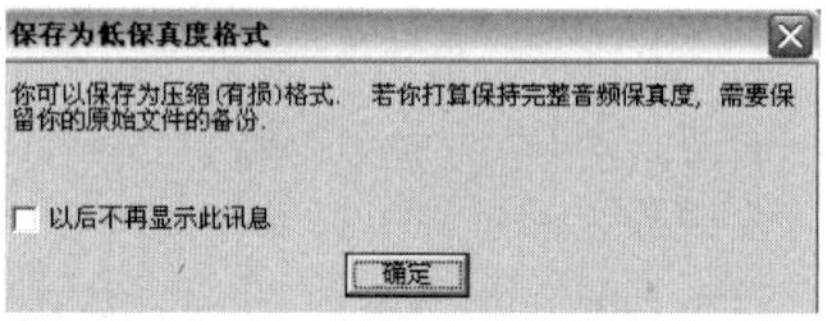

图 3-146

(2) 打开 Flash 软件，在新建的“音效”图层“时间轴”的第 2 帧处创建一个关键帧，把刚才的音频文件导入进来，发现音频文件已经正常导入场景，如图 3-147 所示。

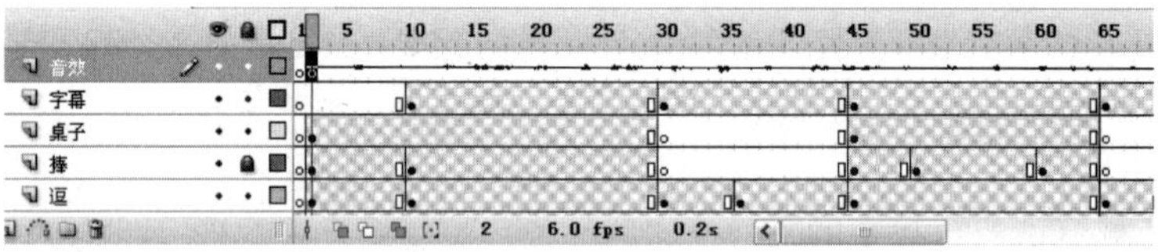

图 3-147

新建一层，命名为“音频副”，导入“鼓掌.mp3”音频素材；由于这在整个手机动画音乐上来比较是属于副级的音频，所以必须再调整它的音频属性，将其音量降低一半，并设置其播放的时间长度到第 10 帧后结束，如图 3-148 所示。

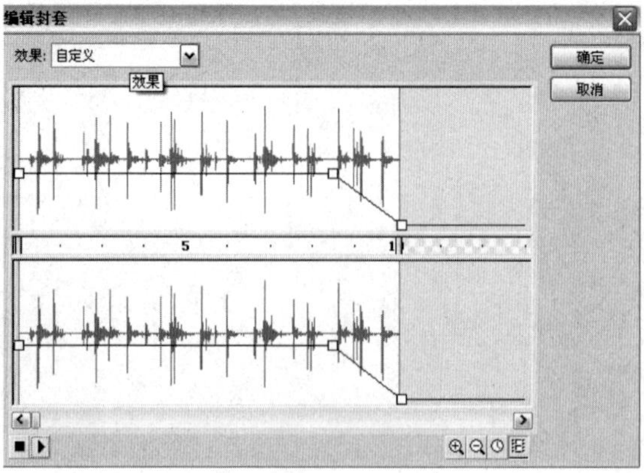

图 3-148

在同一层的第185帧处创建一个关键帧，导入“笑.mp3”音频素材；同样，降低一半音量，再设置其播放至第198帧处停止，如图3-149所示。

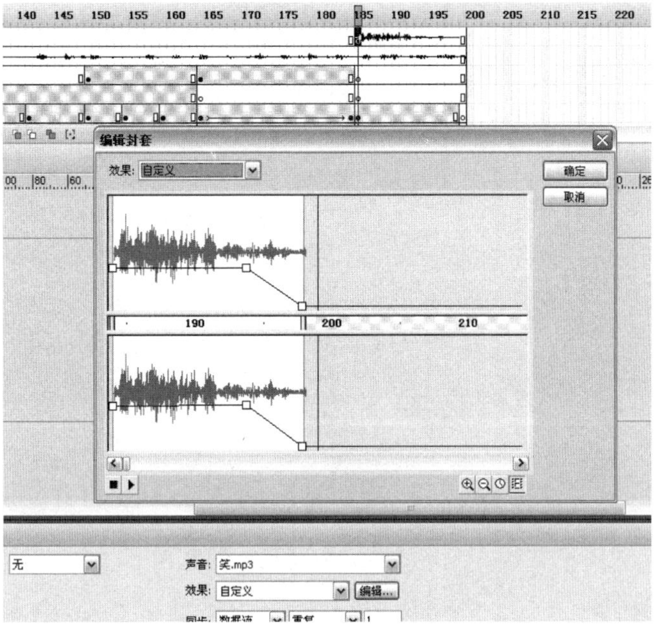

图 3-149

至此，彩信的音频部分工作就结束了。

(3) 最后一项工作——查看彩信的文件大小。

先把两个音频图层删除，再另存为“好消息，坏消息(无声版).swf”；打开Flash保存的文件夹，可发现“好消息，坏消息(无声版).swf”文件大小为97KB，带有音频的“好消息，坏消息.swf”文件为161KB；这样就符合SWF彩信的技术要求了，如图3-150所示。

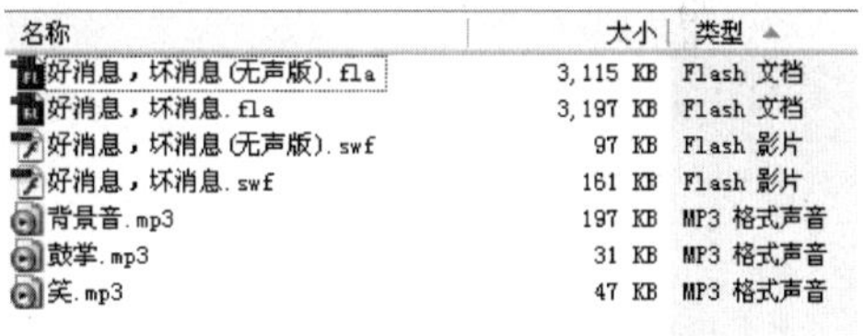

图 3-150

至此，关于郭德纲相声语录的《好消息，坏消息》手机动画就制作完成了。

项目小结

最后一节包含了高潮部分动画、返回页面、音频串接三大块内容。

动画部分和返回页面的制作仍保持全片的动画风格和画面色调，特别注意在内容转折部分(第158～170帧)人物的无奈内心活动表现，这里仅是通过一个简单的补间动画和脸部表情来表达，在实际工作当中可以更加完善、丰富，例如可以加上一些冷汗、身体部分的动态变化等。

在Flash音频制作中，一般结合专业音频制作软件Adobe Audition来处理动画音乐。这本书中提到的相关内容只有一部分，在实际工作当中还有更多的动画应用，如利用Audition软件录音、几段不同的音乐文件剪辑、合成音轨等，这些都是制作Flash动画中必须了解和掌握的知识。